Z会数学基礎問題集

数学Ⅲ+C

［平面上の曲線と複素数平面］

チェック&リピート

亀田 隆／髙村 正樹 共著

改訂第3版

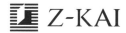

はじめに

　2000 年に初版を出して，はや 24 年の月日がたちました。2005 年に改訂版，2013 年に改訂第 2 版を出し，『Ｚ会数学基礎問題集 チェック＆リピート』も多くの支持を受け続け大変嬉しく思います。今回，学習指導要領の大幅改訂に伴い，更なる手直しをする機会を得ました。新しく導入された分野，削除された分野などの加筆，修正だけでなく，今回も項目設定，問題選定から出発し，既存の問題も含めたすべての見直しを行いました。改訂第 2 版出版時には，Ｚ会の皆さんと相談し，私的なサイト

　　　　　https://kamelink.com/exam/

を立ち上げました。今回の問題選定ではこのサイトが有効に働きました。項目別に類題などが閲覧可能なサイトになっていますので，本書の学習に役立てることもできるでしょう。

　問題選びのコンセプトは入試の基礎です。これは初版から続いているコンセプトであり，教科書と入試のギャップを埋めて，入試の出発点を示すという目標が達成できたと思っております。基礎という言葉は誤解が多いものです。我々のいう基礎は，易しい問題という意味ではありません。いろいろなところで使われる定理・公式，計算技術，考え方はすべて入試の基礎です。すべての基本は教科書にありますが，教科書の問題を解くことができれば即入試問題が解けるかというとなかなかそうも行きません。大きなハードルを感じることもあるでしょう。この垣根を越える手立てを提供したい。そういう願いが我々にはあります。この問題集を一通り終え，入試演習に入ったとき，「あれ？ やったことあるぞ」，「あれとあれの組み合わせだ。チェック＆リピートではどうやっていたっけ？」と思うことでしょう。ここまでくると，この問題集は解法の道具箱になっています。

　この問題集が皆さんの学習の一助になれば大変嬉しいことです。今回もいろいろな人に助けてもらいました。今回の改訂を取りまとめていただいた三木良介さん，潮希望さん，その他にも校正などに係わってくれた人たちにもここで改めて感謝致します。

2024 年 5 月

亀田 隆＋高村正樹

目次

第1章　平面上の曲線

第2章　複素数平面

第3章　関数と極限

第4章　微分法

第5章　積分法

本書の特長・構成

　本書は「数学Ⅲ」＋「数学C（平面上の曲線と複素数平面）」における
　　　　　　　　入試基礎レベルを定着させる
ための問題集です。問題数が多いように感じるかもしれませんが，入試頻出
の基礎レベルの問題を網羅していますので，本書を通じて，大学入試に通用
する基礎を定着させることができます。

『数学基礎問題集』といっても，教科書の基本レベルと
はちょっと違うのですね。

でも，「基本check！」で教科書にある定理や公式も確
認できるから，数学が苦手でも大丈夫ですね。

　また，本書は全5章構成で，テーマごとに
　　　　　「問題」，「チェック・チェック」，「解答・解説」
のくり返しとしています。これらは4ページまたは6ページで1セットとし
ており，テーマごとに完結するので，必要事項の確認がしやすくなっていま
す。

テーマごとに数問で問題演習が完結するから，計画を
立てて学習を進めやすいですね。

1回に数問ずつだったら，最後まで集中して続けられ
そうですね。

　「問題」，「チェック・チェック」，「解答・解説」の詳しい説明は次のページ
にあります。

問題

　さまざまな入試問題から，テーマを絞って問題を集めています。入試で必要な内容がひと通り集まっていますので，この1冊で入試基礎レベルの問題を総ざらいすることができます。

　教科書で扱っていないものでも，入試で必要なものは取り入れています。難しく感じる問題もあるかもしれませんが，最初から全部の問題が解ける必要はありません。解けない問題があっても，最初のうちは，「チェック・チェック」を参考にしながら問題が解けるようになれば大丈夫です。

チェック・チェック

　「**基本 check！**」では，教科書にあるような定理や公式の確認ができるようにしています。教科書の内容に不安があっても，本書で確認しながら学習を進めていくことができます。

　また，問題ごとに，解くために必要な考え方やヒントを示しています。ここには，予備校の授業で話していることも織り込んであります。問題を解くにあたって，何が必要か，どのように考えたらよいかがわかるようになります。本質をつかみ（**チェック**），問題を解くときの正しいフォームを身につけましょう。

解答・解説

　解答はできるだけ詳しく，途中の式もなるべく省略しないよう心掛けています。また，「**別解**」もつけ，図を多く取り入れわかりやすくしています。解説の中でとくに注意すべき要素には色を付け，ポイントを理解しやすくしているところもあります。くり返し（**リピート**）解くことで，学力の定着を図ってください。

本書の利用法

　学校で学習を終えた範囲について，入試対策の最初の1冊として，もう少し上のレベルで演習したい人に最適です。教科書の章末問題より上のレベルの問題演習ができ，本書で基礎から標準レベルの問題をひと通りおさえることができます。

　基礎から標準レベルの問題がこの1冊にまとめられているというのはすごいですね。

　数学を得点源にしたい受験生であれば，もう一段階上の問題集にも取り組んでほしいところですが，本書をくり返すだけでも，入試に十分通用する力を身につけられるでしょう。

　日常学習で「1日2セット」を目安にすると「約40日」で1冊を終えられますので，計画的にくり返し学習することができます。

最初のうちは，「チェック・チェック」や「解答・解説」を見ながら，問題を解き進めてもよいですね。

　分野によって得意不得意がある人は，不得意な分野を優先して本書に取り組むのもよいでしょう。基礎がしっかり身についていないと，ハイレベルな問題演習に挑戦してもあまり意味がありません。ハイレベルな問題演習でつまづいたときに本書に戻るという利用方法もオススメです。

§1　2次曲線

📖 問題

放物線 ....

☐ **1.1** 次の問いに答えよ。

(1) 平面において，点 $(0, 3)$ からの距離と直線 $y = -3$ からの距離がつね に等しいような点 (x, y) の軌跡を $y = \dfrac{1}{p}x^2$ で表すと $p = \boxed{}$ とな る。 （北海道工大　改）

(2) 点 A$(2, 0)$ を中心とする半径 1 の円と直線 $x = -1$ の両方に接し，点 A を内部に含まない円の中心の軌跡は放物線を描く。この放物線の方程式， 焦点の座標，準線の方程式を求めよ。 （愛知教育大　改）

☐ **1.2** 次の問いに答えよ。

(1) 2 次曲線 $x = \dfrac{1}{2}y^2 + y \cdots$ ① を頂点を表す形に変形すると，$x = \boxed{}$ となる。さらに $Y^2 = 4pX$ の形に変形すると，$Y = \boxed{}$，$X = \boxed{}$， $p = \boxed{}$ である。したがって，①は焦点が $\boxed{}$，準線が $x = \boxed{}$ の 放物線であることがわかる。 （聖マリアンナ医大）

(2) 放物線 $y = 2x^2 - 8x + 7$ の焦点の座標を求めよ。 （茨城大）

☐ **1.3** 点 $(0, p)$ を通り，放物線 $y = \dfrac{1}{4p}x^2$ と 2 点 A，B で交わる任意の直線 を考える。A，B を通る放物線の接線は互いに垂直であることを示せ。ただ し，$p \neq 0$ とする。 （はこだて未来大）

☐ **1.4** p を正の定数とし，点 F$(0, p)$ を焦点にもち，$y = -p$ を準線とする放 物線を C とする。C 上の点 Q(x_0, y_0)（ただし，$x_0 \neq 0$）を考え，点 Q と F を通る直線を l_1，点 Q を通り放物線 C の主軸に平行な直線を l_2 とする。こ のとき，点 Q における C の接線 l は，l_1 と l_2 のなす角を 2 等分することを 示せ。 （北大　改）

チェック・チェック

基本 check !

放物線の定義

定点 F とそれを通らない直線 l があるとき，動点 P から l までの距離 PH と F までの距離 PF とが等しい点 P の軌跡を放物線といい，F を焦点，l を準線という。

$F(p, 0)$，$l : x = -p$ となるように座標を定めると，$P(x, y)$ について

$$PF = PH \Longleftrightarrow \sqrt{(x-p)^2 + y^2} = |x + p|$$

これを整理すると

$$y^2 = 4px$$

が得られる。これを放物線の方程式の標準形という。

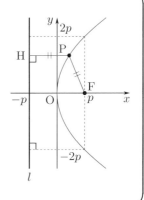

1.1 放物線の定義

(1) 放物線の定義から，これを表す方程式を導けるようにしておきましょう。

(2) 放物線の定義にあわせて，問題文から必要な条件を読み取ることが大切です。

1.2 放物線の焦点・準線

(1) 放物線の方程式を標準形に直して，焦点の座標，準線の方程式を読み取ります。

(2) 今度は誘導なしです。まずは標準形に直しましょう。

1.3 放物線の直交する接線

$p \neq 0$ のとき，焦点 $(0, p)$ を通る直線と放物線 $x^2 = 4py$ の 2 交点 A, B における接線は

準線 $y = -p$ 上で垂直に交わる

ということはよく知られたことです。

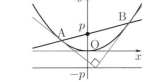

1.4 パラボラアンテナ

これもかなり有名な問題です。

右図のように点 P をとると，本問により PQ と FQ は Q における接線と等角をなすことがわかります。したがって，放物線で反射する光はすべて焦点 F に集まります。この性質を利用したのがパラボラアンテナですね。逆に，焦点 F から出た光は，放物線で反射するとすべて主軸と平行な光になります。スポットライトはこの性質を利用しています。

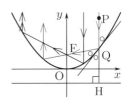

解答・解説

1.1 (1)

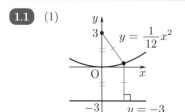

点 $(0,\ 3)$ からの距離と直線 $y = -3$ からの距離が等しい点の軌跡は，焦点 $(0,\ 3)$，準線 $y = -3$ の放物線であるから

$$x^2 = 4 \cdot 3y$$
$$y = \frac{1}{12}x^2$$
$$\therefore \quad p = \underline{\mathbf{12}}$$

別解

$$\sqrt{x^2 + (y-3)^2} = |y + 3|$$

の両辺を 2 乗して，整理してもよい。

(2)

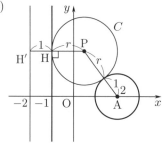

題意の円 C の中心を P，半径を r とおく。円 C は点 $A(2,\ 0)$ を中心とする半径 1 の円に外接するから

$$AP = r + 1$$

また，円 C は直線 $x = -1$ に接するから，接点を H とおくと

$$PH = r$$

である。したがって

$$AP = PH + 1$$

P は直線 $x = -1$ に関して点 A と同じ側にあるから，直線 $x = -2$ をとり，P から直線 $x = -2$ に下ろした垂線の足を H' とすると

$$AP = PH'$$

である。よって，点 P の軌跡は

焦点 $\underline{(\mathbf{2},\ \mathbf{0})}$，準線 $\underline{x = -2}$

の放物線であるから，その方程式は

$$\underline{y^2 = 8x}$$

別解

P の座標を $(x,\ y)$ として

$$\begin{cases} (x-2)^2 + y^2 = (r+1)^2 \\ x + 1 = r \end{cases}$$

から r を消去して，整理してもよい。

1.2 (1) $x = \dfrac{1}{2}y^2 + y$ …… ① を頂点の座標がわかるように変形すると

$$x = \underline{\frac{1}{2}(y+1)^2 - \frac{1}{2}}$$

さらに，変形して

$$(y+1)^2 = 4 \cdot \frac{1}{2}\left(x + \frac{1}{2}\right)$$

ここで，$Y = \underline{y+1}$，$X = \underline{x + \dfrac{1}{2}}$，$p = \underline{\dfrac{1}{2}}$ とおくと，$Y^2 = 4pX$ となる。

したがって，①は焦点 $\left(\dfrac{1}{2},\ 0\right)$，準線 $x = -\dfrac{1}{2}$ の放物線 $y^2 = 4 \cdot \dfrac{1}{2} \cdot x$ を x 軸方向に $-\dfrac{1}{2}$，y 軸方向に -1 だけ平行移動したものであり

①の焦点は $\underline{(\mathbf{0},\ -\mathbf{1})}$，

準線は $\underline{x = -1}$

(2) 放物線の式を標準形に直すと

$$y = 2x^2 - 8x + 7$$
$$= 2(x-2)^2 - 1$$

$$\therefore \quad (x-2)^2 = 4 \cdot \frac{1}{8}(y+1)$$
$$\cdots\cdots①$$

①は

$$x^2 = 4 \cdot \frac{1}{8}y \quad \cdots\cdots②$$

を x 軸方向に 2, y 軸方向に -1 だけ平行移動したものである。②の焦点は $\left(0, \frac{1}{8}\right)$ であるから、①の焦点は

$$\left(2, -\frac{7}{8}\right)$$

よって、2 接線は互いに垂直である。

（証明終）

1.4

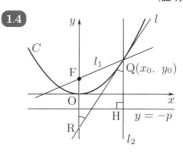

Q から準線に下ろした垂線の足を H,接線 l と y 軸との交点を R とすると、$l_2 \mathbin{/\!/} y$ 軸より

$$\angle HQR = \angle FRQ$$

であるから、l が l_1 と l_2 のなす角を 2 等分することを示すには

$$\angle FQR = \angle FRQ$$

を示せばよい。

$\triangle FQR$ の辺 FR, FQ について調べる。

$$C : x^2 = 4py \cdots\cdots ①$$

より $y' = \frac{x}{2p}$ であるから、点 $Q(x_0, y_0)$ における接線の方程式は

$$y = \frac{x_0}{2p}(x - x_0) + y_0$$
$$y = \frac{x_0}{2p}x - y_0 \quad (\because ①)$$
$$\therefore \quad R(0, -y_0)$$

これより

$$FR = p - (-y_0) = p + y_0$$

一方、放物線の定義より

$$FQ = QH = y_0 - (-p)$$
$$= y_0 + p$$

$\triangle FQR$ は $FR = FQ$ の二等辺三角形であるから、$\angle FQR = \angle FRQ$ は示された。

（証明終）

1.3 y 軸は放物線 $y = \frac{1}{4p}x^2$ と 2 点で交わることはない。

$(0, p)$ を通り、傾き m の直線の方程式は

$$y = mx + p$$

$y = \frac{1}{4p}x^2$ と連立して

$$\frac{1}{4p}x^2 = mx + p$$
$$\therefore \quad x^2 - 4pmx - 4p^2 = 0$$

2 解を α, β とおく。$f(x) = \frac{1}{4p}x^2$ とおくと $f'(x) = \frac{x}{2p}$ であるから、A, B における接線の傾きの積は

$$f'(\alpha) \cdot f'(\beta)$$
$$= \frac{\alpha}{2p} \cdot \frac{\beta}{2p} = \frac{\alpha\beta}{4p^2}$$
$$= \frac{1}{4p^2}(-4p^2) \quad (\because \text{解と係数の関係})$$
$$= -1$$

問題

楕円

1.5 次の問いに答えよ。

(1) xy 平面上の 2 点 $F(1, 0)$, $F'(-1, 0)$ からの距離の和がつねに 4 である
ような点の軌跡は楕円となる。この楕円の長軸と短軸の長さを求めよ。

（北海道工大）

(2) 楕円 $\dfrac{x^2}{16} + \dfrac{y^2}{4} = 1$ の 2 つの焦点の座標は $\left(\pm \boxed{}, \boxed{} \right)$ である。
また，楕円上の任意の点 $P(x, y)$ から 2 つの焦点までの距離の和は $\boxed{}$
である。

（愛知工科大　改）

1.6 座標平面上に，原点 O を中心とする半径 $2a$ の円 C と，定点
$F(-2b, 0)$ $(0 < b < a)$ をとる。C 上の点を Q とし，線分 FQ の垂直二等分
線と線分 OQ との交点を P とする。このとき，以下の問いに答えよ。

(1) 線分の長さの和 FP + PO は，点 Q の位置には無関係に一定であること
を示せ。

(2) 点 Q が C 上を動くとき，点 P の軌跡の方程式を求めよ。（愛知教育大）

1.7 楕円 $\dfrac{x^2}{4} + y^2 = 1$ と直線 $y = -\dfrac{1}{2}x + k$ (k は定数) は 2 点 P，Q で
交わっている。

(1) 定数 k の値の範囲を求めよ。

(2) 線分 PQ の中点 R の座標を (x, y) として，R の軌跡を x, y に関する方
程式で表し，x の値の範囲を求めよ。
（神奈川大）

1.8 楕円 $\dfrac{x^2}{17} + \dfrac{y^2}{8} = 1$ の外部の点 $P(a, b)$ からひいた 2 本の接線が直交
するような点 P の軌跡を求めよ。
（東工大）

チェック・チェック

基本 check！

楕円の定義

    2 定点 F，F′ からの距離の和 $\mathrm{PF} + \mathrm{PF}′$ が一定な点 P の軌跡を楕円といい，F，F′ を焦点という。

    $\mathrm{F}(c, 0)$，$\mathrm{F}′(-c, 0)$ となるように座標を定めると，$\mathrm{P}(x, y)$ について

$$\mathrm{PF} + \mathrm{PF}′ = 2a \ (0 < c < a)$$
$$\Longleftrightarrow \sqrt{(x-c)^2 + y^2}$$
$$+ \sqrt{(x+c)^2 + y^2} = 2a$$

これを整理すると

$$\frac{x^2}{a^2} + \frac{y^2}{a^2 - c^2} = 1$$

$b^2 = a^2 - c^2 \ (> 0)$ とおくと

$$\frac{x^2}{a^2} + \frac{y^2}{b^2} = 1 \ \text{（楕円の標準形）}$$

である。a, b, c は $b^2 + c^2 = a^2$ をみたすので，上図の直角三角形をつくる。

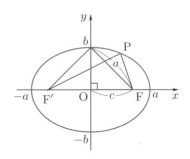

1.5 楕円の定義

(1) F，F′ を焦点とする楕円上の点を P，楕円の中心を O とすると

    （長軸の長さ）$= 2a = \mathrm{PF} + \mathrm{PF}′$

    （短軸の長さ）$= 2\sqrt{a^2 - \mathrm{OF}^2}$

(2) 今度は楕円の方程式から焦点の座標を読み取れという問題です。

1.6 楕円の方程式をつくる

    (1) の $\mathrm{FP} + \mathrm{PO} = \text{（一定）}$ は楕円の定義であり，P は F，O を焦点とする楕円上の点で，(1) の一定値は長軸の長さを表しています。

1.7 楕円と中点の軌跡

    2 点 P，Q の x 座標をそれぞれ x_1，x_2 とすると，線分 PQ の中点の x 座標は

$$\frac{x_1 + x_2}{2}$$

となります。解と係数の関係を使って，式を整理しましょう。

1.8 楕円の準円

    P のえがく曲線は準円とよばれています。これは頻出問題です。$\mathrm{P}(a, b)$ を通る直線の方程式を $y = m(x - a) + b$ とおいてみましょう。P を通る直線が y 軸と平行なときはこの場合に含まれないので別扱いします。

📖 解答・解説

1.5 (1)

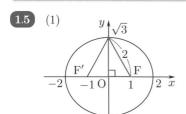

楕円上の点を P とすると，$FP + F'P = 4 \ (= 2a \ とおく)$ より

$$長軸の長さ = 2a = \underline{\textbf{4}}$$

$$短軸の長さ = 2\sqrt{a^2 - OF^2}$$
$$= 2\sqrt{2^2 - 1^2}$$
$$= \underline{\boldsymbol{2\sqrt{3}}}$$

別解

$P(x, y)$ として

$$\sqrt{(x-1)^2 + y^2} + \sqrt{(x+1)^2 + y^2} = 4$$

から $\dfrac{x^2}{4} + \dfrac{y^2}{3} = 1$ を導いてもよい。

(2)

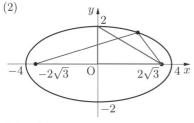

焦点の座標は

$$(\pm\sqrt{16 - 4}, \ 0)$$
$$\therefore \quad \underline{\boldsymbol{(\pm 2\sqrt{3}, \ 0)}}$$

点 $P(x, y)$ から 2 つの焦点までの距離の和は，長軸の長さと一致するから

$$2 \times 4 = \underline{\textbf{8}}$$

【参考】

上の図の直角三角形に着目すると，点 $(0, 2)$ から 2 つの焦点までの距離の和は

$$2\sqrt{(2\sqrt{3})^2 + 2^2} = 2\sqrt{12 + 4} = 8$$

1.6 (1)

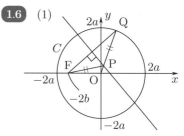

点 P は線分 FQ の垂直二等分線上の点なので

$$FP = QP$$
$$\therefore \quad FP + PO = QP + PO$$
$$= QO = 2a \ (一定)$$

（証明終）

(2)

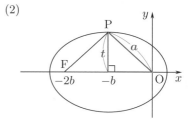

$FP + PO$ が一定の値をとるので，点 P の軌跡は 2 点 O，F を焦点とする楕円となる。この楕円の中心は $(-b, 0)$，長軸の長さは $2a$ であるから，短軸の長さを $2t \ (t > 0)$ とおくと

$$t = \sqrt{a^2 - b^2}$$

よって，点 P の軌跡の方程式は

$$\underline{\dfrac{(x + b)^2}{a^2} + \dfrac{y^2}{a^2 - b^2} = 1}$$

1.7 (1) $\dfrac{x^2}{4} + y^2 = 1 \ \cdots\cdots$ ①

$$y = -\dfrac{1}{2}x + k \ \cdots\cdots ②$$

①，②が 2 点で交わる条件は

$$\dfrac{x^2}{4} + \left(-\dfrac{1}{2}x + k\right)^2 = 1$$

$$\therefore \quad x^2 - 2kx + 2k^2 - 2 = 0$$

が異なる 2 実数解をもつことであるから，判別式を D とすると

$$\frac{D}{4} = k^2 - (2k^2 - 2)$$

$$= -k^2 + 2 > 0$$

$$\therefore \quad \boldsymbol{-\sqrt{2} < k < \sqrt{2}}$$

(2) $\mathrm{P}(x_1,\ y_1)$, $\mathrm{Q}(x_2,\ y_2)$ とすると，線分 PQ の中点 $\mathrm{R}(x,\ y)$ は

$$\begin{cases} x = \dfrac{x_1 + x_2}{2} = \dfrac{2k}{2} = k \\ \qquad\qquad (\because \text{ 解と係数の関係}) \\ y = -\dfrac{1}{2}k + k = \dfrac{k}{2} \quad (\because \text{ ②}) \end{cases}$$

よって，求める方程式は

$$\boldsymbol{y = \dfrac{x}{2}}$$

また，$x = k$ より x の値の範囲は

$$\boldsymbol{-\sqrt{2} < x < \sqrt{2}}$$

1.8

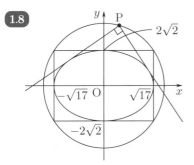

(ⅰ) 2 接線のいずれかが y 軸に平行なとき，その接線の方程式は $x = \pm\sqrt{17}$ であり，これらに直交する接線は $y = \pm 2\sqrt{2}$（複号任意）となる。このときの P の座標は
$$(\sqrt{17},\ 2\sqrt{2}),\ (\sqrt{17},\ -2\sqrt{2}),$$
$$(-\sqrt{17},\ 2\sqrt{2}),\ (-\sqrt{17},\ -2\sqrt{2})$$

(ⅱ) 2 接線がともに y 軸に平行でないとき，$\mathrm{P}(a,\ b)$ を通り，傾きが m の直線は

$$y = m(x - a) + b$$

これと $\dfrac{x^2}{17} + \dfrac{y^2}{8} = 1$ を連立して

$$\frac{x^2}{17} + \frac{\{m(x - a) + b\}^2}{8} = 1$$

$$8x^2 + 17\{mx + (b - ma)\}^2 = 17 \cdot 8$$

$$(8 + 17m^2)x^2 + 2 \cdot 17m(b - ma)x$$
$$+ 17(b - ma)^2 - 17 \cdot 8 = 0$$

直線と楕円が接するのは，この x の 2 次方程式が重解をもつときなので，判別式を D とすると

$$\frac{D}{4}$$
$$= 17^2 m^2 (b - ma)^2 - (8 + 17m^2)$$
$$\qquad \cdot \{17(b - ma)^2 - 17 \cdot 8\}$$
$$= 17[17m^2(b - ma)^2$$
$$\qquad - (8 + 17m^2)\{(b - ma)^2 - 8\}]$$
$$= 17 \cdot 8\{-(b - ma)^2 + (8 + 17m^2)\}$$

について，$\dfrac{D}{4} = 0$ が成り立つ。

m について整理して

$$(17 - a^2)m^2 + 2abm + (8 - b^2) = 0$$
$$\qquad\qquad\qquad\qquad \cdots\cdots\cdots ①$$

2 接線が直交するための条件は，① が m の 2 次方程式であり，異なる 2 つの実数解 m_1, m_2 をもち，$m_1 m_2 = -1$ をみたすことである。よって，$17 - a^2 \neq 0$ であり，解と係数の関係より

$$\frac{8 - b^2}{17 - a^2} = -1$$

$$8 - b^2 = a^2 - 17 \quad (a \neq \pm\sqrt{17})$$

このとき，① の判別式 D_m は

$$\frac{D_m}{4} = a^2 b^2 - (17 - a^2)(8 - b^2)$$

$$= a^2 b^2 + (a^2 - 17)^2 > 0$$

をみたすから，a, b の条件は

$$a^2 + b^2 = 25 \quad (a \neq \pm\sqrt{17})$$

(ⅰ), (ⅱ) をまとめて，P の軌跡は

$$\underline{\boldsymbol{\text{円 } x^2 + y^2 = 25}}$$

📖 問題

双曲線 ···

□ **1.9** 2 定点 F$(a,\ a)$, F$'(-a,\ -a)$ を焦点とし，F, F$'$ からの距離の差が $2a$ である双曲線 C を考える。ただし，$a > 0$ とする。

(1) 双曲線 C の方程式を求めよ。

(2) 双曲線 C の頂点の座標および漸近線の方程式を書け。　　　（鹿児島大）

□ **1.10** xy 座標平面において，2 直線 $y = 2(x + 2)$, $y = -2(x + 2)$ を漸近線とし，原点を通る双曲線の方程式は ☐ である。また，この双曲線の 1 つの焦点を F$(c,\ 0)$ $(c > 0)$ とすると，$c =$ ☐ である。　　　（鹿児島大）

□ **1.11** 点 $(3,\ 0)$ を通り，円 $(x + 3)^2 + y^2 = 4$ と互いに外接する円の中心 $(X,\ Y)$ の軌跡を求めよ。　　　（筑波大　改）

□ **1.12** 座標平面上に，双曲線 $C : x^2 - y^2 = 1$ と点 A$(2,\ 0)$ がある。直線 l が点 A を通り双曲線 C と相異なる 2 点で交わるように動くとき，この 2 点の中点は，あるひとつの双曲線上にあることを示せ。　　　（名大　改）

□ **1.13** 双曲線 $C : x^2 - \dfrac{y^2}{4} = -1$ 上にない点 P$(p,\ q)$ を通る C の接線がちょうど 2 本あって，2 本の接線が直交するとき，$p,\ q$ がみたすべき条件を求めよ。　　　（同志社大　改）

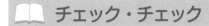

チェック・チェック

- 基本 check！ -

双曲線の定義

　2 定点 F, F′ からの距離の差 $|PF - PF'|$ が一定な点 P の軌跡を双曲線といい，F, F′ を焦点という。

　$F(c, 0)$, $F'(-c, 0)$ となるように座標を定めると，$P(x, y)$ について

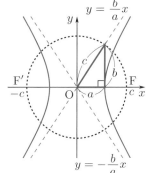

$$|PF - PF'| = 2a \ (0 < a < c)$$
$$\iff \left| \sqrt{(x-c)^2 + y^2} - \sqrt{(x+c)^2 + y^2} \right| = 2a$$

これを整理すると

$$\frac{x^2}{a^2} - \frac{y^2}{c^2 - a^2} = 1$$

$b^2 = c^2 - a^2 \ (> 0)$ とおくと

$$\frac{x^2}{a^2} - \frac{y^2}{b^2} = 1 \ （双曲線の標準形）$$

であり，$x \to \pm\infty$ のとき，$y = \pm\dfrac{b}{a}x$ が漸近線となる。a, b, c は $a^2 + b^2 = c^2$ をみたすので，上図の直角三角形をつくる。

1.9　双曲線の定義と漸近線

　双曲線 C の焦点 F, F′ は直線 $y = x$ 上にあります。与えられた条件を式で表し，整理しましょう。

1.10　漸近線と 1 つの通過点で決まる双曲線

　漸近線から双曲線の方程式をどこまで決めることができるでしょうか。さらに，原点を通るという条件を加えると双曲線が確定します。

1.11　外接する 2 円と双曲線

　与えられた条件から双曲線の定義がみえてきます。2 つの焦点の座標と頂点間の距離が決まれば，双曲線の方程式を求めることができます。

1.12　双曲線と中点の軌跡

　2 点 P, Q の x 座標をそれぞれ x_1, x_2 とすると，線分 PQ の中点の x 座標は

$$\frac{x_1 + x_2}{2}$$

となります。あとは，解と係数の関係を使います。

1.13　双曲線の準円

　P の描く曲線は準円とよばれています。$P(p, q)$ を通る直線を $y - q = k(x - p)$ とおいてみましょう。

📖 解答・解説

1.9 (1) 双曲線上の任意の点を
$P(x, y)$ とおくと，$|\mathbf{PF'} - \mathbf{PF}| = 2a$
より

$$\sqrt{(x+a)^2 + (y+a)^2} \\ -\sqrt{(x-a)^2 + (y-a)^2} = \pm 2a$$

すなわち

$$\sqrt{(x+a)^2 + (y+a)^2} \\ = \sqrt{(x-a)^2 + (y-a)^2} \pm 2a$$

両辺を 2 乗して整理すると

$$x+y-a = \pm\sqrt{(x-a)^2 + (y-a)^2}$$

さらに，両辺を 2 乗して整理すると

$$xy = \frac{a^2}{2}$$

(2)

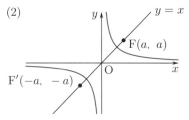

(1) で求めた双曲線と直線 $y = x$ の交点
が頂点となることから

$$x^2 = \frac{a^2}{2}$$

$$\therefore \quad x = \pm\frac{\sqrt{2}}{2}a$$

よって，頂点の座標は

$$\left(\pm\frac{\sqrt{2}}{2}a, \ \pm\frac{\sqrt{2}}{2}a\right) \text{(複号同順)}$$

$xy = \dfrac{a^2}{2}$ より，漸近線の方程式は

$$\underline{x = 0, \ y = 0}$$

1.10 漸近線 $y=2(x+2)$，$y=-2(x+2)$
の交点が $(-2, 0)$ なので，原点を通る双
曲線は，漸近線で分けられた 4 つの領域
のうちの左右の領域に現れる。

よって，その方程式は

$$\frac{(x+2)^2}{a^2} - \frac{y^2}{b^2} = 1$$

$$(a > 0, \ b > 0)$$

とおける。

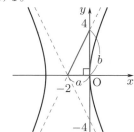

双曲線が原点を通ることから

$$\frac{4}{a^2} - \frac{0}{b^2} = 1 \ (a > 0)$$

$$\therefore \quad a = 2$$

また，漸近線の傾きが ± 2 より

$$\pm\frac{b}{a} = \pm 2 \ (複号同順)$$

$$\therefore \quad b = 4$$

よって，双曲線の方程式は

$$\underline{\frac{(x+2)^2}{2^2} - \frac{y^2}{4^2} = 1}$$

1 つの焦点を $F(c, 0)$ $(c > 0)$ とすると

$$c = -2 + \sqrt{2^2 + 4^2}$$
$$= \underline{2\sqrt{5} - 2}$$

1.11 $A(3, 0)$ とし，円 $(x+3)^2+y^2 = 4$
の中心 $(-3, 0)$ を B，この円に外接する
円の中心を P，半径を r とする。

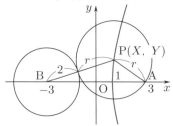

2 円は外接するから，「中心間の距離 = 半径の和」であり
$$BP = 2 + r \text{ かつ } AP = r$$
$$\therefore \quad BP - AP = 2$$

P の軌跡は A, B を焦点とする頂点間の距離 2 の双曲線の右分枝である。この双曲線の中心は $(0, 0)$ で，双曲線の方程式は $\dfrac{x^2}{a^2} - \dfrac{y^2}{b^2} = 1 \ (a > 0, \ b > 0)$ とおくことができる。
$$a = (\text{中心と頂点との距離}) = 1$$
$$\sqrt{a^2 + b^2} = (\text{中心と焦点との距離})$$
$$= 3$$
$$\therefore \quad b = \sqrt{3^2 - a^2} = 2\sqrt{2}$$

よって，求める軌跡は

$$\underline{\text{双曲線 } x^2 - \frac{y^2}{(2\sqrt{2})^2} = 1 \text{ の}}$$

$$\underline{x \geqq 1 \text{ の部分}}$$

1.12 （ i ）l が x 軸と垂直なとき 2 交点の中点 R は $A(2, 0)$ である。

（ii）

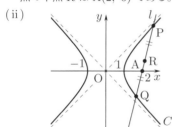

l が x 軸と垂直でないとき，傾きを m とすると
$$l : y = m(x - 2)$$
C と l の式を連立し，y を消去すると
$$x^2 - m^2(x - 2)^2 = 1$$
$$(1 - m^2)x^2 + 4m^2 x - 4m^2 - 1 = 0$$
$$\cdots\cdots ①$$
l と C が相異なる 2 点で交わるならば，$1 - m^2 \neq 0$ であり，このもとで①の判別式を D とおくと

$$\frac{D}{4} = 4m^4 - (1 - m^2)(-4m^2 - 1)$$
$$= 3m^2 + 1 > 0$$

より，①異なる 2 つの実数解をもつ。この実数解を α, β とおくと，2 交点 P, Q の中点 $R(x, y)$ は
$$x = \frac{\alpha + \beta}{2}$$
$$= \frac{1}{2} \cdot \frac{-4m^2}{1 - m^2}$$
$$= \frac{2m^2}{m^2 - 1}$$
$$= 2 + \frac{2}{m^2 - 1} \quad \cdots\cdots ②$$
$$y = m(x - 2) \quad \cdots\cdots ③$$
②より $x - 2 \neq 0$ なので，③は
$$m = \frac{y}{x - 2}$$
となる。これを②に代入すると
$$x = 2 + \frac{2}{\left(\dfrac{y}{x - 2}\right)^2 - 1}$$
$$= 2 + \frac{2(x - 2)^2}{y^2 - (x - 2)^2}$$
すなわち
$$(x - 2)\{y^2 - (x - 2)^2\}$$
$$= 2(x - 2)^2$$
$x \neq 2$ より
$$y^2 - (x - 2)^2 = 2(x - 2)$$
$$y^2 - x^2 + 2x = 0$$
$$\therefore \quad (x - 1)^2 - y^2 = 1$$

以上より，$A(2, 0)$ はこの双曲線上にあることがわかる。よって，中点 R は双曲線 $(x - 1)^2 - y^2 = 1$ 上にある。

（証明終）

別解

直線 l が x 軸正方向となす角を θ とすれば，l 上の点 (x, y) は
$$x = 2 + t\cos\theta, \ y = t\sin\theta$$
$$\left(-\frac{\pi}{2} < \theta \leqq \frac{\pi}{2}\right)$$

と表される。これらを双曲線 C の方程式に代入すると
$$(2 + t\cos\theta)^2 - (t\sin\theta)^2 = 1$$
t について整理して
$$(\cos^2\theta - \sin^2\theta)t^2 + 4t\cos\theta + 3 = 0$$
$$\cdots\cdots ④$$
l と C が相異なる 2 点 P, Q で交わるように動くから、$\cos^2\theta - \sin^2\theta \neq 0$ であり、④は異なる 2 つの実数解をもつ。これらを t_1, t_2 とすると解と係数の関係より
$$t_1 + t_2 = -\frac{4\cos\theta}{\cos^2\theta - \sin^2\theta}$$
$$\cdots\cdots ⑤$$
また、線分 PQ の中点を R(x, y) とおくと、⑤より
$$x = \frac{(2 + t_1\cos\theta) + (2 + t_2\cos\theta)}{2}$$
$$= 2 + \frac{(t_1 + t_2)\cos\theta}{2}$$
$$= 2 - \frac{2\cos^2\theta}{\cos^2\theta - \sin^2\theta}$$
$$= 2 - \frac{1 + \cos 2\theta}{\cos 2\theta}$$
$$= 1 - \frac{1}{\cos 2\theta}$$
$$y = \frac{t_1\sin\theta + t_2\sin\theta}{2}$$
$$= -\frac{2\cos\theta\sin\theta}{\cos^2\theta - \sin^2\theta}$$
$$= -\frac{\sin 2\theta}{\cos 2\theta} = -\tan 2\theta$$
$1 + \tan^2 2\theta = \dfrac{1}{\cos^2 2\theta}$ であるから
$$1 + y^2 = (x - 1)^2$$
すなわち
$$(x - 1)^2 - y^2 = 1 \cdots\cdots ⑥$$
これは中点 R が双曲線⑥の上にあることを示している。

1.13 双曲線 $C : x^2 - \dfrac{y^2}{4} = -1$ は、y 軸に平行な接線をもたないから、接線の傾きを k とすると、その方程式は
$$y - q = k(x - p) \cdots\cdots ①$$
直線①と C の方程式を連立すると
$$x^2 - \frac{(kx + q - kp)^2}{4} = -1$$
$$(4 - k^2)x^2 - 2k(q - kp)x$$
$$+\{4 - (q - kp)^2\} = 0$$
$$\cdots\cdots ②$$
C の接線がちょうど 2 本存在する条件は、②が x の 2 次方程式であって、重解をもつ k が 2 個存在することである。まず、x の 2 次方程式である条件は
$$k \neq \pm 2 \cdots\cdots ③$$
このとき、重解をもつ条件は、(判別式) $= 0$ であり
$$k^2(q - kp)^2 - (4 - k^2)$$
$$\times\{4 - (q - kp)^2\} = 0$$
$$k^2(q - kp)^2 - 4\{4 - (q - kp)^2\}$$
$$+k^2\{4 - (q - kp)^2\} = 0$$
$$-4\{4 - (q - kp)^2\} + 4k^2 = 0$$
$$k^2 - 4 + (q - kp)^2 = 0$$
$$(p^2 + 1)k^2 - 2pqk + (q^2 - 4) = 0$$
$$\cdots\cdots ④$$
これをみたす実数 k が 2 個存在する条件は、$\dfrac{(判別式)}{4} > 0$ より
$$p^2q^2 - (p^2 + 1)(q^2 - 4) > 0$$
$$4p^2 - q^2 + 4 > 0 \cdots\cdots ⑤$$
このとき、2 本の接線が直交する条件は、④の 2 つの解を k_1, k_2 とすると
$$k_1 k_2 = -1$$
解と係数の関係より
$$\frac{q^2 - 4}{p^2 + 1} = -1$$
$$p^2 + q^2 = 3 \cdots\cdots ⑥$$
このとき、⑤の左辺は

$$4p^2-(3-p^2)+4=5p^2+1>0$$

となるから，⑤はつねに成り立つ。また，条件③より，④の解は ±2 以外でなければならない。よって，④の左辺に $k=\pm2$ を代入して

$$4(p^2+1)\mp4pq+(q^2-4)\neq0$$
$$4p^2\mp4pq+q^2\neq0$$
$$(2p\mp q)^2\neq0$$
$$2p\neq\pm q \quad\cdots\cdots⑦$$

よって，求める条件は，⑥，⑦であるから

$$p^2+q^2=3 \text{ ただし } q\neq\pm2p$$

【参考】

条件をみたす点 P を xy 平面上に図示すると次の図のようになる。この円は，双曲線 C の準円とよばれている。

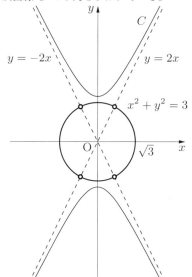

問題

離心率 ....

☐ **1.14** $a > 0$ とし，点 $P(x, y)$ は，y 軸からの距離 d_1 と点 $(2, 0)$ からの距離 d_2 が $ad_1 = d_2$ をみたすものとする。a が次の値のとき，点 $P(x, y)$ の軌跡を求めよ。

(1) $a = \dfrac{1}{2}$

(2) $a = 1$

(3) $a = 2$ (札幌医大)

☐ **1.15** 2 次曲線 $y^2 = 2x^2 + 2x - 1$ の離心率は ☐ である。 (産業医大)

チェック・チェック

基本 check！

離心率

　定点 F と F を通らない直線 l があるとき，F までの距離 PF と l までの距離 PH の比 $\dfrac{\text{PF}}{\text{PH}}$ が一定である点 P の軌跡は 2 次曲線（楕円，放物線，双曲線）になる。このとき，F を焦点，l を準線といい，$\dfrac{\text{PF}}{\text{PH}} = e$ を離心率という。

　P の軌跡は

　　　　$0 < e < 1$ のとき　　楕円
　　　　$e = 1$ のとき　　　　放物線
　　　　$e > 1$ のとき　　　　双曲線

となる。

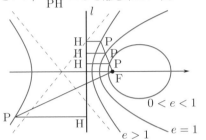

1.14　**離心率から 2 次曲線の式を求める**

　　　$a d_1 = d_2 \iff d_2 : d_1 = a : 1$

d_2 は焦点 $(2,\ 0)$ と P との距離，d_1 は準線 y 軸と P との距離であり，a は離心率です。

1.15　**2 次曲線の式から離心率を求める**

　楕円 $\dfrac{x^2}{a^2} + \dfrac{y^2}{b^2} = 1$ $(a > b > 0)$ の焦点の座標を $(\pm c,\ 0)$ $(c > 0)$ とすると，離心率 e について

$$e = \frac{(\text{焦点間の距離})}{(\text{長軸の長さ})} = \frac{c}{a}$$

が成り立ちます。（27 ページ参照）

　同様に，双曲線 $\dfrac{x^2}{a^2} - \dfrac{y^2}{b^2} = 1$ の焦点の座標を $(\pm c,\ 0)$ $(c > 0)$ とすると，離心率 e について

$$e = \frac{(\text{焦点間の距離})}{(\text{頂点間の距離})} = \frac{c}{a}$$

が成り立ちます。（27 ページ参照）

　$a,\ c$ の値を調べるために，まずは 2 次曲線の式を標準形に直しましょう。

解答・解説

1.14 $a > 0$, $d_1 = |x|$,

$d_2 = \sqrt{(x-2)^2 + y^2}$ であるから

$$ad_1 = d_2$$
$$a^2 d_1{}^2 = d_2{}^2$$
$$a^2 x^2 = (x-2)^2 + y^2 \quad \cdots\cdots (*)$$

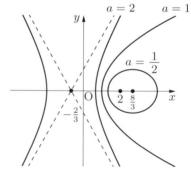

(1) $a = \dfrac{1}{2}$ のとき, $(*)$ は

$$\left(\dfrac{1}{2}\right)^2 x^2 = (x-2)^2 + y^2$$
$$3x^2 + 4y^2 - 16x + 16 = 0$$
$$3\left(x - \dfrac{8}{3}\right)^2 + 4y^2 = \dfrac{16}{3}$$

よって, 点 P の軌跡は

楕円 $\dfrac{9}{16}\left(x - \dfrac{8}{3}\right)^2 + \dfrac{3}{4}y^2 = 1$

(2) $a = 1$ のとき, $(*)$ は

$$1^2 \cdot x^2 = (x-2)^2 + y^2$$
$$-4x + 4 + y^2 = 0$$

よって, 点 P の軌跡は

放物線 $y^2 = 4(x-1)$

(3) $a = 2$ のとき, $(*)$ は

$$2^2 \cdot x^2 = (x-2)^2 + y^2$$
$$3x^2 - y^2 + 4x = 4$$
$$3\left(x + \dfrac{2}{3}\right)^2 - y^2 = \dfrac{16}{3}$$

よって, 点 P の軌跡は

双曲線 $\dfrac{9}{16}\left(x + \dfrac{2}{3}\right)^2 - \dfrac{3}{16}y^2 = 1$

【参考】

(1)〜(3) のグラフの概形を調べる。

(1) 中心 $\left(\dfrac{8}{3},\ 0\right)$, 焦点

$\left(\dfrac{8}{3} \pm \sqrt{\dfrac{16}{9} - \dfrac{4}{3}},\ 0\right)$, すなわち

$(2,\ 0)$, $\left(\dfrac{10}{3},\ 0\right)$, および長軸の長さ

$2 \times \dfrac{4}{3}$ の楕円である。

(2) 焦点 $(2,\ 0)$, 準線 y 軸の放物線で,

頂点は $(1,\ 0)$ である。

(3) 中心 $\left(-\dfrac{2}{3},\ 0\right)$, 焦点

$\left(-\dfrac{2}{3} \pm \sqrt{\dfrac{16}{9} + \dfrac{16}{3}},\ 0\right)$, すなわち

$(2,\ 0)$, $\left(-\dfrac{10}{3},\ 0\right)$, および頂点間の距

離 $2 \times \dfrac{4}{3}$ の双曲線で, 漸近線の方程式

は $y = \pm\sqrt{3}\left(x + \dfrac{2}{3}\right)$ である。

　よって, (1)〜(3) を同一平面上に図示

すると次の図のようになる。

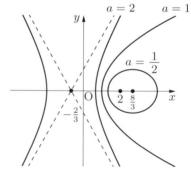

1.15 $y^2 = 2x^2 + 2x - 1 \quad \cdots\cdots$①

平方完成して式を整理すると

$$y^2 = 2\left(x + \dfrac{1}{2}\right)^2 - \dfrac{3}{2}$$
$$2\left(x + \dfrac{1}{2}\right)^2 - y^2 = \dfrac{3}{2}$$
$$\therefore \quad \dfrac{\left(x + \dfrac{1}{2}\right)^2}{\dfrac{3}{4}} - \dfrac{y^2}{\dfrac{3}{2}} = 1$$

となり, ①は双曲線である。焦点は x 軸

上にあり，その x 座標は

$$-\frac{1}{2} \pm \sqrt{\frac{3}{4} + \frac{3}{2}} = -\frac{1}{2} \pm \frac{3}{2}$$

$$= 1,\ -2$$

頂点間の距離は

$$2\sqrt{\frac{3}{4}} = \sqrt{3}$$

よって，離心率 e は

$$e = \frac{(焦点間の距離)}{(頂点間の距離)}$$

$$= \frac{1 - (-2)}{\sqrt{3}} = \underline{\sqrt{3}}$$

【参考】 楕円・双曲線の離心率

(i) 楕円 $\dfrac{x^2}{a^2} + \dfrac{y^2}{b^2} = 1\ (a > b > 0)$ の離心率

　　$P(x,\ y)$ がこの楕円上にあるとき，焦点の座標を $(\pm c,\ 0)\ (c > 0)$ とすると，楕円の定義 (15 ページ) より

$$\sqrt{(x-c)^2 + y^2} + \sqrt{(x+c)^2 + y^2} = 2a$$

であり，$\sqrt{(x+c)^2 + y^2} = 2a - \sqrt{(x-c)^2 + y^2}$ を 2 乗して整理すると

$$(x+c)^2 + y^2 = 4a^2 - 4a\sqrt{(x-c)^2 + y^2} + (x-c)^2 + y^2$$

$$4a\sqrt{(x-c)^2 + y^2} = 4a^2 - 4cx \qquad \therefore \quad \sqrt{(x-c)^2 + y^2} = \frac{c}{a}\left(\frac{a^2}{c} - x\right)$$

$\sqrt{(x-c)^2 + y^2}$ は焦点 $(c,\ 0)$ と点 P の距離 PF であり，直線 $x = \dfrac{a^2}{c}$ を l とおくと，(左辺) と $\dfrac{c}{a}$ が正であることより $\dfrac{a^2}{c} - x > 0$ が確認され，$\dfrac{a^2}{c} - x$ は点 P と直線 l との距離 PH である。よって，$PF = \dfrac{c}{a}PH$ であるから

$$(離心率\ e) = \frac{PF}{PH} = \frac{c}{a} = \frac{2c}{2a} = \frac{(焦点間の距離)}{(長軸の長さ)}$$

(ii) 双曲線 $\dfrac{x^2}{a^2} - \dfrac{y^2}{b^2} = 1\ (a > 0,\ b > 0)$ の離心率

　　$P(x,\ y)$ がこの双曲線上にあるとき，焦点の座標を $(\pm c,\ 0)\ (c > 0)$ とすると，双曲線の定義 (19 ページ) より

$$\left| \sqrt{(x-c)^2 + y^2} - \sqrt{(x+c)^2 + y^2} \right| = 2a$$

であり，$\sqrt{(x+c)^2 + y^2} = \pm 2a + \sqrt{(x-c)^2 + y^2}$ を 2 乗して整理すると

$$(x+c)^2 + y^2 = 4a^2 \pm 4a\sqrt{(x-c)^2 + y^2} + (x-c)^2 + y^2$$

$$\mp 4a\sqrt{(x-c)^2 + y^2} = 4a^2 - 4cx \qquad \therefore \quad \sqrt{(x-c)^2 + y^2} = \frac{c}{a}\left| \frac{a^2}{c} - x \right|$$

$\sqrt{(x-c)^2 + y^2}$ は焦点 $(c,\ 0)$ と点 P の距離 PF であり，直線 $x = \dfrac{a^2}{c}$ を l とおくと，$\left| \dfrac{a^2}{c} - x \right|$ は点 P と直線 l との距離 PH である。よって，$PF = \dfrac{c}{a}PH$ であるから

$$(離心率\ e) = \frac{PF}{PH} = \frac{c}{a} = \frac{2c}{2a} = \frac{(焦点間の距離)}{(頂点間の距離)}$$

§2 パラメータ表示と極座標

📖 問題

2次曲線のパラメータ表示 ···

☐ **1.16** a を正の実数とする。t を媒介変数として
$$x(t) = \cos 2t, \ y(t) = \sin at \ (-\pi \leqq t \leqq \pi)$$
で表される曲線 C について，以下の問に答えよ。

(1) $a = 1$ とする。C を x と y の方程式で表し，その概形を xy 平面上にかけ。

(2) $a = 2$ とする。C を x と y の方程式で表し，その概形を xy 平面上にかけ。 （岐阜大　改）

☐ **1.17** $\dfrac{x^2}{a^2} + \dfrac{y^2}{b^2} = 1$ ······ ① で表される曲線上の点 (x, y) は
$$x = a\cos\theta, \ y = b\sin\theta$$
のように媒介変数 θ を用いて表すことができる。このことを，式①の曲線と円 $x^2 + y^2 = a^2$ とをともに図示することで説明せよ。 （豊橋技科大　改）

☐ **1.18** 媒介変数 t で表された曲線
$$\begin{cases} x = 3\left(t + \dfrac{1}{t}\right) + 1 \\ y = t - \dfrac{1}{t} \end{cases}$$
は双曲線である。

(1) この双曲線の中心の座標，頂点の座標，および漸近線の方程式を求めよ。

(2) この曲線の概形を描け。 （東北学院大）

☐ **1.19** 媒介変数表示 $x = \dfrac{3}{\cos\theta}, \ y = 2\tan\theta \ \left(0 \leqq \theta < \dfrac{\pi}{2}, \ \dfrac{\pi}{2} < \theta \leqq \pi\right)$ で表された曲線の概形を描け。 （関西大　改）

チェック・チェック

1.16 放物線や円のパラメータ表示

パラメータの t を消去しただけでは，軌跡の必要条件を求めたにすぎません。（十分条件も含めて）軌跡そのものを求めるには

与えられた条件をみたす実数 t が存在するための x, y の条件

を求めることになります。

1.17 楕円のパラメータ表示

「楕円は円をつぶしたもの」であることを確認する問題です。こういう基本的なことを問う入試問題もあるんですね。媒介変数表示された点と θ の位置関係をしっかり理解しておきましょう。

1.18 双曲線のパラメータ表示 **(1)**

右図のように，双曲線 $\dfrac{x^2}{a^2} - \dfrac{y^2}{b^2} = 1$ と，漸近線

$y = -\dfrac{b}{a}x$ と平行な直線 $y = -\dfrac{b}{a}x + t$ との交点を求めると

$$\begin{cases} x = \dfrac{a}{2}\left(\dfrac{t}{b} + \dfrac{b}{t} \right) \\ y = \dfrac{b}{2}\left(\dfrac{t}{b} - \dfrac{b}{t} \right) \end{cases}$$

です。これは双曲線のパラメータ表示の 1 つです。

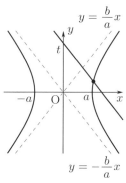

1.19 双曲線のパラメータ表示 **(2)**

一般に，$\begin{cases} x = \dfrac{a}{\cos\theta} \\ y = b\tan\theta \end{cases}$ とすると，これは双曲線 $\dfrac{x^2}{a^2} - \dfrac{y^2}{b^2} = 1$ のパラメータ表示となります。

本問では，等式 $\tan^2\theta + 1 = \dfrac{1}{\cos^2\theta}$ に $\cos\theta = \dfrac{3}{x}$，$\tan\theta = \dfrac{y}{2}$ を代入すると

$$\left(\frac{y}{2} \right)^2 + 1 = \left(\frac{x}{3} \right)^2 \qquad \therefore \quad \frac{x^2}{3^2} - \frac{y^2}{2^2} = 1$$

を得ますが，これは点 (x, y) が描く曲線の必要条件であって，曲線のどの部分を動くのかを示さなければいけません。

解答・解説

1.16 (1) $a = 1$ のとき

$$\begin{cases} x(t) = \cos 2t = 1 - 2\sin^2 t \\ y(t) = \sin t \end{cases}$$

であり

$$x(t) = 1 - 2\{y(t)\}^2$$

また，$-\pi \leqq t \leqq \pi$ より

$$-1 \leqq x(t) \leqq 1, \quad -1 \leqq y(t) \leqq 1$$

よって，C の方程式は

$$\underline{x = -2y^2 + 1 \ (-1 \leqq y \leqq 1)}$$

となり，C の概形は <u>次の図の実線部分</u> <u>（端点を含む）</u>となる。

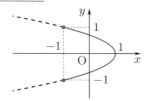

(2) $a = 2$ のとき

$$\begin{cases} x(t) = \cos 2t \\ y(t) = \sin 2t \end{cases}$$

であり，$\cos^2 2t + \sin^2 2t = 1$ より

$$\{x(t)\}^2 + \{y(t)\}^2 = 1$$

$-2\pi \leqq 2t \leqq 2\pi$ より

$$-1 \leqq x(t) \leqq 1, \quad -1 \leqq y(t) \leqq 1$$

よって，C の方程式は

$$\underline{x^2 + y^2 = 1}$$

となり，C の概形は <u>次の図</u> のようになる。

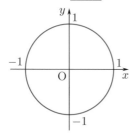

1.17 $\dfrac{x^2}{a^2} + \dfrac{y^2}{b^2} = 1$ $\cdots\cdots$ ①

①上の点 (x, y) を y 軸方向に $\dfrac{a}{b}$ 倍した点を (X, Y) とする。

$$\begin{cases} X = x \\ Y = \dfrac{a}{b} y \end{cases} \Longleftrightarrow \begin{cases} x = X \\ y = \dfrac{b}{a} Y \end{cases}$$

これを①に代入すると

$$\dfrac{X^2}{a^2} + \dfrac{1}{b^2}\left(\dfrac{b}{a} Y\right)^2 = 1$$

$$\therefore \ X^2 + Y^2 = a^2$$

すなわち，(X, Y) は

$$円 \ x^2 + y^2 = a^2 \ \cdots\cdots ②$$

上の点である。円②上の点 (X, Y) は

$$\begin{cases} X = a\cos\theta \\ Y = a\sin\theta \end{cases}$$

と媒介変数表示されるから

$$\begin{cases} x = X = a\cos\theta \\ y = \dfrac{b}{a} Y = b\sin\theta \end{cases}$$

と表すことができる。 （証明終）

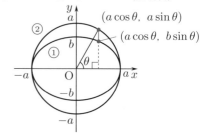

1.18 (1) 与式を変形すると

$$\begin{cases} t + \dfrac{1}{t} = \dfrac{x-1}{3} \\ t - \dfrac{1}{t} = y \end{cases}$$

$$\therefore \begin{cases} t = \dfrac{1}{2}\left(\dfrac{x-1}{3} + y\right) \\ \dfrac{1}{t} = \dfrac{1}{2}\left(\dfrac{x-1}{3} - y\right) \end{cases} \quad (*)$$

$(*)$ をみたす実数 t が存在するための x, y の条件は

$$1 = t \cdot \frac{1}{t}$$
$$= \frac{1}{4}\Big(\frac{x-1}{3} + y\Big)\Big(\frac{x-1}{3} - y\Big)$$
$$\therefore \quad \frac{(x-1)^2}{36} - \frac{y^2}{4} = 1$$

よって，中心の座標は

$$\underline{(\mathbf{1}, \, \mathbf{0})}$$

$y = 0$ として $x = 1 \pm 6$ なので，頂点の座標は

$$\underline{(\mathbf{7}, \, \mathbf{0}), \, (-\mathbf{5}, \, \mathbf{0})}$$

また，漸近線の方程式は

$$\underline{y = \pm\frac{1}{3}(x-1)}$$

(2) 概形は **次の図の実線部分** となる。

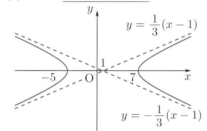

1.19 $\begin{cases} x = \dfrac{3}{\cos\theta} & \cdots\cdots\text{①} \\[2mm] y = 2\tan\theta & \cdots\cdots\text{②} \\[2mm] 0 \leqq \theta < \dfrac{\pi}{2}, \ \dfrac{\pi}{2} < \theta \leqq \pi \\ & \cdots\cdots\text{③} \end{cases}$

点 $(x, \, y)$ が求める曲線上の点であるということは「①かつ②かつ③」をみたす θ が存在するということである。①より $x \neq 0$ が確認されるから

「①かつ②」

$$\Longleftrightarrow \begin{cases} \cos\theta = \dfrac{3}{x} \\[2mm] \sin\theta = \dfrac{y}{2} \cdot \dfrac{3}{x} \end{cases}$$

$(X, \, Y) = (\cos\theta, \, \sin\theta)$ とおくと

$$\begin{cases} X^2 + Y^2 = 1 \\ 0 \leqq Y < 1 \quad (\because \text{③}) \end{cases}$$

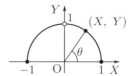

よって，「①かつ②かつ③」をみたす θ が存在する x, y の条件は

$$\begin{cases} \Big(\dfrac{3}{x}\Big)^2 + \Big(\dfrac{3y}{2x}\Big)^2 = 1 \\[2mm] 0 \leqq \dfrac{3y}{2x} < 1 \end{cases}$$

これを整理すると

$$\begin{cases} x > 0 \\[2mm] 1 + \dfrac{y^2}{2^2} = \dfrac{x^2}{3^2} \\[2mm] 0 \leqq y < \dfrac{2x}{3} \end{cases}$$

または $\begin{cases} x < 0 \\[2mm] 1 + \dfrac{y^2}{2^2} = \dfrac{x^2}{3^2} \\[2mm] 0 \geqq y > \dfrac{2x}{3} \end{cases}$

すなわち

$$\begin{cases} \dfrac{x^2}{3^2} - \dfrac{y^2}{2^2} = 1 \\[2mm] 0 \leqq y < \dfrac{2x}{3} \end{cases}$$

または $\begin{cases} \dfrac{x^2}{3^2} - \dfrac{y^2}{2^2} = 1 \\[2mm] \dfrac{2x}{3} < y \leqq 0 \end{cases}$

よって，曲線の概形は **次の図の実線部分** となる。

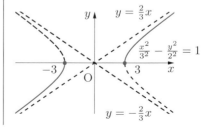

📖 問題

リサージュ曲線 ···

☐ **1.20** 次の問いに答えよ。

(1) 媒介変数 t を用いて $x = \sin 2t,\ y = \sin 5t$ と表される座標平面上の曲線を C とする。C と y 軸が交わる座標平面上の点の個数は ☐ である。

（産業医大　改）

(2) 媒介変数 t を用いて $x = \cos 3t,\ y = \sin 4t$ と表される座標平面上の曲線を C とする。C と直線 $y = \dfrac{1}{3}$ が交わる座標平面上の点の個数は ☐ である。

（産業医大）

☐ **1.21** 整数 $m,\ n$ に対して $\begin{cases} x = \sin mt \\ y = \cos nt \end{cases}$ $(0 \leqq t < 2\pi)$ で媒介変数表示される図形のグラフを $C(m,\ n)$ とする。

$C(2,\ 1),\ C(3,\ 2)$ の概形を下の (a)〜(h) の中から選択せよ。その理由は記さなくてよい。

（千葉大　改）

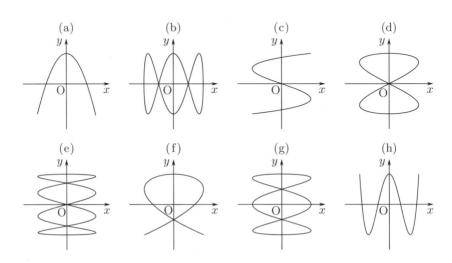

チェック・チェック

基本 check！

リサージュ曲線

有理数 a, b に対して
$$\begin{cases} x = \sin at \\ y = \sin bt \end{cases}$$
と表される曲線をリサージュ曲線という。

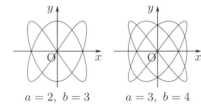

$a = 2,\ b = 3$　　　　$a = 3,\ b = 4$

1.20 曲線と直線の交点

グラフの概形をかかなくても，問題は解決します。

(1) について，求めているのは曲線 C と y 軸との交点の個数ですから，$x = 0$ となる t に対し，y が何通りの値をとるかを調べます。

(2) は，曲線 C や直線の式が (1) と異なりますが，基本的な方針は同じです。

1.21 グラフの特徴をつかむ

問題を一見すると大変そうですが，問題で要求されているのはグラフの概形だけですから，グラフの特徴をどのように捉えるかが大切です。微分しなくても x, y の増減はわかります。増減表を考えましょう。$C(3,\ 2)$ になってくると変化の回数が多くなります。たとえば，$x = \sin 3t\ (0 \leqq t < 2\pi)$ の増減は

$$\sin 3t = \pm 1 \text{ すなわち } t = \frac{\pi}{6},\ \frac{\pi}{2},\ \frac{5}{6}\pi,\ \frac{7}{6}\pi,\ \frac{3}{2}\pi,\ \frac{11}{6}\pi$$

で変わります。関数の特徴を捉えて調べる区間を小さくしましょう。

解答・解説

1.20 (1) $x=0$ となるときを考えれば
よいので

$$\sin 2t = 0$$
$$2t = k\pi$$
$$\therefore \quad t = \frac{k}{2}\pi \ (k \text{ は整数})$$

このとき

$$y = \sin 5t = \sin\frac{5k}{2}\pi$$
$$= \sin\left(2k\pi + \frac{k}{2}\pi\right)$$
$$= \sin\frac{k}{2}\pi = \pm1,\ 0$$

よって，C と y 軸が交わる点は

$$(0,\ 1),\ (0,\ 0),\ (0,\ -1)$$

の **3 個** である。

【参考】

曲線 C を図示すると次の図のように
なる。

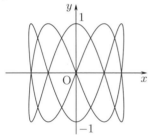

(2) C と直線 $y = \frac{1}{3}$ が交わるのは，t
が

$$\sin 4t = \frac{1}{3} \quad \cdots\cdots ①$$

をみたすときである。$\sin\theta = \frac{1}{3}$ をみた
す $\theta\left(0 < \theta < \frac{\pi}{2}\right)$ を α とおくと，①
の解は

$$4t = \alpha + 2k\pi,\ \pi - \alpha + 2k\pi\ (k \text{ は整数})$$
$$\therefore \quad t = \frac{\alpha}{4} + \frac{k\pi}{2},\ \frac{\pi-\alpha}{4} + \frac{k\pi}{2}$$

整数 j を用いると

(i) $t = \frac{\alpha}{4} + \frac{k\pi}{2}$ のとき

$$\cos 3t$$
$$= \cos\left(\frac{3\alpha}{4} + \frac{3k\pi}{2}\right)$$
$$= \begin{cases} \cos\dfrac{3\alpha}{4} & (k=4j) \\[2mm] \sin\dfrac{3\alpha}{4} & (k=4j+1) \\[2mm] -\cos\dfrac{3\alpha}{4} & (k=4j+2) \\[2mm] -\sin\dfrac{3\alpha}{4} & (k=4j+3) \end{cases}$$

(ii) $t = \frac{\pi-\alpha}{4} + \frac{k\pi}{2}$ のとき

$$\cos 3t$$
$$= \cos\left(\frac{3(\pi-\alpha)}{4} + \frac{3k\pi}{2}\right)$$
$$= \begin{cases} \cos\dfrac{3(\pi-\alpha)}{4} & (k=4j) \\[2mm] \sin\dfrac{3(\pi-\alpha)}{4} & (k=4j+1) \\[2mm] -\cos\dfrac{3(\pi-\alpha)}{4} & (k=4j+2) \\[2mm] -\sin\dfrac{3(\pi-\alpha)}{4} & (k=4j+3) \end{cases}$$

α は $0 < \sin\alpha < \frac{1}{2}\left(0 < \alpha < \frac{\pi}{2}\right)$ を
みたすから

$$0 < \alpha < \frac{\pi}{6}$$
$$\therefore \quad 0 < \frac{3\alpha}{4} < \frac{\pi}{8}$$

であり，(i) の 4 個の値はすべて異なる。
また

$$\frac{5\pi}{6} < \pi - \alpha < \pi$$
$$\therefore \quad \frac{5\pi}{8} < \frac{3(\pi-\alpha)}{4} < \frac{3\pi}{4}$$

であり，(ii) の 4 個の値はすべて異なる。
さらに，(i)，(ii) の 8 個の値はすべて異
なるから，求める点の個数は

8

【参考】

曲線 C と直線 $y = \dfrac{1}{3}$ を図示すると次の図のようになる。

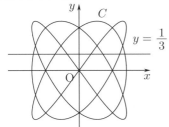

1.21 (i) $C(2,\ 1) : \begin{cases} x(t) = \sin 2t \\ y(t) = \cos t \end{cases}$

$$(0 \leqq t < 2\pi)$$

の増減を調べる。x の増減が変わるのは，$\sin 2t = \pm 1$ より

$$t = \frac{\pi}{4},\ \frac{3}{4}\pi,\ \frac{5}{4}\pi,\ \frac{7}{4}\pi$$

y の増減が変わるのは $\cos t = \pm 1$ より

$$t = 0,\ \pi$$

t	0	$\cdots$	$\dfrac{\pi}{4}$	$\cdots$	$\dfrac{3}{4}\pi$	$\cdots$	π
x	0	$\nearrow$	1	$\searrow$	-1	$\nearrow$	0
y	1	$\searrow$	$\dfrac{1}{\sqrt{2}}$	$\searrow$	$-\dfrac{1}{\sqrt{2}}$	$\searrow$	-1

$\cdots$	$\dfrac{5}{4}\pi$	$\cdots$	$\dfrac{7}{4}\pi$	$\cdots$	(2π)
$\nearrow$	1	$\searrow$	-1	$\nearrow$	(0)
$\nearrow$	$-\dfrac{1}{\sqrt{2}}$	$\nearrow$	$\dfrac{1}{\sqrt{2}}$	$\nearrow$	(1)

よって，概形は次の図 **(d)** のようになる。

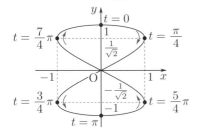

【注意】

$$\begin{aligned} x(2\pi - t) &= \sin(4\pi - 2t) \\ &= -\sin 2t = -x(t) \\ y(2\pi - t) &= \cos(2\pi - t) \\ &= \cos t = y(t) \end{aligned}$$

これより，$C(2,\ 1)$ のグラフは y 軸に関して対称であり，$0 \leqq t \leqq \pi$ の部分を調べればよい。

(ii) $C(3,\ 2) : \begin{cases} x(t) = \sin 3t \\ y(t) = \cos 2t \end{cases}$

$$(0 \leqq t < 2\pi)$$

について調べる。

$$\begin{cases} \begin{aligned} x(2\pi - t) &= \sin(6\pi - 3t) \\ &= -\sin 3t = -x(t) \\ y(2\pi - t) &= \cos(4\pi - 2t) \\ &= \cos 2t = y(t) \end{aligned} \end{cases}$$

これより $C(3,\ 2)$ のグラフは y 軸に関して対称であり，$0 \leqq t \leqq \pi$ の部分を調べればよい。さらに

$$\begin{cases} \begin{aligned} x\left(\frac{\pi}{2} - t\right) &= \sin\left(\frac{3}{2}\pi - 3t\right) \\ &= \sin\left(\frac{3}{2}\pi + 3t\right) \\ &= x\left(\frac{\pi}{2} + t\right) \\ y\left(\frac{\pi}{2} - t\right) &= \cos(\pi - 2t) \\ &= \cos(\pi + 2t) \\ &= y\left(\frac{\pi}{2} + t\right) \end{aligned} \end{cases}$$

よって，$C(3,\ 2)$ の $\dfrac{\pi}{2} \leqq t \leqq \pi$ の部分は $0 \leqq t \leqq \dfrac{\pi}{2}$ の部分を逆もどりしたものである。

$0 \leqq t \leqq \dfrac{\pi}{2}$ において x の増減が変わるのは，$\sin 3t = \pm 1$ より

$$t = \frac{\pi}{6},\ \frac{\pi}{2}$$

y の増減が変わるのは，$\cos 2t = \pm 1$

より

$$t = 0, \ \frac{\pi}{2}$$

t	0	$\cdots$	$\dfrac{\pi}{6}$	$\cdots$	$\dfrac{\pi}{2}$
x	0	$\nearrow$	1	$\searrow$	-1
y	1	$\searrow$	$\dfrac{1}{2}$	$\searrow$	-1

　したがって，$0 \leqq t \leqq \dfrac{\pi}{2}$ におけるグラフは次の図の破線部分（これは $0 \leqq t \leqq \pi$ におけるグラフでもある）となり，$0 \leqq t < 2\pi$ におけるグラフの概形は次の図の実線部分 **(f)** となる。

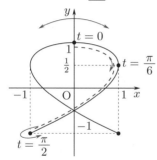

【参考】

　他の選択肢の曲線の式は，次のようになる。(ただし，$0 \leqq t < 2\pi$ とする。)

$$\text{(a)} \cdots \begin{cases} x = \sin t \\ y = \cos 2t \end{cases}$$

$$\text{(b)} \cdots \begin{cases} x = \sin t \\ y = \cos 3t \end{cases}$$

$$\text{(c)} \cdots \begin{cases} x = \cos 3t \\ y = \cos t \end{cases}$$

$$\text{(e)} \cdots \begin{cases} x = \sin 4t \\ y = \cos t \end{cases}$$

$$\text{(g)} \cdots \begin{cases} x = \sin 3t \\ y = \cos t \end{cases}$$

$$\text{(h)} \cdots \begin{cases} x = \sin t \\ y = \cos 4t \end{cases}$$

【MEMO】

問題

サイクロイド ....

☐ **1.22** xy 平面上に中心が C, 半径が 1 の円板がある。最初，中心 C が $(1, 1)$ の位置にあり，円板の周上に固定された点 P が $(0, 1)$ の位置にある。円板が x 軸に接しながら，すべることなく x 軸の正の方向に回転していく。円板が角 θ（ただし，$0 \leqq \theta \leqq \pi$）だけ回転したときの C, P の位置の座標を θ を用いて表せ。 (神大　改)

☐ **1.23** xy 平面上に原点 O を中心とする半径 1 の円 S_1 と，点 A を中心とする半径 1 の円 S_2 がある。円 S_2 は円 S_1 に外接しながら，すべることなく円 S_1 のまわりを反時計回りに一周する。点 A の出発点は $(2, 0)$ であり，円 S_2 上の点で，このとき $(1, 0)$ に位置している点を P とする。点 A が $(2, 0)$ から出発し，$(2, 0)$ に戻ってくるとき，点 P の描く曲線を C とすると，図のようになる。また，動径 OA と x 軸の正の部分とのなす角が θ $(0 \leqq \theta \leqq 2\pi)$ であるときの点 P の座標を $(x(\theta), y(\theta))$ とする。

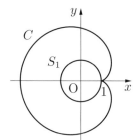

(1) $x(\theta)$, $y(\theta)$ を θ を用いて表せ。

(2) 曲線 C が x 軸に関して対称であることを証明せよ。 (長崎大　改)

☐ **1.24** 原点 O を中心とし半径 a の円 O と，点 C を中心とし半径 b $(b < a)$ の円 C が座標平面上にある。円 O の内側を円 C が内接しながら滑ることなく転がるときの円 C 上の定点 P の軌跡を考える。円 O 上に定点 A$(a, 0)$ をとる。点 P が点 A と重なるように円 C を円 O に内接させる。その位置から円 C が回転して $\angle$AOC $= \theta$ の位置まで移動したときの点 P の座標を (x, y) とする。ただし，角度は弧度法で考える。

(1) P の軌跡の方程式を θ を媒介変数として表せ。

(2) $a = 4b$ のとき，P の軌跡の方程式を a, $\sin\theta$, $\cos\theta$ を用いて表せ。

(鹿児島大)

📖 チェック・チェック

1.22 サイクロイド

円が直線上を滑らずに転がるとき，円周上の定点がえがく軌跡をサイクロイドといいます。

本問では，はじめ $(1,\ 0)$ で x 軸に接している円板の周上である，$(0,\ 1)$ にあった定点の軌跡を求めます。

一般に，原点で x 軸に接する半径 a の円で，はじめ原点にあった定点の軌跡の方程式は

$$\begin{cases} x = a(\theta - \sin\theta) \\ y = a(1 - \cos\theta) \end{cases}$$

となります。

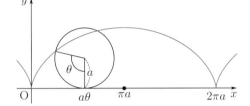

1.23 エピサイクロイド

本問のように円 S_2 が円 S_1 に外接しながら滑らずに転がるとき，円 S_2 の円周上の定点 P がえがく軌跡をエピサイクロイドといいます。滑らずに転がるということと，2 円 S_1, S_2 の半径が等しいことから，$\angle\text{OAP}$ と θ の関係に着目しましょう。

1.24 ハイポサイクロイド

本問のように円 C が円 O に内接しながら滑らずに転がるとき，円 C の円周上の定点がえがく軌跡をハイポサイクロイドといいます。2 円の接点を T とおくと，滑らずに転がるということから，$\angle\text{TCP}$ と θ の関係を 2 円の半径 a, b を用いて表すことができます。

解答・解説

1.22 $C_0(1,\ 1)$, $P_0(0,\ 1)$ とする。

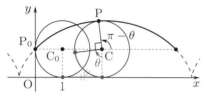

円板は x 軸に接しながら滑らずに転がるので

$$C_0C = (\text{円板の半径}) \cdot \theta$$
$$= 1 \cdot \theta = \theta$$

よって，C の座標は

$$\underline{(1 + \theta,\ 1)}$$

また，$\angle P_0CP = \theta$ より，$\overrightarrow{CP}$ と x 軸正方向とのなす角は $\pi - \theta$ であるから

$$\overrightarrow{OP} = \overrightarrow{OC} + \overrightarrow{CP}$$
$$= \begin{pmatrix} 1+\theta \\ 1 \end{pmatrix} + 1 \times \begin{pmatrix} \cos(\pi-\theta) \\ \sin(\pi-\theta) \end{pmatrix}$$
$$= \begin{pmatrix} 1+\theta \\ 1 \end{pmatrix} + 1 \times \begin{pmatrix} -\cos\theta \\ \sin\theta \end{pmatrix}$$
$$= \begin{pmatrix} 1+\theta-\cos\theta \\ 1+\sin\theta \end{pmatrix}$$

よって，P の座標は

$$\underline{(1 + \theta - \cos\theta,\ 1 + \sin\theta)}$$

1.23 (1) 半径 1 の円 S_2 は半径 1 の円 S_1 に外接しながら滑らずに転がるので，OA と x 軸の正の部分とのなす角が θ であるとき，$\angle OAP = \theta$ であり，$\overrightarrow{AP}$ と x 軸の正の方向とのなす角は $2\theta + \pi$ である。

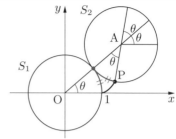

よって

$$\overrightarrow{OP}$$
$$= \overrightarrow{OA} + \overrightarrow{AP}$$
$$= 2\begin{pmatrix} \cos\theta \\ \sin\theta \end{pmatrix} + \begin{pmatrix} \cos(2\theta+\pi) \\ \sin(2\theta+\pi) \end{pmatrix}$$
$$= \begin{pmatrix} 2\cos\theta - \cos 2\theta \\ 2\sin\theta - \sin 2\theta \end{pmatrix}$$

であり，P の座標 $(x(\theta),\ y(\theta))$ は

$$\underline{x(\theta) = 2\cos\theta - \cos 2\theta,}$$
$$\underline{y(\theta) = 2\sin\theta - \sin 2\theta}$$

(2) θ を $2\pi - \theta$ に置き換えると

$$x(2\pi - \theta)$$
$$= 2\cos(2\pi-\theta) - \cos 2(2\pi-\theta)$$
$$= 2\cos\theta - \cos 2\theta = x(\theta)$$
$$y(2\pi - \theta)$$
$$= 2\sin(2\pi-\theta) - \sin 2(2\pi-\theta)$$
$$= -2\sin\theta + \sin 2\theta = -y(\theta)$$

であり，OA と x 軸の正の部分とのなす角が θ のときの C 上の点と，$2\pi - \theta$ のときの C 上の点は，x 軸に関して対称である。

よって，曲線 C は x 軸に関して対称である。 (証明終)

【参考】

エピサイクロイドのうち，本問のように S_1, S_2 の半径が等しいときの P が描く図形をカージオイドという。

1.24 (1) 2円 O, C の接点を T，∠TCP $= \varphi$ とおく。

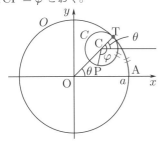

円 C は円 O の円周上を滑らずに転がるから，$\overparen{\text{TP}} = \overparen{\text{TA}}$ より

$$b\varphi = a\theta$$

$$\therefore \quad \varphi = \frac{a\theta}{b}$$

$$\overrightarrow{\text{OC}} = (a-b)\begin{pmatrix} \cos\theta \\ \sin\theta \end{pmatrix} \quad \text{であり，}$$

$$\overrightarrow{\text{CP}} = b\begin{pmatrix} \cos(\theta - \varphi) \\ \sin(\theta - \varphi) \end{pmatrix} \quad \text{であるから}$$

$$\overrightarrow{\text{OP}} = \overrightarrow{\text{OC}} + \overrightarrow{\text{CP}}$$

すなわち

$$\begin{pmatrix} x \\ y \end{pmatrix}$$

$$= (a-b)\begin{pmatrix} \cos\theta \\ \sin\theta \end{pmatrix} + b\begin{pmatrix} \cos(\theta - \varphi) \\ \sin(\theta - \varphi) \end{pmatrix}$$

$$= \begin{pmatrix} (a-b)\cos\theta + b\cos\left(\dfrac{b-a}{b}\theta\right) \\ (a-b)\sin\theta + b\sin\left(\dfrac{b-a}{b}\theta\right) \end{pmatrix}$$

よって，P の軌跡の方程式は

$$\begin{cases} x = (a-b)\cos\theta + b\cos\left(\dfrac{b-a}{b}\theta\right) \\ y = (a-b)\sin\theta + b\sin\left(\dfrac{b-a}{b}\theta\right) \end{cases}$$

(2) $a = 4b$ のとき

$$x = \left(a - \frac{a}{4}\right)\cos\theta + \frac{a}{4}\cos(1-4)\theta$$

$$= \frac{a}{4}(3\cos\theta + \cos 3\theta)$$

$$= a\cos^3\theta$$

$$y = \left(a - \frac{a}{4}\right)\sin\theta + \frac{a}{4}\sin(1-4)\theta$$

$$= \frac{a}{4}(3\sin\theta - \sin 3\theta)$$

$$= a\sin^3\theta$$

よって，P の軌跡の方程式は

$$\begin{cases} x = a\cos^3\theta \\ y = a\sin^3\theta \end{cases}$$

【参考】

P の軌跡の方程式について，パラメータ θ を消去すると

$$x^{\frac{2}{3}} + y^{\frac{2}{3}} = a^{\frac{2}{3}}$$

この曲線はアステロイドと呼ばれている。

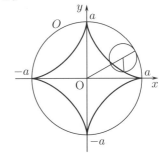

ちなみに，動円の周上でなく，動円の内部または外部にとった定点のえがく軌跡をトロコイドという。

なお

　　-oid:～のようなもの

　　epi-:上の（外の，外接の）

　　hypo-:下の（内の，内接の）

という意味がある。

📖 問題

極座標と直交座標 ··

1.25 次の極方程式で表される曲線を直交座標 (x, y) で表し，その概形をかけ。
$$r^2(7\cos^2\theta + 9) = 144$$
（奈良教育大）

1.26 極方程式 $r = \dfrac{1}{1 - \cos\theta}$ を x, y の方程式で表し，どんな図形を表すか答えよ。もし，それが 2 次曲線なら，頂点，焦点の xy 座標も求めること。
（小樽商科大）

1.27 次の極方程式の表す曲線を，直交座標 (x, y) に関する方程式で表し，その概形を図示せよ。
$$r = \dfrac{\sqrt{6}}{2 + \sqrt{6}\cos\theta}$$
（徳島大　改）

1.28 座標平面上に定点 $F(-4, 0)$ および定直線 $l : x = -\dfrac{25}{4}$ が与えられている。

(1) 動点 $P(x, y)$ から l へ垂線 PH を引くとき，$\dfrac{PF}{PH} = \dfrac{4}{5}$ となるように，P が動くものとする。このとき P の軌跡の方程式を求めよ。

(2) F を極，F から x 軸の正の方向に向かう半直線を始線（基線）とする極座標を考える。このとき (1) で得られた図形を極方程式で表せ。

(3) 原点 O を極，O から x 軸の正の方向に向かう半直線を始線（基線）とする極座標を考える。このとき (1) で得られた図形を極方程式で表せ。

（山梨大）

チェック・チェック

基本 check！

極座標

平面上の点 $\mathrm{P}(x, y)$ は，原点 O からの距離 r と，動径 OP の x 軸正方向とのなす角 θ によって定めることもできる。

このとき，(r, θ) を点 P の極座標といい，直交座標 (x, y) との間には

$$x = r\cos\theta, \ y = r\sin\theta$$
$$r^2 = x^2 + y^2, \ \tan\theta = \frac{y}{x}$$

の関係が成り立つ。

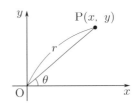

極方程式

曲線を極座標 (r, θ) の関係式で表したものを極方程式という。

極方程式においては，$r < 0$ の極座標の点も考える。極座標が (r, θ) $(r < 0)$ である点は，極座標が $(-r, \theta + \pi)$ である点を表すものとする。

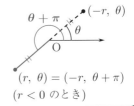

$(r, \theta) = (-r, \theta + \pi)$
$(r < 0 \text{ のとき})$

1.25 楕円の極方程式

$r^2 = x^2 + y^2$，$r\cos\theta = x$ を代入して，x，y の方程式を整理します。

1.26 放物線の極方程式

$r^2 = x^2 + y^2$，$r\cos\theta = x$ を代入して，式を整理します。

1.27 双曲線の極方程式

$r^2 = x^2 + y^2$，$r\cos\theta = x$ を代入します。

1.28 極のとり方

(1) $\dfrac{\mathrm{PF}}{\mathrm{PH}}$ は離心率であり，離心率 e が $0 < e < 1$ である P の軌跡は楕円です。

(2)，(3) は極のとり方が違います。どちらの場合の方がきれいな式として表現されるでしょうか。

📖 解答・解説

1.25
$$r^2(7\cos^2\theta + 9) = 144$$
$$7r^2\cos^2\theta + 9r^2 = 144$$
$r^2 = x^2 + y^2,\ r\cos\theta = x$ を代入して
$$7x^2 + 9(x^2 + y^2) = 144$$
$$16x^2 + 9y^2 = 144$$
$$\therefore\ \ \frac{x^2}{3^2} + \frac{y^2}{4^2} = 1$$

これは楕円であり，概形は <u>次の図</u> のようになる。

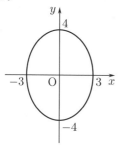

1.26
$$r = \frac{1}{1 - \cos\theta} \quad \cdots\cdots\ \text{①}$$
$$r - r\cos\theta = 1$$
$$r = 1 + r\cos\theta$$
両辺を 2 乗して
$$r^2 = (1 + r\cos\theta)^2$$
$r^2 = x^2 + y^2,\ x = r\cos\theta$ を代入して
$$x^2 + y^2 = (1 + x)^2$$
$$y^2 = 2x + 1$$
よって，①が表す図形は
放物線 $y^2 = 2x + 1$
であり，これは 2 次曲線である。また
$$y^2 = 4 \cdot \frac{1}{2}\left(x + \frac{1}{2}\right)$$
より

頂点の座標 $\left(-\dfrac{1}{2},\ 0\right)$，

焦点の座標 $\underline{(0,\ 0)}$

（準線は $x = -1$）

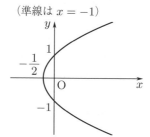

1.27
$$r = \frac{\sqrt{6}}{2 + \sqrt{6}\cos\theta}$$
$$2r + \sqrt{6}r\cos\theta = \sqrt{6}$$
$$2r = \sqrt{6}(1 - r\cos\theta)$$
両辺を 2 乗して
$$4r^2 = 6(1 - r\cos\theta)^2$$
$$2r^2 = 3(1 - r\cos\theta)^2$$
$r^2 = x^2 + y^2,\ r\cos\theta = x$ を代入して
$$2(x^2 + y^2) = 3(1 - x)^2$$
$$x^2 - 2y^2 - 6x + 3 = 0$$
$$(x - 3)^2 - 2y^2 = 6$$
よって，求める方程式は
$$\frac{(x - 3)^2}{6} - \frac{y^2}{3} = 1$$
であり，概形は <u>次の図</u> のようになる。

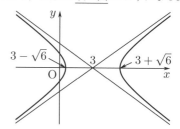

1.28 (1) ℓ

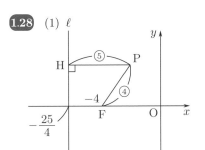

$$\frac{\text{PF}}{\text{PH}} = \frac{4}{5} \text{ より}$$
$$5\text{PF} = 4\text{PH}$$

両辺を 2 乗して
$$25\text{PF}^2 = 16\text{PH}^2 \quad \cdots\cdots \text{①}$$
$$25\{(x+4)^2 + y^2\} = 16\left(x + \frac{25}{4}\right)^2$$
$$9x^2 + 25y^2 = 225$$
$$\therefore \quad \frac{x^2}{25} + \frac{y^2}{9} = 1 \quad \cdots\cdots \text{②}$$

(2) P の極座標を $\text{P}(r, \theta)$ $(r > 0)$ とおくと

$$\text{PF} = r$$
$$\text{PH} = \left| r\cos\theta + \left\{ -4 - \left(-\frac{25}{4} \right) \right\} \right|$$
$$= \left| r\cos\theta + \frac{9}{4} \right|$$

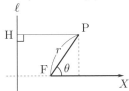

これを①に代入して
$$25r^2 = 16\left(r\cos\theta + \frac{9}{4} \right)^2$$
$$(5r)^2 - (4r\cos\theta + 9)^2 = 0$$
$$\{(5 + 4\cos\theta)r + 9\}$$
$$\times \{(5 - 4\cos\theta)r - 9\} = 0$$

$(5 + 4\cos\theta)r + 9 > 0$ より
$$(5 - 4\cos\theta)r - 9 = 0$$
$$\therefore \quad r = \frac{9}{5 - 4\cos\theta}$$

(3) ②に，$x = r\cos\theta$, $y = r\sin\theta$ を代

入して
$$\frac{r^2\cos^2\theta}{25} + \frac{r^2\sin^2\theta}{9} = 1$$
$$\therefore \quad r^2 = \frac{225}{9\cos^2\theta + 25\sin^2\theta}$$

$r > 0$ より
$$r = \frac{15}{\sqrt{9\cos^2\theta + 25\sin^2\theta}}$$

📖 問題

極方程式

☐ **1.29** 座標平面上の曲線 $(x^2 + y^2)^2 = x^3 - 3xy^2$ を描け。 （東京医大）

☐ **1.30** $a > 0$ を定数として，極方程式
$$r = a(1 + \cos\theta)$$
により表される曲線 C_a を考える。

(1) 極座標が $\left(\dfrac{a}{2},\ 0\right)$ の点を中心とし半径
が $\dfrac{a}{2}$ である円 S を，極方程式で表せ。

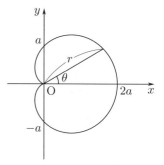

(2) 点 O と曲線 C_a 上の点 $P \neq O$ とを結ぶ
直線が円 S と交わる点を Q とするとき，
線分 PQ の長さは一定であることを示せ。

(3) 点 P が曲線 C_a 上を動くとき，極座標が $(2a, 0)$ の点と P との距離の最
大値を求めよ。 （神大）

☐ **1.31** 原点 O を中心とする半径 1 の円周 C が xy 平面上にある。この平面上
の点 $P(P \neq O)$ から x 軸に下ろした垂線の足を Q，直線 OP と C との交点
のうち，P に近い方の点を R とする。

(1) 点 P の極座標を (r, θ) として，線分 PQ, PR の長さを r, θ を用いて
表せ。

(2) 2 線分 PQ, PR の長さが等しくなる点 P の軌跡 D の極方程式を求めよ。

(3) xy 座標に関する D の方程式を求めよ。 （筑波大）

📖 チェック・チェック

1.29 三葉曲線

　与えられた式に $x^2 + y^2$ があります。極方程式が利用できそうです。

$x = r\cos\theta, \ y = r\sin\theta$ とおいてみましょう。

1.30 カージオイドの性質

　C_a の概形が与えられているので一安心？

　これはカージオイド（心臓形）とよばれています。

(2) OP が円 S と交わるのは $-\dfrac{\pi}{2} < \theta < \dfrac{\pi}{2}$ のときです。このとき

$$PQ = OP - OQ$$

を計算すればよいわけです。

(3) 余弦定理を使います。

1.31 放物線の極方程式

　図をかきながら問題を読みましょう。

　(1) は (2) の誘導になっていて，(1) の結果を PQ = PR に代入すれば，r と θ についての関係式を導くことができます。

　(3) は $r^2 = x^2 + y^2$, $r\sin\theta = y$ を (2) の方程式に代入します。

📖 解答・解説

1.29 $(x^2+y^2)^2 = x^3 - 3xy^2$ ……①

$x = r\cos\theta$, $y = r\sin\theta$ とおくと，

①は

$$\{r^2(\cos^2\theta + \sin^2\theta)\}^2$$
$$= r^3(\cos^3\theta - 3\cos\theta\sin^2\theta)$$

すなわち

$$r^4 = r^3\{\cos^3\theta - 3\cos\theta(1-\cos^2\theta)\}$$
$$r^4 = r^3(4\cos^3\theta - 3\cos\theta)$$
$$r^4 = r^3\cos 3\theta$$
$$\therefore \quad r = 0 \text{ または } r = \cos 3\theta$$

$\cos 3\theta = 0$ のとき $r = 0$ となるので，$r = 0$ は $r = \cos 3\theta$ に含まれる。よって，求める曲線は極方程式

$$r = \cos 3\theta$$

として表される。$\cos 3\theta$ は周期 $\dfrac{2}{3}\pi$ の関数であり，$0 \leqq \theta \leqq \dfrac{2}{3}\pi$ のときの θ に対する r の増減は次の表のようになる。

θ	0	$\cdots$	$\dfrac{\pi}{6}$	$\cdots$
r	1	$\searrow$	0	$\searrow$

$\dfrac{\pi}{3}$	$\cdots$	$\dfrac{\pi}{2}$	$\cdots$	$\dfrac{2\pi}{3}$
-1	$\nearrow$	0	$\nearrow$	1

これを図示すると次の図のようになる。

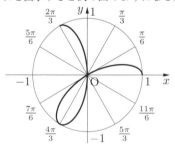

$\dfrac{2}{3}\pi \leqq \theta \leqq \dfrac{4}{3}\pi$, $\dfrac{4}{3}\pi \leqq \theta \leqq 2\pi$ のときも同様になるので，曲線①は次の図のようになる。

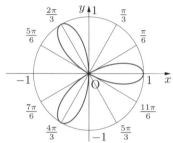

【参考】

この曲線は三葉曲線とよばれている。

なお，極方程式 $r = f(\theta)$ においては，$r < 0$ の極座標の点も考える。すなわち，$r < 0$ のとき，極座標が (r, θ) である点は，極座標が $(-r, \theta+\pi)$ である点であり，点 $(-r, \theta)$ と極 O に関して対称な点である。(43 ページ参照)

1.30 (1) 極座標 (r, θ) が $\left(\dfrac{a}{2}, 0\right)$ の点を中心に半径 $\dfrac{a}{2}$ の円をかくと，次の図のようになる。

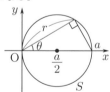

$$r = (\text{直径}) \times \cos\theta$$

なので，求める極方程式は

$$\boldsymbol{r = a\cos\theta}$$

(2)

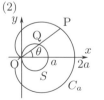

$-\dfrac{\pi}{2} \leqq \theta \leqq \dfrac{\pi}{2}$ のとき

$$\begin{aligned}
PQ &= OP - OQ \\
&= a(1 + \cos\theta) - a\cos\theta \\
&= a
\end{aligned}$$

$-\pi < \theta < -\dfrac{\pi}{2}$, $\dfrac{\pi}{2} < \theta < \pi$ のとき

$OQ = a\cos(\pi - \theta) = -a\cos\theta$ なので

$$\begin{aligned}
PQ &= OP + OQ \\
&= a(1 + \cos\theta) + (-a\cos\theta) \\
&= a
\end{aligned}$$

よって，PQ $= a$（一定）である．

（証明終）

(3)

$$\begin{aligned}
& y \\
& P \\
& \theta \\
& O \quad a \quad A \\
& \quad\quad 2a \quad x \\
& S \\
& C_a
\end{aligned}$$

極座標 (r, θ) が $(2a, 0)$ の点を A とおくと，$0 < \theta < \pi$ のとき余弦定理より

$$\begin{aligned}
& AP^2 \\
&= OP^2 + OA^2 - 2OP \cdot OA\cos\theta \\
& \qquad\qquad\qquad\qquad \cdots\cdots (*)
\end{aligned}$$

$-\pi < \theta < 0$ のとき，$\angle AOP = -\theta$ なので余弦定理より

$$\begin{aligned}
& AP^2 \\
&= OP^2 + OA^2 - 2OP \cdot OA\cos(-\theta) \\
&= OP^2 + OA^2 - 2OP \cdot OA\cos\theta
\end{aligned}$$

さらに，$\theta = \pm\pi$ のとき P $=$ O，$\theta = 0$ のとき P $=$ A とすることで，$-\pi \leqq \theta \leqq \pi$ の範囲で $(*)$ が成立し

$$\begin{aligned}
& AP^2 \\
&= a^2(1 + \cos\theta)^2 + 4a^2 \\
& \qquad\qquad - 2a(1 + \cos\theta) \cdot 2a\cos\theta \\
&= a^2(5 - 2\cos\theta - 3\cos^2\theta) \\
&= a^2\left\{-3\left(\cos\theta + \dfrac{1}{3}\right)^2 + \dfrac{16}{3}\right\}
\end{aligned}$$

$a > 0$ より，AP の最大値は

$$\underline{\dfrac{4}{\sqrt{3}}a} \qquad \left(\cos\theta = -\dfrac{1}{3}\text{ のとき}\right)$$

1.31 (1)

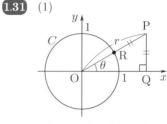

$$PQ = OP|\sin\theta| = \underline{\boldsymbol{r|\sin\theta|}}$$

$$PR = |OP - OR| = \underline{\boldsymbol{|r - 1|}}$$

(2) $\quad$ PQ $=$ PR

$$r|\sin\theta| = |r - 1|$$

$$r - 1 = \pm r\sin\theta$$

$$(1 \pm \sin\theta)r = 1 \quad \cdots\cdots \text{①}$$

よって，求める極方程式は

$$\begin{cases}
r = \dfrac{1}{1 - \sin\theta} \\
\qquad \left(-\pi \leqq \theta < \pi,\ \theta \neq \dfrac{\pi}{2}\right) \\
r = \dfrac{1}{1 + \sin\theta} \\
\qquad \left(-\pi \leqq \theta < \pi,\ \theta \neq -\dfrac{\pi}{2}\right)
\end{cases}$$

(3) ①を変形すると

$$r \pm r\sin\theta = 1$$

$$r = 1 \pm r\sin\theta$$

両辺を 2 乗して

$$r^2 = (1 \pm r\sin\theta)^2$$

$r^2 = x^2 + y^2$, $y = r\sin\theta$ を代入すると

$$x^2 + y^2 = (1 \pm y)^2$$

$$\pm 2y = x^2 - 1$$

よって，求める方程式は

$$\boldsymbol{y = \pm\dfrac{x^2 - 1}{2}}$$

§1　極形式

📖 問題

共役な複素数と絶対値 ··

□ **2.1** 複素数 z, w について，次の関係が成立することを示せ。ただし複素数 α に対し，$\overline{\alpha}$ は α と共役な複素数を表す。
(1) $\overline{z+w} = \overline{z} + \overline{w}$
(2) $\overline{zw} = \overline{z}\,\overline{w}$　　　　　　　　　　　　　　　　　　　　　（鹿児島大）

□ **2.2** 複素数 z が $z^2 = -3 + 4i$ を満たすとき z の絶対値は $\boxed{}$ であり，z の共役複素数 $\overline{z}$ を z を用いて表すと $\overline{z} = \dfrac{\boxed{}}{z}$ である（ただし i は虚数単位）。また，$(z + \overline{z})^2$ の値は $\boxed{}$ である。　　　　　（関西学院大）

□ **2.3** $\left| \dfrac{(3+i)(5-2i)}{2+i} \right| = \sqrt{\boxed{}}$ である。ただし，i は虚数単位である。
　　　　　　　　　　　　　　　　　　　　　　　　　　　　（湘南工科大）

□ **2.4** 複素数 z, w に対して，次の不等式が成り立つことを示せ。
$$|z + w| \leqq |z| + |w|$$
　　　　　　　　　　　　　　　　　　　　　　　　　　　　（大阪教育大）

□ **2.5** 複素数 α は実数ではないとする。$\dfrac{\alpha^2}{1+\alpha}$ が実数であるために α のみたすべき必要十分条件を求めよ。

📖 チェック・チェック

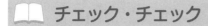

基本 check！

共役な複素数，絶対値

複素数 $z = a + bi$　（a, b は実数）に対し，$a - bi$ を z の共役複素数といい，$\bar{z}$ で表す。共役な複素数について，次の (i)〜(iii) が成り立つ。

(i)　$\overline{z \pm w} = \bar{z} \pm \bar{w}$　　(ii)　$\overline{zw} = \bar{z}\,\bar{w}$　　(iii)　$\overline{\left(\dfrac{z}{w}\right)} = \dfrac{\bar{z}}{\bar{w}}$　$(w \neq 0)$

また，z の絶対値 $|z|$ とは，原点 O と点 z の距離である。絶対値については，次の (i)〜(iii) が重要である。

(i)　$|z| = \sqrt{a^2 + b^2}$　…… これは実数

$z\bar{z} = (a + bi)(a - bi) = a^2 + b^2$ より

(ii)　$|z|^2 = z\bar{z}$

また，積と商における絶対値については

(iii)　$\begin{cases} |zw| = |z||w| \\ \left|\dfrac{z}{w}\right| = \dfrac{|z|}{|w|} \quad (w \neq 0) \end{cases}$

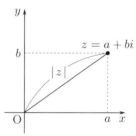

複素数 z が実数である条件，純虚数である条件

・z が実数　$\Longleftrightarrow$　$z = \bar{z}$

・z が純虚数　$\Longleftrightarrow$　$z + \bar{z} = 0$ かつ $z \neq 0$

2.1　和・積の共役

共役の基本性質についての確認です。$z = a + bi$, $w = c + di$（a, b, c, d は実数, i は虚数単位）とおいて，左辺，右辺を計算しましょう。

2.2　共役と絶対値

共役と絶対値は $|z|^2 = z\bar{z}$ で関連づけられます。

2.3　絶対値の計算

絶対値の性質 (iii) より，$\left|\dfrac{z_1 z_2}{z_3}\right| = \dfrac{|z_1||z_2|}{|z_3|}$ が成り立ちます。

2.4　複素数の三角不等式

$z = a + bi$, $w = c + di$（a, b, c, d は実数, i は虚数単位）とおいて，(右辺)^2−(左辺)$^2 \geqq 0$ を示しましょう。コーシー・シュワルツの不等式を用いるか，$|zw|^2 = |z|^2|w|^2$ の展開式を利用するか。

2.5　実数条件

α が実数ではないという条件がどこで使われているかを明示しましょう。

解答・解説

2.1 $z = a + bi$, $w = c + di$ (a, b, c, d は実数, i は虚数単位) とおく。

(1) 左辺, 右辺をそれぞれ計算すると
$$\overline{z + w}$$
$$= \overline{(a + c) + (b + d)i}$$
$$= (a + c) - (b + d)i$$
$$\overline{z} + \overline{w}$$
$$= (a - bi) + (c - di)$$
$$= (a + c) - (b + d)i$$
よって, $\overline{z + w} = \overline{z} + \overline{w}$ は成立する。
(証明終)

(2) 左辺, 右辺をそれぞれ計算すると
$$\overline{zw}$$
$$= \overline{(a + bi)(c + di)}$$
$$= \overline{(ac - bd) + (ad + bc)i}$$
$$= (ac - bd) - (ad + bc)i$$
$$\overline{z}\,\overline{w}$$
$$= (a - bi)(c - di)$$
$$= (ac - bd) + (-ad - bc)i$$
$$= (ac - bd) - (ad + bc)i$$
よって, $\overline{zw} = \overline{z}\,\overline{w}$ は成立する。
(証明終)

2.2 $z^2 = -3 + 4i$ より
$$|z^2| = \sqrt{(-3)^2 + 4^2}$$
$$= 5$$
一方, 左辺について, $|z^2| = |z|^2$ なので
$$|z|^2 = 5$$
$|z| > 0$ より
$$|z| = \underline{\sqrt{5}}$$
また, $|z|^2 = z\overline{z}$ なので
$$z\overline{z} = 5$$
よって
$$\overline{z} = \underline{\dfrac{5}{z}}$$
最後に

$$(z + \overline{z})^2$$
$$= z^2 + 2z\overline{z} + (\overline{z})^2$$
$$= z^2 + 2|z|^2 + \overline{(z^2)}$$
$$= (-3 + 4i) + 2 \cdot 5 + (-3 - 4i)$$
$$= \underline{4}$$

2.3
$$\left| \dfrac{(3 + i)(5 - 2i)}{2 + i} \right|$$
$$= \dfrac{\sqrt{3^2 + 1^2}\sqrt{5^2 + (-2)^2}}{\sqrt{2^2 + 1^2}}$$
$$= \dfrac{\sqrt{10}\sqrt{29}}{\sqrt{5}}$$
$$= \underline{\sqrt{58}}$$

別解

分母を実数化してから絶対値を求めると
$$\dfrac{(3 + i)(5 - 2i)}{2 + i}$$
$$= \dfrac{17 - i}{2 + i}$$
$$= \dfrac{(17 - i)(2 - i)}{(2 + i)(2 - i)}$$
$$= \dfrac{33}{5} - \dfrac{19}{5}i$$
これより
$$\left| \dfrac{(3 + i)(5 - 2i)}{2 + i} \right|$$
$$= \left| \dfrac{33}{5} - \dfrac{19}{5}i \right|$$
$$= \sqrt{\left(\dfrac{33}{5} \right)^2 + \left(-\dfrac{19}{5} \right)^2}$$
$$= \sqrt{58}$$

2.4 $z = a + bi$, $w = c + di$ (a, b, c, d は実数, i は虚数単位) とおく。
$$(|z| + |w|)^2 - |z + w|^2$$
$$= \left(\sqrt{a^2 + b^2} + \sqrt{c^2 + d^2} \right)^2$$
$$\qquad - \{(a + c)^2 + (b + d)^2\}$$
$$= a^2 + b^2 + c^2 + d^2 + 2\sqrt{a^2 + b^2}\sqrt{c^2 + d^2}$$

$$-\{a^2+c^2+b^2+d^2+2(ac+bd)\}$$
$$=2\left\{\sqrt{a^2+b^2}\sqrt{c^2+d^2}-(ac+bd)\right\}$$
$$\geqq 0 \ (\because \text{コーシー・シュワルツの不等式})$$

が成り立つ。よって，不等式

$$|z+w| \leqq |z|+|w|$$

が成り立つ。　　　　　　　　　（証明終）

【参考】

（平方和の積）と（積の和の平方）についての不等式

$$(a^2+b^2)(c^2+d^2) \geqq (ac+bd)^2$$

は，コーシー・シュワルツの不等式とよばれている。

$\vec{x}=(a,\,b),\ \vec{y}=(c,\,d)$ とし，$\vec{x}$ と $\vec{y}$ のなす角を α とすると，内積 $\vec{x}\cdot\vec{y}$ は

$$\vec{x}\cdot\vec{y}=|\vec{x}||\vec{y}|\cos\alpha$$

であり，$-1 \leqq \cos\alpha \leqq 1$ であるから，不等式

$$|\vec{x}\cdot\vec{y}| \leqq |\vec{x}||\vec{y}|$$

が得られる。成分で表すと

$$|ac+bd| \leqq \sqrt{a^2+b^2}\sqrt{c^2+d^2}$$
$$\therefore \ (ac+bd)^2 \leqq (a^2+b^2)(c^2+d^2)$$

である。等号が成立するのは

$$\vec{x}=\vec{0} \ \text{または} \ \vec{y}=\vec{0} \ \text{または} \ \vec{x}\,/\!/\,\vec{y}$$

すなわち

$$a=b=0 \ \text{または} \ c=d=0 \ \text{または} \ a:b=c:d$$

のときである。

なお，コーシー・シュワルツの不等式は次のように示すこともできる。積の絶対値の性質

$$|zw|=|z||w|$$

に $z=a+bi,\ w=c+di$（a, b, c, d は実数，i は虚数単位）を代入し，両辺を 2 乗すると

$$|(a+bi)(c+di)|^2=(a^2+b^2)(c^2+d^2)$$

ここで，左辺は

$$(\text{左辺})=|(ac-bd)+(ad+bc)i|^2$$
$$=(ac-bd)^2+(ad+bc)^2$$

であるから

$$(ac-bd)^2+(ad+bc)^2=(a^2+b^2)(c^2+d^2)$$

が成り立つ。この等式により

$$(ad+bc)^2 \leqq (a^2+b^2)(c^2+d^2)$$

が成り立ち，等号が成立するのは

$$ac-bd=0$$

が成り立つときとわかる。

2.5 α は実数ではない

$$\iff \alpha-\overline{\alpha}\neq 0 \quad \cdots\cdots(*)$$

$(*)$ のもとで，条件

$$\frac{\alpha^2}{1+\alpha} \ \text{が実数である}\cdots\cdots(**)$$

を変形する。

$$(**) \iff \frac{\alpha^2}{1+\alpha}=\overline{\left(\frac{\alpha^2}{1+\alpha}\right)}$$
$$\iff \frac{\alpha^2}{1+\alpha}-\frac{(\overline{\alpha})^2}{1+\overline{\alpha}}=0$$

α は実数ではないから，$1+\alpha \neq 0$, $1+\overline{\alpha}\neq 0$ であり

$$(**) \iff \alpha^2(1+\overline{\alpha})-(\overline{\alpha})^2(1+\alpha)=0$$

$\alpha\overline{\alpha}=|\alpha|^2$ に注意して，左辺を整理すると

$$(\text{左辺})$$
$$=\alpha^2+\alpha|\alpha|^2-(\overline{\alpha})^2-\overline{\alpha}|\alpha|^2$$
$$=|\alpha|^2(\alpha-\overline{\alpha})+(\alpha+\overline{\alpha})(\alpha-\overline{\alpha})$$
$$=(|\alpha|^2+\alpha+\overline{\alpha})(\alpha-\overline{\alpha})$$

であり，$(*)$ より，$\alpha-\overline{\alpha}\neq 0$ であるから

$$(**) \iff |\alpha|^2+\alpha+\overline{\alpha}=0$$
$$\therefore \ |\alpha+1|^2=1$$

よって，求める条件は

$$\underline{|\alpha+1|=1}$$

$$\underline{(\text{ただし，}-2,\ 0 \ \text{を除く})}$$

問題

極形式 ･･

2.6 次の問いに答えよ。

(1) 2 つの複素数を $z = 2(1 + i)$, $w = 4(1 + \sqrt{3}i)$ とする。このとき
$$|zw| = \boxed{}, \quad \arg(zw) = \boxed{}$$
である。ただし $0 < \arg(zw) < 2\pi$ とする。 （北海道工大）

(2) 2 つの複素数 $z = 1 + i$, $w = 1 + \sqrt{3}i$ に対し，複素数 $\dfrac{w}{z}$ の絶対値は
$\boxed{}$ であり，偏角は $\boxed{}$ である。 （東邦大）

2.7 0 でない複素数 z の極形式を $r(\cos\theta + i\sin\theta)$ とするとき，次の複素数を極形式で表せ。ただし，$0 \leqq \theta < 2\pi$ とし，また z と共役な複素数を $\bar{z}$ で表す。

(1) $-\bar{z}$ (2) $z - |z|$ （佐賀大 改）

ド・モアブルの定理 ･･･

2.8 実数 θ に対し，$\alpha = \cos\theta + i\sin\theta$, $\beta = \cos\theta - i\sin\theta$ とおく。すべての自然数 n に対して
$$\alpha^n = \cos n\theta + i\sin n\theta, \quad \beta^n = \cos n\theta - i\sin n\theta$$
が成り立つことを示せ。ただし，i は虚数単位を表す。 （東北大 改）

2.9 複素数 z が $z + \dfrac{1}{z} = \sqrt{3}$ を満たすとき $z^{10} + \dfrac{1}{z^{10}}$ の値は $\boxed{}$ である。 （京都産業大）

2.10 次の各問いに答えよ。ただし，$i^2 = -1$ である。

(1) $1 + i$, $1 + \sqrt{3}i$ を極形式で表せ。

(2) (1) の結果を利用して $\dfrac{1 + \sqrt{3}i}{1 + i}$ を極形式で表せ。

(3) $\left(\dfrac{1 + \sqrt{3}i}{1 + i}\right)^{12}$ を求めよ。 （九州東海大）

📖 チェック・チェック

基本 check !

極形式

複素数平面上で，0 でない複素数 z の表す点を P とし，OP の長さを r（絶対値），半直線 OP と実軸の正の部分とのなす角を θ（偏角）とすると

$$z = r(\cos\theta + i\sin\theta)$$

と表すことができる。このように表したものを複素数 z の極形式という。

z の偏角は $\arg z$ で表され，その 1 つを θ とすると

$$\arg z = \theta + 2n\pi \ (n \text{ は整数})$$

と表される。偏角には次のような性質がある。

$$\begin{cases} \arg(zw) = \arg z + \arg w \\[2mm] \arg\left(\dfrac{z}{w}\right) = \arg z - \arg w \end{cases}$$

ド・モアブルの定理

$$(\cos\theta + i\sin\theta)^n = \cos n\theta + i\sin n\theta \ (n \text{ は整数})$$

2.6 複素数の積・商と極形式

(1) 絶対値の性質 $|zw| = |z||w|$ と偏角の性質 $\arg(zw) = \arg z + \arg w$ を使います。

(2) 絶対値の性質 $\left|\dfrac{w}{z}\right| = \dfrac{|w|}{|z|}$ と偏角の性質 $\arg\dfrac{w}{z} = \arg w - \arg z$ を使います。

2.7 複素数の共役・絶対値と極形式

$z = r(\cos\theta + i\sin\theta) \ (r > 0, \ 0 \leqq \theta < 2\pi)$ のとき

$$\overline{z} = r(\cos\theta - i\sin\theta), \ |\overline{z}| = r$$

が成り立ちます。

2.8 ド・モアブルの定理

ド・モアブルの定理を証明せよ，という問題です。まずは，$\alpha^n = \cos n\theta + i\sin n\theta$ が成り立つことを示しましょう。数学的帰納法を用いるとよいでしょう。

2.9 複素数の n 乗

複素数の n 乗は極形式で表して，ド・モアブルの定理を用いるのが効率的です。$z^n + \dfrac{1}{z^n}$ の $n = 10$ のときの値なので，$n = 2, 3\cdots$ と順次つくっていくことも可能ですが，ド・モアブルの定理を用いる方が効率的であり，拡張性もあります。

2.10 複素数の商の n 乗

(1), (2) の誘導がなくても，(3) は解けるようにしておきましょう。

📖 解答・解説

2.6 (1) l, m を整数とすると

$$z = 2\sqrt{2}\left\{\cos\left(\frac{\pi}{4} + 2l\pi\right) \right.$$
$$\left. + i\sin\left(\frac{\pi}{4} + 2l\pi\right)\right\}$$
$$w = 8\left\{\cos\left(\frac{\pi}{3} + 2m\pi\right) \right.$$
$$\left. + i\sin\left(\frac{\pi}{3} + 2m\pi\right)\right\}$$

よって

$$|zw| = |z||w| = 2\sqrt{2} \times 8 = \mathbf{16\sqrt{2}}$$

また

$$\arg(zw) = \arg z + \arg w$$
$$= \left(\frac{\pi}{4} + 2l\pi\right) + \left(\frac{\pi}{3} + 2m\pi\right)$$
$$= \frac{7}{12}\pi + 2(l+m)\pi$$

$0 < \arg(zw) < 2\pi$ より

$$\arg(zw) = \frac{\mathbf{7}}{\mathbf{12}}\boldsymbol{\pi}$$

(2) l, m を整数とすると

$$z = \sqrt{2}\left\{\cos\left(\frac{\pi}{4} + 2l\pi\right) \right.$$
$$\left. + i\sin\left(\frac{\pi}{4} + 2l\pi\right)\right\}$$
$$w = 2\left\{\cos\left(\frac{\pi}{3} + 2m\pi\right) \right.$$
$$\left. + i\sin\left(\frac{\pi}{3} + 2m\pi\right)\right\}$$

よって

$$\left|\frac{w}{z}\right| = \frac{|w|}{|z|} = \frac{2}{\sqrt{2}} = \boldsymbol{\sqrt{2}}$$

また

$$\arg\frac{w}{z} = \arg w - \arg z$$
$$= \left(\frac{\pi}{3} + 2m\pi\right) - \left(\frac{\pi}{4} + 2l\pi\right)$$
$$= \frac{\pi}{12} + 2(m-l)\pi$$
$$= \frac{\boldsymbol{\pi}}{\mathbf{12}} + \mathbf{2}\boldsymbol{n}\boldsymbol{\pi} \ (\boldsymbol{n} \text{ は整数})$$

2.7 $z = r(\cos\theta + i\sin\theta)$
$$(r > 0,\ 0 \leqq \theta < 2\pi)$$
とおく。

(1) $\bar{z}$ は z と共役な複素数であるから
$$-\bar{z} = -r(\cos\theta - i\sin\theta)$$
$$= r(-\cos\theta + i\sin\theta)$$
$$= \boldsymbol{r\{\cos(\pi-\theta) + i\sin(\pi-\theta)\}}$$

(2) $|z| = r$ であるから
$$z - |z|$$
$$= r(\cos\theta + i\sin\theta) - r$$
$$= r\{-(1 - \cos\theta) + i\sin\theta\}$$
$$= r\left(-2\sin^2\frac{\theta}{2} + 2i\sin\frac{\theta}{2}\cos\frac{\theta}{2}\right)$$
$$= 2r\sin\frac{\theta}{2}\left(-\sin\frac{\theta}{2} + i\cos\frac{\theta}{2}\right)$$
$$= 2r\sin\frac{\theta}{2}\left\{\cos\left(\frac{\pi}{2} + \frac{\theta}{2}\right) + i\sin\left(\frac{\pi}{2} + \frac{\theta}{2}\right)\right\}$$

ここで、$0 \leqq \frac{\theta}{2} < \pi$ より、$2r\sin\frac{\theta}{2} \geqq 0$ であるから、$z - |z|$ を極形式で表すと
$$\mathbf{2r\sin\frac{\theta}{2}\left\{\cos\left(\frac{\pi}{2} + \frac{\theta}{2}\right) + i\sin\left(\frac{\pi}{2} + \frac{\theta}{2}\right)\right\}}$$

2.8 $\alpha = \cos\theta + i\sin\theta$ のとき、すべての自然数 n に対して
$$\alpha^n = \cos n\theta + i\sin n\theta \quad \cdots\cdots(*)$$
が成り立つことを数学的帰納法を用いて証明する。

(I) $n = 1$ のとき、$(*)$ は明らかに成り立つ。

(II) $n = k$ （k は自然数）のとき $(*)$ が成り立つと仮定する。$n = k+1$ のとき
$$\alpha^{k+1} = \alpha^k \cdot \alpha$$
$$= (\cos k\theta + i\sin k\theta)$$
$$\times (\cos\theta + i\sin\theta)$$
$$= \cos k\theta\cos\theta - \sin k\theta\sin\theta$$
$$+ i(\sin k\theta\cos\theta + \cos k\theta\sin\theta)$$
$$= \cos(k\theta + \theta) + i\sin(k\theta + \theta)$$
$$= \cos(k+1)\theta + i\sin(k+1)\theta$$

よって，$(*)$ は $n = k+1$ のときも成り立つ。

(I)，(II) より，すべての自然数 n に対して $(*)$ は成り立つ。

このとき，θ を $-\theta$ に置き換えると
$$\{\cos(-\theta) + i\sin(-\theta)\}^n$$
$$= \cos(-n\theta) + i\sin(-n\theta)$$
$$\therefore \quad \beta^n = \cos n\theta - i\sin n\theta$$

よって，題意は示された。 （証明終）

2.9 $z + \dfrac{1}{z} = \sqrt{3} \iff z^2 - \sqrt{3}z + 1 = 0$

この 2 次方程式を解くと
$$z = \frac{\sqrt{3} \pm i}{2}$$
$$\therefore \quad z = \cos\left(\pm\frac{\pi}{6}\right) + i\sin\left(\pm\frac{\pi}{6}\right)$$

これより，ド・モアブルの定理を用いると，複号同順で
$$z^{10} + \frac{1}{z^{10}}$$
$$= z^{10} + z^{-10}$$
$$= \left\{\cos\left(\pm\frac{10\pi}{6}\right) + i\sin\left(\pm\frac{10\pi}{6}\right)\right\}$$
$$\quad + \left\{\cos\left(\pm\frac{(-10)\pi}{6}\right) + i\sin\left(\pm\frac{(-10)\pi}{6}\right)\right\}$$
$$= \left(\cos\frac{5\pi}{3} \pm i\sin\frac{5\pi}{3}\right)$$
$$\quad\quad\quad + \left(\cos\frac{5\pi}{3} \mp i\sin\frac{5\pi}{3}\right)$$
$$= 2\cos\frac{5\pi}{3}$$
$$= \underline{1}$$

別解

$z^{10} + \dfrac{1}{z^{10}}$ が現れるように
$$z + \frac{1}{z} = \sqrt{3} \quad \cdots\cdots (*)$$
を用いて $z^n + \dfrac{1}{z^n}$ $(n = 2,\ 3,\ 5,\ 10)$ を順次つくっていく。
$$z^2 + \frac{1}{z^2} = \left(z + \frac{1}{z}\right)^2 - 2 \cdot z \cdot \frac{1}{z}$$
$$= 3 - 2$$
$$= 1 \quad \cdots\cdots ①$$

$$z^3 + \frac{1}{z^3} = \left(z + \frac{1}{z}\right)^3 - 3 \cdot z \cdot \frac{1}{z}\left(z + \frac{1}{z}\right)$$
$$= 3\sqrt{3} - 3\sqrt{3}$$
$$= 0 \quad \cdots\cdots ②$$

①，② より
$$\left(z^2 + \frac{1}{z^2}\right)\left(z^3 + \frac{1}{z^3}\right) = 1 \cdot 0$$
$$z^5 + \frac{1}{z} + z + \frac{1}{z^5} = 0$$

$(*)$ より
$$z^5 + \frac{1}{z^5} = -\sqrt{3} \quad \cdots\cdots ③$$

③の両辺を 2 乗すると
$$z^{10} + 2 \cdot z^5 \cdot \frac{1}{z^5} + \frac{1}{z^{10}} = 3$$
$$z^{10} + \frac{1}{z^{10}} = 1$$

2.10 (1) $1 + i$，$1 + \sqrt{3}i$ をそれぞれ極形式で表すと
$$1 + i = \sqrt{2}\left(\frac{1}{\sqrt{2}} + \frac{1}{\sqrt{2}}i\right)$$
$$= \underline{\boldsymbol{\sqrt{2}\left(\cos\frac{\pi}{4} + i\sin\frac{\pi}{4}\right)}}$$
$$1 + \sqrt{3}i = 2\left(\frac{1}{2} + \frac{\sqrt{3}}{2}i\right)$$
$$= \underline{\boldsymbol{2\left(\cos\frac{\pi}{3} + i\sin\frac{\pi}{3}\right)}}$$

(2) (1) より
$$\frac{1 + \sqrt{3}i}{1 + i}$$
$$= \frac{2}{\sqrt{2}}\left\{\cos\left(\frac{\pi}{3} - \frac{\pi}{4}\right) + i\sin\left(\frac{\pi}{3} - \frac{\pi}{4}\right)\right\}$$
$$= \underline{\boldsymbol{\sqrt{2}\left(\cos\frac{\pi}{12} + i\sin\frac{\pi}{12}\right)}}$$

(3) (2) の結果とド・モアブルの定理から
$$\left(\frac{1 + \sqrt{3}i}{1 + i}\right)^{12}$$
$$= (\sqrt{2})^{12}\left\{\cos\left(\frac{\pi}{12} \times 12\right)\right.$$
$$\left. + i\sin\left(\frac{\pi}{12} \times 12\right)\right\}$$
$$= 2^6(\cos\pi + i\sin\pi) = \underline{\boldsymbol{-64}}$$

📖 問題

1 の n 乗根 ···

☐ **2.11** $z^3 = 1$ をみたすすべての複素数 z を極形式によって表し，それらを複素数平面に図示せよ。 （滋賀大）

☐ **2.12** 複素数 z は 5 次方程式 $z^5 = 1$ の解で，$z \neq 1$ であるものとする。このとき，z は 4 次方程式 ☐ を満たし，この方程式を z^2 で割ると，$w = z + \dfrac{1}{z}$ の値は 2 次方程式 ☐ を満たす。したがって，$z + \dfrac{1}{z}$ の値は ☐ または ☐ と求まる。

方程式 $z^5 = 1$ の解 z_1, z_2, $\cdots$, z_5 が複素数平面上で図の位置にあるとすると
$$z_2 = \overline{z_5}, \quad z_2 z_5 = 1$$
が成り立つので
$$\cos \frac{2}{5}\pi = \frac{1}{2}(z_2 + z_5) = \boxed{}$$
となり，これを使うと，単位円に内接する正5角形の一辺の長さが ☐ と求まる。解 z_2 の実部は ☐ ，虚部は ☐ となる。 （九州工大）

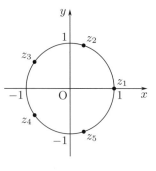

☐ **2.13** 16 乗して 1 になる複素数は全部で 16 個あり，それらは
$$\cos \frac{2\pi \times k}{16} + i \sin \frac{2\pi \times k}{16} \quad (k = 0,\ 1,\ \cdots,\ 15)$$
と表される。このうち 16 乗して初めて 1 となる複素数の個数を n とし，それらを z_1, z_2, $\cdots$, z_n とすると
$$n = \boxed{}, \quad z_1 + z_2 + \cdots + z_n = \boxed{},$$
$$z_1 z_2 \cdots z_n = \boxed{}, \quad (1 - z_1)(1 - z_2) \cdots (1 - z_n) = \boxed{}$$
である。 （近畿大）

📖 チェック・チェック

2.11 **1 の立方根**

3 次方程式 $z^3 = 1$ の解は 3 個あり，その解の求め方は，次の 2 つの方法がある。

(i) 因数分解して，直接解く。

(ii) z^3 を極形式で表し，1 の絶対値 1，偏角 $2n\pi$（n は整数）と比較する。

2.12 **1 の 5 乗根**

$$z^5 - 1 = (z - 1)(z^4 + z^3 + z^2 + z + 1)$$

を利用すると，z についての 4 次方程式が得られます。

一般に，$z^n = 1$ をみたす複素数 z を 1 の n 乗根といい，1 の n 乗根は n 個あり

$$z_k = \cos\frac{2k\pi}{n} + i\sin\frac{2k\pi}{n} \quad (k = 0, 1, 2, \cdots, n-1)$$

と表すことができます。これを複素数平面上で図示すると，z_0, z_1, z_2, $\cdots$, z_{n-1} は点 1 が分点の 1 つとなるように，単位円を n 等分した n 個の点となります。

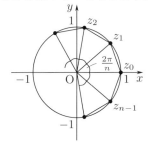

2.13 **原始 n 乗根**

1 の n 乗根（$z^n = 1$ の解）のうち，n 乗して初めて 1 になるものを，1 の原始 n 乗根といいます。1 の n 乗根は

$$\cos\frac{2\pi \times k}{n} + i\sin\frac{2\pi \times k}{n} \quad (k = 0, 1, \cdots, n-1)$$

として n 個ありますが，このうち原始 n 乗根となるのは

k と n が互いに素

となるときです。

📖 解答・解説

2.11

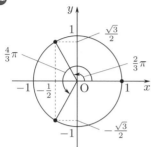

$z^3 - 1 = 0$ を解くと

$$(z-1)(z^2 + z + 1) = 0$$

$$\therefore \quad z = 1, \ \frac{-1 \pm \sqrt{3}i}{2}$$

極形式で表すと

$$z = 1 = \mathbf{\cos 0 + i \sin 0}$$

$$z = \frac{-1 + \sqrt{3}i}{2}$$
$$= \mathbf{\cos \frac{2}{3}\pi + i \sin \frac{2}{3}\pi}$$

$$z = \frac{-1 - \sqrt{3}i}{2}$$
$$= \mathbf{\cos \frac{4}{3}\pi + i \sin \frac{4}{3}\pi}$$

これらを複素数平面に図示すると
上図の黒丸になる。

別解

$z = r(\cos\theta + i\sin\theta)$ とおくと

$$z^3 = r^3(\cos 3\theta + i \sin 3\theta)$$

また

$$1 = \cos 2n\pi + i \sin 2n\pi$$
$$(n \text{ は整数})$$

だから，$z^3 = 1$ のとき

$$r^3 = 1 \quad \text{かつ} \quad 3\theta = 2n\pi$$

$$\therefore \quad r = 1 \quad \text{かつ} \quad \theta = \frac{2}{3}n\pi$$

$0 \leqq \dfrac{2}{3}n\pi < 2\pi$ のとき，$n = 0, 1, 2$
だから，z を極形式で表すと

$$z = \cos 0 + i \sin 0,$$
$$\cos \frac{2}{3}\pi + i \sin \frac{2}{3}\pi,$$
$$\cos \frac{4}{3}\pi + i \sin \frac{4}{3}\pi$$

2.12 $z^5 = 1$ より

$$z^5 - 1 = 0$$

$$\therefore \quad (z-1)(z^4 + z^3 + z^2 + z + 1) = 0$$

$z \neq 1$ より，z は 4 次方程式

$$\mathbf{z^4 + z^3 + z^2 + z + 1 = 0}$$

をみたす。$z = 0$ は上式をみたさないから，両辺を z^2 でわると

$$z^2 + z + 1 + \frac{1}{z} + \frac{1}{z^2} = 0$$

$$\therefore \quad \left(z + \frac{1}{z}\right)^2 - 2 \cdot z \cdot \frac{1}{z}$$
$$+ \left(z + \frac{1}{z}\right) + 1 = 0$$

よって，$w = z + \dfrac{1}{z}$ は，2 次方程式

$$\mathbf{w^2 + w - 1 = 0}$$

をみたす。これを解くと

$$w = z + \frac{1}{z}$$
$$= \frac{-1 - \sqrt{5}}{2} \text{ または } \frac{-1 + \sqrt{5}}{2}$$
$$\cdots\cdots ①$$

ここで，$z = r(\cos\theta + i\sin\theta)$ とおくと

$$z^5 = r^5(\cos 5\theta + i \sin 5\theta)$$

また

$$1 = \cos 2n\pi + i \sin 2n\pi$$
$$(n \text{ は整数})$$

だから，$z^5 = 1$ のとき

$$r^5 = 1 \quad \text{かつ} \quad 5\theta = 2n\pi$$

$$\therefore \quad r = 1 \quad \text{かつ} \quad \theta = \frac{2}{5}n\pi$$

$0 \leqq \dfrac{2}{5}n\pi < 2\pi$ のとき，$n = 0,\ 1,\ 2,$ $3,\ 4$ である。このとき，次の図のように $z_1,\ z_2,\ \cdots,\ z_5$ をとると

$$z_k = \cos\left\{(k-1)\cdot\dfrac{2}{5}\pi\right\}$$
$$+i\sin\left\{(k-1)\cdot\dfrac{2}{5}\pi\right\}$$
$$(k = 1,\ 2,\ 3,\ 4,\ 5)$$

である。

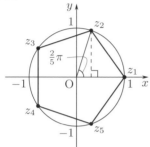

$\cos\dfrac{2}{5}\pi$ は z_2 の実部だから

$$\cos\dfrac{2}{5}\pi = \dfrac{z_2 + \overline{z_2}}{2}$$
$$= \dfrac{1}{2}(z_2 + z_5)\ (\because\ z_2 = \overline{z_5})$$
$$= \dfrac{1}{2}\left(z_2 + \dfrac{1}{z_2}\right)\ (\because\quad z_2 z_5 = 1)$$
$$= \dfrac{1}{2}\cdot\dfrac{-1+\sqrt{5}}{2}$$
$$\left(\because\quad ①,\ \cos\dfrac{2}{5}\pi > 0\right)$$
$$= \dfrac{\sqrt{5}-1}{4}$$

よって，単位円に内接する正五角形の一辺の長さを l とすると

$$l^2 = |z_2 - z_1|^2 = (z_2 - 1)(\overline{z_2} - 1)$$
$$= |z_2|^2 - (z_2 + \overline{z_2}) + 1$$
$$= 1^2 - \dfrac{\sqrt{5}-1}{2} + 1 = \dfrac{5-\sqrt{5}}{2}$$

$$\therefore\quad l = \sqrt{\dfrac{5-\sqrt{5}}{2}}$$

また

$$(z_2 \text{の実部}) = \cos\dfrac{2}{5}\pi$$
$$= \dfrac{\sqrt{5}-1}{4}$$
$$(z_2 \text{の虚部}) = \sqrt{1^2 - (z_2\text{の実部})^2}$$
$$= \sqrt{1 - \dfrac{6-2\sqrt{5}}{16}}$$
$$= \dfrac{\sqrt{10+2\sqrt{5}}}{4}$$

2.13 $\cos\dfrac{2\pi \times k}{16} + i\sin\dfrac{2\pi \times k}{16}$ のうち，16 乗して初めて 1 になるのは，$k\ (0 \leqq k \leqq 15)$ と 16 とが互いに素のときであり，このような k の値は

$$k = 1,\ 3,\ 5,\ 7,\ 9,\ 11,\ 13,\ 15$$

したがって，求める複素数の個数 n は $\underline{\mathbf{8}}$ である。また

$$z^{16} = 1$$
$$\therefore\quad (z^8 + 1)(z^8 - 1) = 0$$

において，$z^8 - 1 = 0$ の解は 8 乗して 1 になるから，16 乗して初めて 1 となる 8 個の複素数 $z_1,\ z_2,\ \cdots,\ z_8$ は $z^8 + 1 = 0$ の解である。したがって

$$z^8 + 1 = (z - z_1)(z - z_2)\cdots(z - z_8)$$
$$\cdots\cdots①$$

が成り立つ。①の右辺を展開したときの z^7 の係数と定数項を，左辺の z^7 の係数と定数項と比較して

$$z_1 + z_2 + \cdots + z_8 = \underline{\mathbf{0}},$$
$$z_1 z_2 \cdots z_8 = \underline{\mathbf{1}}$$

また，①の両辺に $z = 1$ を代入すると

$$(1 - z_1)(1 - z_2)\cdots(1 - z_8)$$
$$= 1^8 + 1 = \underline{\mathbf{2}}$$

📖 問題

複素数の n 乗根 ···

☐ **2.14** 方程式 $z^2 = -i$ を解け。 （滋賀県立大）

☐ **2.15** 方程式 $X^6 - \sqrt{2}X^3 + 1 = 0$ の複素数解を求めよ。 （信州大）

☐ **2.16** 複素数 α を $\alpha = 1 + \sqrt{3}i$ とする。$z^6 = \alpha^6$ となる複素数 z のうち，実数でないものをすべて掛けた数を求めよ。 （大阪工大）

📖 チェック・チェック

基本 check !

複素数の n 乗根

$z^n = p + qi$ $(p,\ q$ は実数$)$ をみたす z を求めるには，$n = 2$ ぐらいなら $z = x + yi$ $(x,\ y$ は実数$)$ とおき，$(x + yi)^n = p + qi$ の両辺の実部，虚部を比較することもできるが，n が大きな数になっていくと大変である。このようなときは，$(x + yi)^n = p + qi$ の両辺を極形式で表し，両辺の絶対値，偏角を比較する。

2.14　複素数の平方根

$x,\ y$ を実数として，$(x + yi)^2 = -i$ の実部・虚部を比較する解法と，極形式を利用する解法の 2 つがあります。

2.15　複素数の立方根

$X^3 = t$ とおけば，与式は t についての 2 次方程式に帰着されます。これを解くと，$X^3 = （複素数）$ となりますね。

2.16　複素数の 6 乗根

$z^6 = \alpha^6$ は z の 6 次方程式なので，複素数の範囲に 6 個の解をもちます。まずは 6 個の解を求めましょう。

📖 解答・解説

2.14 $z = x + yi$ (x, y は実数) とおく
と，$z^2 = -i$ より
$$(x^2 - y^2) + 2xyi = -i$$
複素数の相等より
$$x^2 - y^2 = 0 \text{ かつ } 2xy = -1$$
$$\therefore \quad x = \pm\frac{\sqrt{2}}{2}, \quad y = \mp\frac{\sqrt{2}}{2}$$
(複号同順)
よって
$$z = \frac{\sqrt{2}}{2} - \frac{\sqrt{2}}{2}i, \ -\frac{\sqrt{2}}{2} + \frac{\sqrt{2}}{2}i$$

別解

$z = r(\cos\theta + i\sin\theta)$ ($r > 0$) とおく
と，$z^2 = -i$ より
$$r^2(\cos 2\theta + i\sin 2\theta)$$
$$= \cos\left(-\frac{\pi}{2}\right) + i\sin\left(-\frac{\pi}{2}\right)$$
したがって，m を整数とすると
$$r^2 = 1 \text{ かつ } 2\theta = -\frac{\pi}{2} + 2m\pi$$
$$\therefore \quad r = 1, \ \theta = -\frac{\pi}{4} + m\pi$$
$-\pi \leqq \theta < \pi$ で考えると $\theta = -\dfrac{\pi}{4}, \ \dfrac{3}{4}\pi$
だから
$$z = \cos\left(-\frac{\pi}{4}\right) + i\sin\left(-\frac{\pi}{4}\right),$$
$$\cos\frac{3}{4}\pi + i\sin\frac{3}{4}\pi$$
$$\therefore \ z = \frac{\sqrt{2}}{2} - \frac{\sqrt{2}}{2}i, \ -\frac{\sqrt{2}}{2} + \frac{\sqrt{2}}{2}i$$

2.15 $X^3 = t$ とおくと，与えられた方
程式は
$$t^2 - \sqrt{2}t + 1 = 0$$
$$\therefore \quad t = X^3 = \frac{\sqrt{2} \pm \sqrt{2}i}{2}$$
(以下，複号同順)
$X = r(\cos\theta + i\sin\theta)$ ($r > 0$) とおき，
$X^3 = t$ を極形式で表すと
$$r^3(\cos 3\theta + i\sin 3\theta)$$

$$= \cos\left(\pm\frac{\pi}{4}\right) + i\sin\left(\pm\frac{\pi}{4}\right)$$
したがって，m を整数とすると
$$r^3 = 1 \text{ かつ } 3\theta = \pm\frac{\pi}{4} + 2m\pi$$
$$\therefore \quad r = 1, \ \theta = \pm\frac{\pi}{12} + \frac{2}{3}m\pi$$
$-\pi \leqq \theta < \pi$ で考えると，$\theta = \pm\dfrac{\pi}{12}$,
$\pm\dfrac{7}{12}\pi$, $\pm\dfrac{3}{4}\pi$ となる。

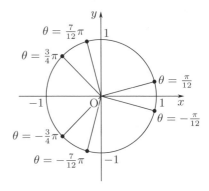

ところで
$$\cos\frac{\pi}{12} = \cos\left(\frac{\pi}{4} - \frac{\pi}{6}\right)$$
$$= \cos\frac{\pi}{4}\cos\frac{\pi}{6} + \sin\frac{\pi}{4}\sin\frac{\pi}{6}$$
$$= \frac{1}{\sqrt{2}} \cdot \frac{\sqrt{3}}{2} + \frac{1}{\sqrt{2}} \cdot \frac{1}{2}$$
$$= \frac{\sqrt{6} + \sqrt{2}}{4}$$
同様に
$$\sin\frac{\pi}{12} = \frac{\sqrt{6} - \sqrt{2}}{4}$$
よって，求める複素数解 X は
$$X = \cos\left(\pm\frac{\pi}{12}\right) + i\sin\left(\pm\frac{\pi}{12}\right)$$
$$= \cos\frac{\pi}{12} \pm i\sin\frac{\pi}{12}$$
$$= \frac{\sqrt{6} + \sqrt{2}}{4} \pm \frac{\sqrt{6} - \sqrt{2}}{4}i$$

$$X = \cos\left(\pm\frac{7}{12}\pi\right) + i\sin\left(\pm\frac{7}{12}\pi\right)$$
$$= \cos\left(\frac{\pi}{2}+\frac{\pi}{12}\right) \pm i\sin\left(\frac{\pi}{2}+\frac{\pi}{12}\right)$$
$$= -\sin\frac{\pi}{12} \pm i\cos\frac{\pi}{12}$$
$$= \underline{\frac{\sqrt{2}-\sqrt{6}}{4} \pm \frac{\sqrt{6}+\sqrt{2}}{4}i}$$

$$X = \cos\left(\pm\frac{3}{4}\pi\right) + i\sin\left(\pm\frac{3}{4}\pi\right)$$
$$= \cos\frac{3}{4}\pi \pm i\sin\frac{3}{4}\pi$$
$$= \underline{-\frac{1}{\sqrt{2}} \pm \frac{1}{\sqrt{2}}i}$$

2.16 $z = r(\cos\theta + i\sin\theta)$ $(r > 0)$ とおく。$\alpha = 1 + \sqrt{3}i$ を極形式で表すと
$$\alpha = 2\left(\cos\frac{\pi}{3} + i\sin\frac{\pi}{3}\right)$$
であり
$$\alpha^6 = 2^6\left(\cos\frac{6\pi}{3} + i\sin\frac{6\pi}{3}\right) = 2^6$$
$z^6 = \alpha^6$ より
$$r^6(\cos 6\theta + i\sin 6\theta) = 2^6(\cos 0 + i\sin 0)$$
したがって，m を整数とすると
$$r^6 = 2^6 \text{ かつ } 6\theta = 2m\pi$$
より
$$r = 2, \quad \theta = \frac{m\pi}{3}$$
$0 \leqq \theta < 2\pi$ で考えると
$$z = 2\left(\cos\frac{m\pi}{3} + i\sin\frac{m\pi}{3}\right)$$
$$(m = 0, 1, 2, 3, 4, 5)$$
このうち実数でないのは
$$m = 1, 2, 4, 5$$
の 4 個である。これら 4 個の z をすべてかけた数の積は
$$2^4\left(\cos\frac{1+2+4+5}{3}\pi + i\sin\frac{1+2+4+5}{3}\pi\right)$$
$$= 16(\cos 4\pi + i\sin 4\pi)$$
$$= \underline{\mathbf{16}}$$

別解

（その 1）
$\beta = \cos\dfrac{\pi}{3} + i\sin\dfrac{\pi}{3}$ とおくと
$$z = 2\left(\cos\frac{k\pi}{3} + i\sin\frac{k\pi}{3}\right)$$
$$(k = 0, 1, 2, 3, 4, 5)$$
は
$$2, 2\beta, 2\beta^2, 2\beta^3, 2\beta^4, 2\beta^5$$
と表すことができる。実数でないものをすべてかけた数の積は
$$2\beta \cdot 2\beta^2 \cdot 2\beta^4 \cdot 2\beta^5$$
$$= 2^4\beta^{1+2+4+5}$$
$$= 16\beta^{12}$$
$$= 16$$

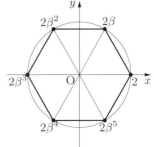

（その 2）
$\alpha^6 = 2^6\left(\cos\dfrac{6\pi}{3} + i\sin\dfrac{6\pi}{3}\right) = 2^6$ であるから
$$z^6 - \alpha^6$$
$$= z^6 - 2^6$$
$$= (z^3 + 8)(z^3 - 8)$$
$$= (z + 2)(z^2 - 2z + 4)$$
$$\qquad \times (z - 2)(z^2 + 2z + 4)$$
より，$z^6 - \alpha^6 = 0$ の解は
$$z = \pm 2, \quad 1 \pm \sqrt{3}i, \quad -1 \pm \sqrt{3}i$$
である。虚数解すべての積は
$$(1+\sqrt{3}i)(1-\sqrt{3}i)(-1+\sqrt{3}i)(-1-\sqrt{3}i)$$
$$= 4 \times 4$$
$$= 16$$

§2 　複素数平面

📖 問題

回転移動 ··

2.17 複素数平面上の点 $z_0 = -\sqrt{3} + i$ を原点のまわりに $\dfrac{\pi}{3}$ だけ回転した点を z_1 とし，さらに，z_1 を原点のまわりに $\dfrac{\pi}{2}$ だけ回転した点を z_2 とする。このとき，$z_1 = \boxed{}$，$z_2 = \boxed{}$ となる。また，複素数 $z_2 - z_1$ の絶対値は $\boxed{}$ である。　　　　　　　　　（神奈川工科大　改）

2.18 (1) 座標平面上の点 (x, y) を原点の周りに $\dfrac{\pi}{4}$ だけ回転して得られる点の座標を (x', y') とする。x', y' を x, y を用いて表しなさい。

(2) 双曲線 $x^2 - y^2 = 1$ を原点の周りに $\dfrac{\pi}{4}$ だけ回転して得られる図形の方程式を求めなさい。　　　　　　　　　　　　　　　（大分大　改）

2.19 (1) α, β は $\alpha \neq \beta$ をみたす複素数とし，θ は $0 \leqq \theta < 2\pi$ とする。複素数平面上で，点 α を点 β のまわりに θ 回転した点を表す複素数を γ とする。γ を α と β と θ を用いて表せ。

(2) $\alpha = i$ （i は虚数単位）とする。点 α を原点のまわりに $\dfrac{\pi}{3}$ 回転した点を表す複素数を β とする。点 α を点 β のまわりに $\dfrac{\pi}{4}$ 回転した点を表す複素数を γ とする。γ の実部と虚部を求めよ。　　　　　　　（奈良女子大）

チェック・チェック

基本 check !

原点のまわりの回転

点 z を原点のまわりに θ だけ回転した点を w とする。
$$z = r(\cos\theta_0 + i\sin\theta_0)$$
のとき

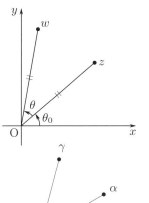

$$w = r\{\cos(\theta_0 + \theta) + i\sin(\theta_0 + \theta)\}$$
$$= r(\cos\theta_0 + i\sin\theta_0)(\cos\theta + i\sin\theta)$$
$$\therefore \quad w = z(\cos\theta + i\sin\theta)$$

となる。すなわち，原点のまわりに θ だけ回転するということは
$$\cos\theta + i\sin\theta \text{ をかける}$$
ということである。

一般の点のまわりの回転

点 α を点 β のまわりに θ だけ回転した点 γ は
$$\gamma - \beta = (\alpha - \beta)(\cos\theta + i\sin\theta)$$
$$\therefore \quad \gamma = \beta + (\alpha - \beta)(\cos\theta + i\sin\theta)$$
である。

2.17 原点のまわりの回転

$z_1 = z_0\left(\cos\dfrac{\pi}{3} + i\sin\dfrac{\pi}{3}\right)$, $z_2 = z_1\left(\cos\dfrac{\pi}{2} + i\sin\dfrac{\pi}{2}\right)$ です。

2.18 曲線の回転移動

(2) では，$x' + y'i = (x + yi)\left(\cos\dfrac{\pi}{4} + i\sin\dfrac{\pi}{4}\right)$ と $x^2 - y^2 = 1$ から x', y' の関係式を求めます。

2.19 一般の点のまわりの回転

(1) これは説明できるようにしておきましょう。全体を $-\beta$ だけ平行移動することで，原点のまわりの回転として考えます。

(2) 点 α を原点のまわりに θ だけ回転した点 β は
$$\beta = \alpha(\cos\theta + i\sin\theta)$$
です。また，点 α を点 β のまわりに θ だけ回転した点 γ は，(1) の結果から
$$\gamma = \beta + (\alpha - \beta)(\cos\theta + i\sin\theta)$$
ですね。

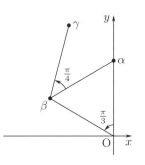

📖 解答・解説

2.17 z_0, z_1 を次々に回転させると

$$z_1 = z_0\left(\cos\frac{\pi}{3} + i\sin\frac{\pi}{3}\right)$$

$$= (-\sqrt{3}+i)\left(\frac{1}{2}+\frac{\sqrt{3}}{2}i\right)$$

$$= \underline{-\sqrt{3}-i}$$

$$z_2 = z_1\left(\cos\frac{\pi}{2} + i\sin\frac{\pi}{2}\right)$$

$$= (-\sqrt{3}-i)i$$

$$= \underline{1-\sqrt{3}i}$$

また

$$z_2 - z_1 = (1-\sqrt{3}i)-(-\sqrt{3}-i)$$

$$= (1+\sqrt{3})+(1-\sqrt{3})i$$

より

$$|z_2 - z_1|$$

$$= \sqrt{(1+\sqrt{3})^2+(1-\sqrt{3})^2}$$

$$= \underline{2\sqrt{2}}$$

別解

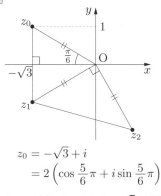

$$z_0 = -\sqrt{3}+i$$

$$= 2\left(\cos\frac{5}{6}\pi + i\sin\frac{5}{6}\pi\right)$$

であり, z_0 を原点のまわりに $\frac{\pi}{3}$ だけ回転した点が z_1, z_1 を原点のまわりに $\frac{\pi}{2}$ だけ回転した点が z_2 であるから

$\triangle Oz_0z_1$ は正三角形,
$\triangle Oz_1z_2$ は直角二等辺三角形となる。

$$z_1 = \overline{z_0} = -\sqrt{3}-i$$

$$z_2 = z_1 i = 1-\sqrt{3}i$$

$$|z_2 - z_1| = \sqrt{2}|z_1| = \sqrt{2}|z_0|$$

$$= 2\sqrt{2}$$

2.18 (1) 点 (x', y') は点 (x, y) を原点の周りに $\frac{\pi}{4}$ だけ回転した点であるから, 複素数平面上で考えると

$$x'+y'i = (x+yi)\left(\cos\frac{\pi}{4}+i\sin\frac{\pi}{4}\right)$$

$$= (x+yi)\left(\frac{1}{\sqrt{2}}+\frac{i}{\sqrt{2}}\right)$$

$$= \frac{x-y}{\sqrt{2}} + \frac{x+y}{\sqrt{2}}i$$

よって

$$\underline{x' = \frac{x-y}{\sqrt{2}}, \quad y' = \frac{x+y}{\sqrt{2}}}$$

(2) $\quad x^2 - y^2 = 1 \quad \cdots\cdots ①$

双曲線①上の点を $P(x, y)$ とし, P を原点の周りに $\frac{\pi}{4}$ だけ回転して得られる点を $P'(x', y')$ とすると, (1) より

$$x-y = \sqrt{2}x' \text{ かつ } x+y = \sqrt{2}y'$$

$$\therefore \quad x = \frac{x'+y'}{\sqrt{2}}, \quad y = \frac{-x'+y'}{\sqrt{2}}$$

これらを①に代入して

$$\left(\frac{x'+y'}{\sqrt{2}}\right)^2 - \left(\frac{-x'+y'}{\sqrt{2}}\right)^2 = 1$$

$$\therefore \quad x'y' = \frac{1}{2}$$

よって, 求める図形の方程式は

$$\underline{xy = \frac{1}{2}}$$

別解

(1) を無視して, 逆向きの回転を考えてもよい。

$$x' + y'i = (x+yi)\left(\cos\frac{\pi}{4} + i\sin\frac{\pi}{4}\right)$$

より

$$
\begin{aligned}
& x + yi \\
&= (x'+y'i)\left(\cos\frac{\pi}{4} + i\sin\frac{\pi}{4}\right)^{-1} \\
&= (x'+y'i)\left\{\cos\left(-\frac{\pi}{4}\right) + i\sin\left(-\frac{\pi}{4}\right)\right\} \\
&= (x'+y'i)\cdot\frac{1-i}{\sqrt{2}} \\
&= \frac{x'+y'}{\sqrt{2}} + \frac{-x'+y'}{\sqrt{2}}i
\end{aligned}
$$

よって

$$x = \frac{x'+y'}{\sqrt{2}}, \ y = \frac{-x'+y'}{\sqrt{2}}$$

以下,「解答」と同じように処理すればよい。

2.19 (1)

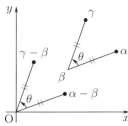

3 点 α, β, γ を $-\beta$ だけ平行移動すると, 点 $\gamma - \beta$ は点 $\alpha - \beta$ を原点のまわりに θ だけ回転した点であるから

$$\gamma - \beta = (\alpha - \beta)(\cos\theta + i\sin\theta)$$
$$\therefore \ \underline{\gamma = \beta + (\alpha - \beta)(\cos\theta + i\sin\theta)}$$

(2) β は α を原点のまわりに $\dfrac{\pi}{3}$ 回転した点を表す複素数だから

$$
\begin{aligned}
\beta &= \alpha\left(\cos\frac{\pi}{3} + i\sin\frac{\pi}{3}\right) \\
&= i\left(\frac{1}{2} + \frac{\sqrt{3}}{2}i\right) \\
&= -\frac{\sqrt{3}}{2} + \frac{1}{2}i
\end{aligned}
$$

よって, (1) の結果より

$$
\begin{aligned}
\gamma &= \left(-\frac{\sqrt{3}}{2} + \frac{1}{2}i\right) \\
&\quad + \left\{i - \left(-\frac{\sqrt{3}}{2} + \frac{1}{2}i\right)\right\} \\
&\quad \times \left(\cos\frac{\pi}{4} + i\sin\frac{\pi}{4}\right) \\
&= -\frac{\sqrt{3}}{2} + \frac{1}{2}i \\
&\quad + \frac{\sqrt{2}}{4}(\sqrt{3}+i)(1+i) \\
&= \frac{\sqrt{6} - 2\sqrt{3} - \sqrt{2}}{4} \\
&\quad + \frac{2 + \sqrt{2} + \sqrt{6}}{4}i
\end{aligned}
$$

であるから

$$(\gamma \text{ の実部}) = \underline{\frac{\sqrt{6} - 2\sqrt{3} - \sqrt{2}}{4}}$$

$$(\gamma \text{ の虚部}) = \underline{\frac{2 + \sqrt{2} + \sqrt{6}}{4}}$$

問題

$$\dfrac{\gamma - \alpha}{\beta - \alpha}$$ ....

2.20 A，B，C は複素数平面上の三角形の頂点で，それぞれ複素数 α, β, γ を表すとする。この 3 数が関係式

$$\frac{\gamma - \alpha}{\beta - \alpha} = \sqrt{3} - i$$

をみたすとき，$\dfrac{\text{AB}}{\text{AC}} = \boxed{}$，$\angle \text{BAC} = \boxed{}$ である。

（大阪電気通信大）

2.21 複素数 z_1, z_2, z_3 を表す複素数平面上の点を，それぞれ A，B，C とする。3 点 A，B，C が $\text{AB} : \text{BC} : \text{CA} = 1 : \sqrt{3} : 2$ の三角形を作るとき

$$\frac{z_3 - z_1}{z_2 - z_1} = \boxed{} \pm \sqrt{\boxed{}}\, i$$

である。

（早大）

2.22 複素数平面上の相異なる 3 点 $\text{A}(\alpha)$，$\text{B}(\beta)$，$\text{C}(\gamma)$ に対して

$$(3 + 9i)\alpha - (8 + 4i)\beta + (5 - 5i)\gamma = 0$$

が成立するとき，次の問いに答えよ。

(1) $\dfrac{\beta - \gamma}{\alpha - \gamma}$ の実部と虚部を求めよ。

(2) $\angle \text{ACB}$ の大きさと $\dfrac{\text{BC}}{\text{AC}}$ を求めよ。

(3) $\dfrac{\text{AB}}{\text{AC}}$ を求めよ。

（同志社大）

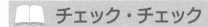

チェック・チェック

基本 check !

複素数平面上の三角形の形状

α, β, γ が表す点をそれぞれ A，B，C とすると

$$\left| \frac{\gamma - \alpha}{\beta - \alpha} \right| = \frac{|\gamma - \alpha|}{|\beta - \alpha|} = \frac{\mathrm{AC}}{\mathrm{AB}}$$

$$\left| \arg \frac{\gamma - \alpha}{\beta - \alpha} \right| = \left| \arg(\gamma - \alpha) - \arg(\beta - \alpha) \right| = \angle \mathrm{BAC}$$

であるから，$\dfrac{\gamma - \alpha}{\beta - \alpha}$ の絶対値，偏角をみて △ABC の形状を知ることができる。

2.20 $\dfrac{\gamma - \alpha}{\beta - \alpha}$ の図形的意味

右辺の $\sqrt{3} - i$ を極形式で表しましょう。

2.21 三角形の複素数表示

3 辺の長さの比より，△ABC は特殊な三角形であることがわかります。

2.22 $\dfrac{\beta - \gamma}{\alpha - \gamma}$ と $\dfrac{\beta - \alpha}{\gamma - \alpha}$

与えられた条件により α，β，γ のうち 1 つを他の 2 つで表すことができます。

📖 解答・解説

2.20
$$\frac{\gamma - \alpha}{\beta - \alpha}$$
$$= \sqrt{3} - i$$
$$= 2\left\{\cos\left(-\frac{\pi}{6}\right) + i\sin\left(-\frac{\pi}{6}\right)\right\}$$

より
$$\frac{AB}{AC} = \left|\frac{\beta - \alpha}{\gamma - \alpha}\right| = \underline{\frac{1}{2}},$$
$$\angle BAC = \underline{\frac{\pi}{6}}$$

2.21 $AB : BC : CA = 1 : \sqrt{3} : 2$
より，$\triangle ABC$ は
$$\frac{AC}{AB} = 2, \quad \angle BAC = \frac{\pi}{3}$$
をみたす直角三角形であるから
$$\frac{z_3 - z_1}{z_2 - z_1}$$
$$= 2\left\{\cos\left(\pm\frac{\pi}{3}\right) + i\sin\left(\pm\frac{\pi}{3}\right)\right\}$$
$$= 2\left(\frac{1}{2} \pm \frac{\sqrt{3}}{2}i\right)$$
$$= \underline{1 \pm \sqrt{3}i}$$

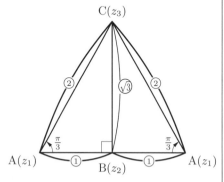

2.22 $(3+9i)\alpha - (8+4i)\beta + (5-5i)\gamma = 0$
$$\cdots\cdots(*)$$
(1) $(*)$ を変形し，β を α，γ で表すと
$$\beta = \frac{(3+9i)\alpha + (5-5i)\gamma}{8+4i}$$

であるから
$$\beta - \gamma = \frac{(3+9i)\alpha + (5-5i)\gamma}{8+4i} - \gamma$$
$$= \frac{(3+9i)\alpha + (-3-9i)\gamma}{8+4i}$$
$$= \frac{3+9i}{8+4i}(\alpha - \gamma)$$

$\alpha \neq \gamma$ であるから
$$\frac{\beta - \gamma}{\alpha - \gamma} = \frac{3+9i}{8+4i} \quad \cdots\cdots\text{①}$$
$$= \frac{3(1+3i)}{4(2+i)}$$
$$= \frac{3(1+3i)(2-i)}{4(2+i)(2-i)}$$
$$= \frac{3(5+5i)}{4 \cdot 5}$$
$$= \frac{3}{4} + \frac{3}{4}i$$

これより，実部，虚部ともに $\underline{\dfrac{3}{4}}$ である。

別解

α，β，γ の係数に着目し
$$(3+9i) - (8+4i) = -(5-5i)$$
であることに気づけば
$$(3+9i)\gamma - (8+4i)\gamma + (5-5i)\gamma = 0$$
$$\cdots\cdots(**)$$
$(*)$ と $(**)$ の辺々の差をとると
$$(3+9i)(\alpha-\gamma) - (8+4i)(\beta-\gamma) = 0$$
となり，直ちに①が得られる。
(2) (1) の結果を極形式で表すと
$$\frac{\beta - \gamma}{\alpha - \gamma} = \frac{3}{4} + \frac{3}{4}i$$
$$= \frac{3\sqrt{2}}{4}\left(\cos\frac{\pi}{4} + i\sin\frac{\pi}{4}\right)$$
よって
$$\angle ACB = \left|\arg\frac{\beta - \gamma}{\alpha - \gamma}\right| = \underline{\frac{\pi}{4}}$$
$$\frac{BC}{AC} = \left|\frac{\beta - \gamma}{\alpha - \gamma}\right| = \underline{\frac{3\sqrt{2}}{4}}$$

(3) (2) より
$$BC = \frac{3\sqrt{2}}{4}AC$$
これに注意して，△ABC で余弦定理を
用いると
$$AB^2$$
$$= BC^2 + AC^2 - 2BC \cdot AC\cos\angle ACB$$
$$= \left(\frac{3\sqrt{2}}{4}AC\right)^2 + AC^2$$
$$\qquad - 2 \cdot \left(\frac{3\sqrt{2}}{4}AC\right) \cdot AC\cos\frac{\pi}{4}$$
$$= \left(\frac{9}{8} + 1 - \frac{3}{2}\right)AC^2$$
$$= \frac{5}{8}AC^2$$
よって
$$\frac{AB}{AC} = \sqrt{\frac{5}{8}} = \frac{\sqrt{10}}{4}$$

別解

(1) と同じように考えると
$$\beta - \alpha = \frac{(3+9i)\alpha + (5-5i)\gamma}{8+4i} - \alpha$$
$$= \frac{(-5+5i)\alpha + (5-5i)\gamma}{8+4i}$$
$$= \frac{5-5i}{8+4i}(\gamma - \alpha)$$
であり
$$\frac{AB}{AC} = \left|\frac{\beta - \alpha}{\gamma - \alpha}\right| = \frac{|5-5i|}{|8+4i|}$$
$$= \frac{\sqrt{25+25}}{\sqrt{64+16}} = \sqrt{\frac{50}{80}}$$
$$= \frac{\sqrt{10}}{4}$$
を得る。

📖 問題

三角形 ··

☐ **2.23** $A(1+i)$, $B(3+5i)$, $C(\gamma)$ が複素数平面上の正三角形の 3 頂点で，C が第 2 象限の点であるとき，γ を求めよ。 （広島大）

☐ **2.24** 複素数平面上で，複素数 α, β, γ を表す点をそれぞれ A，B，C とする。次の問いに答えよ。

(1) A，B，C が正三角形の 3 頂点であるとき
$$\alpha^2 + \beta^2 + \gamma^2 - \alpha\beta - \beta\gamma - \gamma\alpha = 0 \quad \cdots\cdots(*)$$
が成立することを示せ。

(2) 逆に，この関係式 $(*)$ が成立するとき，$A = B = C$ となるか，または，A，B，C が正三角形の 3 頂点となることを示せ。 （金沢大）

四角形 ··

☐ **2.25** 複素数平面上の 4 点 $A(\alpha)$, $B(\beta)$, $C(\gamma)$, $D(\delta)$ を頂点とする四角形 ABCD を考える。ただし，四角形 ABCD は，すべての内角が $180°$ より小さい四角形（凸四角形）であるとする。また，四角形 ABCD の頂点は反時計回りに A，B，C，D の順に並んでいるとする。四角形 ABCD の外側に，4 辺 AB，BC，CD，DA をそれぞれ斜辺とする直角二等辺三角形 APB，BQC，CRD，DSA を作る。次の問いに答えよ。

(1) 点 P を表す複素数を求めよ。

(2) 四角形 PQRS が平行四辺形であるための必要十分条件は，四角形 ABCD がどのような四角形であることか答えよ。

（広島大 改）

📖 チェック・チェック

2.23 正三角形の頂点

3 点 A(α), B(β), C(γ) が正三角形である条件は

$$\text{AB} = \text{AC} \quad \text{かつ} \quad \angle \text{BAC} = \frac{\pi}{3}$$

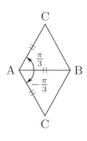

ですから，γ は β を α のまわりに $\pm \dfrac{\pi}{3}$ だけ回転することにより

得られます。本問では，C(γ) が第 2 象限の点となるように回転
の向きを決めます。

2.24 正三角形となる条件

(1) 　　3 点 A(α), B(β), C(γ) がつくる三角形が正三角形である

$\iff \text{AB} = \text{AC}$ かつ $\angle \text{BAC} = \dfrac{\pi}{3}$

$\iff \left| \dfrac{\gamma - \alpha}{\beta - \alpha} \right| = \dfrac{\text{AC}}{\text{AB}} = 1$ かつ $\arg \dfrac{\gamma - \alpha}{\beta - \alpha} = \pm \dfrac{\pi}{3}$

$\iff \dfrac{\gamma - \alpha}{\beta - \alpha} = \cos \left(\pm \dfrac{\pi}{3} \right) + i \sin \left(\pm \dfrac{\pi}{3} \right)$

$\iff \dfrac{\gamma - \alpha}{\beta - \alpha} = \dfrac{1}{2} \pm \dfrac{\sqrt{3}}{2} i$

ここから先は，$\left(\dfrac{\gamma - \alpha}{\beta - \alpha} - \dfrac{1}{2} \right)^2 = \left(\pm \dfrac{\sqrt{3}}{2} i \right)^2$ として式を整理してもよいですが，

$\dfrac{\gamma - \alpha}{\beta - \alpha}$ を $\dfrac{1}{2} \pm \dfrac{\sqrt{3}}{2} i$ を解とする 2 次方程式の解ととらえるとよいでしょう。

(2) (1) の逆をたどることを考えましょう。

2.25 直角二等辺三角形・平行四辺形

(1) △APB が右の図のような AB を斜辺とする直角二等辺三
角形となる条件は

(i) A は P を中心に B を $\dfrac{\pi}{2}$ 回転した点である。

(ii) 線分 BP は B を中心に線分 BA を $\dfrac{1}{\sqrt{2}}$ 倍して，$\dfrac{\pi}{4}$ だ
け回転した線分である。

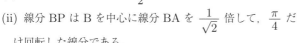
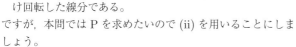

ですが，本問では P を求めたいので (ii) を用いることにしま
しょう。

(2) 右図の四角形 PQRS が平行四辺形となる条件は

$$z_Q - z_P = z_R - z_S$$

です。

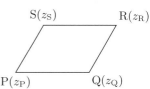

📖 解答・解説

2.23

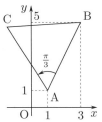

C(γ) は第 2 象限の点より，C は点 A(α) のまわりに点 B(β) を $\dfrac{\pi}{3}$ だけ回転した点である。したがって，複素数 γ は

$$\gamma = \alpha + (\beta - \alpha)\left(\cos\frac{\pi}{3} + i\sin\frac{\pi}{3}\right)$$

$$= (1 + i) + (2 + 4i)\left(\frac{1}{2} + \frac{\sqrt{3}}{2}i\right)$$

$$= 1 + i + \{1 - 2\sqrt{3} + (2 + \sqrt{3})i\}$$

$$= \boldsymbol{2 - 2\sqrt{3} + (3 + \sqrt{3})i}$$

2.24 (1)

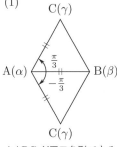

$\triangle$ABC が正三角形である $\cdots\cdots$①

$\iff$ AB = AC かつ $\angle$BAC $= \dfrac{\pi}{3}$

$\iff \left|\dfrac{\gamma - \alpha}{\beta - \alpha}\right| = \dfrac{\text{AC}}{\text{AB}} = 1$

かつ $\arg\dfrac{\gamma - \alpha}{\beta - \alpha} = \pm\dfrac{\pi}{3}$

$\iff \dfrac{\gamma - \alpha}{\beta - \alpha} = \cos\left(\pm\dfrac{\pi}{3}\right)$

$\qquad\qquad + i\sin\left(\pm\dfrac{\pi}{3}\right)$

ここで

$$\cos\left(\pm\frac{\pi}{3}\right) + i\sin\left(\pm\frac{\pi}{3}\right)$$

$$= \frac{1}{2} \pm \frac{\sqrt{3}}{2}i$$

をそれぞれ ω, $\overline{\omega}$ とおくと

$$\omega + \overline{\omega} = 1, \quad \omega\overline{\omega} = 1$$

よって，2 次方程式の解と係数の関係より，ω, $\overline{\omega}$ すなわち $\dfrac{\gamma - \alpha}{\beta - \alpha}$ は $z^2 - z + 1 = 0$ の解である。

$$① \iff \left(\frac{\gamma - \alpha}{\beta - \alpha}\right)^2 - \left(\frac{\gamma - \alpha}{\beta - \alpha}\right) + 1 = 0$$

$$\cdots\cdots②$$

両辺に $(\beta - \alpha)^2$ をかけると

$$(\gamma - \alpha)^2 - (\gamma - \alpha)(\beta - \alpha) + (\beta - \alpha)^2 = 0$$

$$\cdots\cdots③$$

$$\iff \alpha^2 + \beta^2 + \gamma^2 - \alpha\beta - \beta\gamma - \gamma\alpha = 0$$

$$\cdots\cdots(*)$$

すなわち

$$① \iff ② \implies ③ \iff (*)$$

したがって，①が成立するとき，$(*)$ は成立する。　　　　　　　（証明終）

(2) (1) より

$$(*) \iff (\gamma - \alpha)^2 - (\gamma - \alpha)(\beta - \alpha)$$

$$+ (\beta - \alpha)^2 = 0 \quad \cdots\cdots③$$

(i) $\beta - \alpha = 0$ のとき，③は

$$(\gamma - \alpha)^2 = 0$$

$$\therefore \quad \gamma = \alpha$$

よって，$\alpha = \beta = \gamma$ であり

$$A = B = C$$

(ii) $\beta - \alpha \neq 0$ のとき，③の両辺を $(\beta - \alpha)^2 \ (\neq 0)$ でわると

$$\left(\frac{\gamma - \alpha}{\beta - \alpha}\right)^2 - \left(\frac{\gamma - \alpha}{\beta - \alpha}\right) + 1 = 0$$

これは②と一致するから

$$(*) \iff ③ \implies ② \iff ①$$

したがって，$(*)$ が成立するとき①は成立する。

よって，$(*)$ が成立するとき

A = B = C または

△ABC は正三角形

である。 （証明終）

2.25 (1)

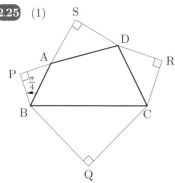

P を表す複素数を z_P とおく。線分 BP は点 B を中心に線分 BA を $\dfrac{1}{\sqrt{2}}$ 倍して，$\dfrac{\pi}{4}$ だけ回転した線分だから

$$z_P - \beta = \frac{1}{\sqrt{2}}\left(\cos\frac{\pi}{4} + i\sin\frac{\pi}{4}\right)(\alpha - \beta)$$

$$= \frac{1}{2}(1 + i)(\alpha - \beta)$$

$$\therefore \quad z_P = \frac{1 + i}{2}\alpha + \frac{1 - i}{2}\beta$$

(2) Q, R, S を表す複素数をそれぞれ z_Q, z_R, z_S とおくと，(1) と同様に

$$z_Q = \frac{1 + i}{2}\beta + \frac{1 - i}{2}\gamma,$$

$$z_R = \frac{1 + i}{2}\gamma + \frac{1 - i}{2}\delta,$$

$$z_S = \frac{1 + i}{2}\delta + \frac{1 - i}{2}\alpha$$

である。このとき

四角形 PQRS が平行四辺形

$$\iff \overrightarrow{PQ} = \overrightarrow{SR}$$

$$\iff z_Q - z_P = z_R - z_S \quad \cdots\cdots(*)$$

であるから，$(*)$ を α, β, γ, δ で表し，整理すると

$$\frac{1+i}{2}(\beta - \alpha) + \frac{1-i}{2}(\gamma - \beta)$$

$$= \frac{1+i}{2}(\gamma - \delta) + \frac{1-i}{2}(\delta - \alpha)$$

$$\frac{1+i}{2}(\beta - \alpha - \gamma + \delta)$$

$$+ \frac{1-i}{2}(\gamma - \beta - \delta + \alpha) = 0$$

$$\left(\frac{1+i}{2} - \frac{1-i}{2}\right)(\beta - \alpha - \gamma + \delta) = 0$$

$$i(\beta - \alpha - \gamma + \delta) = 0$$

$$\therefore \quad \beta - \alpha = \gamma - \delta$$

すなわち，$\overrightarrow{AB} = \overrightarrow{DC}$ であり，求める必要十分条件は

四角形 ABCD が平行四辺形である

ことである。

📖 問題

共線条件，垂直条件 ···

2.26 (1) 複素数平面上の異なる 3 点 α, β, γ が同一直線上にあるための必要十分条件は $\dfrac{\gamma - \alpha}{\beta - \alpha}$ が実数であることを示せ。

(2) 3 個の複素数 -1, iz, z^2 の表す点が同一直線上にあるための条件を求めよ。 (津田塾大 改)

2.27 複素数平面上で複素数 z, z^2, z^3 を表す点をそれぞれ A，B，C とし，これらはすべて異なるとする。

(1) $\angle\text{BAC} = \dfrac{\pi}{2}$ ならば，$z + \bar{z} = \boxed{}$ である。ただし，$\bar{z}$ は z の共役な複素数とする。

(2) 三角形 ABC は $\angle\text{A} = \dfrac{\pi}{2}$, $\angle\text{B} = \dfrac{\pi}{3}$ の直角三角形であるとする。このとき，三角形 ABC の面積は $\boxed{}\sqrt{3}$ である。 (城西大 改)

2.28 複素数平面上に 4 点 A$(1+i)$, B$(2-i)$, C$(-8+3i)$, D$(x+yi)$ $(x, y$ は実数) がある。3 点 A，B，D が一直線上にあり，直線 AC と直線 DC が直交するとき $x = \boxed{}$ であり，$y = \boxed{}$ である。 (名城大)

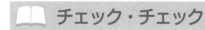 チェック・チェック

基本 check !

共線条件

異なる 3 点 A(α), B(β), C(γ) において

　　3 点 A , B , C が同一直線上にある

　　$\iff \arg \dfrac{\gamma - \alpha}{\beta - \alpha} = 0$ または π

　　$\iff \dfrac{\gamma - \alpha}{\beta - \alpha}$ が実数

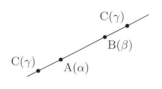

垂直条件

異なる 3 点 A(α), B(β), C(γ) において

　　AB⊥AC

　　$\iff \arg \dfrac{\gamma - \alpha}{\beta - \alpha} = \pm \dfrac{\pi}{2}$

　　$\iff \dfrac{\gamma - \alpha}{\beta - \alpha}$ が純虚数

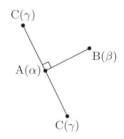

2.26　共線条件

(1) では結果を覚えるだけでなく，理解して使えという主張ですね。

2.27　垂直条件

(1) $\angle \mathrm{BAC} = \dfrac{\pi}{2} \iff$ 「$\dfrac{z^3 - z}{z^2 - z}$ が純虚数」が成り立ちます。

$\dfrac{z^3 - z}{z^2 - z} = ri$ (r は 0 でない実数) とおいて，z を r で表しましょう。

(2) 条件が 1 つ増えたので，△ABC が確定します。

2.28　共線条件と垂直条件

複素数の問題としての出題ですが，解法はいろいろあります。ベクトル，座標平面上での直線など使える解法の幅も広げてみましょう。

解答・解説

2.26 (1) 異なる 3 点 α, β, γ について

α, β, γ が同一直線上にある

$\Longleftrightarrow \angle \mathrm{BAC} = 0$ または π

$\Longleftrightarrow \arg \dfrac{\gamma - \alpha}{\beta - \alpha} = 0$ または π

$\Longleftrightarrow \dfrac{\gamma - \alpha}{\beta - \alpha}$ は実数　　　(証明終)

(2) (i) $iz = -1$ のとき

$$z = \frac{-1}{i} = \frac{-i}{i^2} = i$$

$$\therefore \quad z^2 = -1$$

よって，$iz = z^2 = -1$ であり，3 点は一致する。すなわち，3 点が同一直線上にある条件は $z = i$ である。

(ii) $iz \neq -1$ のとき

(1) より $\dfrac{z^2 - (-1)}{iz - (-1)}$ が実数となるので

$$\frac{z^2 - (-1)}{iz - (-1)} = \frac{(1 + z^2)(1 - iz)}{(1 + iz)(1 - iz)}$$

$$= 1 - iz$$

したがって，iz が実数，すなわち，z は 0 または純虚数である。

(i), (ii) より，求める条件は

z が 0 または純虚数であること

である。

2.27 (1) $\angle \mathrm{BAC} = \dfrac{\pi}{2}$ より $\dfrac{z^3 - z}{z^2 - z}$ は純虚数なので，r を 0 でない実数として

$$\frac{z(z-1)(z+1)}{z(z-1)} = ri$$

とおける。このとき，z, z^2, z^3 はすべて異なるから，$z \neq 0$, 1 であり

$$z + 1 = ri$$

$$\therefore \quad z = -1 + ri$$

したがって

$$z + \bar{z} = (-1 + ri) + (-1 - ri) = \underline{-2}$$

(2)

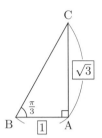

$\angle \mathrm{A} = \dfrac{\pi}{2}$, $\angle \mathrm{B} = \dfrac{\pi}{3}$ より $\dfrac{\mathrm{AC}}{\mathrm{AB}} = \sqrt{3}$ だから

$$\frac{\left| z^3 - z \right|}{\left| z^2 - z \right|} = \sqrt{3}$$

$$\therefore \quad |z + 1| = \sqrt{3}$$

(1) より $z + 1 = ri$ だから

$$|r| = \sqrt{3} \qquad \therefore \quad r = \pm \sqrt{3}$$

このとき，$z = -1 \pm \sqrt{3}i$ だから

$$\mathrm{AB} = |z^2 - z| = |z||z - 1|$$

$$= \sqrt{(-1)^2 + (\pm\sqrt{3})^2}$$

$$\times \sqrt{(-2)^2 + (\pm\sqrt{3})^2}$$

$$= 2\sqrt{7}$$

したがって，求める $\triangle \mathrm{ABC}$ の面積は

$$\frac{1}{2}\mathrm{AB} \times \sqrt{3}\mathrm{AB} = \frac{1}{2} \cdot (2\sqrt{7})^2 \cdot \sqrt{3}$$

$$= \underline{14\sqrt{3}}$$

2.28 $\alpha = 1 + i$, $\beta = 2 - i$, $\gamma = -8 + 3i$, $z = x + yi$ とおく。

$\mathrm{A}(\alpha)$, $\mathrm{B}(\beta)$, $\mathrm{D}(z)$ が一直線上にある条件は，$\beta - \alpha \neq 0$ に注意すると

$$\frac{z - \alpha}{\beta - \alpha} \text{ が実数}$$

$$\Longleftrightarrow \frac{z - \alpha}{\beta - \alpha} - \overline{\left(\frac{z - \alpha}{\beta - \alpha} \right)} = 0$$

$$\Longleftrightarrow (\overline{\beta}-\overline{\alpha})(z-\alpha)-(\beta-\alpha)(\overline{z}-\overline{\alpha})=0$$
$$\cdots\cdots①$$

また，直線 AC と直線 DC が直交する
条件は，$\alpha-\gamma \neq 0$ に注意すると

$$\frac{z-\gamma}{\alpha-\gamma} \text{ が純虚数}$$

$$\Longleftrightarrow \frac{z-\gamma}{\alpha-\gamma}+\overline{\left(\frac{z-\gamma}{\alpha-\gamma}\right)}=0 \text{ かつ } z-\gamma \neq 0$$

$$\Longleftrightarrow (\overline{\alpha}-\overline{\gamma})(z-\gamma)+(\alpha-\gamma)(\overline{z}-\overline{\gamma})=0$$
$$\cdots\cdots②$$

かつ $z-\gamma \neq 0$

①，②より，$\overline{z}$ を消去すると

$$\frac{\overline{\beta}-\overline{\alpha}}{\beta-\alpha}(z-\alpha)+\overline{\alpha}=-\frac{\overline{\alpha}-\overline{\gamma}}{\alpha-\gamma}(z-\gamma)+\overline{\gamma}$$

$$\left(\frac{\overline{\beta}-\overline{\alpha}}{\beta-\alpha}+\frac{\overline{\alpha}-\overline{\gamma}}{\alpha-\gamma}\right)z$$
$$=\frac{\overline{\beta}-\overline{\alpha}}{\beta-\alpha}\alpha+\frac{\overline{\alpha}-\overline{\gamma}}{\alpha-\gamma}\gamma+\overline{\gamma}-\overline{\alpha}$$

を得る。

$$\frac{\overline{\beta}-\overline{\alpha}}{\beta-\alpha}=\frac{1+2i}{1-2i}=\frac{(1+2i)^2}{1+4}=\frac{-3+4i}{5},$$

$$\frac{\overline{\alpha}-\overline{\gamma}}{\alpha-\gamma}=\frac{9+2i}{9-2i}=\frac{(9+2i)^2}{81+4}=\frac{77+36i}{85}$$

であるから

$$\frac{17(-3+4i)+(77+36i)}{85}z=\frac{-3+4i}{5}(1+i)$$
$$+\frac{77+36i}{85}(-8+3i)+(-8-3i)-(1-i)$$

$$\frac{26+104i}{85}z=\frac{-7+i}{5}-\frac{724+57i}{85}-9-2i$$

$$(26+104i)z=17(-7+i)$$
$$-(724+57i)-85(9+2i)$$

$$26(1+4i)z=-1608-210i$$

よって

$$z=-\frac{804+105i}{13(1+4i)}=-\frac{(804+105i)(1-4i)}{13(1+16)}$$

$$=-\frac{1224-3111i}{13\cdot17}=-\frac{72}{13}+\frac{183}{13}i$$

であり，これは $z-\gamma \neq 0$ をみたす。こ
れより

$$x=-\frac{72}{13}, \quad y=\frac{183}{13}$$

別解 ベクトルで考えることもできる。
$\overrightarrow{OA}=(1, 1)$, $\overrightarrow{OB}=(2, -1)$, $\overrightarrow{OC}=(-8, 3)$, $\overrightarrow{OD}=(x, y)$ とおく。

　A，B，D が一直線上にあるから，実
数 t を用いて

$$\overrightarrow{OD}=\overrightarrow{OA}+t\overrightarrow{AB} \quad \cdots\cdots③$$

と表すことができ，直線 AC と直線 DC
が直交するから

$$\overrightarrow{AC} \cdot \overrightarrow{DC}=0$$
$$\overrightarrow{AC}\cdot(\overrightarrow{OC}-\overrightarrow{OD})=0 \quad \cdots\cdots④$$

が成り立つ。③，④を連立すると

$$\overrightarrow{AC} \cdot (\overrightarrow{OC}-\overrightarrow{OA}-t\overrightarrow{AB})=0$$
$$\overrightarrow{AC} \cdot \overrightarrow{AC}-t\overrightarrow{AC} \cdot \overrightarrow{AB}=0$$

$\overrightarrow{AB}=(1, -2)$, $\overrightarrow{AC}=(-9, 2)$ より

$$\overrightarrow{AC} \cdot \overrightarrow{AC}=(-9)^2+2^2=85$$
$$\overrightarrow{AC} \cdot \overrightarrow{AB}=(-9)\times1+2\times(-2)=-13$$

であるから

$$t=\frac{\overrightarrow{AC} \cdot \overrightarrow{AC}}{\overrightarrow{AC} \cdot \overrightarrow{AB}}=-\frac{85}{13}$$

③に代入して

$$\overrightarrow{OD}=(1, 1)-\frac{85}{13}(1, -2)=\frac{1}{13}(-72, 183)$$

$$\therefore \quad x=-\frac{72}{13}, y=\frac{183}{13}$$

　また，座標平面上で直線の方程式
を考える方法もある。2 点 A(1, 1)，
B(2, -1) を通る直線の方程式は

$$y=-2(x-1)+1$$
$$\therefore \quad y=-2x+3 \quad \cdots\cdots⑤$$

点 C(-8, 3) を通り AC に垂直な直線
の方程式は

$$y=\frac{9}{2}(x+8)+3$$
$$\therefore \quad y=\frac{9}{2}x+39 \quad \cdots\cdots⑥$$

点 D は直線⑤，⑥の交点なので，⑤，⑥
を連立して解くと

$$x=-\frac{72}{13}, \quad y=\frac{183}{13}$$

📖 問題

直線の方程式 ···

☐ **2.29** 複素数平面において，次の問に答えよ。

(1) 異なる 2 点 w_1，w_2 を通る直線上の点 z を媒介変数 t を用いて表せ。

(2) (1) において t を消去し，z と $\overline{z}$ の関係式を求めよ。　　　（大阪教育大）

☐ **2.30** 複素数平面において，次の問に答えよ。

(1) w_1，w_2 を結ぶ線分の垂直二等分線を，$\alpha z + \beta \overline{z} = \gamma$ の形で表せ。ただし，α，β，γ は w_1，w_2 で表されるものとする。

(2) 実軸および虚軸上にない点 $\mathrm{A}(w)$ と点 $\mathrm{B}(\overline{w})$ について，△OAB の外心に対応する複素数 v を求めよ。ただし，O は原点である。　　　（大阪教育大）

☐ **2.31** 複素数 α，β，γ が表す複素数平面上の点を，それぞれ，A，B，C とし，複素数平面の原点を O で表す。ただし，$\mathrm{A} \neq \mathrm{B}$，$\mathrm{A} \neq \mathrm{O}$ とする。以下の問いに答えよ。

(1) $|\alpha| = |\beta| = 1$ とする。複素数平面上において，直線 AB 上の点を表す複素数 z は，方程式 $z + \alpha\beta\overline{z} = \alpha + \beta$ を満たすことを示せ。

(2) $|\alpha| = |\beta| = 1$ とする。複素数平面上において，点 C を通り直線 AB に垂直な直線上の点を表す複素数 z は，方程式 $z - \alpha\beta\overline{z} = \gamma - \alpha\beta\overline{\gamma}$ を満たすことを示せ。　　　（広島大　改）

チェック・チェック

基本 check !

異なる 2 点 $\mathrm{A}(\alpha)$, $\mathrm{B}(\beta)$ を通る直線の方程式

$$z = \alpha + t(\beta - \alpha)\ (t\ \text{は実数})$$

$$\Longleftrightarrow \frac{z - \alpha}{\beta - \alpha}\ \text{は実数}$$

$$\Longleftrightarrow \frac{z - \alpha}{\beta - \alpha} = \overline{\left(\frac{z - \alpha}{\beta - \alpha}\right)}$$

点 $\mathrm{A}(\alpha)$ を通り，異なる 2 点 $\mathrm{O}(0)$, $\mathrm{B}(\beta)$ を通る直線と垂直な直線の方程式

$$\arg \frac{z - \alpha}{\beta} = \pm \frac{\pi}{2}\ \text{または}\ z = \alpha$$

$$\Longleftrightarrow \frac{z - \alpha}{\beta}\ \text{は純虚数または}\ 0$$

$$\Longleftrightarrow \frac{z - \alpha}{\beta} + \overline{\left(\frac{z - \alpha}{\beta}\right)} = 0$$

異なる 2 点 $\mathrm{A}(\alpha)$, $\mathrm{B}(\beta)$ を結ぶ線分の垂直二等分線

$$|z - \alpha| = |z - \beta|$$

直線の一般式

λ を複素数の定数とすると

    (i) $\overline{\lambda}z - \lambda\overline{z} + \mu = 0$ (μ は純虚数または 0)

    (ii) $\overline{\lambda}z + \lambda\overline{z} + \mu = 0$ (μ は実数)

2.29 異なる 2 点を通る直線

w_1, w_2, z が表す点をそれぞれ A_1, A_2, P とおくと

$$\overrightarrow{\mathrm{A}_1\mathrm{P}} = t\overrightarrow{\mathrm{A}_1\mathrm{A}_2}\ (t\ \text{は実数})$$

が成り立ちます。これを複素数で表しましょう。

2.30 垂直二等分線

(1) $|z - w_1| = |z - w_2|$ を変形します。

(2) 外心は各辺の垂直二等分線の交点です。

2.31 直線 $\mathbf{AB}$ と直線 $\mathbf{AB}$ に垂直な直線

(2) $\mathrm{A}(\alpha)$, $\mathrm{B}(\beta)$, $\mathrm{C}(\gamma)$, $\mathrm{P}(z)$ について

$$\overrightarrow{\mathrm{CP}} \perp \overrightarrow{\mathrm{AB}}\ \text{または}\ \mathrm{P} = \mathrm{C}$$

が成り立つ。これを複素数で表すと

$$\frac{z - \gamma}{\beta - \alpha} = t\left(\cos \frac{\pi}{2} + i \sin \frac{\pi}{2}\right)\ (t\ \text{は実数})$$

となります。

解答・解説

2.29 (1) w_1, w_2, z が表す点をそれぞれ A_1, A_2, P とおく。P は直線 A_1A_2 上の点であるから，実数 t を用いて
$$\overrightarrow{A_1P} = t\overrightarrow{A_1A_2} \quad (t \text{ は実数})$$
と表すことができる。これを複素数で表すと
$$z - w_1 = t(w_2 - w_1)$$
したがって
$$\boldsymbol{z = w_1 + t(w_2 - w_1) \ (t \text{ は実数})}$$
$$\cdots\cdots\text{①}$$

(2) $w_1 \neq w_2$ より

① $\iff \dfrac{z - w_1}{w_2 - w_1}$ は実数

$\iff \dfrac{z-w_1}{w_2-w_1} - \overline{\left(\dfrac{z-w_1}{w_2-w_1}\right)} = 0$

$\iff \dfrac{z-w_1}{w_2-w_1} - \dfrac{\bar{z}-\overline{w_1}}{\overline{w_2}-\overline{w_1}} = 0$

$\iff (\overline{w_2}-\overline{w_1})(z-w_1)$
$\qquad -(w_2-w_1)(\bar{z}-\overline{w_1}) = 0$

よって，求める関係式は
$$\boldsymbol{(\overline{w_2}-\overline{w_1})z - (w_2-w_1)\bar{z} = w_1\overline{w_2} - \overline{w_1}w_2}$$

2.30 (1) P(z) が $A_1(w_1)$, $A_2(w_2)$ を結ぶ線分の垂直二等分線上にある条件は
$$A_1P = A_2P$$
$\iff |z - w_1| = |z - w_2|$

$\iff |z - w_1|^2 = |z - w_2|^2$

$\iff (z-w_1)(\bar{z} - \overline{w_1})$
$\qquad = (z-w_2)(\bar{z} - \overline{w_2})$

$\iff z\bar{z} - \overline{w_1}z - w_1\bar{z} + w_1\overline{w_1}$
$\qquad = z\bar{z} - \overline{w_2}z - w_2\bar{z} + w_2\overline{w_2}$

$\iff (\overline{w_2}-\overline{w_1})z + (w_2-w_1)\bar{z}$
$\qquad = w_2\overline{w_2} - w_1\overline{w_1}$

よって，求める関係式は
$$\boldsymbol{(\overline{w_2}-\overline{w_1})z + (w_2-w_1)\bar{z} = w_2\overline{w_2} - w_1\overline{w_1}}$$

(2) A(w) と B($\overline{w}$) は実軸について対称であり，線分 AB の垂直二等分線は実軸となるので，△OAB の外心 Q(v) は実軸上にある。よって，v は実数であり
$$\bar{v} = v \quad \cdots\cdots\text{①}$$
また，Q(v) は OA の垂直二等分線上にあるので，(1) の結果と①より
$$(\overline{w} - \overline{0})v + (w - 0)\bar{v} = w\overline{w} - 0 \cdot \overline{0}$$
$$(\overline{w} + w)v = w\overline{w}$$
A(w) が虚軸上にないから，$\overline{w} + w \neq 0$ であり
$$\boldsymbol{v = \dfrac{w\overline{w}}{w + \overline{w}}}$$

2.31 A(α), B(β), C(γ), $\alpha \neq \beta$, $\alpha \neq 0$
(1) 点 P(z) を直線 AB 上の点とすると，$\overrightarrow{AP} = t\overrightarrow{AB}$ (t は実数) と表すことができる。これを複素数で表すと
$$z - \alpha = t(\beta - \alpha)$$
これより
$\dfrac{z - \alpha}{\beta - \alpha}$ は実数

$\iff \dfrac{z - \alpha}{\beta - \alpha} - \overline{\left(\dfrac{z - \alpha}{\beta - \alpha}\right)} = 0$
$$\cdots\cdots\text{①}$$
$|\alpha| = |\beta| = 1$ より
$$\alpha\bar{\alpha} = 1, \ \beta\bar{\beta} = 1 \quad \cdots\cdots\text{②}$$
②に注意して①の左辺を整理すると

$(\text{左辺}) = \dfrac{z - \alpha}{\beta - \alpha} - \dfrac{\bar{z} - \overline{\alpha}}{\overline{\beta} - \overline{\alpha}}$

$= \dfrac{z - \alpha}{\beta - \alpha} - \dfrac{\bar{z} - \dfrac{1}{\alpha}}{\dfrac{1}{\beta} - \dfrac{1}{\alpha}}$

$= \dfrac{(z - \alpha) + (\alpha\beta\bar{z} - \beta)}{\beta - \alpha}$

$= \dfrac{z + \alpha\beta\bar{z} - \alpha - \beta}{\beta - \alpha}$

であるから

$$① \iff z + \alpha\beta\bar{z} - \alpha - \beta = 0$$

よって，z は

$$z + \alpha\beta\bar{z} = \alpha + \beta$$

をみたす。　　　　　　　　（証明終）

(2) 点 P(z) を点 C を通り直線 AB に垂直な直線上の点とすると，$\overrightarrow{\text{CP}} \perp \overrightarrow{\text{AB}}$ または P $=$ C である。これを複素数で表すと，t を実数として

$$\frac{z - \gamma}{\beta - \alpha} = t\left(\cos\frac{\pi}{2} + i\sin\frac{\pi}{2}\right)$$

とする。これより

$$\frac{z - \gamma}{\beta - \alpha} \text{ が純虚数 または } 0$$

$$\iff \frac{z - \gamma}{\beta - \alpha} + \overline{\left(\frac{z - \gamma}{\beta - \alpha}\right)} = 0$$

$$\cdots\cdots③$$

であるので，②に注意して③の左辺を整理すると

$$
\begin{aligned}
(\text{左辺}) &= \frac{z - \gamma}{\beta - \alpha} + \frac{\bar{z} - \bar{\gamma}}{\bar{\beta} - \bar{\alpha}} \\
&= \frac{z - \gamma}{\beta - \alpha} + \frac{\bar{z} - \bar{\gamma}}{\dfrac{1}{\beta} - \dfrac{1}{\alpha}} \\
&= \frac{z - \gamma - \alpha\beta(\bar{z} - \bar{\gamma})}{\beta - \alpha} \\
&= \frac{z - \alpha\beta\bar{z} - \gamma + \alpha\beta\bar{\gamma}}{\beta - \alpha}
\end{aligned}
$$

であるから

$$③ \iff z - \alpha\beta\bar{z} - \gamma + \alpha\beta\bar{\gamma} = 0$$

よって，z は

$$z - \alpha\beta\bar{z} = \gamma - \alpha\beta\bar{\gamma}$$

をみたす。　　　　　　　　（証明終）

📖 問題

円の方程式 ··

☐ **2.32** 方程式

$$z\overline{z} + \overline{\beta}z + \beta\overline{z} + 1 = 0$$

は，β が ☐ という条件を満たすとき，円を表す。ただし，$\overline{z}$，$\overline{\beta}$ は，それ
ぞれ z，β の共役複素数である。 （立教大）

☐ **2.33** 次の問いに答えよ。

(1) z を複素数とすると，方程式 $|z - 2| = 2|z + 1|$ は複素数平面上で円を
表す。この円の中心は ☐，半径は ☐ である。 （北海道工大）

(2) i は虚数単位である。複素数平面上で，方程式 $|z + 3i| = 2|z|$ を満たす
図形と方程式 $|z - 4i| = |z|$ を満たす図形の共有点を表す複素数をすべて
求めよ。 （札幌医大）

☐ **2.34** 複素数 α は $|\alpha| = 1$ を満たしている。

(1) 条件

$$(*) \quad |z| = c \text{ かつ } |z - \alpha| = 1$$

を満たす複素数 z がちょうど 2 つ存在するような実数 c の範囲を求めよ。

(2) 実数 c は (1) で求めた範囲にあるとし，条件 $(*)$ を満たす 2 つの複素数
を z_1，z_2 とする。このとき，$\dfrac{z_1 - z_2}{\alpha}$ は純虚数であることを示せ。

（学習院大）

☐ **2.35** z, w を相異なる複素数で z の虚部は正，w の虚部は負とする。このと
き，1, z, -1, w が複素数平面の同一円周上にあるための必要十分条件は
$$\frac{(1 + w)(1 - z)}{(1 - w)(1 + z)}$$
が負の実数となることであることを示せ。 （東北大 改）

📖 チェック・チェック

┌─ 基本 check！ ─────────────────────

点 $A(\alpha)$ を中心とする半径 r の円
$$|z - \alpha| = r$$
円の一般式
$$z\bar{z} + \bar{\alpha}z + \alpha\bar{z} + c = 0 \ (c \text{ は実数}, \ |\alpha|^2 - c > 0)$$
アポロニウスの円
$$|z - \alpha| = k|z - \beta| \ (k \text{ は } 1 \text{ でない正の数}, \ \alpha \neq \beta)$$

└──────────────────────────────

2.32 円であるための条件

$z\bar{z} + \bar{\beta}z + \beta\bar{z} + c = 0$ （c は実数）を変形すると

$$z(\bar{z} + \bar{\beta}) + \beta\bar{z} + c = 0 \iff z(\bar{z} + \bar{\beta}) + \beta(\bar{z} + \bar{\beta}) - \beta\bar{\beta} + c = 0$$
$$\iff (z + \beta)(\bar{z} + \bar{\beta}) = \beta\bar{\beta} - c$$
$$\therefore \ |z + \beta|^2 = |\beta|^2 - c$$

です。これより，実数 $|\beta|^2 - c$ が正ならば，複素数 z は複素数平面上で，$-\beta$ が表す点を中心とする半径 $\sqrt{|\beta|^2 - c}$ の円をえがきます。

2.33 アポロニウスの円

2 定点 $A(\alpha)$，$B(\beta)$ $(\alpha \neq \beta)$ に至る距離の比が一定，すなわち，複素数 z が
$$|z - \alpha| = k|z - \beta| \ (k \text{ は } 1 \text{ でない正の数}, \ \alpha \neq \beta)$$
をみたすとき，z は複素数平面上で線分 AB を $k : 1$ に内分する点と外分する点を直径の両端とする円をえがきます。この円はアポロニウスの円とよばれています。

2.34 2 円の交点

(1) 2 円が 2 点を共有する条件を求めています。

(2) $\dfrac{z_1 - z_2}{\alpha}$ の図形的意味を考えてみましょう。

2.35 共円条件

4 点が同一円周上にある条件はいろいろあります。ここでは，右の図の 4 点 A，B，C，D について $\angle ABC + \angle CDA = \pi$ となることを活用します。角の向きにも注意すると，この式は
$$\arg \frac{\alpha - \beta}{\gamma - \beta} + \arg \frac{\gamma - \delta}{\alpha - \delta} = \pi$$
であり左辺は $\dfrac{(\alpha - \beta)(\gamma - \delta)}{(\gamma - \beta)(\alpha - \delta)}$ の偏角です。

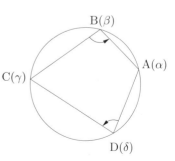

解答・解説

2.32 $z\overline{z} + \overline{\beta}z + \beta\overline{z} + 1 = 0$

$(z + \beta)(\overline{z} + \overline{\beta}) - \beta\overline{\beta} + 1 = 0$

$(z + \beta)\overline{(z + \beta)} = \beta\overline{\beta} - 1$

$\therefore \quad |z + \beta|^2 = |\beta|^2 - 1$

この方程式が円を表すための条件は

$$|\beta|^2 - 1 > 0$$

すなわち

$$\boldsymbol{|\beta| > 1}$$

2.33 (1) $|z - 2| = 2|z + 1|$ より

$|z - 2|^2 = 4|z + 1|^2$ だから

$(z - 2)\overline{(z - 2)} = 4(z + 1)\overline{(z + 1)}$

$(z - 2)(\overline{z} - 2) = 4(z + 1)(\overline{z} + 1)$

$z\overline{z} - 2(z + \overline{z}) + 4$
$\qquad = 4(z\overline{z} + z + \overline{z} + 1)$

$z\overline{z} + 2z + 2\overline{z} = 0$

$(z + 2)(\overline{z} + 2) = 4$

$(z + 2)\overline{(z + 2)} = 4$

$\therefore \quad |z + 2|^2 = 4$

よって，$|z + 2| = 2$ だから，z は円をえ
がき，その中心は **-2**，半径は **2** である。

別解

$z = x + yi$ (x, y は実数) とおくと

$(x - 2)^2 + y^2 = 4\{(x + 1)^2 + y^2\}$

$x^2 + y^2 + 4x = 0$

$\therefore \quad (x + 2)^2 + y^2 = 4$

よって，z は複素数平面上で円をえがき，
中心は -2，半径は 2 である。

(2) $|z + 3i| = 2|z|$ $\cdots\cdots$①

$\qquad |z - 4i| = |z|$ $\cdots\cdots$②

①より

$|z + 3i|^2 = 4|z|^2$

$(z + 3i)(\overline{z} - 3i) = 4z\overline{z}$

$z\overline{z} - 3iz + 3i\overline{z} + 9 = 4z\overline{z}$

$\therefore \quad z\overline{z} + iz - i\overline{z} - 3 = 0 \cdots\cdots$①′

②より

$|z - 4i|^2 = |z|^2$

$(z - 4i)(\overline{z} + 4i) = z\overline{z}$

$z\overline{z} + 4iz - 4i\overline{z} + 16 = z\overline{z}$

$iz - i\overline{z} + 4 = 0$

$\therefore \quad \overline{z} = z - 4i \cdots\cdots$②′

図形①，②の共有点は，①′，②′ を連立して

$z(z - 4i) + iz - i(z - 4i) - 3 = 0$

$z^2 - 4iz - 7 = 0$

$(z - 2i)^2 = 3$

$\therefore \quad \boldsymbol{z = \pm\sqrt{3} + 2i}$

これが求める複素数のすべてである。

別解

①は

$$|z + 3i| : |z| = 2 : 1$$

より，2 点 $-3i$，0 を結ぶ線分を，$2 : 1$
に内分する点 $-i$，外分する点 $3i$ を直径
の両端とする円（アポロニウスの円）で
あり，点 i を中心とする半径 2 の円で
ある。

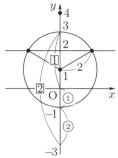

②は 2 点 $4i$，0 を結ぶ線分の垂直二
等分線であり，共有点は $\pm\sqrt{3} + 2i$ であ
る。

2.34 (1) まず，$|z| = c$（c は実数）を
みたす複素数 z が 2 つ存在するために
は

$$c > 0 \quad \cdots\cdots ①$$

が必要である。このとき $|z| = c$ は中心
が原点で半径が c の円である。

また，$|z - \alpha| = 1$ は中心が点 α で半
径が 1 の円を表すから

$$(*) \quad |z| = c \text{ かつ } |z - \alpha| = 1$$

をみたす複素数 z がちょうど 2 つ存在
する条件は

(半径の差) < (中心間の距離) < (半径の和)

が成り立つことである。$|\alpha| = 1$ に注意
すると，この不等式は

$$|c - 1| < |\alpha| < c + 1$$
$$|c - 1| < 1 < c + 1$$
$$-1 < c - 1 < 1 \text{ かつ } 1 < c + 1$$
$$\therefore \quad 0 < c < 2$$

これは①もみたす。

よって，求める実数 c の範囲は

$$\boldsymbol{0 < c < 2}$$

(2)

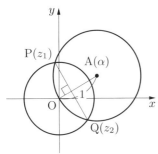

複素数平面上で $P(z_1)$，$Q(z_2)$，$A(\alpha)$，
$O(0)$ とすると，$0 < c < 2$ のもとでは，
線分 PQ は 2 つの円の共通弦であるか
ら，PQ は 2 つの円の中心を通る直線
OA に垂直である。よって

$$\overrightarrow{\mathrm{QP}} \perp \overrightarrow{\mathrm{OA}}$$
$$\iff \arg \frac{z_1 - z_2}{\alpha - 0} = \pm \frac{\pi}{2}$$

$$\iff \frac{z_1 - z_2}{\alpha} \text{ は純虚数である}$$

（証明終）

2.35

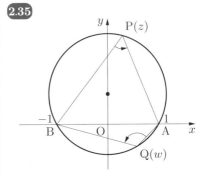

1, z, -1, w が表す点をそれぞれ A, P,
B, Q とおく。z の虚部は正，w の虚部
は負より，P，Q は実軸に関して反対側
にあるから，A(1)，P(z)，B(-1)，Q(w)
が同一円周上にあるための必要十分条件
は

$$\angle \mathrm{AQB} + \angle \mathrm{BPA} = \pi \quad \cdots\cdots ①$$

角の向きに注意すると，①は

$$\arg \frac{-1 - w}{1 - w} + \arg \frac{1 - z}{-1 - z} = \pi$$
$$\iff \arg \frac{(-1 - w)(1 - z)}{(1 - w)(-1 - z)} = \pi$$
$$\iff \frac{(1 + w)(1 - z)}{(1 - w)(1 + z)} \text{ は負の実数}$$

（証明終）

問題

軌跡 ....

☐ **2.36** 複素数 $z = x + yi$（x, y は実数）に対して，$\dfrac{z-4}{z-2}$ が純虚数であるとする。このとき，複素数 z の表す点の軌跡を x, y で表すと円 $\boxed{} = 1$ から，2 点 $\left(\boxed{}, \boxed{}\right)$, $\left(\boxed{}, \boxed{}\right)$ を除いたものとなる。

（埼玉工大）

☐ **2.37** $z + \dfrac{16}{z}$ が実数となるような 0 でない複素数 z が描く図形を複素数平面上に図示しなさい。 （東京都立大 改）

☐ **2.38** 複素数 z が $|z-1| = 2$ をみたすとき，複素数 $w = iz + 3$ で表される点 P(w) は中心が $\boxed{}$ の円周上にある。 （早大）

☐ **2.39** 複素数平面上の 2 点 P(z), Q(w) が次の 2 つの条件をみたすとする。ただし，O(0) は原点である。

　　　・線分 OP の長さと線分 OQ の長さの積が 1 に等しい。

　　　・O を端とする半直線 OP 上に Q がある。

(1) z を w を用いて表せ。

(2) 点 A($1-i$) を中心とする半径 $\sqrt{2}$ の円から O を除いた曲線の上を P が動くとき，Q の軌跡を図示せよ。ただし，i は虚数単位である。 （北大 改）

☐ **2.40** 複素数 z が $|z-1| = 1$ をみたすとき，複素数平面上で $w = \dfrac{z-i}{z+i}$ によって定まる点 w の軌跡を図示せよ。 （早大）

☐ **2.41** w を 0 でない複素数，x, y を $w + \dfrac{1}{w} = x + yi$ を満たす実数とする。

(1) 実数 R は $R > 1$ を満たす定数とする。w が絶対値 R の複素数全体を動くとき，xy 平面上の点 (x, y) の軌跡を求めよ。

(2) 実数 α は $0 < \alpha < \dfrac{\pi}{2}$ を満たす定数とする。w が偏角 α の複素数全体を動くとき，xy 平面上の点 (x, y) の軌跡を求めよ。 （京大）

チェック・チェック

2.36 純虚数である条件と軌跡

$z = x + yi$（x, y は実数）の誘導にのって $\dfrac{z-4}{z-2}$ を x, y の式として整理しても

よいし，「w が純虚数 $\iff w + \overline{w} = 0$ かつ $w \neq 0$」を利用してもよいですね。

2.37 実数である条件と軌跡

$z + \dfrac{16}{z}$ が実数であることを共役を用いて表すと $z + \dfrac{16}{z} = \overline{\left(z + \dfrac{16}{z}\right)}$ です。

2.38 回転と平行移動

$w = iz + 3$ は，z を原点のまわりに $\dfrac{\pi}{2}$ だけ回転し，実軸方向に 3 だけ平行移動した点です。

2.39 反転

半直線 OP 上の点 Q に対し，P と Q の関係が $\mathrm{OP} \cdot \mathrm{OQ} = (\text{一定})$ である変換を反転 といいます。次の性質があります。

(i) O を通る円上を P が動くとき，Q は原点を通らない直線を描く。(**2.39** (2))

(ii) O を通らない円上を P が動くとき，Q は原点を通らない円を描く。

(iii) O を通る直線上を P が動くとき，Q はもとの直線と同じ直線を描く。

(iv) O を通らない直線上を P が動くとき，Q は原点を通る円を描く。

2.40 一次分数変換

変換 $w = \dfrac{az+b}{cz+d}$（a, b, c, d は複素数，$ad - bc \neq 0$）を一次分数変換（またはメビウス変換）といい，円円対応（直線は半径が無限大の円と考える），等角写像といった性質があります。

$w = \dfrac{z-i}{z+i}$ を z について解き，$|z-1| = 1$ に代入しましょう。

2.41 ジューコフスキー変換

変換 $z = w + \dfrac{a^2}{w}$（$a > 0$）をジューコフスキー変換といいます。w を極形式 $w = r(\cos\theta + i\sin\theta)$ で表すと

(1) では r は定数 $R(>1)$，θ は $0 \leqq \theta < 2\pi$ で動く

(2) では θ は定数 $\alpha\left(0 < \alpha < \dfrac{\pi}{2}\right)$，$r$ は $r > 0$ で動く

ことになります。定数，変数を区別して考察しましょう。

解答・解説

2.36 $\dfrac{z-4}{z-2}$

$$= \dfrac{x+yi-4}{x+yi-2}$$

$$= \dfrac{\{(x-4)+yi\}\{(x-2)-yi\}}{\{(x-2)+yi\}\{(x-2)-yi\}}$$

$$= \dfrac{x^2-6x+8+y^2+2yi}{(x-2)^2+y^2}$$

この値が純虚数となることから，
$(x,\ y) \neq (2,\ 0)$ のもとで

$$\begin{cases} x^2-6x+8+y^2=0 \\ 2y \neq 0 \end{cases}$$

$$\therefore \quad \begin{cases} (x-3)^2+y^2 = 1 \\ y \neq 0 \end{cases}$$

よって，$y=0$ となる 2 点

$$(2,\ 0),\ (4,\ 0)$$

は除かれる。

別解

$\dfrac{z-4}{z-2}$ が純虚数であるから
$z \neq 2,\ 4$ であり

$$\dfrac{z-4}{z-2} + \overline{\left(\dfrac{z-4}{z-2}\right)} = 0$$

$$(\bar{z}-2)(z-4)$$
$$\qquad +(z-2)(\bar{z}-4) = 0$$
$$z\bar{z} - 3(z+\bar{z}) + 8 = 0$$
$$(z-3)(\bar{z}-3) = 1$$
$$\therefore \quad |z-3| = 1$$

2.37 $z + \dfrac{16}{z}$ $(z \neq 0)$ が実数となるための条件は

$$z + \dfrac{16}{z} = \overline{\left(z + \dfrac{16}{z}\right)} \cdots\cdots(*)$$

である。$z \neq 0$ のもとで $(*)$ を変形すると

$$z + \dfrac{16}{z} = \bar{z} + \dfrac{16}{\bar{z}}$$

$$z^2\bar{z} + 16\bar{z} = z(\bar{z})^2 + 16z$$
$$z\bar{z}(z-\bar{z}) + 16(\bar{z}-z) = 0$$
$$(z-\bar{z})(z\bar{z}-16) = 0$$

これより

$$z = \bar{z} \quad \text{または} \quad |z| = 4$$

よって，複素数 z が描く図形は，「実軸（原点を除く）と原点を中心とする半径 4 の円との和集合」であり，図示すると<u>次の図の太線部分</u>となる。

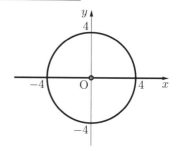

2.38 $|z-1| = 2$ より，点 z は点 1 が中心で，半径が 2 の円周上にある。

$w = iz + 3$ より，点 w は点 z を原点のまわりに $\dfrac{\pi}{2}$ だけ回転して，実軸方向に 3 だけ平行移動した点なので，$\mathrm{P}(w)$ は

中心が $\underline{i+3}$，半径が 2 の円周上
にある。

別解

$w = iz + 3$ より

$$z = \dfrac{w-3}{i}$$

これを $|z-1| = 2$ に代入すると

$$\left| \dfrac{w-3}{i} - 1 \right| = 2$$

$$|w-3-i| = 2|i|$$

∴ $|w-(3+i)|=2$

よって，P(w) は点 $3+i$ を中心とする半径 2 の円周上にある。

2.39 (1) 与えられた 2 つの条件から

$|z||w|=1$ ……①

$w=tz$（t は正の実数）……②

②を①へ代入して

$|z||tz|=1$

$t=\dfrac{1}{|z|^2}=|w|^2=w\overline{w}$

よって

$z=\dfrac{w}{t}=\dfrac{w}{w\overline{w}}$

∴ $\boldsymbol{z=\dfrac{1}{\overline{w}}}$

(2) P(z) は A($1-i$) を中心とする半径 $\sqrt{2}$ の円から O を除いた部分を動く。

$|z-(1-i)|=\sqrt{2}$（$z\neq0$）……③

$|z-(1-i)|^2=2$（$z\neq0$）

$\{z-(1-i)\}\{\overline{z}-(1+i)\}=2$（$z\neq0$）

$z=\dfrac{1}{\overline{w}}$ を代入する。$\dfrac{1}{\overline{w}}\neq0$ であるから

$\left\{\dfrac{1}{\overline{w}}-(1-i)\right\}\left\{\dfrac{1}{w}-(1+i)\right\}=2$

∴ $\{1-(1-i)\overline{w}\}\{1-(1+i)w\}=2w\overline{w}$ ……④

④を変形すると

$1-(1+i)w-(1-i)\overline{w}=0$

$(1+i)w+\overline{(1+i)w}=1$ ……④′

$w=x+yi$（$x,\ y$ は実数）とおくと

$(1+i)w=(1+i)(x+yi)=x-y+(x+y)i$

であるから，④′ は

$2(x-y)=1$

∴ $y=x-\dfrac{1}{2}$

よって，Q の軌跡を図示すると <u>次の図</u> となる。

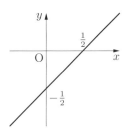

別解

③以降を次のように処理してもよい。

③に $z=\dfrac{1}{\overline{w}}$ を代入して変形すると

$\left|\dfrac{1}{\overline{w}}-(1-i)\right|=\sqrt{2}$

$|1-(1-i)\overline{w}|=\sqrt{2}|\overline{w}|$

両辺を $|1-i|(=\sqrt{2})$ で割ると

$\left|\overline{w}-\dfrac{1}{1-i}\right|=|\overline{w}|$

$\left|\overline{w}-\dfrac{1+i}{2}\right|=|\overline{w}|$

$\left|w-\dfrac{1-i}{2}\right|=|w|$

よって，w は点 O と $\dfrac{1-i}{2}$ を結ぶ線分の垂直二等分線である。

2.40 $w=\dfrac{z-i}{z+i}$ より

$w(z+i)=z-i$

∴ $(w-1)z=-(w+1)i$

$w=1$ のときこの等式は成立しないから $w\neq1$ であり

$z=-\dfrac{w+1}{w-1}i$

これを $|z-1|=1$ に代入すると

$\left|-\dfrac{w+1}{w-1}i-1\right|=1$

$|-(w+1)i-w+1|=|w-1|$

$|(-1-i)w+1-i|=|w-1|$

$|-1-i|\left|w-\dfrac{1-i}{1+i}\right|=|w-1|$

∴ $\sqrt{2}|w+i|=|w-1|$

両辺を 2 乗して

$$2|w+i|^2 = |w-1|^2$$
$$2(w+i)\overline{(w+i)} = (w-1)\overline{(w-1)}$$
$$2(w+i)(\overline{w}-i) = (w-1)(\overline{w}-1)$$
$$2(w\overline{w} - wi + \overline{w}i + 1)$$
$$= w\overline{w} - w - \overline{w} + 1$$
$$w\overline{w} + (1-2i)w$$
$$+ (1+2i)\overline{w} + 1 = 0$$
$$w\overline{w} + \overline{(1+2i)}w$$
$$+ (1+2i)\overline{w} + 1 = 0$$
$$\{w+(1+2i)\}\{\overline{w}+\overline{(1+2i)}\}$$
$$- (1+2i)\overline{(1+2i)} + 1 = 0$$
$$|w+1+2i|^2 = 4$$
$$\therefore \quad |w+1+2i| = 2$$

この式は確かに $w \neq 1$ をみたす。よって，w の軌跡は，点 $-1-2i$ を中心とする半径 2 の円であり，次の図となる。

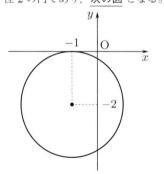

2.41 (1) w は絶対値 $R(>1)$ の複素数だから

$$w = R(\cos\theta + i\sin\theta) \ (0 \le \theta < 2\pi)$$

とおくことができる。

$$x + yi = w + \frac{1}{w}$$
$$= R(\cos\theta + i\sin\theta) + \frac{1}{R}(\cos\theta - i\sin\theta)$$
$$= \left(R + \frac{1}{R}\right)\cos\theta + i\left(R - \frac{1}{R}\right)\sin\theta$$

x, y は実数より

$$(*)\begin{cases} x = \left(R + \dfrac{1}{R}\right)\cos\theta \\ y = \left(R - \dfrac{1}{R}\right)\sin\theta \end{cases}$$

点 (x, y) の軌跡は，$(*)$ をみたす θ が存在するような点 (x, y) の集合である。

$R > 1$ より，$R + \dfrac{1}{R} \neq 0$, $R - \dfrac{1}{R} \neq 0$ であり

$$\begin{cases} \cos\theta = \dfrac{x}{R + \dfrac{1}{R}} \\ \sin\theta = \dfrac{y}{R - \dfrac{1}{R}} \end{cases}$$

これをみたす θ が存在する条件，すなわち，求める軌跡は

$$楕円：\frac{x^2}{\left(R + \dfrac{1}{R}\right)^2} + \frac{y^2}{\left(R - \dfrac{1}{R}\right)^2} = 1$$

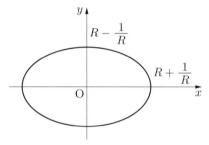

【参考】点 (x, y) の軌跡は，R の値にかかわらず 2 点 ± 2 を焦点とする楕円である。

(2) w は偏角 $\alpha \left(0 < \alpha < \dfrac{\pi}{2}\right)$ の複素数だから

$$w = t(\cos\alpha + i\sin\alpha) \ (t > 0)$$

とおくことができる。(1) と同様に

$$x + yi = \left(t + \frac{1}{t}\right)\cos\alpha + i\left(t - \frac{1}{t}\right)\sin\alpha$$

x, y は実数より

$$(**)\begin{cases} x = \left(t + \dfrac{1}{t}\right)\cos\alpha \\ y = \left(t - \dfrac{1}{t}\right)\sin\alpha \end{cases}$$

点 (x, y) の軌跡は，$(**)$ をみたす

$t(>0)$ が存在するような点 (x, y) の集合である。

$0 < \alpha < \dfrac{\pi}{2}$ より，$(**)$ を変形すると

$$\begin{cases} t + \dfrac{1}{t} = \dfrac{x}{\cos \alpha} \\ t - \dfrac{1}{t} = \dfrac{y}{\sin \alpha} \end{cases}$$

$$\Longleftrightarrow \begin{cases} t = \dfrac{1}{2}\left(\dfrac{x}{\cos \alpha} + \dfrac{y}{\sin \alpha} \right) \\ \dfrac{1}{t} = \dfrac{1}{2}\left(\dfrac{x}{\cos \alpha} - \dfrac{y}{\sin \alpha} \right) \end{cases}$$

このとき

$$1 = t \cdot \dfrac{1}{t}$$

$$1 = \dfrac{1}{4}\left(\dfrac{x}{\cos\alpha} + \dfrac{y}{\sin\alpha} \right)\left(\dfrac{x}{\cos\alpha} - \dfrac{y}{\sin\alpha} \right)$$

$$\therefore \quad \dfrac{x^2}{\cos^2 \alpha} - \dfrac{y^2}{\sin^2 \alpha} = 4$$

また，$t > 0$ だから

$$\dfrac{1}{2}\left(\dfrac{x}{\cos \alpha} + \dfrac{y}{\sin \alpha} \right) > 0$$

$$\therefore \quad y > -x \tan \alpha$$

よって，求める軌跡は

双曲線の右の分枝：$\begin{cases} \dfrac{x^2}{\cos^2 \alpha} - \dfrac{y^2}{\sin^2 \alpha} = 4 \\ y > -(\tan \alpha)x \end{cases}$

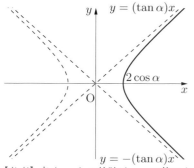

【参考】点 (x, y) の軌跡は，α の値にかかわらず 2 点 ± 2 を焦点とする双曲線の片枝である。

📖 問題

領域 ....

☐ **2.42** 複素数 $z = x + yi$ について，次の問いに答えよ。ただし，x, y は実数，i は虚数単位とする。

(1) 不等式 $|z + 1| \leqq 1$ の表す領域を複素数平面上に図示せよ。

(2) 不等式 $\left| \dfrac{1}{z} + 1 \right| \leqq 1$ の表す領域を複素数平面上に図示せよ。

(3) (1) の領域と (2) の領域の共通部分の面積を求めよ。 （徳島大）

☐ **2.43** $z = az_1 + bz_2$ において，z_1, z_2 は 2 つの与えられた複素数で，a, b は $a \geqq 0$, $b \geqq 0$ である変数とする。

(1) $a + b = 1$ のとき，複素数平面上の点 z の軌跡を求めよ。

(2) $1 \leqq a + b \leqq 2$ のとき，点 z の存在する領域（範囲）を図示せよ。

（千葉大）

☐ **2.44** 複素数 $\alpha = 2 + i$, $\beta = -\dfrac{1}{2} + i$ に対応する複素数平面上の点を A(α)，B(β) とする。このとき，以下の問に答えよ。

(1) 複素数平面上の点 C(α^2), D(β^2) と原点 O の 3 点は一直線上にあることを示せ。

(2) 点 P(z) が直線 AB 上を動くとき，z^2 の実部を x, 虚部を y として，点 Q(z^2) の軌跡を x, y の方程式で表せ。

(3) 点 P(z) が三角形 OAB の周および内部にあるとき，点 Q(z^2) 全体のなす図形を K とする。K を複素数平面上に図示せよ。 （早大 改）

チェック・チェック

2.42 円板と半平面

(1) の領域は円の周および内部となります。

(2) の領域は直線を境界とする半平面となりますが，どちら側の半平面が求める領域でしょうか。

2.43 分点公式と領域

$z = az_1 + bz_2 = (a + b) \cdot \dfrac{az_1 + bz_2}{b + a}$ と変形すると，$\dfrac{az_1 + bz_2}{b + a}$ は線分 $z_1 z_2$ を $b : a$ に分ける点を表しています。

2.44 z^2 による三角形の像

(1), (2) では境界を調べています。

(3) 2 点 A(α), B(β) を結ぶ線分 AB 上の点は

$$t + i \quad \left(-\frac{1}{2} \leqq t \leqq 2 \right)$$

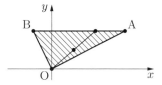

と表すことができるので，△OAB の周および内部の点は

$$k(t + i) \quad \left(-\frac{1}{2} \leqq t \leqq 2, \ 0 \leqq k \leqq 1 \right)$$

と表すことができます。

点 Q(z^2) 全体のなす図形 K は 2 変数 t, k により決まる点の集合です。まず，t を固定し，k を動かす。ついで，t を動かし，全体を把握しましょう。

📖 解答・解説

2.42 (1) $|z+1| \leqq 1$ ……①
①は中心 -1, 半径 1 の円の周および内部を表すから, 求める領域は次の図の斜線部分。ただし, 境界線を含む。

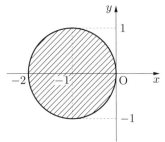

(2) $\left| \dfrac{1}{z} + 1 \right| \leqq 1$ ……②

②を変形すると

$$② \iff \left| \dfrac{1+z}{z} \right| \leqq 1$$
$$\iff |z+1| \leqq |z| \quad \cdots\cdots(*)$$

となる。②は 2 点 -1, 0 を結ぶ線分の垂直二等分線を境界とする領域（半平面）の点 -1 を含む側であるから, 求める領域は
次の図の斜線部分。ただし, 境界線を含む。

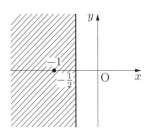

別解

$z = x + yi$ (x, y は実数) とおくと, $(*)$ は

$$|(x+yi)+1| \leqq |x+yi|$$
$$|x+1+yi|^2 \leqq |x+yi|^2$$
$$(x+1)^2 + y^2 \leqq x^2 + y^2$$

$$2x + 1 \leqq 0$$
$$\therefore \quad x \leqq -\dfrac{1}{2}$$

(3) (1), (2) より, ①と②の共通部分は次の図の斜線部分である。

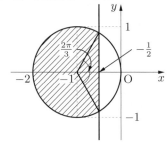

斜線部分の面積は扇形と三角形の面積の和なので

$$\dfrac{1}{2} \cdot 1^2 \cdot \left(2\pi - \dfrac{2\pi}{3} \right) + \dfrac{1}{2} \cdot 1^2 \cdot \sin \dfrac{2\pi}{3}$$
$$= \dfrac{2\pi}{3} + \dfrac{\sqrt{3}}{4}$$

2.43 (1) $a + b = 1$ ($a \geqq 0$, $b \geqq 0$) より

$$z = az_1 + bz_2 = \dfrac{az_1 + bz_2}{b+a}$$

z の表す点は線分 $z_1 z_2$ を $b : a$ に内分する点である。すなわち, z の軌跡は
線分 $z_1 z_2$（両端を含む）

(2) $a + b = k$ ($1 \leqq k \leqq 2$) とおく。
このとき

$$z = az_1 + bz_2 = k \cdot \dfrac{az_1 + bz_2}{b+a}$$

$w = \dfrac{az_1 + bz_2}{b+a}$ とおくと, (1) より, w の軌跡は線分 $z_1 z_2$ である。$z = kw$ より, z の軌跡はこの線分を k 倍 ($1 \leqq k \leqq 2$) に拡大したものである。
よって, 点 z の存在する領域は
次の図の斜線部分（境界線を含む）

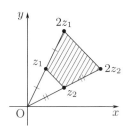

2.44 (1) $\alpha = 2+i,\ \beta = -\dfrac{1}{2}+i$ より

$$\alpha^2 = (2+i)^2 = 3+4i$$

$$\beta^2 = \left(-\frac{1}{2}+i\right)^2 = -\frac{3}{4}-i$$

であり，$\dfrac{\alpha^2}{\beta^2} = -4$（実数）となるので，

点 $C(\alpha^2),\ D(\beta^2),\ O$ は一直線上にある。

(証明終)

(2) $\alpha,\ \beta$ はどちらも虚部が 1 なので，
直線 AB 上の点 $P(z)$ は

$$z = t+i\ (t \text{ は実数})$$

と表すことができる。このとき

$$z^2 = (t+i)^2 = (t^2-1)+2ti$$

であり，z^2 の実部を x，虚部を y とすると

$$\begin{cases} x = t^2-1 & \cdots\cdots① \\ y = 2t & \cdots\cdots② \end{cases}$$

である。点 $Q(z^2)$ の軌跡は①かつ②を
みたす実数 t が存在するような点の集合
であり，

$$\text{「①かつ②」} \iff \begin{cases} x = \left(\dfrac{y}{2}\right)^2 - 1 \\ t = \dfrac{y}{2} \end{cases}$$

であるから，求める方程式は

$$\boldsymbol{x = \dfrac{y^2}{4} - 1}$$

(3) 三角形 OAB の周および内部の点
$P(z)$ は，$t,\ k$ を実数として

$$z = k(t+i)\ \left(-\frac{1}{2} \leqq t \leqq 2,\ 0 \leqq k \leqq 1\right)$$

と表すことができ，$Q(z^2)$ は

$$z^2 = k^2(t+i)^2$$

である。

t を固定し，k を $0 \leqq k \leqq 1$ の範囲で
動かす。$k=1$ のときの点 P を $P_1(z_1)$，
点 Q を $Q_1(z_1{}^2)$ とおくと，$P(z)$ は【図
1】において線分 OP_1 上を動き，$Q(z^2)$
は【図 2】において線分 OQ_1 上を動く。

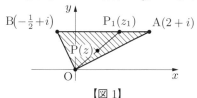

【図 1】

次に，t を $-\dfrac{1}{2} \leqq t \leqq 2$ の範囲で動かす
と，$P_1(z_1)$ は【図 1】において線分 AB
上を動き，点 $Q_1(z_1{}^2)$ は【図 2】において
(2) の放物線上を動くから，点 $Q(z^2)$ 全
体のなす図形 K は，t が $-\dfrac{1}{2} \leqq t \leqq 2$
の範囲で動くときの (2) の放物線の上の
点，すなわち

$$x = \frac{y^2}{4} - 1 \text{ かつ } -1 \leqq y \leqq 4$$

上の点 Q_1 と原点 O を結ぶ線分 OQ_1
が通過する領域である。

(1) も考慮して，図形 K を図示すると
【図 2】の斜線部分。ただし，**境界線も含む。**

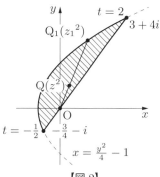

【図 2】

📖 問題

複素数と数列 ···

2.45 次の複素数の数列を考える。

$$\begin{cases} z_1 = 1 \\ z_{n+1} = \dfrac{1}{2}(1+i)z_n + \dfrac{1}{2} \quad (n = 1,\ 2,\ 3,\ \cdots) \end{cases}$$

ただし，i は虚数単位とする。次の問いに答えよ。

(1) $z_{n+1} - \alpha = \dfrac{1}{2}(1+i)(z_n - \alpha)$ なる定数 α を求めよ。

(2) このとき，z_{17} を求めよ。 (福島大)

2.46 2組の数列 $\{a_n\}$，$\{b_n\}$ $(n = 0,\ 1,\ 2,\ \cdots)$ を

$$a_0 = 1, \quad a_{n+1} = -a_n - \sqrt{3}b_n$$
$$b_0 = 0, \quad b_{n+1} = \sqrt{3}a_n - b_n$$

と定める。$c_n = a_n + b_n i$ （ただし，i は虚数単位）とするとき，次の問いに答えなさい。

(1) c_{n+1} を c_n で表しなさい。

(2) $|c_n|$ を求めなさい。

(3) m を負でない整数とするとき，$a_0 + a_1 + a_2 + \cdots + a_{3m+2}$ を求めなさい。

(前橋工科大)

2.47 複素数平面上の点列 $\{A_n\}$ $(n = 0,\ 1,\ 2,\ \cdots\cdots)$ を次のように定める。原点を A_0 とし，原点以外の点 A_1 をとる。$n \geqq 2$ の場合，点 A_{n-1} を中心として点 A_{n-2} を正の向きに角 θ だけ回転して得られる点を A_n とする。また，A_n に対応する複素数を α_n とする。$\omega = \cos\theta + i\sin\theta$ とする。

(1) α_n を α_{n-1}，α_{n-2}，ω を用いて表せ。

(2) $\alpha_1 = \alpha$ とするとき，α_n を n，α，ω を用いて表せ。

(3) 点列 $\{A_n\}$ $(n = 0,\ 1,\ 2,\ \cdots\cdots)$ はある円の周上にあることを示し，その円の中心と半径をそれぞれ α，ω を用いて表せ。ただし，$\theta \neq \pi \times k$（k は整数）とする。 (同志社大)

チェック・チェック

2.45 複素数係数の **2** 項間漸化式

(1) 与えられた漸化式

$$z_{n+1} = pz_n + q \quad \cdots\cdots ①$$
$$\alpha = p\alpha + q \quad \cdots\cdots ②$$

について，②をみたす α を求めて，① $-$ ② をつくると，①は

$$z_{n+1} - \alpha = p(z_n - \alpha) \quad \cdots\cdots ③$$

と変形することができます。これは数列 $\{z_n - \alpha\}$ が公比 p の等比数列であることを表しています。

①を③に変形するための α についての方程式②は，③を展開して得られる式

$$z_{n+1} = pz_n - p\alpha + \alpha$$

と①を比較することにより得ることができます。すなわち

$$q = -p\alpha + \alpha \qquad \therefore \quad \alpha = p\alpha + q$$

です。

(2) まずは (1) の結果を利用して漸化式を解くとよいでしょう。

$\left(\dfrac{1+i}{2}\right)^n$ は $\dfrac{1+i}{2}$ を $\dfrac{1}{\sqrt{2}}\left(\cos\dfrac{\pi}{4} + i\sin\dfrac{\pi}{4}\right)$ と極形式で表すことにより

$$\left(\frac{1+i}{2}\right)^n = \left(\frac{1}{\sqrt{2}}\right)^n\left(\cos\frac{n\pi}{4} + i\sin\frac{n\pi}{4}\right)$$

と整理することができます。

2.46 連立漸化式の複素数を利用した解法

(1) $c_{n+1} = a_{n+1} + b_{n+1}i = (-a_n - \sqrt{3}b_n) + (\sqrt{3}a_n - b_n)i$

について，$c_n = a_n + b_ni$ が現れるように整理します。

(2) (1) より数列 $\{c_n\}$ は複素数 α を公比とする等比数列であることがわかります。

よって，数列 $\{|c_n|\}$ は $|\alpha| = \sqrt{(\text{実部})^2 + (\text{虚部})^2}$ を公比とする等比数列です。

(3) 求める和は $c_0 + c_1 + c_2 + \cdots + c_{3m+2}$ の実部として現れます。

2.47 **3** 項間漸化式をみたす点列

(1) 複素数平面上で点 α_{n-2} を点 α_{n-1} のまわりに θ 回転した点を点 α_n とすると

$$\alpha_n - \alpha_{n-1} = (\alpha_{n-2} - \alpha_{n-1})(\cos\theta + i\sin\theta)$$

という関係式が成立します。

(2) 3 項間漸化式の解き方を思い出しましょう。

(3) 点 α_n が点 β を中心とする半径 r の円の周上にあるということは

$$|\alpha_n - \beta| = r$$

が成立するということです。

解答・解説

2.45 (1) $z_{n+1} - \alpha = \dfrac{1}{2}(1+i)(z_n - \alpha)$

より

$$z_{n+1} = \dfrac{1}{2}(1+i)z_n + \dfrac{1-i}{2}\alpha$$

与えられた漸化式と比較して

$$\dfrac{1}{2} = \dfrac{1-i}{2}\alpha$$

$$\therefore \quad \alpha = \dfrac{1}{1-i} = \underline{\dfrac{1+i}{2}}$$

(2) (1) の結果から

$$z_{n+1} - \dfrac{1+i}{2}$$

$$= \dfrac{1+i}{2}\left(z_n - \dfrac{1+i}{2}\right)$$

よって，数列 $\left\{z_n - \dfrac{1+i}{2}\right\}$ は公比

$\dfrac{1+i}{2}$ の等比数列であり

$$z_n - \dfrac{1+i}{2}$$

$$= \left(z_1 - \dfrac{1+i}{2}\right)\left(\dfrac{1+i}{2}\right)^{n-1}$$

$$= \dfrac{1-i}{2}\left(\dfrac{1+i}{2}\right)^{n-1} \;(\because\; z_1 = 1)$$

したがって

$$z_{17}$$

$$= \dfrac{1+i}{2} + \dfrac{1-i}{2}$$

$$\times \left\{\dfrac{1}{\sqrt{2}}\left(\cos\dfrac{\pi}{4} + i\sin\dfrac{\pi}{4}\right)\right\}^{16}$$

$$= \dfrac{1+i}{2}$$

$$+ \dfrac{1-i}{2}\cdot 2^{-8}(\cos 4\pi + i\sin 4\pi)$$

$$= \dfrac{1+i}{2} + \dfrac{1-i}{2}\cdot\dfrac{1}{256}\cdot 1$$

$$= \underline{\dfrac{257 + 255i}{512}}$$

2.46 (1) c_{n+1}

$$= a_{n+1} + b_{n+1}i$$

$$= (-a_n - \sqrt{3}b_n) + (\sqrt{3}a_n - b_n)i$$

$$= -(a_n + b_n i) + \sqrt{3}(a_n i - b_n)$$

$$= -(a_n + b_n i) + \sqrt{3}(a_n + b_n i)i$$

$$= -c_n + \sqrt{3}c_n i$$

$$= \underline{\boldsymbol{(-1 + \sqrt{3}i)c_n}}$$

(2) (1) より

$$|c_{n+1}| = |-1 + \sqrt{3}i|\,|c_n|$$

$$\therefore \quad |c_{n+1}| = \sqrt{(-1)^2 + (\sqrt{3})^2}\,|c_n|$$

$$= 2|c_n|$$

よって，数列 $\{|c_n|\}$ は公比 2 の等比数列であり

$$|c_n| = |c_0|\cdot 2^n = |a_0 + b_0 i|\cdot 2^n$$

$$= |1 + 0\cdot i|\cdot 2^n = \underline{\boldsymbol{2^n}}$$

(3) $\omega = -1 + \sqrt{3}i$

$$= 2\left(\cos\dfrac{2}{3}\pi + i\sin\dfrac{2}{3}\pi\right)$$

とおくと

$$\omega^3 = 2^3(\cos 2\pi + i\sin 2\pi) = 8$$

$$\cdots\cdots①$$

$$1 + \omega + \omega^2 = 1 + (-1 + \sqrt{3}i)$$

$$+ (-2 - 2\sqrt{3}i)$$

$$= -2 - \sqrt{3}i$$

$$\cdots\cdots②$$

また，(1) の結果から $c_{n+1} = \omega c_n$ だから，数列 $\{c_n\}$ は公比 ω の等比数列であり

$$c_n = c_0\cdot\omega^n = 1\cdot\omega^n = \omega^n$$

このとき

$$c_0 + c_1 + c_2 + \cdots + c_{3m+2}$$

$$= \omega^0 + \omega^1 + \omega^2 + \cdots + \omega^{3m+2}$$

$$= (1 + \omega + \omega^2) + \omega^3(1 + \omega + \omega^2) + \cdots$$

$$+ \omega^{3m}(1 + \omega + \omega^2)$$

$$= (1+\omega+\omega^2)(1+\omega^3+\cdots+\omega^{3m})$$

$$= (1+\omega+\omega^2) \cdot \frac{(\omega^3)^{m+1}-1}{\omega^3-1}$$

$$= (-2-\sqrt{3}i) \cdot \frac{8^{m+1}-1}{8-1}$$

$$(\because \quad ①, ②)$$

求める $a_0 + a_1 + a_2 + \cdots + a_{3m+2}$ は
これの実部だから

$$a_0 + a_1 + a_2 + \cdots + a_{3m+2}$$

$$= -\frac{\mathbf{2(8^{m+1}-1)}}{\mathbf{7}}$$

2.47 (1) 点 α_{n-1} を中心に点 α_{n-2} を
θ 回転したものが点 α_n だから

$$\alpha_n - \alpha_{n-1}$$

$$= (\alpha_{n-2} - \alpha_{n-1})(\cos\theta + i\sin\theta)$$

$$= (\alpha_{n-2} - \alpha_{n-1})\omega$$

$$\therefore \quad \boldsymbol{\alpha_n = (1-\omega)\alpha_{n-1} + \omega\alpha_{n-2}}$$

$$(n = 2, 3, 4, \cdots)$$

(2) $\omega \neq -1$ のとき，(1) の漸化式は

$$\alpha_n - \alpha_{n-1} = -\omega(\alpha_{n-1} - \alpha_{n-2})$$
$$\cdots\cdots①$$

$$\alpha_n + \omega\alpha_{n-1} = \alpha_{n-1} + \omega\alpha_{n-2}$$
$$\cdots\cdots②$$

の 2 通りに変形できる。

① より

$$\alpha_{n+1} - \alpha_n = (\alpha_1 - \alpha_0)(-\omega)^n$$
$$= (\alpha - 0)(-\omega)^n$$
$$= \alpha(-\omega)^n \cdots\cdots①'$$

② より

$$\alpha_{n+1} + \omega\alpha_n = \alpha_1 + \omega\alpha_0$$
$$= \alpha + \omega \cdot 0$$
$$= \alpha \qquad \cdots\cdots②'$$

②$'$ − ①$'$ より

$$(1+\omega)\alpha_n = \alpha - \alpha(-\omega)^n$$

$$\therefore \quad \alpha_n = \frac{\alpha\{1 - (-\omega)^n\}}{1+\omega}$$

また，$\omega = -1$ のとき，(1) の漸化式は

$$\alpha_n - \alpha_{n-1} = \alpha_{n-1} - \alpha_{n-2}$$

と変形できるので

$$\alpha_n - \alpha_{n-1} = \alpha_1 - \alpha_0$$
$$= \alpha - 0$$
$$= \alpha$$

これより，数列 $\{\alpha_n\}$ は初項 0，公差 α
の等差数列なので

$$\alpha_n = 0 + n\alpha = n\alpha$$

よって

$$\alpha_n = \begin{cases} \dfrac{\alpha\{1-(-\omega)^n\}}{1+\omega} \\ \qquad (\omega \neq -1 \text{ のとき}) \\ n\alpha \ (\omega = -1 \text{ のとき}) \end{cases}$$

$$(n = 0, 1, 2, \cdots)$$

(3) (2) より

$$\alpha_n - \frac{\alpha}{1+\omega} = -\alpha \cdot \frac{(-\omega)^n}{1+\omega}$$

$$\therefore \quad \left|\alpha_n - \frac{\alpha}{1+\omega}\right| = |\alpha| \cdot \frac{|\omega|^n}{|1+\omega|}$$

$\omega = \cos\theta + i\sin\theta$ より $|\omega| = 1$ だから

$$\left|\alpha_n - \frac{\alpha}{1+\omega}\right| = \left|\frac{\alpha}{1+\omega}\right|$$

よって，点列 $\{A_n\}$ は

中心 $\dfrac{\boldsymbol{\alpha}}{\mathbf{1+\omega}}$，

半径 $\left|\dfrac{\boldsymbol{\alpha}}{\mathbf{1+\omega}}\right|$

の円の周上にある。　　　　　（証明終）

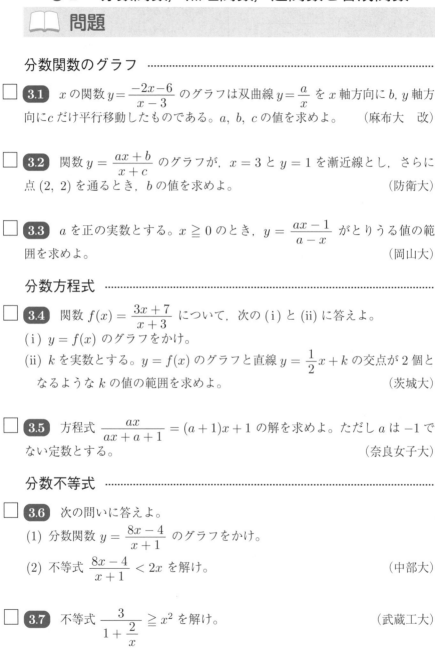

第3章　関数と極限

§1　分数関数，無理関数，逆関数と合成関数

📖 問題

分数関数のグラフ ··

☐ **3.1** x の関数 $y = \dfrac{-2x-6}{x-3}$ のグラフは双曲線 $y = \dfrac{a}{x}$ を x 軸方向に b，y 軸方向に c だけ平行移動したものである。a，b，c の値を求めよ。　（麻布大　改）

☐ **3.2** 関数 $y = \dfrac{ax+b}{x+c}$ のグラフが，$x = 3$ と $y = 1$ を漸近線とし，さらに点 $(2, 2)$ を通るとき，b の値を求めよ。　（防衛大）

☐ **3.3** a を正の実数とする。$x \geqq 0$ のとき，$y = \dfrac{ax-1}{a-x}$ がとりうる値の範囲を求めよ。　（岡山大）

分数方程式 ··

☐ **3.4** 関数 $f(x) = \dfrac{3x+7}{x+3}$ について，次の (i) と (ii) に答えよ。
(i) $y = f(x)$ のグラフをかけ。
(ii) k を実数とする。$y = f(x)$ のグラフと直線 $y = \dfrac{1}{2}x + k$ の交点が 2 個となるような k の値の範囲を求めよ。　（茨城大）

☐ **3.5** 方程式 $\dfrac{ax}{ax+a+1} = (a+1)x+1$ の解を求めよ。ただし a は -1 でない定数とする。　（奈良女子大）

分数不等式 ··

☐ **3.6** 次の問いに答えよ。
(1) 分数関数 $y = \dfrac{8x-4}{x+1}$ のグラフをかけ。
(2) 不等式 $\dfrac{8x-4}{x+1} < 2x$ を解け。　（中部大）

☐ **3.7** 不等式 $\dfrac{3}{1+\dfrac{2}{x}} \geqq x^2$ を解け。　（武蔵工大）

📖 チェック・チェック

┌─ 基本 check！ ─────────────────────────────

分数関数のグラフ

$y = \dfrac{ax + b}{cx + d}$ $(c \neq 0,\ ad - bc \neq 0)$ のグラフは，$y = \dfrac{k}{x - p} + q$ と変形することで，$y = \dfrac{k}{x}$ を x 軸方向に p，y 軸方向に q だけ平行移動したものとわかる。

これは $x = p$，$y = q$ が漸近線となる直角双曲線である。

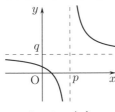 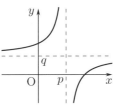

$k > 0$ のとき　　　　　　$k < 0$ のとき

分数方程式・分数不等式

(I) グラフを利用する

(II) 同値変形を利用する（109 ページ参照）

└──────────────────────────────────────

3.1 　分数関数のグラフと平行移動

$y = \dfrac{-2x - 6}{x - 3}$ を $y = \dfrac{k}{x - p} + q$ の形に変形しましょう。

3.2 　分数関数のグラフの漸近線

$y = \dfrac{k}{x - p} + q$ のとき，漸近線は $x = p$，$y = q$ です。

3.3 　分数関数の値域

漸近線がわかるように式を変形し，グラフをかいてみましょう。$a^2 - 1$ の符号による場合分けが必要となります。

3.4 　分数関数のグラフと直線の交点

傾き $\dfrac{1}{2}$ の接線を微分法 (第 4 章) で求めることもできますが，$\dfrac{3x + 7}{x + 3} = \dfrac{1}{2}x + k$ を整式の方程式に直して 2 つの実数解をもつための k の値の範囲を求めましょう。

3.5 　分数方程式

与えられた分数方程式を同値変形しましょう。

3.6 　分数関数のグラフと不等式

グラフ利用の誘導が付いていますが，等号なしの分数不等式の同値変形もできるようにしておきましょう。

3.7 　分数不等式

グラフを利用します。等号付きの分数不等式の同値変形も確認しておきましょう。

解答・解説

3.1 $y = \dfrac{-2x - 6}{x - 3}$

$= \dfrac{-2(x - 3) - 12}{x - 3}$

$= -2 - \dfrac{12}{x - 3}$

より，これは $y = -\dfrac{12}{x}$ を x 軸方向に
3，y 軸方向に -2 だけ平行移動したものである。よって

$a = -12,\ b = 3,\ c = -2$

3.2 $y = \dfrac{ax + b}{x + c}$

$= \dfrac{a(x + c) + b - ac}{x + c}$

$= a + \dfrac{b - ac}{x + c}$

$x = 3$，$y = 1$ が漸近線であることから

$c = -3,\ a = 1$

点 $(2, 2)$ を通るから

$2 = \dfrac{2a + b}{2 + c} = \dfrac{2 + b}{2 + (-3)}$

$\therefore\ \ \underline{b = -4}$

3.3 $y = \dfrac{ax - 1}{a - x}$

$= -\dfrac{a(x - a) + a^2 - 1}{x - a}$

$= -a - \dfrac{a^2 - 1}{x - a}\ \ (x \geqq 0)$

$\cdots\cdots$①

a は正の実数より $a^2 - 1 > -1$ である。
$a^2 - 1$ の符号で場合分けする。

(ⅰ) $a = 1$ のとき

① $\iff y = -1$ かつ $x \neq 1$

であり，y がとり得る値の範囲は

$y = -1$

(ⅱ) $0 < a < 1$ のとき，$a^2 - 1 < 0$ であり，①のグラフは次のようになる。

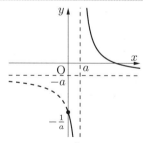

(ⅲ) $a > 1$ のとき，$a^2 - 1 > 0$ であり，①のグラフは次のようになる。

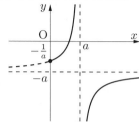

よって，y がとり得る値の範囲は

$$\begin{cases} 0 < a < 1 \text{ のとき} \\ \qquad y \leqq -\dfrac{1}{a} \text{ または } -a < y \\ a = 1 \text{ のとき} \qquad y = -1 \\ a > 1 \text{ のとき} \\ \qquad y < -a \text{ または } -\dfrac{1}{a} \leqq y \end{cases}$$

3.4 (ⅰ) $f(x) = \dfrac{3x + 7}{x + 3}$ を変形すると

$f(x) = -\dfrac{2}{x + 3} + 3$

であるから，$y = \dfrac{3x + 7}{x + 3}$ のグラフ
は，$y = -\dfrac{2}{x}$ のグラフを x 軸方向に
-3，y 軸方向に 3 だけ平行移動した直角双曲線で，漸近線は 2 直線 $x = -3$，
$y = 3$ である。

　よって，関数 $f(x)$ の定義域は，
$x \neq -3$，値域は $y \neq 3$ であり，
グラフは次の図 となる。

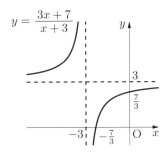

$$y = \frac{3x+7}{x+3}$$

(ii) x の方程式

$$\frac{3x+7}{x+3} = \frac{1}{2}x + k \quad \cdots\cdots ①$$

について，$x \neq -3$ において

$$2(3x+7) = (x+3)(x+2k)$$
$$x^2 + (2k-3)x + 6k - 14 = 0$$
$$\cdots\cdots ②$$

$x = -3$ は②の解ではないから，$y = f(x)$ のグラフと直線 $y = \frac{1}{2}x + k$ の交点が 2 個となる条件は②の判別式を D とすると $D > 0$ と言い換えることができる。

$$D = (2k-3)^2 - 4(6k-14)$$
$$= 4k^2 - 36k + 65$$
$$= (2k-5)(2k-13)$$

であるから，求める条件は

$$\boxed{k < \frac{5}{2}, \; k > \frac{13}{2}}$$

別解

微分法（第 4 章）を利用する。

$f'(x) = \dfrac{2}{(x+3)^2}$ より，接線の傾きが $\dfrac{1}{2}$ となる点の x 座標は

$$\frac{2}{(x+3)^2} = \frac{1}{2}$$
$$4 = (x+3)^2$$
$$x + 3 = \pm 2$$
$$\therefore \quad x = -5, \; -1$$

$f(-5) = 4$，$f(-1) = 2$ であり，傾き $\dfrac{1}{2}$ の接線の方程式は，$x = -5$ のとき

$$y = \frac{1}{2}(x+5) + 4$$
$$\therefore \quad y = \frac{1}{2}x + \frac{13}{2}$$

$x = -1$ のとき

$$y = \frac{1}{2}(x+1) + 2$$
$$\therefore \quad y = \frac{1}{2}x + \frac{5}{2}$$

である。

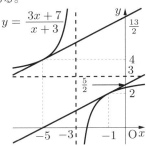

$$y = \frac{3x+7}{x+3}$$

よって，$y = f(x)$ のグラフと直線の交点が 2 個となる k の値の範囲は

$$k < \frac{5}{2}, \; k > \frac{13}{2}$$

3.5 $\dfrac{ax}{ax+a+1} = (a+1)x+1 \; (a \neq -1)$
$$\cdots\cdots ①$$

①を同値変形すると

$$① \iff \begin{cases} ax = \{(a+1)x+1\}(ax+a+1) \\ \qquad\qquad\qquad\qquad \cdots\cdots ② \\ ax+a+1 \neq 0 \\ \qquad\qquad\qquad\qquad \cdots\cdots ③ \end{cases}$$

②を解くと

$$ax = (a+1)ax^2$$
$$\qquad + \{(a+1)^2 + a\}x + a + 1$$
$$(a+1)ax^2 + (a+1)^2 x + a + 1 = 0$$
$$(a+1)\{ax^2 + (a+1)x + 1\} = 0$$
$$(a+1)(ax+1)(x+1) = 0$$
$$\therefore \quad (ax+1)(x+1) = 0 \quad \cdots\cdots ②'$$
$$(\because \quad a \neq -1)$$

(i) $a = 0$ のとき，②′ の解は

$$1 \cdot (x+1) = 0 \quad \therefore \quad x = -1$$

このとき

$$（③の左辺）= 0 \cdot (-1) + 0 + 1 = 1 \neq 0$$

であり，③は成立する。

(ii) $a \neq 0$ のとき，②′ の解は

$$x = -\frac{1}{a}, \ -1$$

$x = -\dfrac{1}{a}$ のとき

$$（③の左辺）= a \cdot \left(-\frac{1}{a}\right) + a + 1 = a \neq 0$$

$x = -1$ のとき

$$（③の左辺）= a \cdot (-1) + a + 1 = 1 \neq 0$$

いずれも③をみたす。

以上，(i)，(ii) より，求める解は

$a = 0$ のとき $\quad x = -1$

$a \neq -1, 0$ のとき $x = -\dfrac{1}{a}, \ -1$

3.6 (1) $y = \dfrac{8x - 4}{x + 1}$ を変形すると

$$y = \frac{8(x + 1) - 12}{x + 1}$$
$$= 8 - \frac{12}{x + 1}$$

となる。したがって，$y = \dfrac{8x - 4}{x + 1}$ のグラフは，$y = -\dfrac{12}{x}$ のグラフを x 軸方向に -1，y 軸方向に 8 だけ平行移動したものであり，**グラフは次の図** となる。

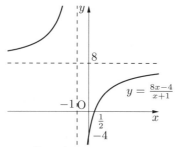

(2) $y = \dfrac{8x - 4}{x + 1}$ と $y = 2x$ のグラフの交点の x 座標は，同値変形を利用すると

$$\frac{8x - 4}{x + 1} = 2x$$

$$\iff \begin{cases} 8x - 4 = 2x(x + 1) \\ x + 1 \neq 0 \end{cases}$$

$$\iff \begin{cases} 2x^2 - 6x + 4 = 0 \\ x \neq -1 \end{cases}$$

$$\iff \begin{cases} (x - 1)(x - 2) = 0 \\ x \neq -1 \end{cases}$$

$$\therefore \quad x = 1, \ 2$$

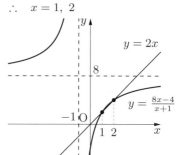

グラフより，不等式 $\dfrac{8x - 4}{x + 1} < 2x$ の解は

$-1 < x < 1, \quad 2 < x$

別解

本問を同値変形を利用して解くと，次のようになる。$(x + 1)^2 > 0$ だから

$$\frac{8x - 4}{x + 1} < 2x$$

$$\iff (4x - 2)(x + 1) < x(x + 1)^2$$

整理すると

$$(x + 1)(x^2 - 3x + 2) > 0$$
$$(x + 1)(x - 1)(x - 2) > 0$$

であり，不等式の解は

$$-1 < x < 1, \quad 2 < x$$

である。

$$y = x^3 - 2x^2 - x + 2$$

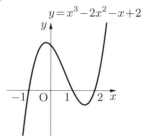

3.7

$$\frac{3}{1+\frac{2}{x}} = \frac{3x}{x+2}$$

$$= \frac{3(x+2)-6}{x+2}$$

$$= 3 + \frac{-6}{x+2}$$

$$(x \neq 0, \ -2)$$

また，$\dfrac{3x}{x+2} = x^2$ を解くと

$$x^3 + 2x^2 - 3x = 0$$

$$x(x+3)(x-1) = 0$$

$$\therefore \quad x = 0, \ -3, \ 1$$

よって，$y = \dfrac{3}{1+\frac{2}{x}}$ と $y = x^2$ のグラフは次の図。

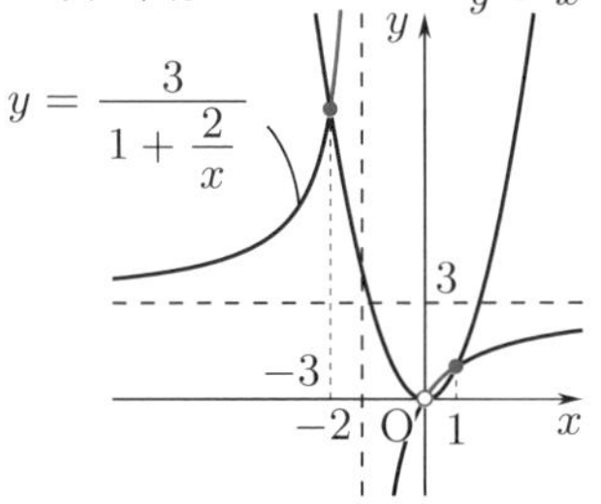

したがって，不等式の解は

$$\boldsymbol{-3 \leqq x < -2 \ \text{または} \ 0 < x \leqq 1}$$

別解

同値変形を利用すると

$$\frac{3}{1+\frac{2}{x}} \geqq x^2$$

$$\iff \begin{cases} x \neq 0 \\ \dfrac{3x}{x+2} \geqq x^2 \end{cases}$$

$$\iff \begin{cases} x \neq 0 \\ \dfrac{x^2(x+2)-3x}{x+2} \leqq 0 \end{cases}$$

$$\iff \begin{cases} x \neq 0 \ \text{かつ} \ x \neq -2 \\ (x+3)(x+2)x(x-1) \leqq 0 \end{cases}$$

$$\iff -3 \leqq x < -2$$
$$\quad \text{または} \quad 0 < x \leqq 1$$

$$y = (x+3)(x+2)x(x-1)$$

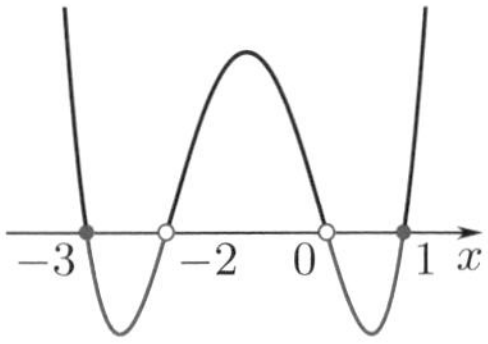

分数方程式・分数不等式の同値変形

次の同値変形は使いこなせるようにしておきたい。

(i) $\dfrac{f(x)}{g(x)} = 0 \iff \begin{cases} f(x) = 0 \\ g(x) \neq 0 \end{cases}$

(ii) $\dfrac{f(x)}{g(x)} > 0 \iff f(x)g(x) > 0$

(iii) $\dfrac{f(x)}{g(x)} \geqq 0 \iff \begin{cases} f(x)g(x) \geqq 0 \\ g(x) \neq 0 \end{cases}$

📖 問題

無理方程式 ···

☐ **3.8** (1) 直線 $y = ax + 1$ が曲線 $y = \sqrt{2x-5} - 1$ に接するように，実数 a の値を定めよ。

(2) 方程式 $\sqrt{2x-5} - 1 = ax + 1$ の実数解の個数を求めよ。ただし，重解は 1 個とみなす。 （広島文教女子大）

☐ **3.9** 方程式 $\sqrt{x+3} = |2x|$ を解け。 （千葉工大）

☐ **3.10** 方程式 $\sqrt{2x-1} + \sqrt{x-1} = 5$ の解は $x = \boxed{}$ である。 （東海大）

無理不等式 ···

☐ **3.11** $x + 2 = \sqrt{4x+9}$ をみたす x の値は $\boxed{}$ であり，$x + 2 < \sqrt{4x+9}$ をみたす x の値の範囲は $\boxed{}$ である。 （大阪工大）

☐ **3.12** 不等式 $\sqrt{7x-3} \leqq \sqrt{-x^2+5x}$ をみたす x の範囲は $\boxed{}$ である。 （大阪薬大）

☐ **3.13** 不等式 $\sqrt{x^2+2x-3} < 2x + 6$ を解け。 （東京都市大）

📖 チェック・チェック

基本 check！

無理関数のグラフと直線の共有点

$$y = \sqrt{x} \iff \begin{cases} y^2 = x \\ y \geq 0 \end{cases}$$

なので，グラフは右の図のように放物線の
上半分となる。

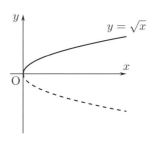

また，$y = \sqrt{ax + b} + c \ (a \neq 0)$ のグラ
フは

$$y = \sqrt{a\left(x + \dfrac{b}{a}\right)} + c$$

と変形されるので，$y = \sqrt{ax}$ のグラフを
x 軸方向に $-\dfrac{b}{a}$，y 軸方向に c だけ平行移
動したものである。

曲線 $y = \sqrt{ax + b} + c$ と直線 $y = mx + n$
の共有点の x 座標は方程式

$$\sqrt{ax + b} + c = mx + n$$

の実数解と一致するので，グラフを利用し
てこの形の方程式の適切な解を求めること
ができる。

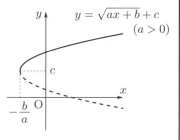

3.8 無理関数のグラフと無理方程式の解の個数
(2) は (1) のグラフの利用を考えます。

3.9 無理方程式の同値変形 (1)
「$B \geq 0$ のとき，$\sqrt{A} = B \iff A = B^2$」が成り立ちます。

3.10 無理方程式の同値変形 (2)
何回か平方して根号をはずしていきましょう。

3.11 無理方程式と無理不等式
グラフを利用した無理不等式の解法が誘導されています。

3.12 無理不等式の同値変形 (1)
「$\sqrt{A} \leq \sqrt{B} \iff 0 \leq A \leq B$」が成り立ちます。

3.13 無理不等式の同値変形 (2)
グラフをかくのがツライときもあります。そのときは同値変形を考えましょう。

📖 解答・解説

3.8 (1) 直線 $y=1$ は曲線 $y=\sqrt{2x-5}-1$ の接線ではないので $a \neq 0$ である。直線と曲線の共有点の x 座標は

$$ax + 1 = \sqrt{2x - 5} - 1$$
$$(ax + 2)^2 = 2x - 5$$
$$a^2 x^2 + 2(2a - 1)x + 9 = 0$$

の実数解であり，$a \neq 0$ のとき，これは 2 次方程式である。重解をもつ条件は，この 2 次方程式の判別式を D とすると

$$\frac{D}{4} = (2a - 1)^2 - 9a^2 = 0$$
$$-5a^2 - 4a + 1 = 0$$
$$(a + 1)(5a - 1) = 0$$
$$\therefore \quad a = -1, \frac{1}{5}$$

また，$y = \sqrt{2x - 5} - 1$ の定義域は $x \geqq \dfrac{5}{2}$ であり，図より $a = -1$ は不適。よって

$$\boxed{a = \frac{1}{5}}$$

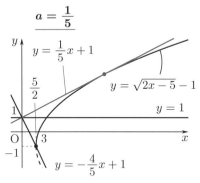

(2) $y = ax + 1$ は点 $(0, 1)$ を通り，傾きが a の直線なので，(1) の図より $\sqrt{2x - 5} - 1 = ax + 1$ の実数解の個数は **下の表** のようになる。

a	$\cdots$	$-\dfrac{4}{5}$	$\cdots$	0	$\cdots$	$\dfrac{1}{5}$	$\cdots$
個数	0	1	1	1	2	1	0

3.9 $\sqrt{x + 3} = |2x| \iff x + 3 = 4x^2$ となるので

$$4x^2 - x - 3 = 0$$
$$(4x + 3)(x - 1) = 0$$
$$\therefore \quad \boxed{x = -\frac{3}{4}, 1}$$

【参考】

$y = \sqrt{x + 3}$ と $y = |2x|$ のグラフをかくと次の図となる。

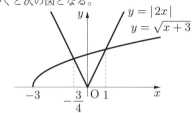

3.10 $\sqrt{2x-1}+\sqrt{x-1}=5$ ……①

① を同値変形しながら，根号をはずしていく。

$$① \iff \sqrt{2x-1} = 5 - \sqrt{x-1}$$

両辺を 2 乗して

$$① \iff \begin{cases} 2x-1=(5-\sqrt{x-1})^2 \\ 5 - \sqrt{x-1} \geqq 0 \end{cases}$$

$$\iff \begin{cases} 2x-1=25 \\ \quad -10\sqrt{x-1}+(x-1) \\ \sqrt{x-1} \leqq 5 \end{cases}$$

第 2 式の両辺も 2 乗して，不等式を整理すると

$$① \iff \begin{cases} 10\sqrt{x-1} = 25 - x \\ x - 1 \leqq 25 \\ x - 1 \geqq 0 \end{cases}$$

第 1 式の両辺を 2 乗して，不等式を整理すると

$$① \iff \begin{cases} 100(x-1)=(25-x)^2 \\ 25 - x \geqq 0 \\ 1 \leqq x \leqq 26 \end{cases}$$

式を整理すると

$$\begin{cases} x^2 - 150x + 725 = 0 \\ 1 \leq x \leq 25 \end{cases}$$

$$\iff \begin{cases} (x-5)(x-145) = 0 \\ 1 \leq x \leq 25 \end{cases}$$

$$\therefore \quad \underline{x = 5}$$

【参考】

次の同値変形は，無理方程式・不等式を扱ううえで重要なので，使いこなせるようにしておきたい。本問では (i), (ii) を活用している。

$$\text{(i)} \quad \sqrt{A} = B \iff \begin{cases} A = B^2 \\ B \geq 0 \end{cases}$$

$$\text{(ii)} \quad \sqrt{A} \leq B \iff \begin{cases} A \leq B^2 \\ A \geq 0 \\ B \geq 0 \end{cases}$$

$$\text{(iii)} \quad \sqrt{A} \geq B$$

$$\iff \begin{cases} B \leq 0 \\ A \geq 0 \end{cases} \quad \text{または} \quad \begin{cases} B \geq 0 \\ A \geq B^2 \end{cases}$$

3.11 $x+2 \geq 0$ かつ $4x+9 \geq 0$，すなわち，$x \geq -2$ において，$x+2 = \sqrt{4x+9}$ の両辺を 2 乗すると

$$(x+2)^2 = 4x+9$$
$$x^2 = 5$$

$x \geq -2$ より

$$x = \sqrt{5}$$

図より，方程式 $x+2 = \sqrt{4x+9}$ の解は

$$\underline{x = \sqrt{5}}$$

不等式 $x+2 < \sqrt{4x+9}$ の解は

$$\underline{-\frac{9}{4} \leq x < \sqrt{5}}$$

3.12 $\sqrt{7x-3} \leq \sqrt{-x^2+5x}$

$$\iff 0 \leq 7x-3 \leq -x^2+5x$$

$$\iff \begin{cases} 7x-3 \geq 0 \\ x^2+2x-3 \leq 0 \end{cases}$$

$$\iff \begin{cases} x \geq \dfrac{3}{7} \\ (x+3)(x-1) \leq 0 \end{cases}$$

$$\iff \begin{cases} x \geq \dfrac{3}{7} \\ -3 \leq x \leq 1 \end{cases}$$

整理すると

$$\underline{\frac{3}{7} \leq x \leq 1}$$

3.13 $\sqrt{x^2+2x-3} < 2x+6$

$$\iff \begin{cases} x^2+2x-3 < (2x+6)^2 \\ x^2+2x-3 \geq 0 \\ 2x+6 > 0 \end{cases}$$

$$\iff \begin{cases} 3x^2+22x+39 > 0 \\ x^2+2x-3 \geq 0 \\ x+3 > 0 \end{cases}$$

$$\iff \begin{cases} (x+3)(3x+13) > 0 \\ (x+3)(x-1) \geq 0 \\ x+3 > 0 \end{cases}$$

$$\iff \begin{cases} 3x+13 > 0 \\ x-1 \geq 0 \\ x+3 > 0 \end{cases}$$

整理すると

$$\underline{x \geq 1}$$

📖 問題

逆関数 ···

3.14 次の問いに答えよ。

(1) 関数 $y = \dfrac{2x+5}{x+2}$ $(0 \leq x \leq 2)$ の逆関数を求めよ。また，その定義域を求めよ。 （広島市立大）

(2) 関数 $f(x) = \dfrac{3^x + 3^{-x}}{2}$ $(x \geq 0)$ の逆関数を求めよ。その定義域も書け。 （昭和大）

3.15 実数 a に対して
$$f(x) = 2x^3 - 9ax^2 + 12a^2x$$
とおく。定義域を $\{x | x \leq 1 \text{ または } x \geq 4\}$ とする関数 $y = f(x)$ が逆関数を持つような a の範囲を求めよ。 （滋賀医大）

合成関数 ···

3.16 2つの関数 $f(x) = \dfrac{2x+3}{x+1}$, $g(x) = x+2$ がある。このとき，

$$g(f(x)) = \dfrac{\boxed{}x + \boxed{}}{x + \boxed{}}, \quad f(g(x)) = \dfrac{\boxed{}x + \boxed{}}{x + \boxed{}}$$ である。
（日本大）

3.17 関数 $f(x) = \dfrac{3x-1}{2x+1}$ と $g(x) = \dfrac{ax+1}{bx+c}$ の合成関数 $(f \circ g)(x)$ は $(f \circ g)(x) = x$ をみたしている。このとき，a, b, c を求めよ。さらに，合成関数 $(g \circ f)(x)$, $(g \circ g)(x)$ を求めよ。 （武蔵工大）

3.18 関数 $f(x) = \dfrac{x-1}{x}$ の逆関数 $f^{-1}(x)$ は $f^{-1}(x) = \dfrac{1}{\boxed{}}$ であり，合成関数 $g(f(x)) = \dfrac{x}{x-1}$ であるとき，$g(x) = \dfrac{1}{\boxed{}}$ である。
（湘南工科大）

📖 チェック・チェック

基本 check！

逆関数

（I）関数 $y = f(x)$ の逆関数 $y = f^{-1}(x)$ は次のように求める。

  （i）$y = f(x)$ を x について解いて $x = g(y)$ とする。

  （ii）x と y を入れ替えて $y = g(x)$ と変形する。このとき，$f^{-1}(x) = g(x)$ である。

（II）関数 $y = f(x)$ が逆関数 $y = f^{-1}(x)$ をもつとき

    $f(x)$ の値域は $f^{-1}(x)$ の定義域

    $f(x)$ の定義域は $f^{-1}(x)$ の値域

であり，$f(x)$ と $f^{-1}(x)$ では定義域と値域が入れ替わる。

合成関数

合成関数 $f\big(g(x)\big)$ は $\big(f \circ g\big)(x)$ とも表す。

$$x \overset{g}{\longrightarrow} y = g(x) \overset{f}{\longrightarrow} z = f(y) = f(g(x))$$

$$f \circ g$$

3.14　逆関数とその定義域

まずは x について解くことから始めましょう。逆関数の定義域は元の関数の値域です。

3.15　逆関数の存在条件

$y = f(x)$ が逆関数をもつ条件は，$f(x)$ の値域の各 y について，y となる x がただ 1 つ存在することです。定義域における $y = f(x)$ のグラフをかいてみましょう。

3.16　合成関数

一般には，$f(x)$ と $g(x)$ の合成において $f \circ g \neq g \circ f$ であることに注意しましょう。

3.17　$(f \circ g)(x) = x$

$f(g(x)) = x$ ということは $f(x)$ は $g(x)$ の逆関数ということです。すなわち，$f(x) = g^{-1}(x)$ です。

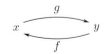

3.18　$g(x) = (g \circ f \circ f^{-1})(x)$

$y = f(x)$，$z = g(f(x)) = h(x)$ において，$f^{-1}(x)$ が存在するならば

    $g = g \circ f \circ f^{-1} = h \circ f^{-1}$

右図において，$g(y) = h\big(f^{-1}(y)\big)$ であり y を x に置き換えると $g(x) = h\big(f^{-1}(x)\big)$ です。

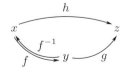

解答・解説

3.14 (1) $y = \dfrac{2x+5}{x+2}$ $(0 \leqq x \leqq 2)$ ……①

①を x について解くと

$$y(x+2) = 2x + 5$$
$$(y-2)x = -2y + 5$$

$y = 2$ のとき，この等式は成り立たないので，$y \neq 2$ であり

$$x = \frac{-2y+5}{y-2}$$

また，①は

$$y = 2 + \frac{1}{x+2}$$

ここで，①について

$$x = 0 \text{ のとき，} y = \frac{5}{2}$$
$$x = 2 \text{ のとき，} y = \frac{9}{4}$$

であり，$0 \leqq x \leqq 2$ で単調減少であるから①の値域は

$$\frac{9}{4} \leqq y \leqq \frac{5}{2}$$

よって，①の逆関数とその定義域は

$$\boldsymbol{y = \frac{-2x+5}{x-2}, \quad \frac{9}{4} \leqq x \leqq \frac{5}{2}}$$

(2) $y = \dfrac{3^x + 3^{-x}}{2}$ を x について解く。

$$2y = 3^x + 3^{-x}$$
$$(3^x)^2 - 2y \cdot 3^x + 1 = 0$$

$t = 3^x$ とおくと

$$t^2 - 2yt + 1 = 0 \quad \cdots\cdots①$$

ここで，①の判別式を D とおくと，①が実数解をもつのは $D \geqq 0$，すなわち

$$\frac{D}{4} = y^2 - 1 \geqq 0$$

のときである。これと

$$y = \frac{3^x + 3^{-x}}{2} > 0$$

より

$$y \geqq 1$$

であり，このとき，①は実数解

$$t = y \pm \sqrt{y^2 - 1}$$

をもつ。一方，$x \geqq 0$ より $t = 3^x \geqq 1$ となるが，①について解と係数の関係より，①の 2 解の積は 1 であり，①の 2 解と 1 の大小は

$$y - \sqrt{y^2-1} \leqq 1 \leqq y + \sqrt{y^2-1}$$

となることから

$$t = y + \sqrt{y^2 - 1}$$

である。したがって

$$3^x = y + \sqrt{y^2 - 1}$$

$$\therefore \quad x = \log_3(y + \sqrt{y^2 - 1})$$

次に，y の値域を求める。$3^x > 0$，$3^{-x} > 0$ より，相加平均・相乗平均の関係を用いると

$$f(x) \geqq \sqrt{3^x \cdot 3^{-x}} = 1$$

である。等号が成立するのは $3^x = 3^{-x}$ のときであり，これは $3^{2x} = 1$，すなわち $x = 0$ のときである。また，$f(x)$ は連続であり

$$\lim_{x \to \infty} f(x) = \infty$$

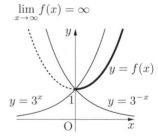

したがって，y の値域は 1 以上の実数全体である。

以上より，逆関数 $f^{-1}(x)$ は

$$\boldsymbol{f^{-1}(x) = \log_3(x + \sqrt{x^2 - 1})}$$

$f^{-1}(x)$ の定義域は

$$\boldsymbol{x \geqq 1}$$

別解

y の値域について，微分法（第 4 章）を用いてもよいし，次のように考えても

よい。

$$y = \frac{3^x + 3^{-x}}{2} \ (x \geqq 0) \ \text{のとり得る}$$

値の範囲は，この等式をみたす $x(x \geqq 0)$ が存在するような y の値の集合である。これは $t = 3^x$ とおくと，①をみたす $t(t \geqq 1)$ が存在するような y の値の集合である。$g(t) = t^2 - 2yt + 1$ とおくと

$$g(t) = (t-y)^2 + 1 - y^2$$

である。軸：$t = y$ が $t \geqq 1$ の範囲にあるか否かで場合分けする。

(i) $y < 1$ のとき

$g(t)$ は $t \geqq 1$ で単調増加であり，$g(1) = 2(1 - y) > 0$ であるから，①をみたす $t(t \geqq 1)$ は存在しない。

(ii) $y \geqq 1$ のとき

$g(1) = 2(1 - y) \leqq 0$ であるから，①をみたす $t(t \geqq 1)$ はつねに存在する。

(i)，(ii) より，y の値域は 1 以上の実数全体である。

3.15 $f(x) = 2x^3 - 9ax^2 + 12a^2x$
$$(x \leqq 1 \ \text{または} \ 4 \leqq x)$$

$y = f(x)$ が逆関数をもつ条件は，値域内の y となる x がただ 1 つ存在することである。

$$f'(x) = 6x^2 - 18ax + 12a^2$$
$$= 6(x-a)(x-2a)$$

(i) $a = 0$ のとき

$f'(x) = 6x^2 \geqq 0$ であり，$f(x)$ は単調増加である。したがって，$f(x)$ はすべての実数の範囲で逆関数をもつから，「$x \leqq 1$ または $4 \leqq x$」の範囲でも $f(x)$ は逆関数をもつ。

(ii) $a > 0$ のとき

x	$\cdots$	a	$\cdots$	$2a$	$\cdots$
$f'(x)$	$+$	0	$-$	0	$+$
$f(x)$	$\nearrow$	$5a^3$	$\searrow$	$4a^3$	$\nearrow$

$y = f(x)$ が逆関数をもつ条件は，$f(x)$ が「$x \leqq 1$ または $4 \leqq x$」の範囲で単調増加となり，$f(1) < f(4)$ となることである。

$$\begin{cases} 1 \leqq a < 2a \leqq 4 \\ f(1) < f(4) \end{cases}$$

$$\therefore \quad \begin{cases} 1 \leqq a \leqq 2 \\ f(4) - f(1) > 0 \end{cases} \quad \cdots\cdots(*)$$

ここで

$$f(4) - f(1)$$
$$= (128 - 144a + 48a^2) - (2 - 9a + 12a^2)$$
$$= 126 - 135a + 36a^2$$
$$= 9(4a^2 - 15a + 14)$$
$$= 9(4a - 7)(a - 2)$$

であり，$(*)$ をみたす a の値の範囲は

$$1 \leqq a < \frac{7}{4}$$

(iii) $a < 0$ のとき

x	$\cdots$	$2a$	$\cdots$	a	$\cdots$
$f'(x)$	$+$	0	$-$	0	$+$
$f(x)$	$\nearrow$	$4a^3$	$\searrow$	$5a^3$	$\nearrow$

$x \leqq 1$ において極大値と極小値をとることに注意すると，$5a^3 < y < 4a^3$ をみたす y に対して，$x \leqq 1$ の範囲に x は 3 個存在するから，関数 $y = f(x)$ は逆関数をもたない。

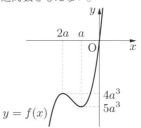

以上 (i)，(ii)，(iii) より，求める a の範囲は

$$\boxed{a = 0 \ \text{または} \ 1 \leqq a < \frac{7}{4}}$$

3.16 $g\big(f(x)\big) = g\left(\dfrac{2x+3}{x+1}\right)$

$$= \dfrac{2x+3}{x+1} + 2$$

$$= \underline{\dfrac{4x+5}{x+1}}$$

$f\big(g(x)\big) = f(x+2)$

$$= \dfrac{2(x+2)+3}{(x+2)+1}$$

$$= \underline{\dfrac{2x+7}{x+3}}$$

3.17 $(f \circ g)(x)$

$$= f\big(g(x)\big)$$

$$= \dfrac{3 \cdot \dfrac{ax+1}{bx+c} - 1}{2 \cdot \dfrac{ax+1}{bx+c} + 1}$$

$$= \dfrac{3(ax+1) - (bx+c)}{2(ax+1) + (bx+c)}$$

$$= \dfrac{(3a-b)x + 3 - c}{(2a+b)x + 2 + c}$$

より

$$(f \circ g)(x) = x$$

となる条件は

$$\begin{cases} bx + c \neq 0 \\ (2a+b)x + 2 + c \neq 0 \\ (3a-b)x + 3 - c \\ \quad = x\{(2a+b)x + 2 + c\} \end{cases}$$

つまり

$$\begin{cases} bx + c \neq 0 \quad \cdots\cdots ① \\ (2a+b)x + 2 + c \neq 0 \\ \quad\quad\quad\quad \cdots\cdots ② \\ (2a+b)x^2 \\ \quad + (2 + c - 3a + b)x \\ \quad\quad\quad + c - 3 = 0 \\ \quad\quad\quad\quad \cdots\cdots ③ \end{cases}$$

において，①かつ②をみたすすべての x に対して③が成立することである。よって

$$\begin{cases} 2a + b = 0 \\ 2 + c - 3a + b = 0 \\ c - 3 = 0 \end{cases}$$

$$\iff \begin{cases} 2a + b = 0 \\ 3a - b - c = 2 \\ c = 3 \end{cases}$$

$$\therefore \ \underline{a = 1, \ b = -2, \ c = 3}$$

このとき，$g(x) = \dfrac{x+1}{-2x+3}$ より

$$(g \circ f)(x) = g\big(f(x)\big)$$

$$= g\left(\dfrac{3x-1}{2x+1}\right)$$

$$= \dfrac{\dfrac{3x-1}{2x+1} + 1}{-2 \cdot \dfrac{3x-1}{2x+1} + 3}$$

$$= \underline{x}$$

$$(g \circ g)(x) = g\big(g(x)\big)$$

$$= g\left(\dfrac{x+1}{-2x+3}\right)$$

$$= \dfrac{\dfrac{x+1}{-2x+3} + 1}{-2 \cdot \dfrac{x+1}{-2x+3} + 3}$$

$$= \underline{\dfrac{x-4}{8x-7}}$$

別解

$$(f \circ g)(x) = x$$
$$\iff g(x) = f^{-1}(x)$$

$g(x)$ は $f(x)$ の逆関数であるから，$y = \dfrac{3x-1}{2x+1}$ とおくと

$$y(2x+1) = 3x - 1$$

$$(2y-3)x = -y - 1$$

$$\therefore \ x = \dfrac{y+1}{-2y+3}$$

したがって
$$g(x) = f^{-1}(x) = \frac{x+1}{-2x+3}$$
$$\therefore \quad a = 1,\ b = -2,\ c = 3$$
また，$(g \circ f)(x)$ についても
$$(g \circ f)(x) = g(f(x))$$
$$= f^{-1}(f(x))$$
$$= x$$
としてもよい。

3.18 $y = f(x) = \dfrac{x-1}{x}$ とおくと

$$xy = x - 1$$
$$(y-1)x = -1$$
$$\therefore \quad x = \frac{-1}{y-1}$$

よって，逆関数 $f^{-1}(x)$ は
$$f^{-1}(x) = \frac{1}{-x+1}$$
$h(x) = g(f(x)) = \dfrac{x}{x-1}$ とおくと，

$h = g \circ f$ より $g = h \circ f^{-1}$ である。

$$\therefore \quad g(x) = h(f^{-1}(x))$$
$$= h\left(\frac{1}{-x+1}\right)$$
$$= \frac{\dfrac{1}{-x+1}}{\dfrac{1}{-x+1} - 1}$$
$$= \frac{1}{1 - (-x+1)}$$
$$= \frac{1}{x}$$

別解
$$g(f(x)) = \frac{x}{x-1}$$
$$= \frac{1}{\dfrac{x-1}{x}}$$
$$= \frac{1}{f(x)}$$
$$\therefore \quad g(x) = \frac{1}{x}$$

§2 数列の極限

問題

$$\lim_{n\to\infty} \frac{1}{n} = 0$$ ·······························

3.19 以下の (A), (B), (C), (D) の真偽を答えよ。

(A) $\displaystyle\lim_{n\to\infty} a_n = +\infty$, $\displaystyle\lim_{n\to\infty} b_n = +\infty$ ならば, $\displaystyle\lim_{n\to\infty}(a_n - b_n) = 0$ である。

(B) 数列 $\{a_n\}$, $\{b_n\}$ が収束して, $\displaystyle\lim_{n\to\infty} a_n = \alpha$, $\displaystyle\lim_{n\to\infty} b_n = \beta$ ならば, $\displaystyle\lim_{n\to\infty} \frac{a_n}{b_n} = \frac{\alpha}{\beta}$ である。

(C) $n \to \infty$ のとき, 数列 $\{a_n + b_n\}$ が収束するならば, 2 つの数列 $\{a_n\}$, $\{b_n\}$ はともに収束する。

(D) $n \to \infty$ のとき, 数列 $\{a_n b_n\}$ が収束するならば, 2 つの数列 $\{a_n\}$, $\{b_n\}$ はともに収束する。

3.20 次の問いに答えよ。

(1) $\displaystyle\lim_{n\to\infty} \frac{n^3}{2^2 + 4^2 + \cdots\cdots + (2n)^2} = \boxed{}$ である。 （大阪工大）

(2) 極限 $\displaystyle\lim_{n\to\infty}(\sqrt{n^2 + 3n + 2} - n)$ を求めよ。 （成蹊大）

(3) 極限 $\displaystyle\lim_{n\to\infty} \frac{\sqrt{n+2} - \sqrt{n+3}}{\sqrt{3n+2} - \sqrt{3n+3}}$ の値は $\boxed{}$ である。 （南山大）

(4) 数列の極限 $\displaystyle\lim_{n\to\infty}(\sqrt[3]{n^9 - n^6} - n^3)$ の値は $\boxed{}$ である。 （産業医大）

3.21 $\displaystyle\lim_{n\to\infty}\left(\sqrt{n^2 + an + 2} - \sqrt{n^2 + 2n + 3}\right) = 3$ が成り立つとき, 定数 a の値は $\boxed{}$ である。 （摂南大）

チェック・チェック

基本 check！

数列の極限

収束： $\displaystyle\lim_{n\to\infty} a_n = \alpha$ 　　　（極限値は α である）

発散：$\begin{cases} \displaystyle\lim_{n\to\infty} a_n = \infty & \text{（正の無限大に発散する）} \\ \displaystyle\lim_{n\to\infty} a_n = -\infty & \text{（負の無限大に発散する）} \\ \text{振動} & \text{（極限値はない）} \end{cases}$

数列の極限

$\displaystyle\lim_{n\to\infty} a_n = \alpha$, $\displaystyle\lim_{n\to\infty} b_n = \beta$ のとき

(i) $\displaystyle\lim_{n\to\infty} (ka_n + lb_n) = k\alpha + l\beta$ 　（$k,\ l$ は定数）

(ii) $\displaystyle\lim_{n\to\infty} a_n b_n = \alpha\beta$

(iii) $\displaystyle\lim_{n\to\infty} \frac{a_n}{b_n} = \frac{\alpha}{\beta}$ 　（ただし，$\beta \neq 0$）

3.19 極限の性質

(A) $\displaystyle\lim_{n\to\infty} a_n = \infty$, $\displaystyle\lim_{n\to\infty} b_n = \infty$ のとき，$\displaystyle\lim_{n\to\infty} (a_n + b_n) = \infty + \infty = \infty$ は成り立ちますが，$\displaystyle\lim_{n\to\infty} (a_n - b_n) = \infty - \infty = 0$ はどうでしょう。$\infty - \infty$ は不定形です。

(B), (C), (D) 極限に関する感覚を確認しておきましょう。

3.20 $\dfrac{\infty}{\infty}$, $\infty - \infty$

(1) まずは，分母の和の計算をします。$\displaystyle\sum_{k=1}^{n} k^2 = \frac{n(n+1)(2n+1)}{6}$ は覚えていますね。次は $\dfrac{\infty}{\infty}$ の不定形を解消します。

(2) 次の式を用いて $\infty - \infty$ の不定形を解消します。

$$\sqrt{A} - \sqrt{B} = \frac{(\sqrt{A} - \sqrt{B})(\sqrt{A} + \sqrt{B})}{(\sqrt{A} + \sqrt{B})} = \frac{A - B}{\sqrt{A} + \sqrt{B}}$$

(3) 分母・分子とも $\infty - \infty$ の不定形なので，これを解消するように式を変形しましょう。

(4) 次の式を用いて，$\infty - \infty$ の不定形を解消します。

$$A - B = \frac{(A - B)(A^2 + AB + B^2)}{A^2 + AB + B^2} = \frac{A^3 - B^3}{A^2 + AB + B^2}$$

3.21 $\infty - \infty$

左辺の極限を a を用いて表しましょう。

📖 解答・解説

3.19 (A) $a_n = n + 1$, $b_n = n$ のとき

$$\lim_{n \to \infty} a_n = +\infty,$$

$$\lim_{n \to \infty} b_n = +\infty$$

であるが

$$\lim_{n \to \infty} (a_n - b_n) = \lim_{n \to \infty} 1 = 1 \neq 0$$

であるから, 偽 である。

(B) $a_n = \dfrac{2}{n}$, $b_n = \dfrac{1}{n}$ のとき

$$\alpha = \lim_{n \to \infty} a_n = 0,$$

$$\beta = \lim_{n \to \infty} b_n = 0 \ (\text{ともに収束})$$

であり

$$\lim_{n \to \infty} \frac{a_n}{b_n} = \lim_{n \to \infty} 2 = 2$$

となるが, $\dfrac{\alpha}{\beta} \left(= \dfrac{0}{0} \right)$ は存在しない

から, 偽 である。

(C) $a_n = n$, $b_n = -n + 1$ のとき

$$\lim_{n \to \infty} (a_n + b_n) = \lim_{n \to \infty} 1 = 1 \ (\text{収束})$$

であるが

$$\lim_{n \to \infty} a_n = \infty$$

$$\lim_{n \to \infty} b_n = -\infty$$

で $\{a_n\}$, $\{b_n\}$ は収束しないから, 偽

である。

(D) $a_n = n$, $b_n = \dfrac{1}{n}$ のとき

$$\lim_{n \to \infty} a_n b_n = \lim_{n \to \infty} 1 = 1 \ (\text{収束})$$

であるが

$$\lim_{n \to \infty} a_n = \infty$$

で $\{a_n\}$ は収束しないから, 偽 である。

3.20 (1)

$$\lim_{n \to \infty} \frac{n^3}{2^2 + 4^2 + \cdots + (2n)^2}$$

$$= \lim_{n \to \infty} \frac{n^3}{4 \displaystyle\sum_{k=1}^{n} k^2}$$

$$= \lim_{n \to \infty} \frac{n^3}{\dfrac{2}{3} n(n+1)(2n+1)}$$

$$= \lim_{n \to \infty} \frac{3}{2} \cdot \frac{1}{\left(1 + \dfrac{1}{n} \right) \left(2 + \dfrac{1}{n} \right)}$$

$$= \frac{3}{2} \cdot \frac{1}{1 \cdot 2}$$

$$= \underline{\frac{3}{4}}$$

(2)

$$\lim_{n \to \infty} (\sqrt{n^2 + 3n + 2} - n)$$

$$= \lim_{n \to \infty} \frac{(\sqrt{n^2 + 3n + 2} - n) \times (\sqrt{n^2 + 3n + 2} + n)}{\sqrt{n^2 + 3n + 2} + n}$$

$$= \lim_{n \to \infty} \frac{3n + 2}{\sqrt{n^2 + 3n + 2} + n}$$

$$= \lim_{n \to \infty} \frac{3 + \dfrac{2}{n}}{\sqrt{1 + \dfrac{3}{n} + \dfrac{2}{n^2}} + 1}$$

$$= \frac{3}{1 + 1}$$

$$= \underline{\frac{3}{2}}$$

(3)

$$\lim_{n \to \infty} \frac{\sqrt{n+2} - \sqrt{n+3}}{\sqrt{3n+2} - \sqrt{3n+3}}$$

$$= \lim_{n \to \infty} \left\{ \frac{(\sqrt{n+2} - \sqrt{n+3}) \times (\sqrt{n+2} + \sqrt{n+3})}{\sqrt{n+2} + \sqrt{n+3}} \right.$$

$$\left. \times \frac{\sqrt{3n+2} + \sqrt{3n+3}}{(\sqrt{3n+2} - \sqrt{3n+3}) \times (\sqrt{3n+2} + \sqrt{3n+3})} \right\}$$

$$= \lim_{n \to \infty} \left\{ \frac{(n+2)-(n+3)}{\sqrt{n+2}+\sqrt{n+3}} \times \frac{\sqrt{3n+2}+\sqrt{3n+3}}{(3n+2)-(3n+3)} \right\}$$

$$= \lim_{n \to \infty} \frac{\sqrt{3n+2}+\sqrt{3n+3}}{\sqrt{n+2}+\sqrt{n+3}}$$

$$= \lim_{n \to \infty} \frac{\sqrt{3+\dfrac{2}{n}}+\sqrt{3+\dfrac{3}{n}}}{\sqrt{1+\dfrac{2}{n}}+\sqrt{1+\dfrac{3}{n}}}$$

$$= \frac{\sqrt{3}+\sqrt{3}}{1+1}$$

$$= \underline{\sqrt{3}}$$

(4) $\displaystyle \lim_{n \to \infty} (\sqrt[3]{n^9 - n^6} - n^3)$

$$= \lim_{n \to \infty} (\sqrt[3]{n^6(n^3-1)} - n^3)$$

$$= \lim_{n \to \infty} \{ n^2(\sqrt[3]{n^3-1} - n) \}$$

$$= \lim_{n \to \infty} \frac{n^2(\sqrt[3]{n^3-1}-n) \times \left\{ \left(\sqrt[3]{n^3-1}\right)^2 + \sqrt[3]{n^3-1}\cdot n + n^2 \right\}}{(\sqrt[3]{n^3-1})^2 + \sqrt[3]{n^3-1}\cdot n + n^2}$$

$$= \lim_{n \to \infty} \frac{n^2\{(\sqrt[3]{n^3-1})^3 - n^3\}}{(\sqrt[3]{n^3-1})^2 + n\cdot\sqrt[3]{n^3-1} + n^2}$$

$$= \lim_{n \to \infty} \frac{-n^2}{(\sqrt[3]{n^3-1})^2 + n\cdot\sqrt[3]{n^3-1} + n^2}$$

$$= \lim_{n \to \infty} \frac{-1}{\left(\sqrt[3]{1-\dfrac{1}{n^3}}\right)^2 + \sqrt[3]{1-\dfrac{1}{n^3}} + 1}$$

$$= \frac{-1}{1+1+1}$$

$$= \underline{-\frac{1}{3}}$$

3.21 $\displaystyle I = \lim_{n \to \infty} (\sqrt{n^2 + an + 2} - \sqrt{n^2 + 2n + 3})$

とおくと

I
$$= \lim_{n \to \infty} \frac{(\sqrt{n^2+an+2}-\sqrt{n^2+2n+3}) \times (\sqrt{n^2+an+2}+\sqrt{n^2+2n+3})}{\sqrt{n^2+an+2}+\sqrt{n^2+2n+3}}$$

$$= \lim_{n \to \infty} \frac{(a-2)n - 1}{\sqrt{n^2+an+2}+\sqrt{n^2+2n+3}}$$

$$= \lim_{n \to \infty} \frac{a-2-\dfrac{1}{n}}{\sqrt{1+\dfrac{a}{n}+\dfrac{2}{n^2}} + \sqrt{1+\dfrac{2}{n}+\dfrac{3}{n^2}}}$$

$$= \frac{a-2}{2}$$

$I = 3$ より

$$\frac{a-2}{2} = 3$$

$$\therefore \quad \underline{\boldsymbol{a = 8}}$$

問題

$\lim_{n \to \infty} r^n$

3.22 次の問いに答えよ。

(1) 極限値 $\lim_{n \to \infty} \dfrac{2^n + 4^n}{3^n + 4^n}$ を求めよ。 （東京電機大）

(2) 無限数列 $\left\{ \dfrac{x^n - 4}{x^n + 4} \right\}$ の収束・発散について，x の値を場合分けしたうえで調べなさい。

3.23 x を実数とし，数列 $\{a_n\}$ を $a_n = \left(\dfrac{5x + 1}{x^2 + 5} \right)^n$ で定める。ただし，$n = 1, 2, 3, \cdots$ とする。$\lim_{n \to \infty} a_n = 0$ であるような x の範囲を求めなさい。

（福島大）

ハサミウチの原理

3.24 以下の極限値を求めよ。

(1) $\lim_{n \to \infty} \dfrac{\sin n}{n}$

(2) $\lim_{n \to \infty} \dfrac{2n + \sin n}{n - \pi n}$

3.25 $0 < a < b$ である定数 a, b がある。$x_n = \left(\dfrac{a^n}{b} + \dfrac{b^n}{a} \right)^{\frac{1}{n}}$ とおくとき

(1) 不等式 $b^n < a(x_n)^n < 2b^n$ を証明せよ。

(2) $\lim_{n \to \infty} x_n$ を求めよ。 （立命館大）

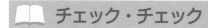

チェック・チェック

┌─ 基本 check！ ─────────────────────

無限等比数列 $\{r^n\}$ の極限

$$\lim_{n \to \infty} r^n = \begin{cases} +\infty & (r > 1 \text{ のとき}) \\ 1 & (r = 1 \text{ のとき}) \\ 0 & (-1 < r < 1 \text{ のとき}) \\ \text{振動} & (r \leqq -1 \text{ のとき}) \end{cases}$$

ハサミウチの原理

$a_n \leqq x_n \leqq b_n$ において

$\displaystyle \lim_{n \to \infty} a_n = \lim_{n \to \infty} b_n = \alpha$ ならば $\displaystyle \lim_{n \to \infty} x_n = \alpha$

└──────────────────────────────

3.22 $\displaystyle \lim_{n \to \infty} r^n$

(1) $-1 < r < 1$ のとき，$\displaystyle \lim_{n \to \infty} r^n = 0$ です。

(2) $x = \pm 1$ の値を境に場合分けしましょう。

3.23 無限等比数列 $\{r^n\}$ の収束

$\{r^n\}$ が収束 $\iff -1 < r \leqq 1$

$\displaystyle \lim_{n \to \infty} r^n = 0 \iff -1 < r < 1$

3.24 ハサミウチの原理 (1)

(1) $-1 \leqq \sin n \leqq 1$ であり，$-\dfrac{1}{n} \leqq \dfrac{\sin n}{n} \leqq \dfrac{1}{n}$ が成り立ちます。ハサミウチの原理を用いましょう。

(2) (1) を利用しましょう。

3.25 ハサミウチの原理 (2)

(1) $A > B \iff A - B > 0$ を活用しましょう。

(2) $0 < b^n < a(x_n)^n < 2b^n$ なので，自然対数をとると

$$n \log b < \log a + n \log x_n < \log 2 + n \log b$$

そして，$\displaystyle \lim_{n \to \infty} \log x_n$ について調べます。このとき，ハサミウチの原理を使います。

📖 解答・解説

3.22 (1) $\displaystyle\lim_{n\to\infty}\frac{2^n+4^n}{3^n+4^n}$

$\displaystyle=\lim_{n\to\infty}\frac{\left(\dfrac{1}{2}\right)^n+1}{\left(\dfrac{3}{4}\right)^n+1}$

$\displaystyle=\frac{0+1}{0+1}$

$=\underline{1}$

(2) x の値で場合分けする。

(i) $|x|<1$ のとき

$\displaystyle\lim_{n\to\infty}\frac{x^n-4}{x^n+4}$

$\displaystyle=\frac{0-4}{0+4}$

$=-1$（収束）

(ii) $|x|>1$ のとき

$\displaystyle\lim_{n\to\infty}\frac{x^n-4}{x^n+4}$

$\displaystyle=\lim_{n\to\infty}\frac{1-\dfrac{4}{x^n}}{1+\dfrac{4}{x^n}}$

$\displaystyle=\frac{1-0}{1+0}$

$=1$（収束）

(iii) $x=1$ のとき

$\displaystyle\frac{x^n-4}{x^n+4}$

$\displaystyle=\frac{1-4}{1+4}$

$\displaystyle=-\frac{3}{5}$（収束）

(iv) $x=-1$ のとき

(a) n が奇数のとき

$\displaystyle\frac{x^n-4}{x^n+4}=\frac{-1-4}{-1+4}=-\frac{5}{3}$

(b) n が偶数のとき

$\displaystyle\frac{x^n-4}{x^n+4}=\frac{1-4}{1+4}=-\frac{3}{5}$

数列 $\left\{\dfrac{x^n-4}{x^n+4}\right\}$ は，$-\dfrac{5}{3}$，$-\dfrac{3}{5}$ を振動するから，極限は存在しない（発散）。

(i)〜(iv) より

$$\lim_{n\to\infty}\frac{x^n-4}{x^n+4}=\begin{cases}-1 & (|x|<1\text{ のとき})\\ 1 & (|x|>1\text{ のとき})\\ -\dfrac{3}{5} & (x=1\text{ のとき})\\ \text{発散} & (x=-1\text{ のとき})\end{cases}$$

3.23 $a_n=\left(\dfrac{5x+1}{x^2+5}\right)^n$ $(n=1,2,3,\cdots)$

数列 $\{a_n\}$ は初項 $\dfrac{5x+1}{x^2+5}$，公比 $\dfrac{5x+1}{x^2+5}$ の等比数列であるから，$\displaystyle\lim_{n\to\infty}a_n=0$ となる条件は

$$-1<\frac{5x+1}{x^2+5}<1 \quad\cdots\cdots\text{①}$$

である。$x^2+5>0$ より

$\text{①}\iff\begin{cases}-(x^2+5)<5x+1\\ 5x+1<x^2+5\end{cases}$

$\iff\begin{cases}x^2+5x+6>0\\ x^2-5x+4>0\end{cases}$

$\iff\begin{cases}(x+2)(x+3)>0\\ (x-1)(x-4)>0\end{cases}$

$\therefore\begin{cases}x<-3\text{ または }x>-2\\ x<1\text{ または }x>4\end{cases}$

よって，$\displaystyle\lim_{n\to\infty}a_n=0$ であるような x の範囲は

$$\underline{x<-3,\ -2<x<1,\ x>4}$$

3.24 (1) $-1\leqq\sin n\leqq1$ であり，$n\to\infty$ のとき $n\neq0$ としてよいから

$$-\frac{1}{n}\leqq\frac{\sin n}{n}\leqq\frac{1}{n}$$

である。

$$\lim_{n\to\infty}\left(-\frac{1}{n}\right)=0,\quad\lim_{n\to\infty}\frac{1}{n}=0$$

であるから，ハサミウチの原理により

$$\lim_{n \to \infty} \frac{\sin n}{n} = \underline{\mathbf{0}}$$

(2) (1) の結果を踏まえて式を変形すると

$$\lim_{n \to \infty} \frac{2n + \sin n}{n - \pi n} = \lim_{n \to \infty} \frac{2 + \dfrac{\sin n}{n}}{1 - \pi}$$
$$= \frac{2 + 0}{1 - \pi}$$
$$= \underline{\frac{\mathbf{2}}{\mathbf{1 - \pi}}}$$

3.25 (1) $a(x_n)^n = a\left(\dfrac{a^n}{b} + \dfrac{b^n}{a}\right)$
$$= \frac{a}{b}a^n + b^n$$

かつ $0 < a < b$ より

$$a(x_n)^n - b^n$$
$$= \left(\frac{a}{b}a^n + b^n\right) - b^n$$
$$= \frac{a}{b}a^n > 0$$
$$2b^n - a(x_n)^n$$
$$= 2b^n - \left(\frac{a}{b}a^n + b^n\right)$$
$$= b^n - \frac{a}{b}a^n$$
$$= \frac{b^{n+1} - a^{n+1}}{b} > 0$$

よって，不等式 $b^n < a(x_n)^n < 2b^n$ は成立する。 　　　　（証明終）

(2) $(0 <)\ b^n < a(x_n)^n < 2b^n$ において各式の自然対数をとると

$$n \log b < \log a + n \log x_n$$
$$< \log 2 + n \log b$$

より

$$\log b - \frac{\log a}{n} < \log x_n$$
$$< \log b + \frac{\log 2 - \log a}{n}$$

ここで

$$\lim_{n \to \infty} \left(\log b - \frac{\log a}{n}\right)$$
$$= \log b$$

$$\lim_{n \to \infty} \left(\log b + \frac{\log 2 - \log a}{n}\right)$$
$$= \log b$$

であるから，ハサミウチの原理より

$$\lim_{n \to \infty} \log x_n = \log b$$

よって，対数関数の連続性より

$$\lim_{n \to \infty} x_n = \underline{\boldsymbol{b}}$$

📖 問題

無限級数 ···

☐ **3.26** 次の問いに答えよ。

(1) 級数 $\displaystyle\sum_{n=1}^{\infty} \dfrac{1}{1+2+\cdots+n}$ の和は ☐ 。 （福岡大）

(2) 次の無限級数の和を求めよ。

$$\frac{1}{2\cdot 5} + \frac{1}{5\cdot 8} + \frac{1}{8\cdot 11} + \frac{1}{11\cdot 14} + \cdots$$

☐ **3.27** $a_n = \cos\dfrac{2n\pi}{3}$ $(n=1,\ 2,\ 3,\ \cdots)$ とするとき，無限級数の和

$$\frac{a_1}{10} + \frac{a_2}{10^2} + \frac{a_3}{10^3} + \cdots + \frac{a_n}{10^n} + \cdots$$

を求めよ。 （東北学院大）

☐ **3.28** (1) k を自然数とする。不等式

$$\sqrt{k} + \sqrt{k-1} < 2\sqrt{k} < \sqrt{k+1} + \sqrt{k}$$

を用いて

$$\sqrt{k+1} - \sqrt{k} < \frac{1}{2\sqrt{k}} < \sqrt{k} - \sqrt{k-1}$$

を示せ。

(2) n を自然数とする。不等式

$$\sqrt{n+1} - 1 < \sum_{k=1}^{n} \frac{1}{2\sqrt{k}} < \sqrt{n}$$

を示せ。

(3) 極限値 $\displaystyle\lim_{n\to\infty} \sum_{k=1}^{n} \frac{1}{\sqrt{kn}}$ を求めよ。 （神戸商船大）

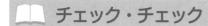

基本 check！

無限級数

無限級数 $\displaystyle\sum_{n=1}^{\infty} a_n = a_1 + a_2 + a_3 + \cdots + a_n + \cdots$ において，部分和 $S_n = \displaystyle\sum_{k=1}^{n} a_k$

を考え，数列 $\{S_n\}$ が S に収束するとき，$\displaystyle\sum_{n=1}^{\infty} a_n$ は収束するといい，部分和の

極限 S を $\displaystyle\sum_{n=1}^{\infty} a_n$ の和という。

$$S = \lim_{n \to \infty} S_n = \lim_{n \to \infty} \sum_{k=1}^{n} a_k$$

3.26 部分和の極限

(1) 分母を整理し，$\sum$（階差）の形に変形します。

(2) 分母は $a_n(a_n + 3)$ の形になっているので，部分分数分解が活用できそうです。まずは，a_n を確定させることから始めましょう。

3.27 場合分けして，極限

a_n は $-\dfrac{1}{2}$，$-\dfrac{1}{2}$，1 を繰り返します。n の場合分けが必要です。

$$\lim_{m \to \infty} S_{3m} = \lim_{m \to \infty} S_{3m+1} = \lim_{m \to \infty} S_{3m+2} = \alpha \text{ ならば } \lim_{n \to \infty} S_n = \alpha$$

です。

また，後半では無限等比級数を扱います。無限等比級数については 132 ページを参照してください。

3.28 ハサミウチの原理

(1) 逆数をとります。

(2) (1) を利用します。左側，右側の式は階差の和になっています。

(3) ハサミウチの原理を利用します。

📖 解答・解説

3.26 (1) $\displaystyle\sum_{n=1}^{\infty}\dfrac{1}{1+2+\cdots+n}$

$\displaystyle=\lim_{n\to\infty}\sum_{k=1}^{n}\dfrac{1}{\dfrac{1}{2}k(k+1)}$

$\displaystyle=\lim_{n\to\infty}\sum_{k=1}^{n}2\left(\dfrac{1}{k}-\dfrac{1}{k+1}\right)$

$\displaystyle=\lim_{n\to\infty}2\left(\dfrac{1}{1}-\dfrac{1}{n+1}\right)$

$=2(1-0)$

$=\underline{\mathbf{2}}$

(2) $\dfrac{1}{2\cdot5}+\dfrac{1}{5\cdot8}+\dfrac{1}{8\cdot11}+\dfrac{1}{11\cdot14}+\cdots$

第 n 項の分母は $a_n(a_n+3)$ と表すことができ，数列 $\{a_n\}$ の第 1 階差は

$a_n:\quad 2\quad 5\quad 8\quad 11\quad \cdots$

$\qquad\qquad 3\quad 3\quad 3\quad\cdots$

である。$\{a_n\}$ は初項 2，公差 3 の等差数列であるので

$$a_n=2+3(n-1)=3n-1\quad(n\geqq1)$$

すなわち，与えられた級数の一般項は

$$\dfrac{1}{(3n-1)(3n+2)}$$

である。求める級数の第 n 項までの和を S_n とおくと

S_n

$\displaystyle=\sum_{k=1}^{n}\dfrac{1}{(3k-1)(3k+2)}$

$\displaystyle=\sum_{k=1}^{n}\dfrac{1}{3}\left(\dfrac{1}{3k-1}-\dfrac{1}{3k+2}\right)$

$=\dfrac{1}{3}\left\{\left(\dfrac{1}{2}-\dfrac{1}{5}\right)+\left(\dfrac{1}{5}-\dfrac{1}{8}\right)\right.$

$\qquad\quad +\left(\dfrac{1}{8}-\dfrac{1}{11}\right)+\cdots$

$\qquad\qquad\left.+\left(\dfrac{1}{3n-1}-\dfrac{1}{3n+2}\right)\right\}$

$=\dfrac{1}{3}\left(\dfrac{1}{2}-\dfrac{1}{3n+2}\right)$

$\to\dfrac{1}{6}\quad(n\to\infty)$

よって

$\dfrac{1}{2\cdot5}+\dfrac{1}{5\cdot8}+\dfrac{1}{8\cdot11}$

$\qquad +\dfrac{1}{11\cdot14}+\cdots=\underline{\dfrac{\mathbf{1}}{\mathbf{6}}}$

3.27 $S_n=\displaystyle\sum_{k=1}^{n}\dfrac{a_k}{10^k}$ とおく。$a_n=\cos\dfrac{2n\pi}{3}$

より，$\{a_n\}$ は $-\dfrac{1}{2}$，$-\dfrac{1}{2}$，1 を繰り返す。

S_{3n}

$\displaystyle=\sum_{k=1}^{n}\left(-\dfrac{1}{2}\cdot\dfrac{1}{10^{3k-2}}\right.$

$\qquad\qquad\left.-\dfrac{1}{2}\cdot\dfrac{1}{10^{3k-1}}+1\cdot\dfrac{1}{10^{3k}}\right)$

$\displaystyle=\sum_{k=1}^{n}\dfrac{-100-10+2}{2\cdot10^{3k}}$

$\displaystyle=\sum_{k=1}^{n}\left(-\dfrac{54}{10^{3k}}\right)$

$\displaystyle=-\dfrac{54}{10^3}\sum_{k=1}^{n}\left(\dfrac{1}{10}\right)^{3(k-1)}$

これより

$\displaystyle\lim_{n\to\infty}S_{3n}$

$=-\dfrac{54}{10^3}\cdot\dfrac{1}{1-\dfrac{1}{10^3}}$

$=-\dfrac{54}{999}$

$=-\dfrac{2}{37}$

また

$S_{3n+1}=S_{3n}-\dfrac{1}{2\cdot10^{3n+1}}$,

$S_{3n+2}=S_{3n}-\dfrac{1}{2\cdot10^{3n+1}}-\dfrac{1}{2\cdot10^{3n+2}}$

であるから

$\displaystyle\lim_{n\to\infty}S_{3n+1}=\lim_{n\to\infty}S_{3n+2}$

$\displaystyle\qquad\qquad=\lim_{n\to\infty}S_{3n}=-\dfrac{2}{37}$

が成り立ち

$\displaystyle\lim_{n\to\infty}S_n=-\underline{\dfrac{\mathbf{2}}{\mathbf{37}}}$

3.28 (1) $0 < \sqrt{k} + \sqrt{k-1} < 2\sqrt{k}$

$< \sqrt{k+1} + \sqrt{k}$

より，逆数をとると

$$\frac{1}{\sqrt{k}+\sqrt{k-1}} > \frac{1}{2\sqrt{k}}$$

$$> \frac{1}{\sqrt{k+1}+\sqrt{k}}$$

ここで

$$\frac{1}{\sqrt{k}+\sqrt{k-1}}$$

$$= \frac{1}{\sqrt{k}+\sqrt{k-1}} \times \frac{\sqrt{k}-\sqrt{k-1}}{\sqrt{k}-\sqrt{k-1}}$$

$$= \sqrt{k} - \sqrt{k-1}$$

$$\frac{1}{\sqrt{k+1}+\sqrt{k}}$$

$$= \frac{1}{\sqrt{k+1}+\sqrt{k}} \times \frac{\sqrt{k+1}-\sqrt{k}}{\sqrt{k+1}-\sqrt{k}}$$

$$= \sqrt{k+1} - \sqrt{k}$$

なので

$$\sqrt{k+1} - \sqrt{k} < \frac{1}{2\sqrt{k}}$$

$$< \sqrt{k} - \sqrt{k-1}$$

が成り立つ。 （証明終）

(2) (1) より

$$\sum_{k=1}^{n}(\sqrt{k+1}-\sqrt{k})$$

$$< \sum_{k=1}^{n}\frac{1}{2\sqrt{k}}$$

$$< \sum_{k=1}^{n}(\sqrt{k}-\sqrt{k-1})$$

$$\therefore \quad \sqrt{n+1}-1 < \sum_{k=1}^{n}\frac{1}{2\sqrt{k}}$$

$$< \sqrt{n} \cdots\cdots ①$$

（証明終）

(3) ①の各辺に $\dfrac{2}{\sqrt{n}}$ をかけて

$$\frac{2(\sqrt{n+1}-1)}{\sqrt{n}} < \sum_{k=1}^{n}\frac{1}{\sqrt{kn}} < 2$$

ここで

$$\lim_{n\to\infty}\frac{2(\sqrt{n+1}-1)}{\sqrt{n}}$$

$$= \lim_{n\to\infty}2\left(\sqrt{1+\frac{1}{n}}-\frac{1}{\sqrt{n}}\right)$$

$$= 2$$

なので，ハサミウチの原理より

$$\lim_{n\to\infty}\sum_{k=1}^{n}\frac{1}{\sqrt{kn}} = \underline{\underline{2}}$$

📖 問題

無限等比級数 ···

☐ **3.29** 次の問いに答えよ。

(1) $\displaystyle\sum_{k=1}^{\infty} \frac{\sqrt{3}}{2}(\sqrt{3}-1)^k$ を計算すれば ☐ である。　　　（日本工大）

(2) $\displaystyle\frac{3+4}{5} + \frac{3^2+4^2}{5^2} + \cdots + \frac{3^n+4^n}{5^n} + \cdots = $ ☐　　　（神奈川大）

(3) $r = \displaystyle\frac{\sqrt{5}-1}{2}$ のとき，$\displaystyle\sum_{n=1}^{\infty}\left(\sum_{k=n}^{\infty} r^k\right) = $ ☐ である。　　　（南山大）

☐ **3.30** 循環小数は，たとえば，$3.21818181\cdots$ の場合，$3.2\dot{1}\dot{8}$ と表される。$\dfrac{1}{99}$ をこのような循環小数で表すと ☐ であり，$3.2\dot{1}\dot{8}$ を既約分数で表すと ☐ である。　　　（福岡大）

☐ **3.31** 辺の長さが 1 の正方形を S_1 とし，S_1 に内接する円を C_1，C_1 に内接するひとつの正方形を S_2，S_2 に内接する円を C_2 とする。以下同様に，自然数 n に対し，正方形 S_n，円 C_n を定める。すなわち，正方形 S_n の内接円が C_n であり，正方形 S_{n+1} は円 C_n に内接している。

このとき，次の問いに答えよ。

(1) S_n の辺の長さを l_n とするとき，C_n の半径を l_n で表せ。

(2) 数列 $\{l_n\}$ の一般項を求めよ。

(3) S_n の内部から C_n の内部を除いた部分の面積を a_n とする。$\displaystyle\sum_{n=1}^{\infty} a_n$ を求めよ。　　　（神奈川大）

☐ **3.32** 等比級数

$$(x^2+x) + \frac{x^2+x}{x^2+x+1} + \frac{x^2+x}{(x^2+x+1)^2} + \cdots + \frac{x^2+x}{(x^2+x+1)^{n-1}} + \cdots$$

について，次の問いに答えよ。

(1) この級数が収束するような x の範囲を求めよ。

(2) また，x がその範囲にあるとき，この等比級数の和を求めよ。

（東北学院大）

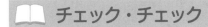 チェック・チェック

基本 check！

無限等比級数の収束・発散

$$\sum_{n=1}^{\infty} ar^{n-1} = \begin{cases} 0 & (a = 0) \\ \dfrac{a}{1-r} & (a \neq 0, \ -1 < r < 1 \ \text{のとき}) \\ \text{発散} & (a \neq 0, \ r \leqq -1, \ r \geqq 1 \ \text{のとき}) \end{cases}$$

無限級数の和の性質

$\displaystyle\sum_{n=1}^{\infty} a_n, \ \sum_{n=1}^{\infty} b_n$ が収束し，$\displaystyle\sum_{n=1}^{\infty} a_n = \alpha, \ \sum_{n=1}^{\infty} b_n = \beta$ であるならば

$$\sum_{n=1}^{\infty} (a_n \pm b_n) = \alpha \pm \beta \ （複号同順）$$

3.29 無限等比級数

(1) 初項 $\dfrac{\sqrt{3}}{2}(\sqrt{3} - 1)$，公比 $\sqrt{3} - 1$ の無限等比級数です。

(2) $\displaystyle\sum_{n=1}^{\infty} \left(\dfrac{3}{5}\right)^n, \ \sum_{n=1}^{\infty} \left(\dfrac{4}{5}\right)^n$ の和が存在するので

$$\sum_{n=1}^{\infty} \left\{ \left(\dfrac{3}{5}\right)^n + \left(\dfrac{4}{5}\right)^n \right\} = \sum_{n=1}^{\infty} \left(\dfrac{3}{5}\right)^n + \sum_{n=1}^{\infty} \left(\dfrac{4}{5}\right)^n$$

が成り立ちます。

(3) 無限等比級数の和の計算を 2 度行います。

3.30 循環小数

$$3.2\dot{1}\dot{8} = 3.2181818\cdots$$
$$= 3.2 + (0.018 + 0.00018 + 0.0000018 + \cdots)$$

において，( ) の中の和は初項 0.018，公比 $\dfrac{1}{100}$ の無限等比級数です。

3.31 図形への応用

(2) は相似比を捉えましょう。

3.32 無限等比級数の収束

初項 $x^2 + x$，公比 $\dfrac{1}{x^2 + x + 1}$ の無限等比級数です。収束する条件は

$$（初項）= 0 \quad \text{または} \quad |（公比）| < 1$$

です。

解答・解説

3.29 (1) $0 < \sqrt{3} - 1 < 1$ より

$$\sum_{k=1}^{\infty} \frac{\sqrt{3}}{2} (\sqrt{3} - 1)^k$$

$$= \frac{\frac{\sqrt{3}}{2}(\sqrt{3} - 1)}{1 - (\sqrt{3} - 1)} = \frac{\sqrt{3}(\sqrt{3} - 1)}{2(2 - \sqrt{3})}$$

$$= \frac{3 - \sqrt{3}}{2(2 - \sqrt{3})} \times \frac{2 + \sqrt{3}}{2 + \sqrt{3}}$$

$$= \frac{(3 - \sqrt{3})(2 + \sqrt{3})}{2(4 - 3)}$$

$$= \underline{\frac{3 + \sqrt{3}}{2}}$$

(2) $\dfrac{3 + 4}{5} + \dfrac{3^2 + 4^2}{5^2} + \cdots$

$$+ \frac{3^n + 4^n}{5^n} + \cdots$$

$$= \sum_{n=1}^{\infty} \left\{ \left(\frac{3}{5} \right)^n + \left(\frac{4}{5} \right)^n \right\}$$

$\displaystyle\sum_{n=1}^{\infty} \left(\frac{3}{5} \right)^n$, $\displaystyle\sum_{n=1}^{\infty} \left(\frac{4}{5} \right)^n$ はともに収束し

$$\sum_{n=1}^{\infty} \left(\frac{3}{5} \right)^n = \frac{3}{5} \cdot \frac{1}{1 - \frac{3}{5}} = \frac{3}{2}$$

$$\sum_{n=1}^{\infty} \left(\frac{4}{5} \right)^n = \frac{4}{5} \cdot \frac{1}{1 - \frac{4}{5}} = 4$$

であるから

$$(与式) = \frac{3}{2} + 4 = \underline{\frac{11}{2}}$$

(3) $r = \dfrac{\sqrt{5} - 1}{2}$ のとき，$0 < r < 1$

であり，初項 r^n，公比 r の無限等比級数は収束し

$$\sum_{k=n}^{\infty} r^k = \frac{r^n}{1 - r}$$

となるから

$$\sum_{n=1}^{\infty} \left(\sum_{k=n}^{\infty} r^k \right)$$

$$= \sum_{n=1}^{\infty} \frac{r^n}{1 - r} = \frac{r}{1 - r} \cdot \frac{1}{1 - r}$$

$$= \frac{r}{(1 - r)^2}$$

$$= \frac{\frac{\sqrt{5} - 1}{2}}{\left(1 - \frac{\sqrt{5} - 1}{2} \right)^2}$$

$$= \frac{2(\sqrt{5} - 1)}{(3 - \sqrt{5})^2}$$

$$= \frac{\sqrt{5} - 1}{7 - 3\sqrt{5}}$$

$$= \frac{(\sqrt{5} - 1)(7 + 3\sqrt{5})}{49 - 45}$$

$$= \frac{8 + 4\sqrt{5}}{4}$$

$$= \underline{2 + \sqrt{5}}$$

3.30 わり算を実行すると

$$\begin{array}{r} 0.0101\cdots \\ 99\overline{)1\,00} \\ \underline{99} \\ 100 \\ \underline{99} \\ 1\cdots \end{array}$$

$$\frac{1}{99} = \underline{0.\dot{0}\dot{1}}$$

また

$$3.2\dot{1}\dot{8}$$

$$= 3.2 + 0.018 + 0.00018$$

$$+ 0.0000018 + \cdots\cdots$$

$$= \frac{32}{10} + \frac{18}{1000} + \frac{18}{1000} \cdot \frac{1}{100}$$

$$+ \frac{18}{1000} \cdot \left(\frac{1}{100} \right)^2 + \cdots\cdots$$

$$= \frac{32}{10} + \frac{\dfrac{18}{1000}}{1 - \dfrac{1}{100}}$$

$$= \frac{32}{10} + \frac{18}{990}$$

$$= \frac{16}{5} + \frac{1}{55}$$

$$= \underline{\mathbf{\frac{177}{55}}}$$

3.31 (1) 正方形 S_n, 円 C_n, 正方形 S_{n+1} は次の図のように図示できる。

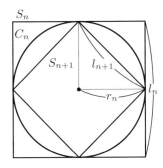

円 C_n の半径を r_n とおくと

$$r_n = \underline{\mathbf{\frac{1}{2} l_n}}$$

(2) l_{n+1} を l_n で表すと

$$l_{n+1} = \sqrt{2} r_n = \sqrt{2} \cdot \frac{1}{2} l_n = \frac{1}{\sqrt{2}} l_n$$

であり，数列 $\{l_n\}$ は初項 $l_1 = 1$，公比 $\dfrac{1}{\sqrt{2}}$ の等比数列である。

よって，数列 $\{l_n\}$ の一般項は

$$l_n = 1 \cdot \left(\frac{1}{\sqrt{2}}\right)^{n-1} = \underline{\left(\frac{\sqrt{2}}{2}\right)^{n-1}}$$

(3) (1), (2) より

$$\begin{aligned}a_n &= l_n{}^2 - \pi r_n{}^2 \\ &= \left(1 - \frac{\pi}{4}\right) l_n{}^2 \\ &= \left(1 - \frac{\pi}{4}\right) \cdot \frac{1}{2^{n-1}}\end{aligned}$$

となるので，$\displaystyle\sum_{n=1}^{\infty} a_n$ は，初項 $1 - \dfrac{\pi}{4}$，公比 $\dfrac{1}{2}$ の無限等比級数である。$0 <$ (公比) < 1 であるから，その和は

$$\sum_{n=1}^{\infty} a_n = \frac{a_1}{1 - \dfrac{1}{2}} = 2a_1$$

$$= \mathbf{2 - \frac{\pi}{2}}$$

3.32 $(x^2 + x) + \dfrac{x^2 + x}{x^2 + x + 1}$
$$+ \frac{x^2 + x}{(x^2 + x + 1)^2} + \cdots$$

(1) 初項 $x^2 + x$，公比 $\dfrac{1}{x^2 + x + 1}$ より，この級数が収束する条件は

$$x^2 + x = 0$$

または $\left| \dfrac{1}{x^2 + x + 1} \right| < 1$

すなわち

$$x = -1,\ 0 \quad \cdots\cdots\cdots\cdots ①$$

または

$$|x^2 + x + 1| > 1 \quad \cdots\cdots\cdots ②$$

$x^2 + x + 1 = \left(x + \dfrac{1}{2}\right)^2 + \dfrac{3}{4} > 0$ より

$$② \iff x^2 + x + 1 > 1$$

$$\therefore \quad x < -1,\ 0 < x$$

「①または②」をまとめると

$$\underline{\boldsymbol{x \leqq -1,\ 0 \leqq x}}$$

(2) この等比級数の和 S は

$x = -1,\ 0$ のとき

初項 $x^2 + x = 0$ より
$$S = \underline{\mathbf{0}}$$

$x < -1,\ 0 < x$ のとき

$$S = \frac{x^2 + x}{1 - \dfrac{1}{x^2 + x + 1}}$$

$$= \underline{\boldsymbol{x^2 + x + 1}}$$

📖 問題

ベキ級数 ···

☐ **3.33** 次の問いに答えよ。

(1) すべての自然数 n に対して，$2^n > n$ であることを示せ。

(2) 数列の和 $S_n = \sum_{k=1}^{n} k \left(\dfrac{1}{4} \right)^{k-1}$ を求めよ。

(3) $\lim\limits_{n \to \infty} S_n$ を求めよ。 (広島大)

☐ **3.34** $0 < x < 1$ に対して，$\dfrac{1}{x} = 1 + h$ とおくと $h > 0$ である。二項定理を用いて，$\dfrac{1}{x^n} > \dfrac{n(n-1)}{2} h^2 \ (n \geqq 2)$ が示されるから $\lim\limits_{n \to \infty} nx^n = \boxed{}$ である。

したがって，$S_n = 1 + 2x + \cdots + nx^{n-1}$ とおくと，$\lim\limits_{n \to \infty} S_n = \boxed{}$ である。 (芝浦工大)

チェック・チェック

基本 check！

ベキ級数

$\sum\limits_{k=1}^{\infty} a_k r^k$ の形の級数を r のベキ級数という。

3.33 ベキ級数 (1)

$\sum\limits_{k=1}^{\infty} kr^{k-1}$ の第 n 部分和

$$S_n = \sum_{k=1}^{n} kr^{k-1} \left(= \sum_{k=1}^{n} (\text{等差}) \times (\text{等比}) \right) \ (r \neq 1)$$

は

$$S_n - rS_n \ (\text{``公比倍してひく''})$$

を計算して求めることができます。これは，等比数列の和の公式を導くときの手法ですね。

3.34 ベキ級数 (2)

$0 < x < 1$ のとき，$\dfrac{1}{x} > 1$ であり，$\dfrac{1}{x} = 1 + h \ (h > 0)$ とおくことができます。前半で与えられている不等式は，二項定理を用いると，$n \geqq 2$ のとき

$$\frac{1}{x^n} = (1+h)^n = {}_nC_0 + {}_nC_1 h + {}_nC_2 h^2 + \cdots + {}_nC_n h^n$$

$$> {}_nC_2 h^2$$

$$= \frac{n(n-1)}{2} h^2$$

として得られたものです。

3.33，**3.34** ともに，解答の中で $\lim\limits_{n \to \infty} nx^n = 0 \ (|x| < 1)$ を導いて使っています。この事実は覚えておきましょう。

解答・解説

3.33 (1) 数学的帰納法で $2^n > n$ を示す。

$n = 1$ のとき, (左辺) $= 2$, (右辺) $= 1$ であり, (左辺) $>$ (右辺) は成り立つ。

$n = k$ での成立を仮定すると

$$2^{k+1} = 2 \cdot 2^k > 2 \cdot k$$
$$= k + k \geqq k + 1$$

つまり

$$2^{k+1} > k + 1$$

となり, $n = k+1$ でも (左辺) $>$ (右辺) は成り立つ。

よって, すべての自然数 n に対して, $2^n > n$ は成り立つ。 (証明終)

別解

二項定理を用いると

$$2^n = (1 + 1)^n$$
$$= \sum_{k=0}^{n} {}_n\mathrm{C}_k \cdot 1^k \cdot 1^{n-k}$$
$$= \sum_{k=0}^{n} {}_n\mathrm{C}_k \geqq \sum_{k=0}^{n} 1$$
$$= n + 1$$
$$> n$$

(2) $S_n = 1 \cdot \left(\dfrac{1}{4}\right)^0 + 2 \cdot \dfrac{1}{4} + 3 \cdot \left(\dfrac{1}{4}\right)^2$
$$+ \cdots + n\left(\dfrac{1}{4}\right)^{n-1}$$
$$\cdots\cdots ①$$

$\dfrac{1}{4} S_n = 1 \cdot \dfrac{1}{4} + 2 \cdot \left(\dfrac{1}{4}\right)^2$
$$+ \cdots + (n-1)\left(\dfrac{1}{4}\right)^{n-1}$$
$$+ n\left(\dfrac{1}{4}\right)^n$$
$$\cdots\cdots ②$$

① $-$ ② より

$$\dfrac{3}{4} S_n = 1 + (2-1) \cdot \dfrac{1}{4} + (3-2) \cdot \left(\dfrac{1}{4}\right)^2$$

$$+ \cdots + \{n - (n-1)\}\left(\dfrac{1}{4}\right)^{n-1}$$
$$- n\left(\dfrac{1}{4}\right)^n$$
$$= 1 + \dfrac{1}{4} + \left(\dfrac{1}{4}\right)^2 + \cdots\cdots$$
$$+ \left(\dfrac{1}{4}\right)^{n-1} - n\left(\dfrac{1}{4}\right)^n$$
$$= \dfrac{1 - \left(\dfrac{1}{4}\right)^n}{1 - \dfrac{1}{4}} - n\left(\dfrac{1}{4}\right)^n$$
$$= \dfrac{4}{3}\left\{1 - \left(\dfrac{1}{4}\right)^n\right\} - n\left(\dfrac{1}{4}\right)^n$$

よって

$$S_n = \underline{\dfrac{16}{9}\left\{1 - \left(\dfrac{1}{4}\right)^n\right\} - \dfrac{4}{3}n\left(\dfrac{1}{4}\right)^n}$$

(3) (1) の不等式の両辺を平方すると, $4^n > n^2 > 0$ なので, 逆数をとって整理すると

$$0 < \dfrac{1}{4^n} < \dfrac{1}{n^2}$$
$$\therefore \quad 0 < n\left(\dfrac{1}{4}\right)^n < \dfrac{1}{n}$$

$\lim\limits_{n \to \infty} \dfrac{1}{n} = 0$ なので, ハサミウチの原理より

$$\lim_{n \to \infty} n\left(\dfrac{1}{4}\right)^n = 0$$

また, $\lim\limits_{n \to \infty} \left(\dfrac{1}{4}\right)^n = 0$ でもあるから

$$\lim_{n \to \infty} S_n$$
$$= \lim_{n \to \infty}\left[\dfrac{16}{9}\left\{1 - \left(\dfrac{1}{4}\right)^n\right\} - \dfrac{4}{3}n\left(\dfrac{1}{4}\right)^n\right]$$
$$= \underline{\dfrac{16}{9}}$$

3.34 $\dfrac{1}{x^n} > \dfrac{n(n-1)}{2}h^2$ かつ $x > 0$, $h > 0$ より, $n \geqq 2$ のとき逆数をとって整理すると

$$0 < x^n < \dfrac{2}{n(n-1)h^2}$$

$$\therefore \quad 0 < nx^n < \frac{2}{(n-1)h^2}$$

さらに，$\displaystyle\lim_{n\to\infty} \frac{2}{(n-1)h^2} = 0$ なので，

ハサミウチの原理より

$$\lim_{n\to\infty} nx^n = \underline{\mathbf{0}}$$

また

$$S_n = 1 + 2x + 3x^2 + \cdots$$
$$+ nx^{n-1} \quad \cdots\cdots ①$$
$$xS_n = x + 2x^2 + \cdots$$
$$+ (n-1)x^{n-1} + nx^n$$
$$\cdots\cdots ②$$

$x \neq 1$ なので，① − ② より

$$(1-x)S_n$$
$$= 1 + (2-1)x + (3-2)x^2 + \cdots$$
$$+ \{n-(n-1)\}x^{n-1} - nx^n$$
$$= 1 + x + x^2 + \cdots + x^{n-1} - nx^n$$
$$= \frac{1-x^n}{1-x} - nx^n$$
$$\therefore \quad S_n = \frac{1-x^n}{(1-x)^2} - \frac{nx^n}{1-x}$$

$0 < x < 1$ なので

$$\lim_{n\to\infty} S_n = \underline{\frac{\mathbf{1}}{(\mathbf{1-x})^2}}$$

別解

$x \neq 1$ より

$$x + x^2 + x^3 + \cdots + x^n = \frac{x(1-x^n)}{1-x}$$

両辺を x で微分（第 4 章参照）して

$$1 + 2x + \cdots + nx^{n-1}$$
$$= \frac{\{1-(n+1)x^n\}(1-x)}{+ x(1-x^n)}{(1-x)^2}$$
$$\therefore \quad S_n = \frac{1-(n+1)x^n + nx^{n+1}}{(1-x)^2}$$
$$\lim_{n\to\infty} S_n$$
$$= \lim_{n\to\infty} \frac{1 - nx^n - x^n + x(nx^n)}{(1-x)^2}$$
$$= \frac{1}{(1-x)^2}$$

📖 問題

漸化式と極限 (1) ⋯⋯⋯⋯⋯⋯⋯⋯⋯⋯⋯⋯⋯⋯⋯⋯⋯⋯⋯⋯⋯⋯⋯⋯⋯⋯⋯⋯⋯

3.35 $f(x)$ を実数を係数とする x の多項式として，ある実数値 a を初項 a_1 の値とする数列 $a_1,\ a_2,\ \cdots$ を，漸化式
$$a_{n+1} = f(a_n),\ n = 1,\ 2,\ \cdots$$
で定義する。このとき実数 α が方程式 $x = f(x)$ の解であることは $\lim_{n \to \infty} a_n = \alpha$ であるための □ 。

［選択欄］

    (a) 必要条件であるが十分条件でない

    (b) 十分条件であるが必要条件でない

    (c) 必要十分条件である

    (d) 必要条件でも十分条件でもない　　　　　　　　　　　　　（摂南大）

3.36 $a_1 = 1,\ a_{n+1} = \dfrac{1}{3}a_n + 1\ (n = 1,\ 2,\ 3,\ \cdots)$ で定まる数列 $\{a_n\}$ について，次の問いに答えよ。

(1) 一般項 a_n を求めよ。

(2) 数列 $\{a_n\}$ の極限値を求めよ。　　　　　　　　　　　　（西日本工大）

3.37 $a_1 = 0,\ a_2 = 1,\ a_{n+2} = \dfrac{1}{4}(a_{n+1} + 3a_n)\ (n = 1,\ 2,\ 3,\ \cdots)$ で定義される数列 $\{a_n\}$ について，次の問いに答えよ。

(1) $b_n = a_{n+1} - a_n\ (n = 1,\ 2,\ 3,\ \cdots)$ とおくとき，数列 $\{b_n\}$ の一般項 b_n を n を用いて表せ。

(2) 数列 $\{a_n\}$ の一般項 a_n を n を用いて表せ。

(3) 極限値 $\lim_{n \to \infty} a_n$ を求めよ。　　　　　　　　　　　（宮崎大）

📖 チェック・チェック

3.35 漸化式と極限

漸化式 $a_{n+1} = f(a_n)$ で定められた数列 $\{a_n\}$ が極限値 α をもつとすると

$$\lim_{n \to \infty} a_n = \lim_{n \to \infty} a_{n+1} = \alpha$$

であり，$f(x)$ は連続なので，$\alpha = f(\alpha)$ が成り立ちます。すなわち

$$\lim_{n \to \infty} a_n = \alpha \implies \alpha = f(\alpha)$$

しかし，逆は成り立つでしょうか？成り立たないなら反例を示しましょう。

3.36 2 項間漸化式と極限

2 項間漸化式 $a_{n+1} = pa_n + q$ で定められた数列 $\{a_n\}$ の一般項を求めるには

$$t = pt + q$$

の解 α を使って

$$a_{n+1} - \alpha = p(a_n - \alpha)$$

と変形します。これは数列 $\{a_n - \alpha\}$ が初項 $a_1 - \alpha$，公比 p の等比数列であることを示しています。

3.37 3 項間漸化式と極限

3 項間漸化式 $a_{n+2} + pa_{n+1} + qa_n = 0$ で定められた数列 $\{a_n\}$ の一般項を求めるには

$$t^2 + pt + q = 0$$

の解 α，β を使って

$$\begin{cases} a_{n+2} - \alpha a_{n+1} = \beta(a_{n+1} - \alpha a_n) \\ a_{n+2} - \beta a_{n+1} = \alpha(a_{n+1} - \beta a_n) \end{cases}$$

と変形します。$\alpha = \beta$（重解）のときは

$$a_{n+2} - \alpha a_{n+1} = \alpha(a_{n+1} - \alpha a_n)$$

です。本問では，$t^2 = \dfrac{1}{4}(t + 3)$ より

$$4t^2 - t - 3 = 0 \qquad \therefore \quad t = -\frac{3}{4},\ 1$$

$$\begin{cases} a_{n+2} - a_{n+1} = -\dfrac{3}{4}(a_{n+1} - a_n) & \cdots\cdots ① \\ a_{n+2} + \dfrac{3}{4}a_{n+1} = 1 \cdot \left(a_{n+1} + \dfrac{3}{4}a_n\right) & \cdots\cdots ② \end{cases}$$

を考えればよいのですが，(1) より①が得られるので，解答では①だけで一般項を求めてみます。階差数列と一般項の関係を使います。

解答・解説

3.35 $\alpha = f(\alpha) \xleftarrow{\longrightarrow} \lim_{n \to \infty} a_n = \alpha$

← の証）$\lim_{n \to \infty} a_n = \alpha$ のとき，

$\lim_{n \to \infty} a_{n+1} = \alpha$ でもある。多項式 $f(x)$ は連続な関数であるから

$$\alpha = \lim_{n \to \infty} a_{n+1} = \lim_{n \to \infty} f(a_n)$$
$$= f\left(\lim_{n \to \infty} a_n\right) = f(\alpha)$$

すなわち，α は方程式 $x = f(x)$ の解である。

→ の反例）$a_{n+1} = 2a_n$, $a_1 = 1$ とすると $f(x) = 2x$ であり，$x = f(x)$ の解 α は $\alpha = 0$ であるが，$a_n = 2^{n-1}$ なので

$$\lim_{n \to \infty} a_n = \infty$$
$$\therefore \quad \alpha \neq \lim_{n \to \infty} a_n$$

(a) 必要条件であるが十分条件でない

3.36 $a_1 = 1$, $a_{n+1} = \dfrac{1}{3}a_n + 1$

(1) $t = \dfrac{1}{3}t + 1$ を解くと

$$t = \dfrac{3}{2}$$

よって，与式は次のように変形できる。

$$a_{n+1} - \dfrac{3}{2} = \dfrac{1}{3}\left(a_n - \dfrac{3}{2}\right)$$

数列 $\left\{a_n - \dfrac{3}{2}\right\}$ は，初項 $a_1 - \dfrac{3}{2} = 1 - \dfrac{3}{2} = -\dfrac{1}{2}$，公比 $\dfrac{1}{3}$ の等比数列であるから

$$a_n - \dfrac{3}{2} = -\dfrac{1}{2}\left(\dfrac{1}{3}\right)^{n-1}$$
$$\therefore \quad \underline{a_n = \dfrac{3}{2} - \dfrac{1}{2}\left(\dfrac{1}{3}\right)^{n-1}}$$

(2) $\lim_{n \to \infty}\left(\dfrac{1}{3}\right)^{n-1} = 0$ より

$$\lim_{n \to \infty} a_n = \dfrac{\mathbf{3}}{\mathbf{2}}$$

3.37 (1) $b_n = a_{n+1} - a_n$

$$(n = 1, 2, 3, \cdots)$$

とおくと

$$b_{n+1} = a_{n+2} - a_{n+1}$$

これに，$a_{n+2} = \dfrac{1}{4}(a_{n+1} + 3a_n)$ を代入すると

$$b_{n+1} = \dfrac{1}{4}(a_{n+1} + 3a_n) - a_{n+1}$$
$$= -\dfrac{3}{4}(a_{n+1} - a_n)$$
$$= -\dfrac{3}{4}b_n$$
$$\therefore \quad b_{n+1} = -\dfrac{3}{4}b_n$$

また，$b_1 = a_2 - a_1 = 1 - 0 = 1$ であり，数列 $\{b_n\}$ は初項 $b_1 = 1$, 公比 $-\dfrac{3}{4}$ の等比数列であるから

$$b_n = 1 \cdot \left(-\dfrac{3}{4}\right)^{n-1} = \underline{\left(-\dfrac{3}{4}\right)^{n-1}}$$

(2) (1) より

$$a_{n+1} - a_n = \left(-\dfrac{3}{4}\right)^{n-1}$$

$n \geqq 2$ のとき

$$a_n = a_1 + \sum_{k=1}^{n-1}\left(-\dfrac{3}{4}\right)^{k-1}$$
$$= 0 + \dfrac{1 - \left(-\dfrac{3}{4}\right)^{n-1}}{1 - \left(-\dfrac{3}{4}\right)}$$
$$= \dfrac{4}{7}\left\{1 - \left(-\dfrac{3}{4}\right)^{n-1}\right\}$$

これは $n = 1$ のときも成り立つ。

$$\therefore \quad a_n = \dfrac{\mathbf{4}}{\mathbf{7}}\left\{1 - \left(-\dfrac{3}{4}\right)^{n-1}\right\}$$

$$\underline{(n = 1, 2, 3, \cdots)}$$

(3) $\lim_{n \to \infty}\left(-\dfrac{3}{4}\right)^{n-1} = 0$ より

$$\lim_{n \to \infty} a_n = \dfrac{\mathbf{4}}{\mathbf{7}}$$

【参考】

$t^2 = \dfrac{1}{4}(t+3)$ を解くと

$$4t^2 - t - 3 = 0$$

$$(4t + 3)(t - 1) = 0$$

$$\therefore \quad t = -\dfrac{3}{4},\ 1$$

これより与えられた漸化式は次の 2 通りに変形できる。

$$\begin{cases} a_{n+2} - a_{n+1} = -\dfrac{3}{4}(a_{n+1} - a_n) \\ \qquad\qquad\qquad\qquad\cdots\cdots① \\ a_{n+2} + \dfrac{3}{4}a_{n+1} = 1 \cdot \left(a_{n+1} + \dfrac{3}{4}a_n\right) \\ \qquad\qquad\qquad\qquad\cdots\cdots② \end{cases}$$

① より

$$a_{n+1} - a_n$$

$$= (a_2 - a_1)\left(-\dfrac{3}{4}\right)^{n-1}$$

$$= 1 \cdot \left(-\dfrac{3}{4}\right)^{n-1} \quad\cdots\cdots\cdots①'$$

② より

$$a_{n+1} + \dfrac{3}{4}a_n$$

$$= \left(a_2 + \dfrac{3}{4}a_1\right) \cdot 1^{n-1}$$

$$= 1 \quad\cdots\cdots\cdots\cdots\cdots\cdots②'$$

$②' - ①'$ より

$$\dfrac{7}{4}a_n = 1 - \left(-\dfrac{3}{4}\right)^{n-1}$$

$$\therefore \quad a_n = \dfrac{4}{7}\left\{1 - \left(-\dfrac{3}{4}\right)^{n-1}\right\}$$

$$\longrightarrow \dfrac{4}{7} \ (n \to \infty)$$

問題

漸化式と極限 (2)

3.38 $p,\ q$ は $p > 0,\ q > 0,\ p+q = 1$ をみたす定数とする。$a_0 = 1,\ b_0 = 2$ とし、$a_n,\ b_n\ (n = 1,\ 2,\ \cdots)$ を
$$a_n = pa_{n-1} + qb_{n-1}$$
$$b_n = pb_{n-1} + qa_n$$
により定める。

(1) $c_n = b_n - a_n$ とおくとき、c_n が等比数列であることを示せ。

(2) a_n と $\displaystyle\lim_{n\to\infty} a_n$ を求めよ。

(3) b_n と $\displaystyle\lim_{n\to\infty} b_n$ を求めよ。　　　　　　　　（名古屋市立大）

3.39 次の式で与えられる数列 $\{a_n\}$ について、以下の問いに答えよ。
$$a_1 = 5,\ a_{n+1} = \frac{5a_n - 16}{a_n - 3}\ (n = 1,\ 2,\ \cdots)$$

(1) 数列の一般項 a_n を求めよ。

(2) $\displaystyle\lim_{n\to\infty} a_n$ を求めよ。　　　　　　　　　　　　（岐阜大）

チェック・チェック

3.38 連立漸化式と極限

連立漸化式 $\begin{cases} a_{n+1} = pa_n + qb_n \\ b_{n+1} = ra_n + sb_n \end{cases}$ の一般解を求める一つの方法は $\{a_n - tb_n\}$ が

等比数列となる t を見つけることです。

$$
\begin{aligned}
a_{n+1} - tb_{n+1} &= (pa_n + qb_n) - t(ra_n + sb_n) \\
&= (p - rt)a_n + (q - st)b_n \\
&= (p - rt)\left(a_n - \frac{st - q}{p - rt}b_n\right)
\end{aligned}
$$

であり，$t = \dfrac{st - q}{p - rt}$ を変形すると，$t = \dfrac{pt + q}{rt + s}$ となります。$t = \dfrac{pt + q}{rt + s}$ の解を

α, β とすると

数列 $\{a_n - \alpha b_n\}$, $\{a_n - \beta b_n\}$

はどちらも等比数列となります。

本問は $\begin{cases} a_n = pa_{n-1} + qb_{n-1} \\ b_n = pb_{n-1} + qa_{\underline{n}} \end{cases}$ と少し変則的な式になっています。

$b_n = \bigcirc b_{n-1} + \triangle a_{\underline{n-1}}$

と直してから，誘導にのって式を変形していきましょう。

3.39 分数漸化式と極限

分数漸化式 $a_{n+1} = \dfrac{pa_n + q}{ra_n + s}$ の一般解を求めるには $t = \dfrac{pt + q}{rt + s}$ の解 α, β を

使って

数列 $\left\{\dfrac{a_n - \alpha}{a_n - \beta}\right\}$

をつくります。重解 $\alpha = \beta$ のときは数列 $\left\{\dfrac{1}{a_n - \alpha}\right\}$ を考えます。

本問は重解のタイプになっています。

しかし，ノーヒントでこれを出題するというのは少々酷です。一般項を推定し，数学的帰納法でそれを確認することが出題者の意図かもしれません。

解答・解説

3.38 (1) $a_n = pa_{n-1} + qb_{n-1}$ $\cdots$ ①

$b_n = pb_{n-1} + qa_n$ $\cdots\cdots$ ②

①を②に代入すると

$b_n = pb_{n-1} + q(pa_{n-1} + qb_{n-1})$

$= pqa_{n-1} + (p + q^2)b_{n-1}$

$\cdots\cdots$ ③

③－① より

$b_n - a_n$

$= (pq - p)a_{n-1} + (p + q^2 - q)b_{n-1}$

$= p(q-1)a_{n-1} + \{p + q(q-1)\}b_{n-1}$

$= -p^2 a_{n-1} + p^2 b_{n-1}$

$(\because p + q = 1)$

$= p^2(b_{n-1} - a_{n-1})$

$c_n = b_n - a_n$ とおくと

$c_n = p^2 c_{n-1}$ $(n = 1, 2, 3, \cdots)$

すなわち，$\{c_n\}$ は

初項 $c_0 = b_0 - a_0 = 2 - 1 = 1$

公比 p^2

の等比数列である。 （証明終）

(2) (1) より

$c_n = b_n - a_n = 1 \cdot (p^2)^n = p^{2n}$

$\therefore b_{n-1} = a_{n-1} + p^{2(n-1)}$ $\cdots$ ④

④を①に代入すると

$a_n = pa_{n-1} + q(a_{n-1} + p^{2(n-1)})$

$= a_{n-1} + qp^{2(n-1)}$

$(\because p + q = 1)$

$n \geqq 1$ のとき

$a_n = a_0 + \sum_{k=1}^{n} qp^{2(k-1)}$

$= 1 + q \cdot \dfrac{1 - p^{2n}}{1 - p^2}$

$= 1 + \dfrac{1 - p^{2n}}{1 + p}$ $(\because p + q = 1)$

これは $n = 0$ のときも成り立つ。

$\therefore a_n = 1 + \dfrac{1 - p^{2n}}{1 + p}$

$= \dfrac{2 + p - p^{2n}}{1 + p}$

$(n = 0, 1, 2, \cdots)$

また $p > 0$, $q > 0$, $p + q = 1$ より
$0 < p < 1$ なので，$\lim_{n \to \infty} p^{2n} = 0$ であり

$\lim_{n \to \infty} a_n = \dfrac{2 + p}{1 + p}$

(3) $b_n = a_n + c_n$

$= \dfrac{2 + p - p^{2n}}{1 + p} + p^{2n}$

$= \dfrac{2 + p + p^{2n+1}}{1 + p}$

$(n = 0, 1, 2, \cdots)$

$\lim_{n \to \infty} p^{2n+1} = 0$ より

$\lim_{n \to \infty} b_n = \dfrac{2 + p}{1 + p}$

【参考】

本問は連立漸化式

$$\begin{cases} a_0 = 1, \ b_0 = 2 \\ a_{n+1} = pa_n + qb_n \cdots\cdots ①' \\ b_{n+1} = pqa_n + (p + q^2)b_n \\ \qquad\qquad \cdots\cdots ③' \end{cases}$$

と表すことができる。

$t = \dfrac{pt + q}{pqt + (p + q^2)}$

$(p > 0, q > 0, p + q = 1)$

を解くと $t = 1$, $-\dfrac{1}{p}$ を得るから，数列

$\{a_n - b_n\}$, $\left\{a_n + \dfrac{1}{p}b_n\right\}$

を考える。「解答」(1) より

$a_{n+1} - b_{n+1} = p^2(a_n - b_n)$

また，$①' + \dfrac{1}{p} \times ③'$ より

$a_{n+1} + \dfrac{1}{p}b_{n+1}$

$$= (p+q)a_n + \left(q + 1 + \frac{q^2}{p} \right) b_n$$

$$= (p+q)a_n + \frac{pq + p + q^2}{p} b_n$$

$$= (p+q)a_n + \frac{q(p+q) + p}{p} b_n$$

ここで，$p + q = 1$ より

$$a_{n+1} + \frac{1}{p} b_{n+1}$$

$$= a_n + \frac{p+q}{p} b_n$$

$$= a_n + \frac{1}{p} b_n$$

を得る。したがって

$$a_n - b_n = (a_0 - b_0) \cdot (p^2)^n$$

$$= (1 - 2)p^{2n}$$

$$= -p^{2n} \cdots\cdots ④'$$

$$a_n + \frac{1}{p} b_n = a_0 + \frac{1}{p} b_0$$

$$= 1 + \frac{1}{p} \cdot 2$$

$$= \frac{p+2}{p} \cdots ⑤$$

④'，⑤ より

$$\left(\frac{1}{p} + 1 \right) a_n = \frac{-p^{2n}}{p} + \frac{p+2}{p}$$

$$\therefore \quad a_n = \frac{2 + p - p^{2n}}{1 + p}$$

$$\left(\frac{1}{p} + 1 \right) b_n = \frac{p+2}{p} + p^{2n}$$

$$\therefore \quad b_n = \frac{2 + p + p^{2n+1}}{1 + p}$$

となる。

3.39 (1) $a_{n+1} = \dfrac{5a_n - 16}{a_n - 3}$

$t = \dfrac{5t - 16}{t - 3}$ を解くと

$$t^2 - 8t + 16 = 0$$

$$\therefore \quad t = 4 \quad （重解）$$

数列 $\left\{ \dfrac{1}{a_n - 4} \right\}$ を考える。

$$\frac{1}{a_{n+1} - 4}$$

$$= \frac{1}{\dfrac{5a_n - 16}{a_n - 3} - 4}$$

$$= \frac{a_n - 3}{(5a_n - 16) - 4(a_n - 3)}$$

$$= \frac{a_n - 3}{a_n - 4}$$

$$= 1 + \frac{1}{a_n - 4}$$

より，数列 $\left\{ \dfrac{1}{a_n - 4} \right\}$ は

初項 $\dfrac{1}{a_1 - 4} = \dfrac{1}{5 - 4} = 1$

公差 1

の等差数列である。

したがって

$$\frac{1}{a_n - 4} = 1 + (n - 1) \cdot 1 = n$$

$$\therefore \quad a_n = \boldsymbol{4 + \frac{1}{n}}$$

(2) $\displaystyle\lim_{n \to \infty} \frac{1}{n} = 0$ より

$$\lim_{n \to \infty} a_n = \boldsymbol{4}$$

【注意】$a_1 = 5$, $a_2 = \dfrac{9}{2}$,

$a_3 = \dfrac{13}{3}$, $a_4 = \dfrac{17}{4}$, $a_5 = \dfrac{21}{5}$, $\cdots$

となります。これらから

$$a_n = \frac{4n + 1}{n} = 4 + \frac{1}{n}$$

を推定せよ，というのが出題者の意図でしょうか。このあとは数学的帰納法により推定の立証を行います。

📖 問題

漸化式とハサミウチの原理 ··

☐ **3.40** 数列 $\{a_n\}$ は

$$0 < a_1 < 3, \ a_{n+1} = 1 + \sqrt{1 + a_n} \ (n = 1, \ 2, \ 3, \ \cdots)$$

をみたすものとする。このとき，次の (1)，(2)，(3) を示せ。

(1) $n = 1, \ 2, \ 3, \ \cdots$ に対して，$0 < a_n < 3$ が成り立つ。

(2) $n = 1, \ 2, \ 3, \ \cdots$ に対して，$3 - a_n \leqq \left(\dfrac{1}{3}\right)^{n-1} (3 - a_1)$ が成り立つ。

(3) $\displaystyle \lim_{n \to \infty} a_n = 3$ （神大）

☐ **3.41** 次の条件で定められる $\{a_n\}$ について，以下の問いに答えよ。

$$a_1 = 4, \ a_{n+1} = \frac{2a_n{}^2 + a_n + 6}{3a_n} \ (n = 1, \ 2, \ 3, \ \cdots)$$

(1) すべての自然数 n に対し，$a_n \geqq 3$ が成り立つことを，n についての数学的帰納法で示せ。

(2) すべての自然数 n に対し，$a_{n+1} - 3 \leqq \dfrac{2}{3}(a_n - 3)$ が成り立つことを示せ。

(3) $\displaystyle \lim_{n \to \infty} a_n$ を求めよ。 （福井大）

☐ **3.42** 関数 $f(x) = 1 - x^2$ について，次の問いに答えよ。

(1) $f(a) = a$ をみたす正の実数 a を求めよ。

(2) a を (1) で求めた実数とする。$x \geqq \dfrac{1}{2}$ ならば

$$|f(x) - f(a)| \geqq \frac{\sqrt{5}}{2}|x - a|$$

となることを示せ。

(3) a を (1) で求めた実数とする。$\dfrac{1}{2} \leqq x_1 \leqq 1$ として

$$x_{n+1} = f(x_n), \ n = 1, \ 2, \ 3, \ \cdots$$

で決まる数列 $\{x_n\}$ を考える。すべての n に対して，$\dfrac{1}{2} \leqq x_n \leqq 1$ が成り立つならば，$x_1 = a$ であることを示せ。 （九大）

チェック・チェック

3.40 漸化式とハサミウチの原理 **(1)**

グラフをかくと収束の様子がよくわかります。

$$f(x) = 1 + \sqrt{1+x}$$

とおくと

$$a_{n+1} = f(a_n)$$

であり，直線 $y = x$ で折れる階段状のグラフがかけます。

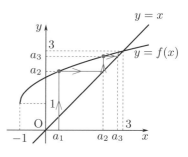

$$\lim_{n \to \infty} a_n = \alpha \quad (\alpha = f(\alpha))$$

の様子がわかりますね。本問ではこれを式で示すことを誘導しています。グラフをかいて納得するだけではダメです。

$$|a_n - \alpha| \leqq \beta |a_{n-1} - \alpha|$$

を示して，これを繰り返し使うと

$$(0 \leqq) |a_n - \alpha| \leqq \beta |a_{n-1} - \alpha| \leqq \beta \cdot \beta |a_{n-2} - \alpha| \leqq \cdots \leqq \beta^{n-1} |a_1 - \alpha|$$

$|\beta| < 1$ のとき $\displaystyle\lim_{n \to \infty} \beta^{n-1} |a_1 - \alpha| = 0$ ですから，ハサミウチの原理により

$$\lim_{n \to \infty} |a_n - \alpha| = 0 \qquad \therefore \quad \lim_{n \to \infty} a_n = \alpha$$

となります。

3.41 漸化式とハサミウチの原理 **(2)**

(2) $\alpha = f(\alpha)$ すなわち $\alpha = \dfrac{2\alpha^2 + \alpha + 6}{3\alpha}$ を解くと

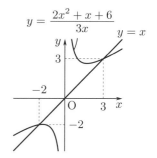

$$\alpha^2 - \alpha - 6 = 0$$

$$(\alpha - 3)(\alpha + 2) = 0$$

$$\therefore \quad \alpha = 3, \ -2$$

$\{a_n - 3\}$ を考えるか，$\{a_n + 2\}$ を考えるかは a_1 のとり方により決まります。

3.42 漸化式とハサミウチの原理 **(3)**

(1)，(2) は **3.40**，**3.41** と同じ流れですが，(3) では x_1 について問われています。背理法を利用しましょう。

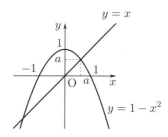

解答・解説

3.40 (1) $n = 1$ のときは条件そのものである。

$n = k$ のときの成立を仮定すると

$$a_{k+1} = 1 + \sqrt{1 + a_k} > 0$$

$$a_{k+1} = 1 + \sqrt{1 + a_k}$$
$$< 1 + \sqrt{1 + 3} = 3$$

よって，$n = k+1$ のときも成り立ち，数学的帰納法によりすべての自然数 n に対して，$0 < a_n < 3$ が成り立つ。

（証明終）

(2)　$3 - a_{n+1}$
$$= 3 - (1 + \sqrt{1 + a_n})$$
$$= 2 - \sqrt{1 + a_n}$$
$$= \frac{4 - (1 + a_n)}{2 + \sqrt{1 + a_n}}$$
$$= \frac{1}{2 + \sqrt{1 + a_n}} \cdot (3 - a_n)$$
$$< \frac{1}{2 + \sqrt{1 + 0}} \cdot (3 - a_n) \ (\because (1))$$
$$= \frac{1}{3} \cdot (3 - a_n)$$

これより，$n \geqq 2$ のとき

$$3 - a_n < \frac{1}{3}(3 - a_{n-1})$$
$$< \frac{1}{3} \cdot \frac{1}{3}(3 - a_{n-2})$$
$$< \cdots$$
$$< \left(\frac{1}{3}\right)^{n-1}(3 - a_1)$$

$n = 1$ のときは等号が成立する。

よって，すべての自然数 n に対して

$$3 - a_n \leqq \left(\frac{1}{3}\right)^{n-1}(3 - a_1)$$

が成り立つ。　　　　（証明終）

(3) (1), (2) より

$$0 < 3 - a_n \leqq \left(\frac{1}{3}\right)^{n-1}(3 - a_1)$$

$\displaystyle \lim_{n \to \infty} \left(\frac{1}{3}\right)^{n-1}(3 - a_1) = 0$ であるから，ハサミウチの原理より

$$\lim_{n \to \infty}(3 - a_n) = 0$$
$$\therefore \ \lim_{n \to \infty} a_n = 3 \qquad （証明終）$$

3.41 (1) $n = 1$ のとき，$a_1 = 4 \ (\geqq 3)$ より，成り立つ。

$n = k$ のとき，$a_k \geqq 3$ が成り立つと仮定すると

$$a_{k+1} - 3 = \frac{2a_k{}^2 + a_k + 6}{3a_k} - 3$$
$$= \frac{2a_k{}^2 - 8a_k + 6}{3a_k}$$
$$= \frac{2(a_k - 1)(a_k - 3)}{3a_k}$$
$$\geqq 0 \quad (\because \ a_k \geqq 3)$$

$$\therefore \ a_{k+1} \geqq 3$$

よって，$n = k+1$ のときも成り立ち，数学的帰納法によりすべての自然数 n に対して，$a_n \geqq 3$ が成り立つ。

（証明終）

(2) $a_{n+1} - 3 = \dfrac{2(a_n - 1)(a_n - 3)}{3a_n}$
$$= \frac{2}{3}(a_n - 3)\left(1 - \frac{1}{a_n}\right)$$

(1) より $a_n - 3 \geqq 0$ であり，また，$1 - \dfrac{1}{a_n} < 1$ だから

$$\frac{2}{3}(a_n - 3)\left(1 - \frac{1}{a_n}\right)$$
$$\leqq \frac{2}{3}(a_n - 3) \cdot 1$$
$$\therefore \ a_{n+1} - 3 \leqq \frac{2}{3}(a_n - 3)$$

（証明終）

(3) (2) より

$$a_n - 3 \leqq \frac{2}{3}(a_{n-1} - 3)$$
$$(n = 2, \ 3, \ \cdots)$$

したがって

$$a_n - 3 \leqq \frac{2}{3}(a_{n-1} - 3)$$

$$\leqq \frac{2}{3} \cdot \frac{2}{3}(a_{n-2} - 3)$$
$$= \left(\frac{2}{3}\right)^2 (a_{n-2} - 3)$$
$$\leqq \cdots$$
$$\leqq \left(\frac{2}{3}\right)^{n-1} (a_1 - 3)$$
$$= \left(\frac{2}{3}\right)^{n-1}$$
$$\therefore \quad 0 \leqq a_n - 3 \leqq \left(\frac{2}{3}\right)^{n-1}$$

さらに，$\displaystyle\lim_{n\to\infty}\left(\frac{2}{3}\right)^{n-1} = 0$ であるから，ハサミウチの原理より

$$\lim_{n\to\infty}(a_n - 3) = 0$$
$$\therefore \quad \lim_{n\to\infty} a_n = \underline{\mathbf{3}}$$

3.42 (1) $f(a) = a$
のとき
$$1 - a^2 = a$$
$$a^2 + a - 1 = 0$$
$a > 0$ より
$$a = \frac{-1 + \sqrt{5}}{2}$$

(2) $\quad |f(x) - f(a)|$
$$= |(1 - x^2) - (1 - a^2)|$$
$$= |-x^2 + a^2|$$
$$= |x^2 - a^2|$$
$$= |x + a||x - a|$$
$$\geqq \left(\frac{1}{2} + \frac{-1 + \sqrt{5}}{2}\right)|x - a|$$
$$\left(\because \ x \geqq \frac{1}{2}\right)$$
$$= \frac{\sqrt{5}}{2}|x - a|$$
(証明終)

(3) すべての n に対して $x_n \geqq \dfrac{1}{2}$ なので，$f(a) = a$ と (2) より，$n \geqq 2$ のとき
$$|x_n - a| = |f(x_{n-1}) - f(a)|$$
$$\geqq \frac{\sqrt{5}}{2}|x_{n-1} - a|$$

$$\geqq \left(\frac{\sqrt{5}}{2}\right)^2 |x_{n-2} - a|$$
$$\geqq \cdots$$
$$\geqq \left(\frac{\sqrt{5}}{2}\right)^{n-1} |x_1 - a|$$

$x_1 \neq a$ と仮定すると，$\dfrac{\sqrt{5}}{2} > 1$ より
$$\lim_{n\to\infty}\left(\frac{\sqrt{5}}{2}\right)^{n-1}|x_1 - a| = \infty$$
$$\therefore \quad \lim_{n\to\infty}|x_n - a| = \infty$$

これは，すべての n に対して，$\dfrac{1}{2} \leqq x_n \leqq 1$ であることに反する。
$$\therefore \quad x_1 = a \qquad \text{(証明終)}$$

§3 関数の極限

📖 問題

$\displaystyle\lim_{x \to a} f(x)$ ··

☐ **3.43** 次の極限値を求めよ。

$$\lim_{x \to 0} \frac{\sqrt{1+x} - \sqrt{1-x}}{x} = \boxed{}$$

(北見工大)

☐ **3.44** (1) 極限 $\displaystyle\lim_{x \to 2} \frac{x^2 + ax - 12}{\sqrt{x-1} - 1}$ が有限な値になるのは $a = \boxed{}$ のとき

であり，このとき極限値は $\boxed{}$ となる。

(大阪産業大)

(2) $\displaystyle\lim_{x \to 8} \frac{ax^2 + bx + 8}{\sqrt[3]{x} - 2} = 84$ となるような a, b の値は $(a, b) = \boxed{}$ であ

る。

(東北学院大)

$\displaystyle\lim_{x \to \pm\infty} f(x)$ ··

☐ **3.45** $f(x) = \dfrac{3^x}{2^x + 3^x}$ とする。このとき $\displaystyle\lim_{x \to \infty} f(x) = \boxed{}$,

$\displaystyle\lim_{x \to -\infty} f(x) = \boxed{}$ である。

(北海道工大)

☐ **3.46** (1) 極限 $\displaystyle\lim_{x \to \infty} \sqrt{2x}(\sqrt{x} - \sqrt{x+1})$ を求めよ。

(信州大)

(2) $\displaystyle\lim_{x \to -\infty} (\sqrt{x^2 - x} + x)$ の値は $\boxed{}$ である。

(会津大)

☐ **3.47** 次の極限を求めよ。ただし，極限をもたない場合は「極限なし」と答

えよ。

$$\lim_{x \to \infty} \frac{2x - 3\sin x}{x}$$

(高知工科大)

☐ **3.48** $\displaystyle\lim_{x \to \infty} \{\sqrt{x^2 - 1} - (ax + b)\} = 2$ が成り立つように，定数 a, b の値を

定めよ。

(大阪工大)

チェック・チェック

基本 check !

有限確定値が存在する条件

$$\lim_{x \to a} \frac{f(x)}{g(x)} = \alpha \ (\alpha \ \text{は有限確定値}) \ \text{かつ} \ \lim_{x \to a} g(x) = 0 \ \text{ならば}$$

$$\lim_{x \to a} f(x) = 0$$

これは，以下のように示される。

$$\lim_{x \to a} f(x) = \lim_{x \to a} \left\{ \frac{f(x)}{g(x)} \cdot g(x) \right\} = \alpha \cdot 0 = 0$$

3.43 $\dfrac{0}{0}$ の不定形

分子の $\sqrt{} - \sqrt{}$ を変形して，$\dfrac{0}{0}$ の不定形を解消します。

3.44 有限確定値が存在する条件

$\displaystyle\lim_{x \to a} \dfrac{f(x)}{g(x)} = (\text{有限確定値})$ のとき，$\displaystyle\lim_{x \to a} g(x) = 0$ ならば $\displaystyle\lim_{x \to a} f(x) = 0$ です。

3.45 $\displaystyle\lim_{x \to \pm\infty} r^x$

$0 < r < 1$ のときの $y = r^x$ のグラフを考えると

$$\lim_{x \to \infty} r^x = 0, \quad \lim_{x \to -\infty} r^x = \infty$$

です。

$0 < r < 1$ のとき

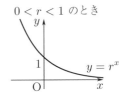

3.46 $\infty - \infty, \ \dfrac{\infty}{\infty}$ の不定形

(1) $\sqrt{} - \sqrt{}$ を変形して，$\infty - \infty$ を解消し，さらに $\dfrac{\infty}{\infty}$ を解消します。

(2) $\sqrt{} + x$ を変形して $\infty - \infty$ を解消します。

3.47 ハサミウチの原理

$\dfrac{2x - 3\sin x}{x} = 2 - 3 \cdot \dfrac{\sin x}{x}$ と変形されます。$x \to \infty$ のときの $\dfrac{\sin x}{x}$ はハサミウチの原理を利用しましょう。

3.48 漸近線

$\displaystyle\lim_{x \to \infty} \left\{ \sqrt{x^2 - 1} - (ax + b + 2) \right\} = 0$ ですから

$y = ax + b + 2$ は曲線 $y = \sqrt{x^2 - 1}$ の漸近線です。

$$y = \sqrt{x^2 - 1} \iff \begin{cases} y^2 = x^2 - 1 \\ y \geqq 0 \end{cases}$$

$$\iff \begin{cases} x^2 - y^2 = 1 \\ y \geqq 0 \end{cases}$$

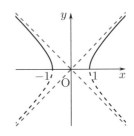

解答・解説

3.43

$$\lim_{x \to 0} \frac{\sqrt{1+x} - \sqrt{1-x}}{x}$$

$$= \lim_{x \to 0} \frac{(\sqrt{1+x} - \sqrt{1-x}) \times (\sqrt{1+x} + \sqrt{1-x})}{x(\sqrt{1+x} + \sqrt{1-x})}$$

$$= \lim_{x \to 0} \frac{2}{\sqrt{1+x} + \sqrt{1-x}}$$

$$= \frac{2}{1+1}$$

$$= \underline{1}$$

3.44 (1) $\lim_{x \to 2} (\sqrt{x-1} - 1) = 0$

なので，与式が有限な値になるのは

$$\lim_{x \to 2} (x^2 + ax - 12) = 0$$

$$4 + 2a - 12 = 0$$

$$\therefore \quad \underline{a = 4}$$

のときである。このとき

$$\lim_{x \to 2} \frac{x^2 + 4x - 12}{\sqrt{x-1} - 1}$$

$$= \lim_{x \to 2} \left\{ \frac{(x+6)(x-2)}{\sqrt{x-1} - 1} \times \frac{\sqrt{x-1} + 1}{\sqrt{x-1} + 1} \right\}$$

$$= \lim_{x \to 2} \frac{(x+6)(x-2)(\sqrt{x-1} + 1)}{(x-1) - 1}$$

$$= \lim_{x \to 2} (x+6)(\sqrt{x-1} + 1)$$

$$= (2+6)(\sqrt{2-1} + 1)$$

$$= \underline{16}$$

(2) $\lim_{x \to 8} (\sqrt[3]{x} - 2) = 0$ なので，与式の

左辺が有限な値になるのは

$$\lim_{x \to 8} (ax^2 + bx + 8) = 0$$

$$64a + 8b + 8 = 0$$

$$\therefore \quad b = -8a - 1 \cdots\cdots ①$$

のときである。このとき

$$x - 2^3 = (\sqrt[3]{x} - 2)\{(\sqrt[3]{x})^2 + 2\sqrt[3]{x} + 4\}$$

に注意して

$$\lim_{x \to 8} \frac{ax^2 - (8a+1)x + 8}{\sqrt[3]{x} - 2}$$

$$= \lim_{x \to 8} \left[\frac{(ax-1)(x-8)}{\sqrt[3]{x} - 2} \times \frac{\{(\sqrt[3]{x})^2 + 2\sqrt[3]{x} + 4\}}{\{(\sqrt[3]{x})^2 + 2\sqrt[3]{x} + 4\}} \right]$$

$$= \lim_{x \to 8} \frac{(ax-1)(x-8) \times (\sqrt[3]{x^2} + 2\sqrt[3]{x} + 4)}{x - 2^3}$$

$$= \lim_{x \to 8} (ax-1)(\sqrt[3]{x^2} + 2\sqrt[3]{x} + 4)$$

$$= (8a-1)(8^{\frac{2}{3}} + 2 \cdot 8^{\frac{1}{3}} + 4)$$

$$= 12(8a-1)$$

これより

$$12(8a-1) = 84$$

$$8a - 1 = 7$$

$$\therefore \quad a = 1$$

① より

$$b = -9$$

$$\therefore \quad (a, b) = \underline{(1, -9)}$$

3.45 $f(x) = \dfrac{3^x}{2^x + 3^x} = \dfrac{1}{\left(\dfrac{2}{3}\right)^x + 1}$

$\lim_{x \to \infty} \left(\dfrac{2}{3}\right)^x = 0$ より

$$\lim_{x \to \infty} f(x) = \underline{1}$$

また，$\lim_{x \to -\infty} \left(\dfrac{2}{3}\right)^x = \infty$ より

$$\lim_{x \to -\infty} f(x) = \underline{0}$$

3.46 (1) （与式）

$$= \lim_{x \to \infty} \left\{ \sqrt{2x} \cdot (\sqrt{x} - \sqrt{x+1}) \times \frac{\sqrt{x} + \sqrt{x+1}}{\sqrt{x} + \sqrt{x+1}} \right\}$$

$$= \lim_{x \to \infty} \frac{-\sqrt{2x}}{\sqrt{x} + \sqrt{x+1}}$$

$$= \lim_{x \to \infty} \frac{-\sqrt{2}}{1 + \sqrt{1 + \frac{1}{x}}}$$

$$= -\frac{\sqrt{2}}{2}$$

(2) （与式）
$$= \lim_{x \to -\infty} \left\{ (\sqrt{x^2 - x} + x) \right.$$
$$\left. \times \frac{\sqrt{x^2 - x} - x}{\sqrt{x^2 - x} - x} \right\}$$

$$= \lim_{x \to -\infty} \frac{-x}{\sqrt{x^2 - x} - x}$$

ここで $-x = t$ とおくと，$x \to -\infty$ の
とき $t \to \infty$ であり

$$（与式）= \lim_{t \to \infty} \frac{t}{\sqrt{t^2 + t} + t}$$

$$= \lim_{t \to \infty} \frac{1}{\sqrt{1 + \frac{1}{t}} + 1}$$

$$= \frac{1}{2}$$

3.47 与えられた式を変形すると

$$\lim_{x \to \infty} \left(\frac{2x - 3\sin x}{x} \right)$$

$$= \lim_{x \to \infty} \left(2 - 3 \cdot \frac{\sin x}{x} \right)$$

ここで，$x \to \infty$ より $x > 0$ としてよ
く，このとき

$$-1 \leqq \sin x \leqq 1$$

$$\therefore \quad -\frac{1}{x} \leqq \frac{\sin x}{x} \leqq \frac{1}{x}$$

ここで

$$\lim_{x \to \infty} \left(-\frac{1}{x} \right) = 0, \ \lim_{x \to \infty} \frac{1}{x} = 0$$

であるから，ハサミウチの原理により

$$\lim_{x \to \infty} \frac{\sin x}{x} = 0$$

したがって

$$\lim_{x \to \infty} \frac{2x - 3\sin x}{x} = 2 - 3 \cdot 0 = \underline{2}$$

3.48 $\lim_{x \to \infty} \{\sqrt{x^2 - 1} - (ax + b)\} = 2$ は

$$\lim_{x \to \infty} x \left(\sqrt{1 - \frac{1}{x^2}} - a - \frac{b}{x} \right) = 2$$

と変形される。$\lim_{x \to \infty} x = \infty$ より，与式
の左辺が有限な値になるのは

$$\lim_{x \to \infty} \left(\sqrt{1 - \frac{1}{x^2}} - a - \frac{b}{x} \right) = 0$$

すなわち

$$1 - a = 0 \quad \therefore \quad \underline{\boldsymbol{a = 1}}$$

のときである。このとき

$$\lim_{x \to \infty} (\sqrt{x^2 - 1} - x - b) = 2$$

よって

$$b$$
$$= -2 + \lim_{x \to \infty} (\sqrt{x^2 - 1} - x)$$
$$= -2 + \lim_{x \to \infty} \frac{(\sqrt{x^2-1}-x) \times (\sqrt{x^2-1}+x)}{\sqrt{x^2 - 1} + x}$$
$$= -2 + \lim_{x \to \infty} \frac{-1}{\sqrt{x^2 - 1} + x}$$
$$= \underline{-2}$$

📖 問題

$$\lim_{\theta \to 0} \frac{\sin \theta}{\theta} = 1$$ ....

☐ **3.49** 次の値を求めよ。

(1) $\displaystyle \lim_{x \to \pi} \frac{x - \pi}{\sin x} = \boxed{}$ （東北学院大）

(2) $f(x) = x \sin \left(\sin \dfrac{2}{x} \right)$ とおくと $\displaystyle \lim_{x \to \infty} f(x) = \boxed{}$, また

$\displaystyle \lim_{x \to 0} f(x) = \boxed{}$ である。 （中部大）

☐ **3.50** 次の値を求めよ。

(1) $\displaystyle \lim_{x \to 0} \frac{1 - \cos 2x}{x^2}$ （東京農工大）

(2) $\displaystyle \lim_{x \to 0} \frac{1 - \cos x}{\sqrt{1 + x^2} - \sqrt{1 - x^2}}$ （摂南大）

☐ **3.51** 次の値を求めよ。

(1) $\displaystyle \lim_{x \to 0} \frac{1}{x} \tan 2x = \boxed{}$ （高知女子大）

(2) $\displaystyle \lim_{x \to \frac{1}{4}} \frac{\tan(\pi x) - 1}{4x - 1} = \boxed{}$

（立教大）

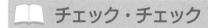

基本 check !

$$\lim_{\theta \to 0} \frac{\sin \theta}{\theta} = 1$$

角の単位を弧度法とすると

$$\lim_{\theta \to 0} \frac{\sin \theta}{\theta} = 1$$

が成り立つ。

（証明） $0 < \theta < \dfrac{\pi}{2}$ のとき，右図の面積について

$$\triangle \text{OAB} < (\text{扇形 OAB}) < \triangle \text{OAT}$$

$$\sin \theta < \theta < \tan \theta$$

$$1 < \frac{\theta}{\sin \theta} < \frac{1}{\cos \theta}$$

$$\therefore \quad \cos \theta < \frac{\sin \theta}{\theta} < 1$$

$\lim_{\theta \to +0} \cos \theta = 1$ であり，ハサミウチの原理より，$\lim_{\theta \to +0} \dfrac{\sin \theta}{\theta} = 1$ を得る。

$-\dfrac{\pi}{2} < \theta < 0$ のとき，$\theta = -t$ とおくと，$\theta \to -0$ ならば $t \to +0$ なので

$$\lim_{\theta \to -0} \frac{\sin \theta}{\theta} = \lim_{t \to +0} \frac{\sin(-t)}{-t} = \lim_{t \to +0} \frac{\sin t}{t} = 1$$

よって

$$\lim_{\theta \to 0} \frac{\sin \theta}{\theta} = 1$$

3.49 正弦の極限

$\sin \theta$ についての極限の問題です。$\lim_{\theta \to 0} \dfrac{\sin \theta}{\theta} = 1$ にもち込みます。

(1) $x - \pi = \theta$ とおいてみましょう。

(2) 前半では $\dfrac{2}{x} = \theta$ とおいて $\dfrac{\sin \theta}{\theta}$ をつくります。後半ではハサミウチの原理を用いましょう。

3.50 余弦の極限

$\cos \theta$ についての極限の問題です。ここでも $\lim_{\theta \to 0} \dfrac{\sin \theta}{\theta} = 1$ にもち込みます。

(1) $1 - \cos 2x = 2 \cdot \dfrac{1 - \cos 2x}{2} = 2 \sin^2 x$ （$\because$ 半角の公式）と変形します。

(2) $1 - \cos x$ は (1) と同様の変形です。また，分母の有理化も考えます。

3.51 正接の極限

$\tan \theta$ についての極限の問題です。やはり，$\lim_{\theta \to 0} \dfrac{\sin \theta}{\theta} = 1$ にもち込みます。

(1) $\tan 2x = \dfrac{\sin 2x}{\cos 2x}$ として，$\sin,\ \cos$ の極限に直します。

(2) $t = x - \dfrac{1}{4}$ とおいてみましょう。

解答・解説

3.49 (1) $x - \pi = \theta$ とおくと, $x \to \pi$
のとき $\theta \to 0$ で

$$\lim_{x \to \pi} \frac{x - \pi}{\sin x}$$

$$= \lim_{\theta \to 0} \frac{\theta}{\sin(\pi + \theta)}$$

$$= \lim_{\theta \to 0} \frac{1}{-\dfrac{\sin \theta}{\theta}}$$

$$= \underline{-1}$$

(2) $f(x) = x \sin\left(\sin \dfrac{2}{x}\right)$ とおく。

$\lim_{x \to \infty} f(x)$ について, $\dfrac{2}{x} = \theta$ とおく
と, $x \to \infty$ のとき $\theta \to 0$ で

$$\lim_{x \to \infty} f(x)$$

$$= \lim_{\theta \to 0} \frac{2}{\theta} \sin(\sin \theta)$$

$$= \lim_{\theta \to 0} \left\{ 2 \cdot \frac{\sin \theta}{\theta} \cdot \frac{\sin(\sin \theta)}{\sin \theta} \right\}$$

$$= 2 \cdot 1 \cdot 1$$

$$= \underline{2}$$

$\lim_{x \to 0} f(x)$ について

$$\left| \sin\left(\sin \frac{2}{x}\right) \right| \leqq 1$$

より

$$0 \leqq |f(x)|$$

$$= |x| \left| \sin\left(\sin \frac{2}{x}\right) \right|$$

$$\leqq |x| \cdot 1$$

$$\therefore \quad 0 \leqq |f(x)| \leqq |x|$$

ここで

$$\lim_{x \to 0} |x| = 0$$

なので, ハサミウチの原理より

$$\lim_{x \to 0} |f(x)| = 0$$

$$\therefore \quad \lim_{x \to 0} f(x) = \underline{0}$$

3.50 (1) $\lim_{x \to 0} \dfrac{1 - \cos 2x}{x^2}$

$$= \lim_{x \to 0} 2 \left(\frac{\sin x}{x} \right)^2$$

$$= 2 \cdot 1^2$$

$$= \underline{2}$$

(2) $\lim_{x \to 0} \dfrac{1 - \cos x}{\sqrt{1 + x^2} - \sqrt{1 - x^2}}$

$$= \lim_{x \to 0} \left\{ 2 \sin^2 \frac{x}{2} \cdot \frac{\sqrt{1+x^2} + \sqrt{1-x^2}}{(1+x^2) - (1-x^2)} \right\}$$

$$= \lim_{x \to 0} \left\{ \frac{\sin^2 \dfrac{x}{2}}{x^2} \cdot \left(\sqrt{1+x^2} + \sqrt{1-x^2} \right) \right\}$$

$$= \lim_{x \to 0} \left\{ \frac{1}{4} \left(\frac{\sin \dfrac{x}{2}}{\dfrac{x}{2}} \right)^2 \right.$$
$$\left. \cdot \left(\sqrt{1+x^2} + \sqrt{1-x^2} \right) \right\}$$

$$= \frac{1}{4} \cdot 1^2 \cdot (1 + 1)$$

$$= \underline{\frac{1}{2}}$$

3.51 (1) $\lim_{x \to 0} \dfrac{1}{x} \tan 2x$

$$= \lim_{x \to 0} \frac{1}{x} \cdot \frac{\sin 2x}{\cos 2x}$$

$$= \lim_{x \to 0} 2 \cdot \frac{\sin 2x}{2x} \cdot \frac{1}{\cos 2x}$$

$$= 2 \cdot 1 \cdot \frac{1}{1}$$

$$= \underline{2}$$

(2) $t = x - \dfrac{1}{4}$ とおくと, $x \to \dfrac{1}{4}$ の
とき $t \to 0$ であるから

$$\lim_{x \to \frac{1}{4}} \frac{\tan(\pi x) - 1}{4x - 1}$$

$$= \lim_{t \to 0} \frac{\tan\left(\pi t + \dfrac{\pi}{4}\right) - 1}{4\left(t + \dfrac{1}{4}\right) - 1}$$

$$= \lim_{t \to 0} \frac{\dfrac{\tan(\pi t) + \tan \dfrac{\pi}{4}}{1 - \tan(\pi t)\tan \dfrac{\pi}{4}} - 1}{4t}$$

$$= \lim_{t \to 0} \frac{\dfrac{\tan(\pi t) + 1}{1 - \tan(\pi t)} - 1}{4t}$$

$$= \lim_{t \to 0} \frac{2\tan(\pi t)}{4t\{1 - \tan(\pi t)\}}$$

$$= \lim_{t \to 0} \frac{\sin(\pi t)}{2t\cos(\pi t)\{1 - \tan(\pi t)\}}$$

$$= \lim_{t \to 0} \left\{ \frac{\sin(\pi t)}{(\pi t)} \cdot \frac{1}{\cos(\pi t)} \right.$$
$$\left. \cdot \frac{\pi}{2(1 - \tan \pi t)} \right\}$$

$$= 1 \cdot \frac{1}{1} \cdot \frac{\pi}{2(1 - 0)}$$

$$= \underline{\frac{\pi}{2}}$$

📖 問題

e の定義 ··

□ **3.52** 次の 2 つの極限に関する等式は，すでに知られているとしてよい。
$$\lim_{x \to 0} \frac{\log(1+x)}{x} = 1, \quad \lim_{x \to 0} \frac{\sin x}{x} = 1$$
このとき，これらの等式を用いて，次の極限値を求めよ。

(1) $\displaystyle \lim_{x \to 0} \frac{\log(1 + \sin x)}{x}$

(2) $\displaystyle \lim_{x \to 0} \frac{\log(\cos x)}{\sin^2 x}$ （甲南大）

□ **3.53** 次の値を求めよ。

(1) $\displaystyle \lim_{x \to 0} \frac{e^x - e^{-x}}{x}$ （高知女子大）

(2) $\displaystyle \lim_{x \to 0} \frac{x}{1 - e^{2x}}$ （早大）

(3) $\displaystyle \lim_{h \to 0} \frac{e^{(1+h)^2} - e^{h^2+1}}{h}$ （法政大）

□ **3.54** 次の値を求めよ。

(1) $\displaystyle \lim_{n \to \infty} (n+1)^2 \log\left\{1 + \frac{1}{n(n+2)}\right\}$ を求めよ。 （高知女子大）

(2) $\displaystyle \lim_{n \to \infty} \left(\frac{n+3}{n+1}\right)^n$ （東京電機大）

チェック・チェック

┌─ 基本 check！ ─────────────────────────

***e* の定義**

自然対数の底 e はいろいろな形で表現される。

(i) $\displaystyle\lim_{h \to 0} \frac{e^h - 1}{h} = 1$

(ii) $\displaystyle\lim_{h \to 0} \frac{\log_e (1 + h)}{h} = 1$

(iii) $\displaystyle\lim_{h \to 0} (1 + h)^{\frac{1}{h}} = e$

(iv) $\displaystyle\lim_{x \to \pm\infty} \left(1 + \frac{1}{x}\right)^x = e$

(i)，(ii) は右図のように

$$y = e^x, \ y = \log_e x$$

のグラフ上のそれぞれの点 $(0,\ 1)$，$(1,\ 0)$ における接線の傾きが 1 であること
を意味する。

(iii)，(iv) はそれぞれ，(ii)，(iii) を変形すれば導くことができる。

└──────────────────────────────────

3.52 *e* の定義 (1)

与えられた極限値が使えるように式を変形しましょう。

3.53 *e* の定義 (2)

与えられた式に近い e の定義式は $\displaystyle\lim_{h \to 0} \frac{e^h - 1}{h} = 1$ です。基本 check！の (i)〜(iv)
はどの形も使えるようにしておきましょう。

3.54 *e* の定義 (3)

(1) $m = n(n + 2)$ とおいてみましょう。

(2) $\dfrac{n + 3}{n + 1} = 1 + \dfrac{2}{n + 1}$ と変形できます。$t = \dfrac{2}{n + 1}$ とおいてみましょう。

解答・解説

3.52 (1) $\displaystyle\lim_{x\to 0}\frac{\log(1+\sin x)}{x}$

$\displaystyle=\lim_{x\to 0}\left\{\frac{\log(1+\sin x)}{\sin x}\cdot\frac{\sin x}{x}\right\}$

$x\to 0$ のとき，$\sin x\to 0$ であるから

(与式) $=1\cdot 1=\underline{\mathbf{1}}$

(2) $\displaystyle\lim_{x\to 0}\frac{\log(\cos x)}{\sin^2 x}$

$\displaystyle=\lim_{x\to 0}\frac{\log\left\{\cos\left(2\cdot\dfrac{x}{2}\right)\right\}}{\sin^2\left(2\cdot\dfrac{x}{2}\right)}$

$\displaystyle=\lim_{x\to 0}\frac{\log\left(1-2\sin^2\dfrac{x}{2}\right)}{\left(2\sin\dfrac{x}{2}\cos\dfrac{x}{2}\right)^2}$

$\displaystyle=\lim_{x\to 0}\left\{\frac{\log\left(1-2\sin^2\dfrac{x}{2}\right)}{-2\sin^2\dfrac{x}{2}}\right.$

$\displaystyle\left.\times\frac{1}{(-2)\cos^2\dfrac{x}{2}}\right\}$

$x\to 0$ のとき，$-2\sin^2\dfrac{x}{2}\to 0$ である
から

(与式) $\displaystyle=1\cdot\frac{1}{(-2)\cdot 1^2}$

$\displaystyle=-\frac{\mathbf{1}}{\mathbf{2}}$

3.53 (1) $\displaystyle\lim_{x\to 0}\frac{e^x-e^{-x}}{x}$

$\displaystyle=\lim_{x\to 0}\frac{e^x-1+1-e^{-x}}{x}$

$\displaystyle=\lim_{x\to 0}\left\{\frac{e^x-1}{x}-\left(\frac{e^{-x}-1}{x}\right)\right\}$

$\displaystyle=\lim_{x\to 0}\left(\frac{e^x-1}{x}+\frac{e^{-x}-1}{-x}\right)$

$=1+1$

$=\underline{\mathbf{2}}$

(2) $\displaystyle\lim_{x\to 0}\frac{e^x-1}{x}=1$ であるから

$\displaystyle\lim_{x\to 0}\frac{x}{1-e^{2x}}$

$\displaystyle=\lim_{x\to 0}\frac{x}{(1+e^x)(1-e^x)}$

$\displaystyle=\lim_{x\to 0}\frac{1}{1+e^x}\cdot\frac{-1}{\dfrac{e^x-1}{x}}$

$\displaystyle=\frac{1}{1+1}\cdot\frac{-1}{1}$

$\displaystyle=-\frac{\mathbf{1}}{\mathbf{2}}$

(3) $\displaystyle\lim_{h\to 0}\frac{e^{(1+h)^2}-e^{h^2+1}}{h}$

$\displaystyle=\lim_{h\to 0}\frac{e^{h^2+1}(e^{2h}-1)}{h}$

$\displaystyle=\lim_{h\to 0}\left(2e^{h^2+1}\cdot\frac{e^{2h}-1}{2h}\right)$

$=2e\cdot 1$

$=\underline{\mathbf{2e}}$

3.54 (1) $m=n(n+2)$ とおくと

$(n+1)^2=n^2+2n+1=m+1$

であり，$n\to\infty$ のとき $m\to\infty$ だから

$\displaystyle\lim_{n\to\infty}(n+1)^2\log\left(1+\frac{1}{n(n+2)}\right)$

$\displaystyle=\lim_{m\to\infty}(m+1)\log\left(1+\frac{1}{m}\right)$

$\displaystyle=\lim_{m\to\infty}\left(1+\frac{1}{m}\right)\cdot\log\left(1+\frac{1}{m}\right)^m$

対数関数の連続性より

$\displaystyle\lim_{m\to\infty}\log\left(1+\frac{1}{m}\right)^m$

$\displaystyle=\log\lim_{m\to\infty}\left(1+\frac{1}{m}\right)^m$

であり，$\displaystyle\lim_{m\to\infty}\left(1+\frac{1}{m}\right)^m=e$ である
ことより

(与式) $=1\cdot\log e$

$=\underline{\mathbf{1}}$

(2) $\dfrac{n+3}{n+1} = 1 + \dfrac{2}{n+1}$

であり，$t = \dfrac{2}{n+1}$ とおくと，$n \to \infty$

のとき $t \to +0$ であるから

$$\lim_{n \to \infty} \left(\frac{n+3}{n+1} \right)^n$$
$$= \lim_{n \to \infty} \left(1 + \frac{2}{n+1} \right)^n$$
$$= \lim_{t \to +0} (1+t)^{\frac{2}{t}-1}$$
$$= \lim_{t \to +0} \left\{ (1+t)^{\frac{1}{t}} \right\}^2 \cdot \frac{1}{1+t}$$
$$= e^2 \cdot 1$$
$$= \underline{\underline{e^2}}$$

📖 問題

図形への応用 ···

☐ **3.55** 半径 1 の円に内接する正 n 角形の面積を S_n，外接する正 n 角形の面積を T_n とするとき，$\displaystyle\lim_{n\to\infty} n^2(T_n - S_n)$ を求めよ。 （武蔵工大）

☐ **3.56** i は虚数単位とする。実数 t に対して，複素数
$$w = \frac{1}{1 + ti}$$
を考える。w の偏角を $\theta(t)$ $(-\pi \leq \theta(t) < \pi)$ とする。

(1) $\displaystyle\lim_{t\to 0}\frac{\sin\theta(t)}{t}$ を求めよ。

(2) $\displaystyle\lim_{t\to 0}(\cos\theta(t))^{\frac{1}{t^2}}$ を求めよ。

（滋賀医大 改）

☐ **3.57** $0 < r < 1$ とし，半径 1 の円 C_1 と半径 r の円 C_2 の中心は一致しているとする。円 C_1 に内接し，円 C_2 に外接する円をできるだけたくさん描く。ただし，どの 2 つの円も共有点の個数は 1 以下とする。描いた円の円周の長さの総和を $f(r)$ とするとき，
$$\lim_{r\to 1-0} f(r)$$
を求めよ。 （信州大）

チェック・チェック

3.55 三角関数の極限と図形

　図をかいてみて，S_n, T_n を求めることが第一歩です。たとえば，$n = 6$ のときは右図のようになりますね。

　三角関数が絡んだ極限ですから，$\displaystyle\lim_{\theta \to 0} \frac{\sin\theta}{\theta} = 1$ を使います。

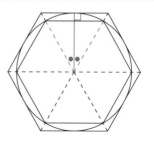

3.56 e の定義と複素数

　$w = \dfrac{1}{1 + ti}$ を極形式に直して偏角 $\theta(t)$ を求めましょう。

$\sin\theta(t)$, $\cos\theta(t)$ は $\dfrac{w}{|w|}$ のそれぞれ虚部，実部です。

3.57 ハサミウチの原理と図形

　条件をみたす円をできるだけたくさんかくと次の図のようになります。右の図の中心角 θ に着目して不等式をつくり，ハサミウチの原理に持ち込みましょう。

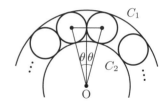

解答・解説

3.55

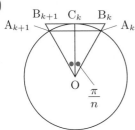

図のように，半径 1 の円の中心を O，円に内接する正 n 角形の頂点を A_1，A_2，$\cdots$，A_n，外接する正 n 角形の頂点を B_1，B_2，$\cdots$，B_n とすると

$$\angle A_k O A_{k+1} = \angle B_k O B_{k+1} = \frac{2\pi}{n}$$
$$(k = 1, 2, \cdots, n-1)$$

より

$$S_n = n \times \triangle OA_k A_{k+1}$$
$$= n \times \frac{1}{2} \cdot 1^2 \cdot \sin \frac{2\pi}{n}$$
$$= \frac{n}{2} \sin \frac{2\pi}{n}$$

また，辺 $B_k B_{k+1}$ の中点を C_k とおくと，$OC_k = 1$ であり

$$B_k B_{k+1} = 2 B_k C_k$$
$$= 2 OC_k \tan \frac{\pi}{n}$$
$$= 2 \tan \frac{\pi}{n}$$

なので

$$T_n = n \times \triangle OB_k B_{k+1}$$
$$= n \times \frac{1}{2} B_k B_{k+1} \cdot OC_k$$
$$= n \tan \frac{\pi}{n}$$

よって

$$\lim_{n \to \infty} n^2 (T_n - S_n)$$
$$= \lim_{n \to \infty} n^2 \left(n \tan \frac{\pi}{n} - \frac{n}{2} \sin \frac{2\pi}{n} \right)$$
$$= \lim_{\theta \to +0} \left(\frac{\pi}{\theta} \right)^2 \left(\frac{\pi}{\theta} \tan \theta - \frac{\pi}{2\theta} \sin 2\theta \right)$$

$$\left(\because \ \frac{\pi}{n} = \theta \ とおいた \right)$$
$$= \lim_{\theta \to +0} \left(\frac{\pi}{\theta} \right)^3 \left(\frac{\sin \theta}{\cos \theta} - \frac{2 \sin \theta \cos \theta}{2} \right)$$
$$= \lim_{\theta \to +0} \left(\frac{\pi}{\theta} \right)^3 \frac{\sin \theta \cdot (1 - \cos^2 \theta)}{\cos \theta}$$
$$= \lim_{\theta \to +0} \frac{\pi^3}{\cos \theta} \left(\frac{\sin \theta}{\theta} \right)^3$$
$$= \frac{\pi^3}{1} \cdot 1^3 = \boldsymbol{\pi^3}$$

3.56 (1) $w = \dfrac{1}{1 + ti}$ より

$$w = \frac{1 - ti}{(1 + ti)(1 - ti)}$$
$$= \frac{1}{1 + t^2} (1 - ti)$$

ここで

$$|w| = \frac{1}{1 + t^2} \cdot \sqrt{1 + (-t)^2}$$
$$= \frac{1}{\sqrt{1 + t^2}}$$

より

$$w = \frac{1}{\sqrt{1+t^2}} \left(\frac{1}{\sqrt{1+t^2}} - \frac{t}{\sqrt{1+t^2}} i \right)$$

w の偏角が $\theta(t)$ であるから

$$\cos \theta(t) = \frac{1}{\sqrt{1+t^2}}, \ \ \sin \theta(t) = -\frac{t}{\sqrt{1+t^2}}$$
$$\cdots\cdots ①$$

よって

$$\lim_{t \to 0} \frac{\sin \theta(t)}{t} = -\lim_{t \to 0} \frac{1}{\sqrt{1+t^2}} = \underline{-1}$$

(2) ① より

$$\lim_{t \to 0} (\cos \theta(t))^{\frac{1}{t^2}} = \lim_{t \to 0} \left(\frac{1}{\sqrt{1+t^2}} \right)^{\frac{1}{t^2}}$$
$$= \lim_{t \to 0} \left\{ (1+t^2)^{\frac{1}{t^2}} \right\}^{-\frac{1}{2}}$$
$$= e^{-\frac{1}{2}}$$
$$= \frac{1}{\sqrt{e}}$$

3.57 C_1, C_2 の中心を O, C_1 に内接し C_2 に外接しながら互いに外接する 2 つの円の中心を A, B, 半径を R とおく。

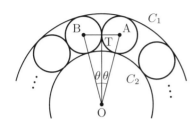

この 2 円の接点 T は線分 AB の中点であり, $\angle \mathrm{AOT} = \theta \left(0 < \theta < \dfrac{\pi}{2} \right)$ とおくと

$$\mathrm{AT} = R = \frac{1-r}{2},$$
$$\mathrm{OA} = 1 - R = \frac{1+r}{2}$$

これより

$$\sin\theta = \frac{\mathrm{AT}}{\mathrm{OA}} = \frac{1-r}{1+r} \quad \cdots\cdots ①$$

であり, かいた円の個数を n とすると, かいた円の円周の長さの総和 $f(r)$ は

$$f(r) = n \cdot 2\pi R = n\pi(1-r)$$

円はできるだけたくさんかいているから

$$n \cdot 2\theta \leqq 2\pi < (n+1)2\theta$$
$$\frac{\pi}{\theta} - 1 < n \leqq \frac{\pi}{\theta}$$
$$\frac{\pi^2(1-r)}{\theta} - \pi(1-r)$$
$$< n\pi(1-r) \leqq \frac{\pi^2(1-r)}{\theta}$$
$$\therefore \ \frac{\pi^2(1-r)}{\theta} - \pi(1-r) < f(r) \leqq \frac{\pi^2(1-r)}{\theta}$$
$$\cdots\cdots ②$$

ここで, ①より

$$\lim_{r \to 1-0} \sin\theta = \lim_{r \to 1-0} \frac{1-r}{1+r} = 0$$
$$\therefore \ \lim_{r \to 1-0} \theta = 0$$

であり, ①より, $1 - r = (1+r)\sin\theta$ なので

$$\lim_{r \to 1-0} \frac{\pi^2(1-r)}{\theta}$$
$$= \lim_{r \to 1-0} \frac{\pi^2(1+r)\sin\theta}{\theta}$$
$$= \lim_{r \to 1-0} \left\{ \pi^2(1+r) \cdot \frac{\sin\theta}{\theta} \right\}$$
$$= \pi^2 \cdot 2 \cdot 1$$
$$= 2\pi^2$$

となる。$r \to 1-0$ のとき, ②の第 1 辺, 第 3 辺はともに $2\pi^2$ に収束するから, ハサミウチの原理より

$$\lim_{r \to 1-0} f(r) = \boldsymbol{2\pi^2}$$

第4章 微分法

§1 導関数

📖 問題

導関数の定義 ⋯⋯⋯⋯⋯⋯⋯⋯⋯⋯⋯⋯⋯⋯⋯⋯⋯⋯⋯⋯⋯⋯⋯⋯⋯⋯⋯⋯⋯⋯

☐ **4.1** 導関数の定義にしたがって，関数 $\cos x$ の導関数が $-\sin x$ であることを示せ。ただし，必要があれば，$\displaystyle\lim_{x \to 0}\frac{\sin x}{x} = 1$ であることを証明なしに用いてよい。 (愛知教育大)

☐ **4.2** 関数 $y = f(x)$ の導関数は，$\displaystyle y' = \lim_{h \to 0}\frac{f(x+h) - f(x)}{h}$ で求められる。この式にしたがって，$y = \log x$ の導関数を求める。ここでは $x > 0$ とする。

$$y' = \lim_{h \to 0}\frac{\boxed{} - \log x}{h} = \lim_{h \to 0}\frac{\log\left(\boxed{}\right)}{h} = \lim_{h \to 0}\log\boxed{}$$

ここで $t = \dfrac{x}{h}$ とおく。$h > 0$ のとき，$h \to +0$ ならば $t \to \infty$ となるので，

$\displaystyle y' = \lim_{t \to \infty}\frac{1}{x}\boxed{}$。$h < 0$ のときも同様に考えることで，$\dfrac{d}{dx}\log x = \dfrac{1}{x}$ が得られる。 (静岡理工科大 改)

微分係数 ⋯⋯⋯⋯⋯⋯⋯⋯⋯⋯⋯⋯⋯⋯⋯⋯⋯⋯⋯⋯⋯⋯⋯⋯⋯⋯⋯⋯⋯⋯⋯⋯⋯

☐ **4.3** 関数 $f(x)$ を
$$f(x) = \begin{cases} x^2 + x & (x < 0) \\ x & (x \geqq 0) \end{cases}$$
と定義する。「微分係数の定義」にしたがって，$f(x)$ の $x = 0$ における微分係数を求めよ。 (長崎大)

☐ **4.4** 関数 $f(x)$ が $x = a$ で微分可能であるとき，極限値 $\displaystyle\lim_{x \to a}\frac{x^2 f(x) - a^2 f(a)}{x - a}$ を a, $f(a)$, $f'(a)$ を用いて表せ。 (電気通信大)

☐ **4.5** 極限 $\displaystyle\lim_{x \to a}\frac{\sin x - \sin a}{\sin(x - a)}$ の値を求めなさい。 (福島大)

📖 チェック・チェック

基本 check！

導関数の定義
$$f'(x) = \lim_{h \to 0} \frac{f(x+h) - f(x)}{h}$$

微分係数

関数 $f(x)$ について，$\lim_{h \to 0} \dfrac{f(a+h) - f(a)}{h} \left(= \lim_{x \to a} \dfrac{f(x) - f(a)}{x - a} \right)$ が

存在するとき，これを $f(x)$ の $x = a$ における微分係数といい，$f'(a)$ で表す。

三角関数の導関数
$$(\sin x)' = \cos x, \ (\cos x)' = -\sin x, \ (\tan x)' = \frac{1}{\cos^2 x}$$

指数関数・対数関数の導関数
$$(e^x)' = e^x, \ (\log |x|)' = \frac{1}{x}$$

4.1 $\cos x$ の導関数

$\lim_{h \to 0} \dfrac{\cos(x+h) - \cos x}{h}$ を整理します。三角関数の加法定理を用いて

$\lim_{x \to 0} \dfrac{\sin x}{x} = 1$

が使えるように式を変形しましょう。

4.2 $\log x$ の導関数

$\log x$ の導関数は $\lim_{h \to 0} \dfrac{\log(x+h) - \log x}{h}$ です。e の定義式

$\lim_{t \to \pm\infty} \left(1 + \dfrac{1}{t} \right)^t = e$

が使えるように式を変形しましょう。

4.3 微分係数 (1)

左からの極限 $\lim_{h \to -0} \dfrac{f(0+h) - f(0)}{h}$ と右からの極限 $\lim_{h \to +0} \dfrac{f(0+h) - f(0)}{h}$

が一致することを確認します。

4.4 微分係数 (2)

$f'(a) = \lim_{x \to a} \dfrac{f(x) - f(a)}{x - a}$ が現れるように式を変形しましょう。

4.5 微分係数 (3)

微分係数の定義から考えるか，変数を置き換えて考えるとよいでしょう。

📖 解答・解説

4.1 導関数の定義より

$(\cos x)'$

$= \displaystyle\lim_{h \to 0} \frac{\cos(x + h) - \cos x}{h}$

$= \displaystyle\lim_{h \to 0} \frac{(\cos x \cos h - \sin x \sin h) - \cos x}{h}$

$= \displaystyle\lim_{h \to 0} \left(\cos x \cdot \frac{\cos h - 1}{h} - \sin x \cdot \frac{\sin h}{h} \right)$

$= \displaystyle\lim_{h \to 0} \left(-\cos x \cdot \frac{1 - \cos^2 h}{h(1 + \cos h)} \right.$

$\left. \qquad\qquad - \sin x \cdot \frac{\sin h}{h} \right)$

$= \displaystyle\lim_{h \to 0} \left(-\cos x \cdot \frac{\sin h}{h} \cdot \frac{\sin h}{1 + \cos h} \right.$

$\left. \qquad\qquad - \sin x \cdot \frac{\sin h}{h} \right)$

$\displaystyle\lim_{x \to 0} \frac{\sin x}{x} = 1$ であるから

$(\cos x)'$

$= -\cos x \cdot 1 \cdot \dfrac{0}{1 + 1} - \sin x \cdot 1$

$= -\sin x$

よって，関数 $\cos x$ の導関数は
$-\sin x$ である。 （証明終）

[別解]

和を積に直す公式を用いて式を変形し
てもよい。

$(\cos x)'$

$= \displaystyle\lim_{h \to 0} \frac{\cos(x + h) - \cos x}{h}$

$= \displaystyle\lim_{h \to 0} \frac{-2 \sin \left(x + \dfrac{h}{2} \right) \sin \dfrac{h}{2}}{h}$

$= \displaystyle\lim_{h \to 0} \left\{ -\sin \left(x + \frac{h}{2} \right) \cdot \frac{\sin \dfrac{h}{2}}{\dfrac{h}{2}} \right\}$

$\displaystyle\lim_{x \to 0} \frac{\sin x}{x} = 1$ であるから

$(\cos x)' = -\sin(x + 0) \cdot 1$

$\qquad\qquad = -\sin x$

4.2 $y = \log x \ (x > 0)$ より

$y' = \displaystyle\lim_{h \to 0} \frac{\log(x + h) - \log x}{h}$

$= \displaystyle\lim_{h \to 0} \frac{\log \left(\dfrac{x + h}{x} \right)}{h}$

$= \displaystyle\lim_{h \to 0} \frac{\log \left(1 + \dfrac{h}{x} \right)}{h}$

$= \displaystyle\lim_{h \to 0} \log \left(1 + \frac{h}{x} \right)^{\frac{1}{h}}$

$t = \dfrac{x}{h}$ とおく。$h > 0$ のとき，$x > 0$
より $h \to +0$ ならば $t \to \infty$ であり

$y' = \displaystyle\lim_{t \to \infty} \log \left(1 + \frac{1}{t} \right)^{\frac{t}{x}}$

$= \displaystyle\lim_{t \to \infty} \frac{1}{x} \log \left(1 + \frac{1}{t} \right)^{t}$

$= \dfrac{1}{x} \log e = \dfrac{1}{x}$

$h < 0$ のとき，$x > 0$ より $h \to -0$ な
らば $t \to -\infty$ であり

$y' = \displaystyle\lim_{t \to -\infty} \log \left(1 + \frac{1}{t} \right)^{\frac{t}{x}}$

$= \displaystyle\lim_{t \to -\infty} \frac{1}{x} \log \left(1 + \frac{1}{t} \right)^{t}$

$= \dfrac{1}{x} \log e = \dfrac{1}{x}$

以上より，$\dfrac{d}{dx} \log x = \dfrac{1}{x}$ が得られ
る。

4.3 $x = 0$ における左からの極限は，
$f(x) = x^2 + x \ (x < 0)$ かつ $f(0) = 0$
より

$\displaystyle\lim_{h \to -0} \frac{f(0 + h) - f(0)}{h}$

$= \displaystyle\lim_{h \to -0} \frac{(h^2 + h) - 0}{h}$

$= \displaystyle\lim_{h \to -0} (h + 1) = 1$

$x=0$ における右からの極限は，$f(x) = x\ (x \geqq 0)$ より

$$\lim_{h \to +0} \frac{f(0+h) - f(0)}{h}$$
$$= \lim_{h \to +0} \frac{h - 0}{h} = \lim_{h \to +0} 1 = 1$$

となり，$\lim_{h \to 0} \dfrac{f(0+h) - f(0)}{h}$ は存在し，その値は 1 である。よって，$f(x)$ の $x=0$ における微分係数は

$$\boldsymbol{f'(0) = 1}$$

4.4 $f'(a) = \lim_{x \to a} \dfrac{f(x) - f(a)}{x - a}$ が現れるように式を変形すると

$$\lim_{x \to a} \frac{x^2 f(x) - a^2 f(a)}{x - a}$$
$$= \lim_{x \to a} \frac{x^2\{f(x) - f(a)\} + (x^2 - a^2)f(a)}{x - a}$$
$$= \lim_{x \to a} \left\{ x^2 \cdot \frac{f(x) - f(a)}{x - a} + (x + a)f(a) \right\}$$
$$= \boldsymbol{a^2 f'(a) + 2a f(a)}$$

別解

177 ページで扱う，積の微分公式を用いて考えることもできる。

x^2，$f(x)$ は $x=a$ で微分可能なので，$F(x) = x^2 f(x)$ も微分可能であり

$$\lim_{x \to a} \frac{x^2 f(x) - a^2 f(a)}{x - a}$$
$$= \lim_{x \to a} \frac{F(x) - F(a)}{x - a} = F'(a)$$

積の微分公式より

$$F'(x) = (x^2 f(x))'$$
$$= 2x f(x) + x^2 f'(x)$$

であるから

$$\lim_{x \to a} \frac{x^2 f(x) - a^2 f(a)}{x - a}$$
$$= 2a f(a) + a^2 f'(a)$$

または，$g(x) = x^2 f(x) - a^2 f(a)$ とおくと，x^2，$f(x)$ は $x=a$ で微分可能なので，$g(x)$ も微分可能である。また，$g(a) = 0$ でもあるから

$$\lim_{x \to a} \frac{x^2 f(x) - a^2 f(a)}{x - a}$$
$$= \lim_{x \to a} \frac{g(x) - g(a)}{x - a} = g'(a)$$

積の微分公式より

$$g'(x) = (x^2 f(x))' - 0$$
$$= 2x f(x) + x^2 f'(x)$$

であるから

$$\lim_{x \to a} \frac{x^2 f(x) - a^2 f(a)}{x - a}$$
$$= 2a f(a) + a^2 f'(a)$$

4.5 微分係数の定義から考える。

$$\lim_{x \to a} \frac{\sin x - \sin a}{\sin(x - a)} = \lim_{x \to a} \frac{\frac{\sin x - \sin a}{x - a}}{\frac{\sin(x - a)}{x - a}}$$

$f(x) = \sin x$ とおくと

$$\lim_{x \to a} \frac{\sin x - \sin a}{x - a} = f'(a)$$
$$= \cos a$$

であり，$\lim_{x \to a} \dfrac{\sin(x - a)}{x - a} = 1$ より

$$\lim_{x \to a} \frac{\sin x - \sin a}{\sin(x - a)} = \frac{f'(a)}{1}$$
$$= \underline{\cos a}$$

別解

和を差に直す公式を用いてもよい。

$x - a = \theta$ とおき，式を整理すると

$$\lim_{x \to a} \frac{\sin x - \sin a}{\sin(x - a)}$$
$$= \lim_{\theta \to 0} \frac{\sin(\theta + a) - \sin a}{\sin \theta}$$
$$= \lim_{\theta \to 0} \frac{2 \cos\left(\frac{\theta}{2} + a\right) \sin \frac{\theta}{2}}{\sin \theta}$$
$$= \lim_{\theta \to 0} \cos\left(\frac{\theta}{2} + a\right) \frac{\frac{\sin \frac{\theta}{2}}{\frac{\theta}{2}}}{\frac{\sin \theta}{\theta}}$$
$$= \cos(0 + a) \cdot \frac{1}{1} = \cos a$$

📖 問題

連続，微分可能 ・・

☐ **4.6** 実数全体において微分可能な関数 $f(x)$ は実数全体において連続であ
ることを示せ。　　　　　　　　　　　　　　　　　　　（福島県立医大　改）

☐ **4.7** $-1 < x$ において，関数 $f(x)$ は $f(x) = \displaystyle\lim_{n \to \infty} \frac{x^n}{x^{n+2} + x^n + 1}$ で定
義されている。$f(x)$ を求めると，ある値 α で $f(x)$ が連続にならないこと
がわかる。このとき $f(\alpha)$ と等しい値をとるもうひとつの x は $\boxed{}$ であ
る。　　　　　　　　　　　　　　　　　　　　　　　　　　　　　（関西大）

☐ **4.8** 以下の問いに答えよ。

(1) 関数 $f(x) = |x|$ が $x = 0$ において微分可能でないことを微分の定義に
　　基づいて示せ。

(2) $y = x|x|$ のグラフの概形を描け。

(3) m は自然数とする。関数 $g(x) = x^m|x|$ が $x = 0$ において微分可能で
　　あるか微分可能でないかを理由をつけて答えよ。　　　　　（大阪府立大）

☐ **4.9** a, b, c を実数の定数とし，関数 $f(x)$ を
$$f(x) = \begin{cases} \dfrac{1 + 3x - a\cos 2x}{4x} & (x > 0) \\ bx + c & (x \leqq 0) \end{cases}$$
で定める。$f(x)$ が $x = 0$ で微分可能であるとき
$$a = \boxed{}, \quad b = \boxed{}, \quad c = \boxed{}$$
である。　　　　　　　　　　　　　　　　　　　　　　　　　　　（明治大）

基本 check！

連続
関数 $y = f(x)$ において，その定義域内の x の値 a に対して
$$\lim_{x \to a} f(x) \text{ が存在し，かつ } \lim_{x \to a} f(x) = f(a)$$
のとき，$f(x)$ は $x = a$ で連続であるという。

微分係数と微分可能
関数 $y = f(x)$ において
$$\lim_{b \to a} \frac{f(b) - f(a)}{b - a} \left(h = b - a \text{ とおくと } \lim_{h \to 0} \frac{f(a + h) - f(a)}{h} \right)$$
が存在するとき，これを $f'(a)$ と表し，$x = a$ における $f(x)$ の微分係数といい，$f(x)$ は $x = a$ で微分可能であるという。

4.6　微分可能と連続の関係

$x = a$ で微分可能ならば $x = a$ で連続ですが，逆は成り立つとは限りません。$f(x)$ が実数全体で連続であることを示すには，任意の実数 a に対して $\lim_{x \to a} f(x) = f(a)$ が成り立つことを示します。

4.7　連続でない関数

$-1 < x$ のとき
$$\lim_{n \to \infty} x^n = \begin{cases} 0 & (-1 < x < 1 \text{ のとき}) \\ 1 & (x = 1 \text{ のとき}) \\ \infty & (1 < x \text{ のとき}) \end{cases}$$
であることに注意しましょう。

4.8　微分可能

(1) は $x = 0$ で連続であるが微分可能でない関数の代表例です。(3) は
$$\lim_{x \to +0} \frac{g(x) - g(0)}{x - 0}, \ \lim_{x \to -0} \frac{g(x) - g(0)}{x - 0} \text{ を調べましょう。}$$

4.9　微分可能ならば連続

$f(x)$ は $x = 0$ で微分可能なので連続，すなわち
$$\lim_{x \to -0} f(x) = \lim_{x \to +0} f(x) = f(0)$$
であり，このことから a と c の値が決まります。この条件のもとで，$x = 0$ で微分可能，すなわち
$$\lim_{x \to +0} \frac{f(x) - f(0)}{x - 0} = \lim_{x \to -0} \frac{f(x) - f(0)}{x - 0}$$
が成り立つことを用いて b の値を求めましょう。

解答・解説

4.6 $f(x)$ は実数全体において微分可能な関数なので，任意の実数 a に対し，$\displaystyle\lim_{x \to a}\frac{f(x) - f(a)}{x - a}$ は収束し，その値は $f'(a)$，すなわち

$$\lim_{x \to a}\frac{f(x) - f(a)}{x - a} = f'(a)$$

よって

$$\lim_{x \to a}\{f(x) - f(a)\}$$
$$= \lim_{x \to a}\left\{\frac{f(x) - f(a)}{x - a} \cdot (x - a)\right\}$$
$$= f'(a) \cdot 0 = 0$$

すなわち，任意の実数 a に対して

$$\lim_{x \to a}f(x) = f(a)$$

が成り立つ。したがって，$f(x)$ は実数全体で連続である。　　　　　（証明終）

4.7 $-1 < x < 1$ のとき，$\displaystyle\lim_{n \to \infty}x^n = 0$ なので

$$f(x) = \lim_{n \to \infty}\frac{x^n}{x^{n+2} + x^n + 1} = 0$$

$x = 1$ のとき，$\displaystyle\lim_{n \to \infty}1^n = 1$ なので

$$f(1) = \lim_{n \to \infty}\frac{1^n}{1^{n+2} + 1^n + 1} = \frac{1}{3}$$

$1 < x$ のとき，$\displaystyle\lim_{n \to \infty}\left(\frac{1}{x}\right)^n = 0$ なので

$$f(x) = \lim_{n \to \infty}\frac{1}{x^2 + 1 + \left(\dfrac{1}{x}\right)^n}$$
$$= \frac{1}{x^2 + 1}$$

以上より，$f(x)$ は $-1 < x < 1$，$1 < x$ で連続であり

$$\lim_{x \to 1-0}f(x) = 0$$
$$\lim_{x \to 1+0}f(x) = \lim_{x \to 1+0}\frac{1}{x^2 + 1} = \frac{1}{2}$$

より $x = 1$ のみで不連続，すなわち $\alpha = 1$ である。

$f(x) = \dfrac{1}{3}$ をみたす x の値を求める。

$-1 < x < 1$ のとき

$$f(x) = 0 \neq \frac{1}{3}$$

$1 < x$ のとき

$$\frac{1}{x^2 + 1} = \frac{1}{3}$$
$$\therefore\quad x = \sqrt{2}$$

よって，x の値は　$\underline{\sqrt{2}}$

4.8 (1) $f(x) = |x|$
$$= \begin{cases} x & (x \geq 0) \\ -x & (x < 0) \end{cases}$$

であるから，$f(x) = |x|$ について

$$\lim_{x \to +0}\frac{f(x) - f(0)}{x - 0}$$
$$= \lim_{x \to +0}\frac{x - 0}{x - 0} = 1$$
$$\lim_{x \to -0}\frac{f(x) - f(0)}{x - 0}$$
$$= \lim_{x \to -0}\frac{(-x) - 0}{x - 0} = -1$$

となり，これらの極限値は一致しないので，$\displaystyle\lim_{x \to 0}\frac{f(x) - f(0)}{x - 0}$ は存在しない。

よって，$f(x)$ は $x = 0$ において微分可能でない。　　　　　（証明終）

(2) $\quad y = x|x| = \begin{cases} x^2 & (x \geq 0) \\ -x^2 & (x < 0) \end{cases}$

であり，グラフは　<u>次の図の実線部分</u>となる。

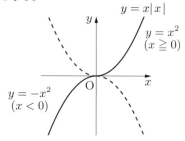

$y = x|x|$

$y = x^2$ $(x \geq 0)$

$y = -x^2$ $(x < 0)$

(3) $g(x) = x^m |x| = \begin{cases} x^{m+1} & (x \geqq 0) \\ -x^{m+1} & (x < 0) \end{cases}$

であるから, $g(x) = x^m|x|$ について

$$\lim_{x \to +0} \frac{g(x) - g(0)}{x - 0}$$

$$= \lim_{x \to +0} \frac{x^{m+1} - 0}{x - 0}$$

$$= \lim_{x \to +0} x^m = 0$$

$$\lim_{x \to -0} \frac{g(x) - g(0)}{x - 0}$$

$$= \lim_{x \to -0} \frac{-x^{m+1} - 0}{x - 0}$$

$$= \lim_{x \to -0} (-x^m) = 0$$

となり, これらの極限値は一致するので, $\lim_{x \to 0} \dfrac{g(x) - g(0)}{x - 0}$ は存在する。

よって, $g(x)$ は $x = 0$ において

微分可能である。

4.9 $f(x)$ が $x = 0$ で微分可能ならば, $f(x)$ は $x = 0$ で連続である。すなわち

$$\lim_{x \to -0} f(x) = \lim_{x \to +0} f(x) = f(0)$$

$$\cdots\cdots①$$

が成り立つ。

$$\lim_{x \to -0} f(x) = \lim_{x \to -0} (bx + c) = c$$

$$\lim_{x \to +0} f(x) = \lim_{x \to +0} \frac{1 + 3x - a\cos 2x}{4x}$$

$$f(0) = b \cdot 0 + c = c$$

①より, $\lim_{x \to +0} f(x) = c$ において,

$x \to +0$ のとき (左辺の分母) $\to 0$ かつ c は有限確定値であるから, (左辺の分子) $\to 0$, すなわち

$$\lim_{x \to +0} (1 + 3x - a\cos 2x) = 0$$

$$1 + 0 - a \cdot 1 = 0$$

$$\therefore \quad a = 1$$

が必要である。このとき

$$\lim_{x \to +0} f(x)$$

$$= \lim_{x \to +0} \frac{1 + 3x - 1 \cdot \cos 2x}{4x}$$

$$= \lim_{x \to +0} \frac{3x + 2\sin^2 x}{4x}$$

$$= \lim_{x \to +0} \left(\frac{3}{4} + \frac{\sin x}{2} \cdot \frac{\sin x}{x} \right)$$

$$= \frac{3}{4} + 0 \cdot 1$$

$$= \frac{3}{4} (\text{有限確定値})$$

であり, $a = 1$ は十分である。よって, ①より

$$c = \frac{3}{4}$$

また, $f(x)$ が $x = 0$ で微分可能であるから

$$\lim_{x \to +0} \frac{f(x) - f(0)}{x} = \lim_{x \to -0} \frac{f(x) - f(0)}{x}$$

$$\cdots\cdots②$$

が成り立つ。

$$\lim_{x \to +0} \frac{f(x) - f(0)}{x}$$

$$= \lim_{x \to +0} \frac{\dfrac{3x + 2\sin^2 x}{4x} - \dfrac{3}{4}}{x}$$

$$= \lim_{x \to +0} \frac{\sin^2 x}{2x^2}$$

$$= \frac{1}{2} \lim_{x \to +0} \left(\frac{\sin x}{x} \right)^2 = \frac{1}{2}$$

$$\lim_{x \to -0} \frac{f(x) - f(0)}{x}$$

$$= \lim_{x \to -0} \frac{\left(bx + \dfrac{3}{4} \right) - \dfrac{3}{4}}{x}$$

$$= \lim_{x \to -0} b$$

$$= b$$

であるから, ②より

$$b = \frac{1}{2}$$

以上より

$$\underline{a = 1, \ b = \frac{1}{2}, \ c = \frac{3}{4}}$$

📖 問題

合成関数の微分，積・商の微分 ···

☐ **4.10** 次の問いに答えよ。

(1) $\dfrac{d}{dx}\sqrt{x^2+1} = \boxed{}$ （成蹊大）

(2) 次の関数の導関数を求めよ。　　$\sqrt[3]{1-2x}$　　（広島市立大）

☐ **4.11** 次の問いに答えよ。

(1) $f(x),\ g(x)$ は実数全体において微分可能な関数とする。積の微分公式 $\{f(x)g(x)\}' = f'(x)g(x) + f(x)g'(x)$ が成り立つことを導関数の定義を用いて示せ。（福島県立医大　改）

(2) $f(x) = (2x-1)^2(3-2x)^3$ のとき，$f'(1) = \boxed{}$ である。

（日本工大）

(3) 次の関数を微分しなさい。

$x^3\sqrt{1+x^2}$ （信州大）

☐ **4.12** 次の問いに答えよ。

(1) 関数 $y = \dfrac{x+1}{x-1}$ を x について微分せよ。 （鳥取大）

(2) $\dfrac{x}{\sqrt{x^2+1}}$ を微分せよ。 （津田塾大）

📖 チェック・チェック

基本 check！

合成関数の微分

$$\{f(g(x))\}' = f'(g(x))g'(x) \quad \left(\frac{dy}{dx} = \frac{dy}{du} \cdot \frac{du}{dx}\right)$$

とくに

$$\{(ax+b)^p\}' = pa(ax+b)^{p-1} \quad (p \text{ は実数})$$

積の微分

$$\{f(x)g(x)\}' = f'(x)g(x) + f(x)g'(x)$$

商の微分

$$\left\{\frac{f(x)}{g(x)}\right\}' = \frac{f'(x)g(x) - f(x)g'(x)}{\{g(x)\}^2}$$

4.10 合成関数の微分

(1) $f(x) = \sqrt{x}$, $g(x) = x^2 + 1$ とすると
$$\sqrt{x^2 + 1} = f(g(x))$$
です。

(2) $f(x) = \sqrt[3]{x}$, $g(x) = 1 - 2x$ とすると
$$\sqrt[3]{1 - 2x} = f(g(x))$$
です。

4.11 積の微分

(1) 公式の証明が問われています。導関数の定義（169 ページ）を確認しておきましょう。

(2) 積の微分と合成関数の微分が正しくできるかが問われています。

(3) 本問も (2) と同様，積の微分と合成関数の微分が正しくできるかが問われています。

4.12 商の微分

(1) 商の微分を用いて考えるほか，先に割り算を実行してから微分することもできます。

(2) 商の微分と合成関数の微分が正しくできるかが問われています。

📖 解答・解説

4.10 (1) $\dfrac{d}{dx}\sqrt{x^2+1}$

$= \dfrac{d}{dx}(x^2+1)^{\frac{1}{2}}$

$= \dfrac{1}{2} \cdot (x^2+1)^{-\frac{1}{2}} \cdot (x^2+1)'$

$= \dfrac{1}{2} \cdot \dfrac{1}{\sqrt{x^2+1}} \cdot 2x$

$= \dfrac{\boldsymbol{x}}{\sqrt{\boldsymbol{x^2+1}}}$

(2) $f(x) = \sqrt[3]{1-2x} = (1-2x)^{\frac{1}{3}}$ とおくと

$f'(x) = \dfrac{1}{3}(1-2x)^{\frac{1}{3}-1} \cdot (1-2x)'$

$= \dfrac{1}{3}(1-2x)^{-\frac{2}{3}} \cdot (-2)$

$= -\dfrac{\boldsymbol{2}}{\boldsymbol{3}}(\boldsymbol{1-2x})^{-\frac{\boldsymbol{2}}{\boldsymbol{3}}}$

4.11 (1) 導関数の定義より

$\{f(x)g(x)\}'$

$= \displaystyle\lim_{h \to 0} \dfrac{f(x+h)g(x+h)-f(x)g(x)}{h}$

$= \displaystyle\lim_{h \to 0} \dfrac{\{f(x+h)-f(x)\}g(x+h) + f(x)\{g(x+h)-g(x)\}}{h}$

$= \displaystyle\lim_{h \to 0} \left\{ \dfrac{f(x+h)-f(x)}{h} \cdot g(x+h) + f(x) \cdot \dfrac{g(x+h)-g(x)}{h} \right\}$

$f(x)$, $g(x)$ は微分可能であるから

$\displaystyle\lim_{h \to 0} \dfrac{f(x+h)-f(x)}{h} = f'(x)$

$\displaystyle\lim_{h \to 0} \dfrac{g(x+h)-g(x)}{h} = g'(x)$

微分可能な $g(x)$ は連続であるから

$\displaystyle\lim_{h \to 0} g(x+h) = g(x)$

より

$\{f(x)g(x)\}'$
$= f'(x)g(x)+f(x)g'(x)$ （証明終）

(2) 積の微分公式を用いる。$f(x) = (2x-1)^2(3-2x)^3$ より

$f'(x)$

$= \{(2x-1)^2\}'(3-2x)^3$
$\qquad +(2x-1)^2\{(3-2x)^3\}'$

$= 2(2x-1)(2x-1)' \cdot (3-2x)^3$
$\qquad +(2x-1)^2 \cdot 3(3-2x)^2(3-2x)'$

$= 4(2x-1)(3-2x)^3$
$\qquad -6(2x-1)^2(3-2x)^2$

$= 2(2x-1)(3-2x)^2$
$\qquad \cdot\{2(3-2x)-3(2x-1)\}$

$= 2(2x-1)(3-2x)^2(9-10x)$

よって

$f'(1) = 2(2-1)(3-2)^2(9-10)$

$\qquad = \boldsymbol{-2}$

(3) 積の微分公式と合成関数の微分公式を用いる。

$f(x) = x^3\sqrt{1+x^2} = x^3(1+x^2)^{\frac{1}{2}}$ とおくと

$f'(x)$

$= (x^3)'(1+x^2)^{\frac{1}{2}}$
$\qquad +x^3\{(1+x^2)^{\frac{1}{2}}\}'$

$= 3x^2\sqrt{1+x^2}$
$\qquad +x^3 \cdot \dfrac{1}{2}(1+x^2)^{-\frac{1}{2}}(1+x^2)'$

$= 3x^2\sqrt{1+x^2} + \dfrac{x^4}{\sqrt{1+x^2}}$

$= \dfrac{3x^2(1+x^2)+x^4}{\sqrt{1+x^2}}$

$= \dfrac{\boldsymbol{4x^4+3x^2}}{\sqrt{\boldsymbol{1+x^2}}}$

4.12 (1) 商の微分公式を用いる。

$y = \dfrac{x+1}{x-1}$ より

$$y'$$
$$= \frac{(x+1)'(x-1)-(x+1)(x-1)'}{(x-1)^2}$$
$$= \frac{x-1-(x+1)}{(x-1)^2}$$
$$= -\frac{2}{(x-1)^2}$$

別解

$$y = 1 + \frac{2}{x-1}$$
$$= 1 + 2(x-1)^{-1}$$

より

$$y' = 0 - 2(x-1)^{-2}$$
$$= -\frac{2}{(x-1)^2}$$

(2) 商の微分公式と合成関数の微分公式を用いる。$y = \dfrac{x}{\sqrt{x^2+1}}$ とおくと

$$y'$$
$$= \frac{x'\sqrt{x^2+1} - x \cdot \left(\sqrt{x^2+1}\right)'}{\left(\sqrt{x^2+1}\right)^2}$$
$$= \frac{\sqrt{x^2+1} - x \cdot \dfrac{1}{2} \cdot (x^2+1)^{-\frac{1}{2}} \cdot 2x}{x^2+1}$$
$$= \frac{1}{x^2+1}\left(\sqrt{x^2+1} - \frac{x^2}{\sqrt{x^2+1}}\right)$$
$$= \frac{1}{x^2+1} \cdot \frac{x^2+1-x^2}{\sqrt{x^2+1}}$$
$$= \frac{1}{(x^2+1)\sqrt{x^2+1}}$$

📖 問題

三角関数・指数関数・対数関数の微分 ・・・・・・・・・・・・・・・・・・・・・・・・・・・・・・・・

☐ **4.13** 次の問いに答えよ。

(1) 関数 $y = \sin(x^2) - (\sin x)^2$ を微分せよ。 （東京都市大）

(2) $x \sin 2x$ を微分せよ。 （津田塾大）

(3) 関数 $f(x) = \cos\sqrt{x+1}$ の導関数は，$f'(x) = \boxed{}$ である。（宮崎大）

(4) 次の関数を微分せよ。　　$y = \dfrac{\cos x}{1 - \sin x}$ （埼玉大）

(5) つぎの関数を微分しなさい。　　$y = \tan 2x$ （信州大）

(6) 関数 $f(x) = \dfrac{\tan x}{x^2}$ の導関数は，$f'(x) = \boxed{}$ である。 （宮崎大）

☐ **4.14** 次の問いに答えよ。

(1) 関数 $f(x) = \dfrac{3x \cdot \sqrt[3]{x}}{e^{3x}}$ を微分せよ。 （北海学園大）

(2) $y = e^{x^2}$ について $\dfrac{d^2 y}{dx^2} = \boxed{}$ である。 （関西学院大）

(3) 計算せよ。　　$\dfrac{d}{dx} 2^x = \boxed{}$ （東海大）

☐ **4.15** 次の問いに答えよ。

(1) 関数 $y = x \log_e x$ を x について微分しなさい。 （福島大）

(2) $\dfrac{1}{x^2} \log x$ を微分せよ。 （東京農工大）

(3) $y = \log(x + \sqrt{x^2 + 1})$ の第 2 次導関数 y'' を求めよ。 （高知工科大）

(4) 関数 $y = 3^{\log x}$ を x について微分しなさい。 （広島市立大他）

📖 チェック・チェック

基本 check！

x^α の導関数

$$(x^\alpha)' = \alpha x^{\alpha-1} \ (\alpha \text{は実数})$$

三角関数の導関数

$$(\sin x)' = \cos x, \ (\cos x)' = -\sin x, \ (\tan x)' = \frac{1}{\cos^2 x}$$

指数関数・対数関数の導関数

$$(e^x)' = e^x, \qquad\qquad (a^x)' = a^x \log a \ (a > 0, \ a \neq 1)$$

$$(\log x)' = \frac{1}{x} \ (x > 0), \quad (\log |x|)' = \frac{1}{x} \ (x \neq 0)$$

$$(\log_a x)' = \frac{1}{x \log a} \ (a > 0, \ a \neq 1, \ x > 0)$$

$$(\log_a |x|)' = \frac{1}{x \log a} \ (a > 0, \ a \neq 1, \ x \neq 0)$$

4.13 三角関数の微分

(1)〜(4) は sin と cos, (5), (6) は tan に関する微分計算です。合成関数の微分公式や積・商の微分公式を，式の形に合わせて用います。

4.14 指数関数の微分

(1) 式を整理してから微分しましょう。

(2) 第 1 次導関数 $\dfrac{dy}{dx}$ は合成関数の微分公式，第 2 次導関数 $\dfrac{d^2y}{dx^2}$ では積の微分公式を用います。

(3) 底が e でないことに注意しましょう。

4.15 対数関数の微分

(1) 積の微分です。

(2) 商の微分です。

(3) 合成関数の微分です。

(4) 底が e でない指数関数の微分と合成関数の微分です。

解答・解説

4.13 (1) $y = \sin(x^2) - (\sin x)^2$ であるから，合成関数の微分公式より

$$y'$$
$$= \cos(x^2) \cdot (x^2)' - 2\sin x \cdot (\sin x)'$$
$$= \boldsymbol{2x\cos(x^2) - 2\sin x \cos x}$$

(2) $y = x\sin 2x$ とおくと，積の微分公式より

$$y' = (x)' \sin 2x + x(\sin 2x)'$$
$$= \boldsymbol{\sin 2x + 2x\cos 2x}$$

(3) $f(x) = \cos\sqrt{x+1}$ であるから，合成関数の微分公式より

$$f'(x) = -\sin\sqrt{x+1} \cdot (\sqrt{x+1})'$$
$$= -\sin\sqrt{x+1} \cdot \frac{1}{2\sqrt{x+1}}$$
$$= \boldsymbol{-\frac{\sin\sqrt{x+1}}{2\sqrt{x+1}}}$$

(4) $y = \dfrac{\cos x}{1 - \sin x}$ であるから，商の微分公式より

$$y'$$
$$= \frac{(\cos x)'(1 - \sin x) - \cos x(1 - \sin x)'}{(1 - \sin x)^2}$$
$$= \frac{-\sin x(1 - \sin x) - \cos x(-\cos x)}{(1 - \sin x)^2}$$
$$= \frac{-\sin x + \sin^2 x + \cos^2 x}{(1 - \sin x)^2}$$
$$= \frac{1 - \sin x}{(1 - \sin x)^2}$$
$$= \boldsymbol{\frac{1}{1 - \sin x}}$$

(5) $y = \tan 2x$ であるから，合成関数の微分公式より

$$y' = \frac{1}{\cos^2 2x} \cdot (2x)'$$
$$= \boldsymbol{\frac{2}{\cos^2 2x}}$$

(6) $f(x) = \dfrac{\tan x}{x^2}$ であるから，商の微分公式より

$$f'(x)$$
$$= \frac{(\tan x)' \cdot x^2 - \tan x \cdot (x^2)'}{x^4}$$
$$= \frac{\dfrac{1}{\cos^2 x} \cdot x^2 - \tan x \cdot 2x}{x^4}$$
$$= \frac{x - 2\sin x \cos x}{x^3 \cos^2 x}$$
$$= \boldsymbol{\frac{x - \sin 2x}{x^3 \cos^2 x}}$$

4.14 (1) $f(x)$ を整理すると

$$f(x) = \frac{3x \cdot \sqrt[3]{x}}{e^{3x}} = 3x^{\frac{4}{3}} e^{-3x}$$

であるから，積の微分公式と合成関数の微分公式より

$$f'(x)$$
$$= 3\left\{\left(x^{\frac{4}{3}}\right)' \cdot e^{-3x} + x^{\frac{4}{3}} \cdot \left(e^{-3x}\right)'\right\}$$
$$= 3\left\{\frac{4}{3}x^{\frac{1}{3}} \cdot e^{-3x} + x^{\frac{4}{3}} \cdot e^{-3x}(-3)\right\}$$
$$= \left(4x^{\frac{1}{3}} - 9x^{\frac{4}{3}}\right) e^{-3x}$$
$$= \boldsymbol{\frac{(4 - 9x)\sqrt[3]{x}}{e^{3x}}}$$

(2) $y = e^{x^2}$ であるから，合成関数の微分公式より

$$\frac{dy}{dx} = e^{x^2} \cdot (x^2)' = 2xe^{x^2}$$

積の微分公式を用いると

$$\frac{d^2y}{dx^2} = (2x)' \cdot e^{x^2} + 2x \cdot \left(e^{x^2}\right)'$$
$$= 2 \cdot e^{x^2} + 2x \cdot 2xe^{x^2}$$
$$= \boldsymbol{2(2x^2 + 1)e^{x^2}}$$

(3) $\quad \dfrac{d}{dx}2^x = \boldsymbol{2^x \log 2}$

別解

$2^x = e^{\log 2^x} = e^{x \log 2}$ より

$$\frac{d}{dx} 2^x = e^{x \log 2} \cdot (x \log 2)'$$
$$= e^{\log 2^x} \cdot \log 2$$
$$= 2^x \log 2$$

4.15 (1) $y = x \log_e x$ であるから，積の微分公式より

$$y' = (x)' \cdot \log_e x + x \cdot (\log_e x)'$$
$$= 1 \cdot \log_e x + x \cdot \frac{1}{x}$$
$$= \underline{\log_e x + 1}$$

(2) $y = \dfrac{1}{x^2} \log x$ とおくと，商の微分公式より

$$y' = \frac{(\log x)' \cdot x^2 - \log x \cdot (x^2)'}{x^4}$$
$$= \frac{\frac{1}{x} \cdot x^2 - \log x \cdot (2x)}{x^4}$$
$$= \underline{\frac{1 - 2\log x}{x^3}}$$

別解

$$\frac{1}{x^2} \log x = x^{-2} \log x$$

として積の微分公式を用いると

$$y' = (x^{-2})' \log x + x^{-2} (\log x)'$$
$$= -2x^{-3} \log x + x^{-2} \cdot \frac{1}{x}$$
$$= -\frac{2}{x^3} \log x + \frac{1}{x^3}$$
$$= \frac{1 - 2\log x}{x^3}$$

(3) $y = \log(x + \sqrt{x^2 + 1})$ であるから，合成関数の微分公式より

$$y'$$
$$= \frac{1}{x + \sqrt{x^2 + 1}} \left(x + \sqrt{x^2 + 1}\right)'$$
$$= \frac{1}{x + \sqrt{x^2 + 1}} \left\{1 + \frac{1}{2\sqrt{x^2 + 1}} \cdot 2x\right\}$$
$$= \frac{\sqrt{x^2 + 1} + x}{(x + \sqrt{x^2 + 1})\sqrt{x^2 + 1}}$$

$$= \frac{1}{\sqrt{x^2 + 1}}$$

であり

$$y'' = \left\{(x^2 + 1)^{-\frac{1}{2}}\right\}'$$
$$= -\frac{1}{2}(x^2 + 1)^{-\frac{3}{2}} \cdot (x^2 + 1)'$$
$$= -\frac{1}{2}(x^2 + 1)^{-\frac{3}{2}} \cdot 2x$$
$$= \underline{-\frac{x}{(x^2 + 1)\sqrt{x^2 + 1}}}$$

(4) $y = 3^{\log x}$ であるから，合成関数の微分公式より

$$y' = 3^{\log x} \log 3 \cdot (\log x)'$$
$$= \underline{\frac{3^{\log x} \log 3}{x}}$$

別解

185 ページで扱う対数微分法を用いてもよい。$y = 3^{\log x} > 0$ より両辺の自然対数をとると

$$\log y = \log 3^{\log x}$$
$$= (\log x)(\log 3)$$

両辺を x で微分して

$$\frac{y'}{y} = \frac{\log 3}{x}$$
$$\therefore \quad y' = y \cdot \frac{\log 3}{x}$$
$$= \frac{3^{\log x} \log 3}{x}$$

📖 問題

対数微分法 ··

☐ **4.16** 次の関数を微分せよ。

(1) $y = x^{x^2}$ $(x > 0)$ （小樽商科大　改）

(2) $y = x^{\sqrt{x}}$ $(x > 0)$ （東京電機大　改）

(3) $y = x^{\cos x}$ $(x > 0)$ （岡山県立大）

逆関数の微分 ··

☐ **4.17** $f(x) = \cos x$ $(\pi < x < 2\pi)$ の逆関数を $g(x)$ とする。このとき，$g(x)$ の導関数を求めよ。 （富山医薬大）

☐ **4.18** $x \geqq 0$ で定義される関数 $f(x) = xe^{\frac{x}{2}}$ について次の問いに答えよ。ただし，e は自然対数の底とする。

(1) $f(x)$ の第 1 次導関数を $f'(x)$，第 2 次導関数を $f''(x)$ とする。$f'(2)$，$f''(2)$ を求めよ。

(2) $f(x)$ の逆関数を $g(x)$，$g(x)$ の第 1 次導関数を $g'(x)$，第 2 次導関数を $g''(x)$ とする。$g'(2e)$，$g''(2e)$ を求めよ。 （名古屋市立大）

パラメータ表示された関数の微分 ··

☐ **4.19** 次の問いに答えよ。

(1) $x = \sin t$, $y = \sin t + 2\cos t + 3\tan t$ のとき，$\dfrac{dy}{dx}$ を x を用いて表すと $\boxed{}$ である。ただし $0 \leqq t < \dfrac{\pi}{2}$ とする。 （埼玉工大）

(2) $x = \dfrac{e^{2t} + e}{2}$, $y = t\log\dfrac{t^2 e^t + e}{2}$ のとき，$t = 1$ における $\dfrac{dy}{dx}$ の値を求めよ。ただし，対数は自然対数である。また，e は自然対数の底である。 （茨城大）

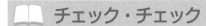

基本 check！

対数微分法

$y = f(x)$ が微分可能なとき，$f(x) \neq 0$ であるような範囲では，両辺の絶対値の対数をとり

$$\log|y| = \log|f(x)|$$

と変形してから，両辺を x で微分して

$$\frac{1}{y} \cdot \frac{dy}{dx} = (\log|f(x)|)'$$

$$\therefore \quad \frac{dy}{dx} = (\log|f(x)|)'y = (\log|f(x)|)'f(x)$$

このような微分の仕方を対数微分法という。

逆関数の微分

$f(x)$ が逆関数 $f^{-1}(x)$ をもつとき，$y = f^{-1}(x)$ とおくと $x = f(y)$ であり，両辺を x で微分すると

$$1 = \frac{d}{dx}f(y) = \frac{d}{dy}f(y) \cdot \frac{dy}{dx} \quad (\text{合成関数の微分公式})$$

$$= \frac{dx}{dy} \cdot \frac{dy}{dx}$$

すなわち

$$\frac{dy}{dx} = \frac{1}{\dfrac{dx}{dy}} \quad \left(\text{ただし，} \frac{dx}{dy} \neq 0\right)$$

パラメータ表示された関数の微分

$$\frac{dy}{dx} = \frac{dy}{dt} \cdot \frac{dt}{dx} = \frac{dy}{dt} \cdot \frac{1}{\dfrac{dx}{dt}} = \frac{\dfrac{dy}{dt}}{\dfrac{dx}{dt}}$$

4.16 **対数微分法**

(1), (2), (3) はどれも $x > 0$ なので，対数をとって考えることができます。

4.17 **cos の逆関数**

$f(x)$ の逆関数が $g(x)$ ならば，$y = g(x) \iff x = f(y)$ が成り立ちます。

4.18 **逆関数の第 2 次導関数**

第 2 次導関数は $\dfrac{d^2y}{dx^2} = \dfrac{d}{dx}\left(\dfrac{dy}{dx}\right)$ です。

4.19 **パラメータ表示された関数の微分**

(1), (2) ともに，まずは $\dfrac{dx}{dt}$，$\dfrac{dy}{dt}$ を求めましょう。

📖 解答・解説

4.16 (1) $x > 0$ より $y = x^{x^2} > 0$ であり，$y = x^{x^2}$ の両辺の自然対数をとると
$$\log y = x^2 \log x$$
両辺を x で微分すると
$$\frac{y'}{y} = 2x \log x + x^2 \cdot \frac{1}{x}$$
$$= x(2 \log x + 1)$$
$$\therefore \quad y' = x(2 \log x + 1)y$$
$$= \underline{x^{x^2+1}(2 \log x + 1)}$$

(2) $x > 0$ より $y = x^{\sqrt{x}} > 0$ であり，$y = x^{\sqrt{x}}$ の両辺の自然対数をとると
$$\log y = \sqrt{x} \log x$$
両辺を x で微分すると
$$\frac{y'}{y} = \frac{1}{2\sqrt{x}} \log x + \sqrt{x} \cdot \frac{1}{x}$$
$$= \frac{\log x + 2}{2\sqrt{x}}$$
$$\therefore \quad y' = \frac{\log x + 2}{2\sqrt{x}} y$$
$$= \underline{\frac{\log x + 2}{2\sqrt{x}} x^{\sqrt{x}}}$$

(3) $x > 0$ より $x^{\cos x} > 0$ であり，$x^{\cos x}$ の両辺の自然対数をとると
$$\log y = \cos x \cdot \log x$$
両辺を x で微分すると
$$\frac{y'}{y} = -\sin x \cdot \log x + \cos x \cdot \frac{1}{x}$$
$$\therefore \quad y' = y\left(\frac{\cos x}{x} - \sin x \cdot \log x\right)$$
$$= \underline{x^{\cos x}\left(\frac{\cos x}{x} - \sin x \cdot \log x\right)}$$

4.17 $y = g(x)$ とおくと，$\pi < y < 2\pi$ であり
$$x = \cos y$$

$$\frac{dy}{dx} = \frac{1}{\dfrac{dx}{dy}} = \frac{1}{\dfrac{d}{dy}\cos y}$$
$$= -\frac{1}{\sin y}$$
ここで，$\pi < y < 2\pi$ より
$$\sin y = -\sqrt{1 - \cos^2 y}$$
$$= -\sqrt{1 - x^2}$$
$$\therefore \quad g'(x) = \frac{dy}{dx}$$
$$= \underline{\frac{1}{\sqrt{1 - x^2}}}$$

4.18 (1) $f(x) = xe^{\frac{x}{2}}$ であるから，積の微分公式を用いると
$$f'(x) = 1 \cdot e^{\frac{x}{2}} + x \cdot \left(e^{\frac{x}{2}} \cdot \frac{1}{2}\right)$$
$$= \frac{x+2}{2} e^{\frac{x}{2}}$$
$$f''(x) = \frac{1}{2} \cdot e^{\frac{x}{2}} + \frac{x+2}{2} \cdot \left(e^{\frac{x}{2}} \cdot \frac{1}{2}\right)$$
$$= \frac{x+4}{4} e^{\frac{x}{2}}$$
$x = 2$ を代入して
$$\boldsymbol{f'(2) = 2e, \quad f''(2) = \frac{3}{2} e}$$

(2) $g(x)$ は $f(x)$ の逆関数であるから
$$y = g(x) \iff x = f(y)$$
であり，$\dfrac{dx}{dy} = f'(y)$ である。よって
$$g'(x) = \frac{dy}{dx} = \frac{1}{\dfrac{dx}{dy}} = \frac{1}{f'(y)}$$
$$\cdots\cdots ①$$
$$g''(x) = \frac{d}{dx} g'(x) = \frac{d}{dx} \frac{1}{f'(y)}$$
$$= \left(\frac{d}{dy} \frac{1}{f'(y)}\right) \cdot \frac{dy}{dx}$$
$$= \frac{-f''(y)}{\{f'(y)\}^2} \cdot \frac{1}{f'(y)}$$
$$= -\frac{f''(y)}{\{f'(y)\}^3} \quad \cdots\cdots ②$$

$f(2) = 2e$ より $g(2e) = 2$ であるから，①，②にそれぞれ $x = 2e$ を代入して

$$g'(2e) = \frac{1}{f'(2)} = \frac{1}{2e}$$

$$g''(2e) = -\frac{f''(2)}{\{f'(2)\}^3}$$

$$= -\frac{\frac{3}{2}e}{(2e)^3} = -\frac{3}{16e^2}$$

別解

$g(x)$ は $f(x)$ の逆関数なので

$$g(f(x)) = x$$

両辺を x で微分すると，合成関数の微分公式より

$$g'(f(x)) \cdot f'(x) = 1$$

$$\therefore \quad g'(f(x)) = \frac{1}{f'(x)} \quad \cdots\cdots ③$$

さらに，両辺を x で微分すると，合成関数の微分公式と商の微分公式より

$$g''(f(x)) \cdot f'(x) = -\frac{f''(x)}{\{f'(x)\}^2}$$

$$\therefore \quad g''(f(x)) = -\frac{f''(x)}{\{f'(x)\}^3}$$

$$\cdots\cdots ④$$

$f(2) = 2e$ より，③に $x = 2$ を代入すると，(1) より

$$g'(2e) = \frac{1}{f'(2)} = \frac{1}{2e}$$

④に $x = 2$ を代入すると，(1) より

$$g''(2e) = -\frac{f''(2)}{\{f'(2)\}^3}$$

$$= -\frac{\frac{3}{2}e}{(2e)^3} = -\frac{3}{16e^2}$$

4.19 (1) $\dfrac{dx}{dt} = \cos t$, $\dfrac{dy}{dt} = \cos t - 2\sin t + \dfrac{3}{\cos^2 t}$ より

$$\frac{dy}{dx} = \frac{\dfrac{dy}{dt}}{\dfrac{dx}{dt}}$$

$$= \frac{\cos t - 2\sin t + \dfrac{3}{\cos^2 t}}{\cos t}$$

$$= 1 - 2\tan t + \frac{3}{\cos^3 t}$$

ここで，$x = \sin t$ で $0 \leqq t < \dfrac{\pi}{2}$ より

$$\cos t = \sqrt{1 - \sin^2 t} = \sqrt{1 - x^2}$$

$$\tan t = \frac{\sin t}{\cos t} = \frac{x}{\sqrt{1 - x^2}}$$

$$\therefore \quad \frac{dy}{dx}$$

$$= 1 - \frac{2x}{(1 - x^2)^{\frac{1}{2}}} + \frac{3}{(1 - x^2)^{\frac{3}{2}}}$$

(2) $\dfrac{dx}{dt} = \dfrac{e^{2t}(2t)'}{2} = e^{2t}$

$$\frac{dy}{dt}$$

$$= (t)' \log \frac{t^2 e^t + e}{2}$$

$$\quad + t \cdot \left(\log \frac{t^2 e^t + e}{2}\right)'$$

$$= \log \frac{t^2 e^t + e}{2} + t \cdot \frac{\left(\dfrac{t^2 e^t + e}{2}\right)'}{\dfrac{t^2 e^t + e}{2}}$$

$$= \log \frac{t^2 e^t + e}{2} + t \cdot \frac{(t^2)'e^t + t^2(e^t)'}{t^2 e^t + e}$$

$$= \log \frac{t^2 e^t + e}{2} + \frac{t^2 e^t(2 + t)}{t^2 e^t + e}$$

よって

$$\frac{dy}{dx} = \frac{\dfrac{dy}{dt}}{\dfrac{dx}{dt}}$$

$$= \frac{1}{e^{2t}} \log \frac{t^2 e^t + e}{2}$$

$$\quad + \frac{t^2(2 + t)}{e^t(t^2 e^t + e)}$$

より，$t = 1$ のときの $\dfrac{dy}{dx}$ の値は

$$\frac{1}{e^2} \log \frac{e + e}{2} + \frac{2 + 1}{e(e + e)}$$

$$= \frac{1}{e^2} + \frac{3}{2e^2} = \frac{5}{2e^2}$$

📖 問題

接線・法線の方程式 ···

☐ **4.20** 曲線 $y = 3^x$ 上の点 $\mathrm{P}(a,\ 3^a)$ における接線の方程式は $y = \boxed{}$ であり，また，法線の方程式は $y = \boxed{}$ である。　　　　　　　（同志社大）

☐ **4.21** 曲線 $x = 3\cos t,\ y = 2\sin t\ (0 \leqq t < 2\pi)$ 上の点 $\left(\dfrac{3}{2},\ \sqrt{3}\right)$ における接線の方程式および法線の方程式を求めよ。　　　　　　（東京電機大　改）

曲線外の点から引いた接線 ···

☐ **4.22** 関数 $y = (3x - x^3)e^x$ が表す曲線を C とする。曲線 C の接線で，原点を通るものをすべて求めよ。　　　　　　　　　　　　　　（名古屋工大　改）

☐ **4.23** 点 $(0,\ -2a)$ を通り，曲線 $y = x\log x$ に接する直線の方程式は $y = \boxed{}$ である。ただし，a は正の定数とする。　　　　（埼玉工大）

共通接線 ···

☐ **4.24** 曲線 $C_1 : y = \dfrac{1}{x}$ と曲線 $C_2 : y = -\dfrac{x^2}{8}$ の共通の接線の方程式を求めよ。　　　　　　　　　　　　　　　　　　　　　　　（埼玉大）

☐ **4.25** $y = \log x$ と $y = ax^2\ (a \neq 0)$ のグラフが共有点をもち，この点で共通の接線をもつのは，$a = \boxed{}$ のときであり，その共通の接線の方程式は $y = \boxed{}$ である。　　　　　　　　　　　　（東海大）

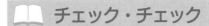

チェック・チェック

基本 check！

接線の方程式

曲線 $y = f(x)$ 上の点 $(a, f(a))$ における接線の方程式は

$$y = f'(a)(x - a) + f(a)$$

法線の方程式

曲線 $y = f(x)$ 上の点 $(a, f(a))$ における法線の方程式は

$f'(a) \neq 0$ のとき $\quad y = -\dfrac{1}{f'(a)}(x - a) + f(a)$

$f'(a) = 0$ のとき $\quad x = a$

4.20 接線・法線の方程式

接線と法線の方程式の求め方を確認しておきましょう。

4.21 パラメータ表示された曲線の接線・法線の方程式

$\begin{cases} x = f(t) \\ y = g(t) \end{cases}$ とパラメータ表示された曲線について，$t = a$ に対応する点における

接線と法線の方程式は，$\dfrac{dx}{dt} = f'(t)$，$\dfrac{dy}{dt} = g'(t)$ とすると次のようになります。

接線：$y = \dfrac{g'(a)}{f'(a)}(x - f(a)) + g(a)$ （ただし，$f'(a) \neq 0$）

法線：$y = -\dfrac{f'(a)}{g'(a)}(x - f(a)) + g(a)$ （ただし，$g'(a) \neq 0$）

4.22，**4.23** 曲線外の点から引いた接線

点 (p, q) を通り，曲線 $y = f(x)$ に接する直線の方程式を求めるには，接点の座標を知る必要があります。曲線上の点 $(t, f(t))$ における接線が点 (p, q) を通ることから，接点の x 座標 t の値を求めましょう。

4.24 共通接線

2 つの曲線が共通接線をもつ場合には，それぞれの曲線において接線の方程式をつくり，2 直線の一致条件を考えます。

4.25 接する 2 曲線

2 曲線 $y = f(x)$，$y = g(x)$ が共有点 P をもち，P における
それぞれの接線が一致するとき，2 曲線は P で接するといいます。したがって，2 曲線が接する条件は

$\begin{cases} f(t) = g(t) \text{（共有点をもつ条件）} \\ f'(t) = g'(t) \text{（接線の傾きが一致する条件）} \end{cases}$

をみたす実数 t が存在することです。

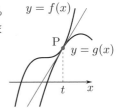

📖 解答・解説

4.20 $f(x) = 3^x$ とおくと
$$f'(x) = 3^x \log 3$$
点 $P(a, f(a))$ における接線の方程式は
$$y - f(a) = f'(a)(x - a)$$
であるから
$$y = (3^a \log 3)x + 3^a(1 - a \log 3)$$
法線の方程式は，$f'(a) = 3^a \log 3 \neq 0$ より
$$y - f(a) = -\frac{1}{f'(a)}(x - a)$$
であるから
$$y = -\frac{1}{3^a \log 3}x + 3^a + \frac{a}{3^a \log 3}$$

4.21 $x = 3\cos t,\ y = 2\sin t$ より
$$\frac{dx}{dt} = -3\sin t,\ \frac{dy}{dt} = 2\cos t$$
$$\therefore \quad \frac{dy}{dx} = \frac{\dfrac{dy}{dt}}{\dfrac{dx}{dt}} = \frac{2\cos t}{-3\sin t}$$
$$= -\frac{2}{3\tan t}$$
また，$(x, y) = \left(\dfrac{3}{2},\ \sqrt{3}\right)$ のとき
$$\begin{cases} 3\cos t = \dfrac{3}{2} \\ 2\sin t = \sqrt{3} \end{cases} \quad \therefore \quad \begin{cases} \cos t = \dfrac{1}{2} \\ \sin t = \dfrac{\sqrt{3}}{2} \end{cases}$$
よって，$\tan t = \sqrt{3}$ であるから，求める接線の方程式は
$$y = -\frac{2}{3\sqrt{3}}\left(x - \frac{3}{2}\right) + \sqrt{3}$$
$$= -\frac{2\sqrt{3}}{9}x + \frac{4\sqrt{3}}{3}$$
また，求める法線の方程式は
$$y = \frac{3\sqrt{3}}{2}\left(x - \frac{3}{2}\right) + \sqrt{3}$$
$$= \frac{3\sqrt{3}}{2}x - \frac{5\sqrt{3}}{4}$$

4.22 $f(x) = (3x - x^3)e^x$ とおくと
$$f'(x) = (3 - 3x^2)e^x + (3x - x^3)e^x$$
$$= (3 + 3x - 3x^2 - x^3)e^x$$
よって，曲線上の点 $(t, f(t))$ における接線の方程式は
$$y = f'(t)(x - t) + f(t)$$
$$= (3 + 3t - 3t^2 - t^3)e^t(x - t)$$
$$\qquad + (3t - t^3)e^t$$
$$= (3 + 3t - 3t^2 - t^3)e^t x$$
$$\qquad + (t^4 + 2t^3 - 3t^2)e^t$$
これが原点を通るので
$$(t^4 + 2t^3 - 3t^2)e^t = 0$$
$$t^2(t + 3)(t - 1)e^t = 0$$
$$\therefore \quad t = 0,\ 1,\ -3$$
したがって，求める接線すべての方程式は
$$\underline{y = 3x},\ \underline{y = 2ex},\ \underline{y = -6e^{-3}x}$$

4.23 $f(x) = x \log x$ とおくと
$$f'(x) = \log x + 1$$
曲線上の点 $(t, t\log t)\ (t > 0)$ における接線の方程式は
$$y = f'(t)(x - t) + t\log t$$
$$= (\log t + 1)(x - t) + t\log t$$
$$= (\log t + 1)x - t$$
これが点 $(0, -2a)$ を通ることから
$$-2a = -t \quad \therefore \quad t = 2a$$
したがって，求める接線の方程式は
$$y = \underline{(\log 2a + 1)x - 2a}$$

4.24 $f(x) = \dfrac{1}{x},\ g(x) = -\dfrac{x^2}{8}$ とおくと
$$f'(x) = -\frac{1}{x^2},\ g'(x) = -\frac{x}{4}$$
曲線 C_1 上の点 $(t, f(t))\ (t \neq 0)$ における接線の方程式は

$$y = -\frac{1}{t^2}(x-t) + \frac{1}{t}$$

$$\therefore \quad y = -\frac{1}{t^2}x + \frac{2}{t} \quad \cdots\cdots ①$$

曲線 C_2 上の点 $(s, g(s))$ における接線
の方程式は

$$y = -\frac{s}{4}(x-s) - \frac{s^2}{8}$$

$$\therefore \quad y = -\frac{s}{4}x + \frac{s^2}{8} \quad \cdots\cdots ②$$

①，②が一致する条件は

$$\begin{cases} -\dfrac{1}{t^2} = -\dfrac{s}{4} \\ \dfrac{2}{t} = \dfrac{s^2}{8} \end{cases}$$

$$\begin{cases} s = \dfrac{4}{t^2} \\ t^3 = 1 \end{cases}$$

$$\therefore \quad t = 1, \ s = 4$$

求める共通接線の方程式は

$$\boldsymbol{y = -x + 2}$$

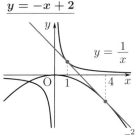

別解

$f(x) = \dfrac{1}{x}$ とおくと，$f'(x) = -\dfrac{1}{x^2}$

より，$\left(t, \dfrac{1}{t}\right) \ (t \neq 0)$ における接線の
方程式は

$$y = -\frac{1}{t^2}(x-t) + \frac{1}{t}$$

$$= -\frac{1}{t^2}x + \frac{2}{t} \quad \cdots\cdots ①$$

これが C_2 と接するとき，①と $y = -\dfrac{x^2}{8}$
を連立して得られる x の 2 次方程式

$$-\frac{1}{8}x^2 = -\frac{x}{t^2} + \frac{2}{t}$$

$$t^2x^2 - 8x + 16t = 0$$

が重解をもつので

$$\frac{D}{4} = 16 - 16t^3 = 0$$

$$\therefore \quad t = 1$$

①より，共通接線の方程式は

$$y = -x + 2$$

4.25 $f(x) = \log x, \ g(x) = ax^2 \ (a \neq 0)$
とおくと

$$f'(x) = \frac{1}{x}, \ g'(x) = 2ax$$

$x = t \ (> 0)$ において共有点をもち，こ
の点で共通の接線をもつ条件は

$$\begin{cases} f(t) = g(t) \\ f'(t) = g'(t) \end{cases}$$

$$\begin{cases} \log t = at^2 \\ \dfrac{1}{t} = 2at \end{cases}$$

$$\therefore \quad \begin{cases} \log t = at^2 \quad \cdots\cdots ① \\ \dfrac{1}{2} = at^2 \quad \cdots\cdots ② \end{cases}$$

②を①に代入すると

$$\log t = \frac{1}{2} \qquad \therefore \quad t = \sqrt{e}$$

②に代入すると

$$a = \frac{\boldsymbol{1}}{\boldsymbol{2e}}$$

したがって，求める共通接線の方程式は

$$y = f'(\sqrt{e})(x - \sqrt{e}) + f(\sqrt{e})$$

$$= \frac{1}{\sqrt{e}}(x - \sqrt{e}) + \log\sqrt{e}$$

$$\therefore \quad y = \frac{\boldsymbol{1}}{\sqrt{\boldsymbol{e}}}\boldsymbol{x} - \frac{\boldsymbol{1}}{\boldsymbol{2}}$$

📖 問題

楕円の接線 ··

☐ **4.26** 楕円 $\dfrac{x^2}{a^2} + \dfrac{y^2}{b^2} = 1$ 上の点 $(x_1,\ y_1)$ における接線の方程式は

$\dfrac{x_1 x}{a^2} + \dfrac{y_1 y}{b^2} = 1$

であることを証明せよ。ただし，$y_1 \neq 0$ とする。　　　　　　（信州大）

☐ **4.27** $a > b > 0$ として，座標平面上の楕円 $\dfrac{x^2}{a^2} + \dfrac{y^2}{b^2} = 1$ を C とおく。C 上の点 $\mathrm{P}(p_1,\ p_2)$ $(p_2 \neq 0)$ における C の接線を l，法線を n とする。

(1) 接線 l および法線 n の方程式を求めよ。

(2) 2 点 $\mathrm{A}(\sqrt{a^2 - b^2},\ 0)$，$\mathrm{B}(-\sqrt{a^2 - b^2},\ 0)$ に対して，法線 n は $\angle \mathrm{APB}$ の二等分線であることを示せ。　　　　　　　　（お茶の水女子大）

双曲線の接線 ··

☐ **4.28** a は正の定数とする。点 $(1,\ a)$ を通り，双曲線 $x^2 - 4y^2 = 2$ に接する 2 本の直線が直交するとき，a の値を求めよ。　　　　（福島県立医大）

☐ **4.29** 双曲線 $x^2 - y^2 = 1$ の焦点の 1 つを $\mathrm{F}(c,\ 0)$ $(c > 0)$ とする。この双曲線上の点 $\mathrm{P}(s,\ t)$ $(s > 0,\ t > 0)$ における双曲線の接線を l とし，F から l への垂線 m と l との交点を $\mathrm{Q}(u,\ v)$ とする。

(1) l と m の方程式を $s,\ t$ を用いて表せ。

(2) $u,\ v$ を $s,\ t$ を用いて表せ。

(3) $u,\ v$ は $u^2 + v^2 = 1$ をみたすことを示せ。　　　　　　（山梨大）

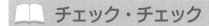

基本 check！

楕円の接線

楕円 $\dfrac{x^2}{a^2} + \dfrac{y^2}{b^2} = 1$ 上の点 $(x_1,\ y_1)$ における接線の方程式は

$$\dfrac{x_1 x}{a^2} + \dfrac{y_1 y}{b^2} = 1$$

双曲線の接線

双曲線 $\dfrac{x^2}{a^2} - \dfrac{y^2}{b^2} = 1$ 上の点 $(x_1,\ y_1)$ における接線の方程式は

$$\dfrac{x_1 x}{a^2} - \dfrac{y_1 y}{b^2} = 1$$

4.26　楕円の接線

接線の方程式 $\dfrac{x_1 x}{a^2} + \dfrac{y_1 y}{b^2} = 1$ は公式として覚えるだけでなく，証明もできるようにしておきましょう。

まずは $\dfrac{x^2}{a^2} + \dfrac{y^2}{b^2} = 1$ の両辺を x で微分し，$\dfrac{dy}{dx}$ を求めます。

4.27　楕円の性質

(2) の A，B は楕円の焦点であり，「一方の焦点から出た光を楕円の周上で反射させると，他方の焦点を通る」という楕円の有名な性質の証明です。

(1) 楕円 C 上の点 $\mathrm{P}(p_1,\ p_2)$ $(p_2 \neq 0)$ における接線 l の傾きは $-\dfrac{b^2 p_1}{a^2 p_2}$ です。接線と法線が直交することから，法線 n の方程式は

$$y = \dfrac{a^2 p_2}{b^2 p_1}(x - p_1) + p_2 \quad \text{すなわち} \quad \dfrac{p_2}{b^2}(x - p_1) - \dfrac{p_1}{a^2}(y - p_2) = 0$$

であることがわかります。

(2) 角度に着目して考えるのは大変そうです。「法線 n が ∠APB の二等分線である」ことを線分の関係に帰着できないか考えてみましょう。

4.28　双曲線の接線

まず，直線 $y = m(x - 1) + a$ と双曲線が接するための条件を求めましょう。次に，y 軸に平行でない 2 本の接線が直交する条件である

　　(傾きの積) $= -1$

を利用します。

4.29　双曲線の焦点と接線

(3)(2) より，$u,\ v$ は $s,\ t$ を用いて表されていますが，P は双曲線上の点ですから，$s^2 - t^2 = 1$ という関係が成り立っています。

解答・解説

4.26 $\dfrac{x^2}{a^2} + \dfrac{y^2}{b^2} = 1$ の両辺を x で微分すると

$$\frac{2x}{a^2} + \frac{2y}{b^2} \cdot \frac{dy}{dx} = 0$$

$$\therefore \quad \frac{dy}{dx} = -\frac{b^2 x}{a^2 y} \quad (\text{ただし}, y \neq 0)$$

$y_1 \neq 0$ より, (x_1, y_1) における接線の方程式は

$$y = -\frac{b^2 x_1}{a^2 y_1}(x - x_1) + y_1$$

$$\therefore \quad \frac{x_1 x}{a^2} + \frac{y_1 y}{b^2} = \frac{x_1^2}{a^2} + \frac{y_1^2}{b^2}$$

ここで, (x_1, y_1) は楕円上の点なので

$$\frac{x_1^2}{a^2} + \frac{y_1^2}{b^2} = 1$$

よって, 接線の方程式は

$$\frac{x_1 x}{a^2} + \frac{y_1 y}{b^2} = 1 \qquad (\text{証明終})$$

4.27 (1) 楕円 C 上の点 $P(p_1, p_2)$ $(p_2 \neq 0)$ における接線 l の方程式は

$$\frac{p_1 x}{a^2} + \frac{p_2 y}{b^2} = 1$$

法線 n の方程式は

$$\frac{p_2}{b^2}(x - p_1) - \frac{p_1}{a^2}(y - p_2) = 0$$

$$\therefore \quad \frac{p_2}{b^2} x - \frac{p_1}{a^2} y = \frac{a^2 - b^2}{a^2 b^2} p_1 p_2$$

(2) n と x 軸との交点を Q とする。n が $\angle APB$ の二等分線であることを示すには

$$AP : PB = AQ : QB$$

が成り立つことを示せばよい。

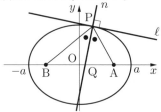

$\sqrt{a^2 - b^2} = c$ とおくと, $A(c, 0)$, $B(-c, 0)$ であるから

$$AP^2 = (p_1 - c)^2 + p_2^2$$

$\dfrac{p_1^2}{a^2} + \dfrac{p_2^2}{b^2} = 1$ より $p_2^2 = b^2\left(1 - \dfrac{p_1^2}{a^2}\right)$ であるから

$$AP^2 = (p_1^2 - 2cp_1 + c^2) + b^2\left(1 - \frac{p_1^2}{a^2}\right)$$

$$= \left(1 - \frac{b^2}{a^2}\right)p_1^2 - 2cp_1 + b^2 + c^2$$

$\sqrt{a^2 - b^2} = c$ より, $b^2 + c^2 = a^2$ であるから

$$AP^2 = \frac{c^2}{a^2} p_1^2 - 2cp_1 + a^2$$

$$= \left(\frac{c}{a} p_1 - a\right)^2$$

ここで, $p_2 \neq 0$ より $-a < p_1 < a$ であり, また $\dfrac{c}{a} > 0$ であるから

$$\frac{c}{a} p_1 - a < \frac{c}{a} \cdot a - a$$

$$= c - a$$

$$= \sqrt{a^2 - b^2} - a < 0$$

したがって

$$AP = a - \frac{c}{a} p_1$$

また, 楕円の定義から $AP + PB = 2a$ であるから

$$PB = 2a - AP$$

$$= 2a - \left(a - \frac{c}{a} p_1\right) = a + \frac{c}{a} p_1$$

よって

$$AP : PB = \left(a - \frac{c}{a} p_1\right) : \left(a + \frac{c}{a} p_1\right)$$

$$= (a^2 - cp_1) : (a^2 + cp_1)$$

また, Q の x 座標は, (1) より

$$\frac{p_2}{b^2} x = \frac{a^2 - b^2}{a^2 b^2} p_1 p_2$$

$$\therefore \quad x = \frac{c^2}{a^2} p_1$$

であるから

AQ : QB

$$= \left(c - \frac{c^2}{a^2} p_1 \right) : \left(\frac{c^2}{a^2} p_1 - (-c) \right)$$
$$= (a^2 - cp_1) : (a^2 + cp_1)$$

よって

AP : PB = AQ : QB

が成り立つから，n は $\angle$APB の二等分線である。 (証明終)

4.28 点 $(1, a)$ を通り，y 軸に平行な接線は存在しないので，接線の方程式を

$$y = m(x - 1) + a$$

とおく。この接線は双曲線の漸近線 $y = \pm \frac{1}{2} x$ と平行にはならないので，$1 - 4m^2 \neq 0$ である。さらに，これが $x^2 - 4y^2 = 2$ と接することから，x の 2 次方程式

$$x^2 - 4 \cdot (mx - m + a)^2 = 2$$
$$(1 - 4m^2)x^2 + 8m(m - a)x$$
$$-4(m - a)^2 - 2 = 0$$

は重解をもつ。よって，判別式を D とおくと，$D = 0$ である。

$$\frac{D}{4}$$
$$= 16m^2(m - a)^2$$
$$\quad + (1 - 4m^2)\{4(m - a)^2 + 2\}$$
$$= 4(m - a)^2 + 2(1 - 4m^2)$$
$$= -4m^2 - 8am + 4a^2 + 2$$
$$\therefore \quad 2m^2 + 4am - 2a^2 - 1 = 0 \cdots ①$$

2 本の接線の傾きを m_1, m_2 とすると，m_1, m_2 は①の相異なる実数解であり，2 本の接線は直交するから

$$m_1 m_2 = -1$$

よって，①での解と係数の関係より

$$-\frac{2a^2 + 1}{2} = -1$$
$$2a^2 + 1 = 2$$
$$\therefore \quad a = \frac{\sqrt{2}}{2} \quad (> 0)$$

4.29 (1) 双曲線 $x^2 - y^2 = 1$ 上の点 P(s, t) における接線 l の方程式は

$$l : \boldsymbol{sx - ty = 1} \cdots\cdots ①$$

また，焦点 F$(\sqrt{2}, 0)$ を通り，l に直交する直線 m は

$$t(x - \sqrt{2}) + sy = 0$$
$$\therefore \quad m : \boldsymbol{tx + sy = \sqrt{2}t} \cdots\cdots ②$$

(2) Q(u, v) は①，②の交点であるから，① × s + ② × t より

$$(s^2 + t^2)x = s + \sqrt{2}t^2$$
$$\therefore \quad x = \frac{s + \sqrt{2}t^2}{s^2 + t^2}$$

② × s − ① × t より

$$(s^2 + t^2)y = (\sqrt{2}s - 1)t$$
$$\therefore \quad y = \frac{(\sqrt{2}s - 1)t}{s^2 + t^2}$$
$$\therefore \quad u = \frac{s + \sqrt{2}t^2}{s^2 + t^2},$$
$$v = \frac{(\sqrt{2}s - 1)t}{s^2 + t^2}$$

(3) (2) より

$$u^2 + v^2$$
$$= \frac{(s + \sqrt{2}t^2)^2}{(s^2 + t^2)^2} + \frac{(\sqrt{2}s - 1)^2 t^2}{(s^2 + t^2)^2}$$
$$= \frac{s^2 + t^2 + 2t^2 s^2 + 2t^4}{(s^2 + t^2)^2}$$
$$= \frac{s^2 + t^2 + 2t^2(s^2 + t^2)}{(s^2 + t^2)^2}$$
$$= \frac{1 + 2t^2}{s^2 + t^2}$$

また，P(s, t) は $s^2 - t^2 = 1$ をみたすから

$$u^2 + v^2 = \frac{1 + 2t^2}{(1 + t^2) + t^2} = 1$$

(証明終)

📖 問題

平均値の定理 ⋯⋯⋯⋯⋯⋯⋯⋯⋯⋯⋯⋯⋯⋯⋯⋯⋯⋯⋯⋯⋯⋯⋯⋯⋯⋯⋯⋯

☐ **4.30** 閉区間 $[0, 1]$ 上で定義された連続関数 $h(x)$ が，開区間 $(0, 1)$ で微分可能であり，この区間で常に $h'(x) < 0$ であるとする。このとき，$h(x)$ が区間 $[0, 1]$ で減少することを，平均値の定理を用いて証明しなさい。　　(慶大)

☐ **4.31** e を自然対数の底とする。$e \leqq p < q$ のとき，不等式
$$\log(\log q) - \log(\log p) < \frac{q-p}{e}$$
が成り立つことを証明せよ。　　(名大)

☐ **4.32** 関数 $f(x) = x + 2\sqrt{1-x^2} \ (0 \leqq x \leqq 1)$ と $a = 0, \ b = 1$ に対して
$$\frac{f(b) - f(a)}{b-a} = f'(c), \ a < c < b$$
をみたす実数 c は $c = \boxed{}$ である。　　(横浜市立大)

☐ **4.33** 微分可能な関数 $f(x)$ については，実数 a と h に対して
$$f(a+h) = f(a) + hf'(a + \theta h), \ 0 < \theta < 1 \ \cdots\cdots ①$$
をみたす θ が存在することが知られている（平均値の定理）。

(1) 関数 $f(x) = x^3$ に対して，上の①をみたす θ を $a, \ h$ の式で表せ。ただし，$a \geqq 0, \ h > 0$ とする。

(2) 上の θ について，$\displaystyle\lim_{h \to 0} \theta$ の値を求めよ。　　(愛知教育大)

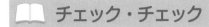 チェック・チェック

┌─ 基本 check！ ─────────────────

平均値の定理

関数 $f(x)$ が閉区間 $[\alpha,\ \beta]$ で連続，開区間 $(\alpha,\ \beta)$ で微分可能ならば，次の条件をみたす c が存在する。
$$\frac{f(\beta) - f(\alpha)}{\beta - \alpha} = f'(c),\ \alpha < c < \beta$$
図形的には，曲線上の 2 点 $A(\alpha, f(\alpha))$，$B(\beta, f(\beta))$ の間で AB に平行な接線が必ず引けることを主張している。

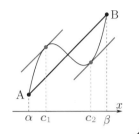

4.30 $h'(x) < 0$ ならば $h(x)$ は減少

よく知られた性質ですが，証明は平均値の定理を用いて行われます。

4.31 平均値の定理の利用

与えられた不等式は
$$\frac{\log (\log q) - \log (\log p)}{q - p} < \frac{1}{e}$$
と変形することができます。平均値の定理を用いることを考えましょう。

$f(x) = \log(\log x)$ とおくと
$$f'(x) = \frac{1}{\log x} \cdot (\log x)' = \frac{1}{x \log x}$$
となります。

4.32 平均値の定理 $\dfrac{f(b) - f(a)}{b - a} = f'(c)\ (a < c < b)$

平均値の定理は，微分係数の値が a から b までの平均変化率に一致するような点の存在を保証しています。具体的な値は
$$\frac{f(b) - f(a)}{b - a} = f'(c)\ (a < c < b)$$
をみたす c を求めて調べる必要があります。

4.33 平均値の定理 $f(a + h) = f(a) + hf'(a + \theta h)\ (0 < \theta < 1)$

平均値の定理において，$\beta = \alpha + h\ (h > 0)$ とおくと
$$\alpha < c < \beta \iff 0 < c - \alpha < h \iff 0 < \frac{c - \alpha}{h} < 1$$
そこで，$\dfrac{c - \alpha}{h} = \theta$ とおくと，平均値の定理は次のようにも表すことができます。
$$f(\alpha + h) = f(\alpha) + hf'(\alpha + \theta h) \quad (0 < \theta < 1)$$

4 章：微分法

解答・解説

4.30 $0 \leqq a < b \leqq 1$ をみたす任意の実数 a, b に対して, $h(a) > h(b)$ が成り立つことを示す。

$h(x)$ は閉区間 $[a, b]$ で連続, 開区間 (a, b) で微分可能であるから, 平均値の定理より
$$\frac{h(b) - h(a)}{b - a} = h'(c), \ a < c < b$$
をみたす実数 c が存在する。$0 < c < 1$ で $h'(c) < 0$ なので
$$\frac{h(b) - h(a)}{b - a} < 0$$
$b - a > 0$ なので

$h(b) - h(a) < 0$ すなわち $h(a) > h(b)$ が成り立つ。

よって, $h(x)$ は区間 $[0, 1]$ で減少する。　　　　　　　　　　　（証明終）

4.31 $f(x) = \log(\log x)$ とおくと
$$f'(x) = \frac{1}{\log x} \cdot (\log x)'$$
$$= \frac{1}{x \log x}$$
$f(x)$ は $x > 1$ で微分可能なので, 平均値の定理より, $e \leqq p < q$ のとき
$$\frac{f(q) - f(p)}{q - p}$$
$$= f'(c)$$
$$= \frac{1}{c \log c}, \ p < c < q$$
となる c が存在する。このとき, $e < c$ なので
$$e = e \log e < c \log c$$
$$\therefore \ \frac{1}{e} > \frac{1}{c \log c}$$
よって
$$\frac{f(q) - f(p)}{q - p} < \frac{1}{e}$$
$p < q$ より
$$f(q) - f(p) < \frac{q - p}{e}$$

$$\therefore \ \log(\log q) - \log(\log p) < \frac{q - p}{e}$$
　　　　　　　　　　　　　　　　　（証明終）

4.32 $f(x) = x + 2\sqrt{1 - x^2}$
$$= x + 2(1 - x^2)^{\frac{1}{2}}$$
より
$$f'(x)$$
$$= 1 + 2 \cdot \frac{1}{2}(1 - x^2)^{-\frac{1}{2}} \cdot (-2x)$$
$$= 1 - \frac{2x}{\sqrt{1 - x^2}}$$
また, $a = 0$, $b = 1$ に対して
$$\frac{f(b) - f(a)}{b - a} = f(1) - f(0)$$
$$= 1 - 2$$
$$= -1$$
$\dfrac{f(b) - f(a)}{b - a} = f'(c)$ をみたす c は
$$-1 = 1 - \frac{2c}{\sqrt{1 - c^2}}$$
$$\frac{2c}{\sqrt{1 - c^2}} = 2$$
$$c = \sqrt{1 - c^2}$$
$$c^2 = 1 - c^2$$
$$\therefore \ c^2 = \frac{1}{2}$$
$0 < c < 1$ より
$$c = \frac{1}{\sqrt{2}} = \frac{\sqrt{2}}{2}$$

4.33 (1) $f(x) = x^3$ より
$$f'(x) = 3x^2$$
したがって, ①は
$$(a + h)^3 = a^3 + h \cdot 3(a + \theta h)^2$$
$$a^3 + 3a^2h + 3ah^2 + h^3$$
$$= a^3 + 3a^2h + 6ah^2\theta + 3h^3\theta^2$$
$$3ah^2 + h^3 = 6ah^2\theta + 3h^3\theta^2$$
$h \neq 0$ より, 両辺を h^2 でわって整理す

ると
$$3h\theta^2 + 6a\theta - (3a + h) = 0$$

$a \geqq 0,\ h > 0,\ 0 < \theta < 1$ より

$$\theta = \frac{-3a + \sqrt{9a^2 + 9ah + 3h^2}}{3h}$$

(2) θ を変形して

$$\theta = \frac{\sqrt{9a^2 + 9ah + 3h^2} - 3a}{3h}$$
$$\cdot \frac{\sqrt{9a^2 + 9ah + 3h^2} + 3a}{\sqrt{9a^2 + 9ah + 3h^2} + 3a}$$
$$= \frac{(9a^2 + 9ah + 3h^2) - 9a^2}{3h(\sqrt{9a^2 + 9ah + 3h^2} + 3a)}$$
$$= \frac{3a + h}{\sqrt{9a^2 + 9ah + 3h^2} + 3a}$$

したがって，$a > 0$ のとき

$$\lim_{h \to 0} \theta$$
$$= \lim_{h \to 0} \frac{3a + h}{\sqrt{9a^2 + 9ah + 3h^2} + 3a}$$
$$= \frac{3a}{\sqrt{9a^2} + 3a} = \frac{a}{a + a}$$
$$= \underline{\frac{1}{2}}$$

$a = 0$ のとき，$h > 0$ より

$$\lim_{h \to 0} \theta = \lim_{h \to 0} \frac{h}{\sqrt{3h^2}}$$
$$= \lim_{h \to 0} \frac{h}{\sqrt{3}h}$$
$$= \lim_{h \to 0} \frac{1}{\sqrt{3}}$$
$$= \underline{\frac{1}{\sqrt{3}}}$$

§2 微分法の応用

📖 問題

関数の増減 ···

☐ **4.34** 関数 $f(x) = \dfrac{\log x}{x-1}$ について次の問いに答えよ。ただし，$\log x$ は自然対数とする。

(1) 導関数 $f'(x)$ を求めよ。

(2) $x > 1$ の範囲で $f(x)$ は減少することを証明せよ。　　　（長岡技科大）

☐ **4.35** 関数 $f(x)$ は微分可能とする。次の命題は正しいか。

「$f(0) = 1$ とし，$x > 0$ のとき常に $f'(x) < 0$ であるとする。このとき，$f(a) < 0$ となる正の数 a が存在する。」

もし正しければ証明し，正しくなければ反例をあげよ。　　　（津田塾大）

極値・変曲点 ···

☐ **4.36** a を実数の定数とするとき，関数 $f(x) = (x+1)e^{-ax^2}$ について次の問いに答えよ。

(1) $f(x)$ が $x = 1$ で極値をとるような a の値を求めよ。また，このとき $f(x)$ の極値をすべて求めよ。

(2) $f(x)$ が極値をもつような a の値の範囲を求めよ。

(3) $\dfrac{1}{f(x)}$ が極値をもつような a の値の範囲を求めよ。　　（関西学院大　改）

☐ **4.37** a を実数とし，関数 $f(x) = ax^2 + e^{-x^2}$ について考える。必要ならば，$\lim\limits_{t \to \infty} te^{-t} = 0$ を用いてよい。

(1) $a = 0$ のとき，$f''(x)$ は $x = \boxed{}$ で最小値 $\boxed{}$ をとり，$x = \boxed{}$ で最大値 $\boxed{}$ をとる。

(2) $f(x)$ は $\boxed{} < a < 0$ のとき変曲点を $\boxed{}$ 個もち，$0 \leq a < \boxed{}$ のとき変曲点を $\boxed{}$ 個もち，それ以外のときは変曲点をもたない。

（立命館大　改）

📖 チェック・チェック

基本 check！

関数の増減

ある区間 I において

$x_1,\ x_2 \in I,\ x_1 < x_2 \Longrightarrow f(x_1) < f(x_2)$ ならば, $f(x)$ は I で増加関数

$x_1,\ x_2 \in I,\ x_1 < x_2 \Longrightarrow f(x_1) > f(x_2)$ ならば, $f(x)$ は I で減少関数

とくに，微分可能な関数 $f(x)$ がある区間 I において

つねに $f'(x) > 0$ ならば，$f(x)$ は I で増加関数

つねに $f'(x) < 0$ ならば，$f(x)$ は I で減少関数

極値

微分可能な関数 $f(x)$ においては，$f'(x)$ の符号が

負から正に変わるところで極小値

正から負に変わるところで極大値

をとる。また

$f'(a) = 0,\ f''(a) < 0$ ならば，$f(a)$ は極大値

$f'(a) = 0,\ f''(a) > 0$ ならば，$f(a)$ は極小値

変曲点

ある区間 I で 2 回微分可能な関数 $y = f(x)$ について

I においてつねに $f''(x) > 0$ ならば，曲線 $y = f(x)$ は I で下に凸

I においてつねに $f''(x) < 0$ ならば，曲線 $y = f(x)$ は I で上に凸

といい，曲線の凹凸が入れ替わる点，すなわち

$f''(a) = 0$ かつ $x = a$ の前後で $f''(x)$ の符号が変わる

点 $(a,\ f(a))$ を曲線 $y = f(x)$ の変曲点という。

4.34　減少関数

(2) は $x > 1$ の範囲で $f'(x) < 0$ であることを示します。

4.35　減少関数のグラフ

$f'(x) < 0$ より，$f(x)$ は減少関数です。このような関数で

「$f(0) = 1$」かつ「$x > 0 \Longrightarrow f(x) > 0$」

をみたすものがないか考えてみましょう。

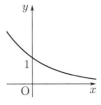

4.36　極値をもつ条件

$f(x)$ が極値をもつ条件は，$f'(x)$ の符号が変化するような x が存在することです。

4.37　変曲点の個数

$f(x)$ の変曲点を調べるために，$f''(x)$ の符号が変化するような x の値を求めます。

解答・解説

4.34 (1) $f(x) = \dfrac{\log x}{x-1}$ より

$$f'(x) = \frac{\dfrac{1}{x}\cdot(x-1) - \log x \cdot 1}{(x-1)^2}$$

$$= \frac{\boldsymbol{x - x\log x - 1}}{\boldsymbol{x(x-1)^2}}$$

(2) $x > 1$ において，$f'(x)$ の分母は正である。そこで

$$g(x) = x - x\log x - 1$$

とおくと

$$g'(x) = 1 - 1\cdot\log x - x\cdot\frac{1}{x}$$

$$= -\log x < 0 \quad (\because x > 1)$$

であり，$x > 1$ において $g(x)$ は単調減少であるから

$$g(x) < g(1) = 0 \quad (x > 1)$$

よって

$$f'(x) = \frac{g(x)}{x(x-1)^2} < 0 \quad (x > 1)$$

したがって，$f(x)$ は $x > 1$ において単調減少である。　　　　　(証明終)

4.35 <u>正しくない</u>

（反例）$f(x) = 2^{-x}$，$f(x) = \dfrac{1}{x+1}$ など。

【注意】

$f(0) = 1$ かつ $x > 0$ において単調減少であり，$\displaystyle\lim_{x \to \infty} f(x) \geqq 0$ となる微分可能な関数 $f(x)$ を選べばよい。

4.36 (1) $f(x) = (x+1)e^{-ax^2}$ より

$$f'(x) = 1\cdot e^{-ax^2} + (x+1)\cdot e^{-ax^2}(-2ax)$$

$$= -(2ax^2 + 2ax - 1)e^{-ax^2}$$

$f(x)$ が $x = 1$ で極値をとるためには，$f'(1) = 0$ が必要である。このとき

$$-(4a-1)e^{-a} = 0$$

$$\therefore \quad a = \frac{1}{4}$$

このとき，$f(x) = (x+1)e^{-\frac{1}{4}x^2}$ であり

$$f'(x) = -\left(\frac{1}{2}x^2 + \frac{1}{2}x - 1\right)e^{-\frac{1}{4}x^2}$$

$$= -\frac{1}{2}(x+2)(x-1)e^{-\frac{1}{4}x^2}$$

したがって，$f(x)$ の増減表は次のようになる。

x	$\cdots$	-2	$\cdots$	1	$\cdots$
$f'(x)$	$-$	0	$+$	0	$-$
$f(x)$	$\searrow$		$\nearrow$		$\searrow$

$f(x)$ は $x = 1$ で極値をとり，$a = \dfrac{1}{4}$ は十分である。よって，求める a の値は

$$\boldsymbol{a = \frac{1}{4}}$$

であり

$$\underline{\text{極大値 } \boldsymbol{f(1) = \frac{2}{\sqrt[4]{e}}}}$$

$$\underline{\text{極小値 } \boldsymbol{f(-2) = -\frac{1}{e}}}$$

(2) 微分可能な関数 $f(x)$ が極値をもつ条件は，$f'(x) = -(2ax^2 + 2ax - 1)e^{-ax^2}$ の符号が変化する x が存在することである。

$a = 0$ のとき $f'(x) = 1 > 0$ であり，条件をみたさない。

求める条件は，$a \neq 0$ のもとで x の2次方程式 $2ax^2 + 2ax - 1 = 0$ が異なる2つの実数解をもつことである。判別式を D とおくと

$$\frac{D}{4} = a^2 + 2a = a(a + 2)$$

であるから，a の値の範囲は

$$\begin{cases} a \neq 0 \\ a(a + 2) > 0 \end{cases}$$

$$\therefore \quad \underline{a < -2,\ 0 < a}$$

(3) $\dfrac{1}{f(x)} = \dfrac{1}{(x+1)e^{-ax^2}}$ の定義域
は $x \neq -1$ であり

$$\left\{\dfrac{1}{f(x)}\right\}' = -\dfrac{f'(x)}{\{f(x)\}^2} \quad (x \neq -1)$$

$\dfrac{1}{f(x)}$ が極値をもつ条件は，$\left\{\dfrac{1}{f(x)}\right\}'$
の符号が変化する，すなわち $f'(x)$ の符号が変化する x が存在することである。
$2ax^2 + 2ax - 1 = 0$ は $x = -1$ を解にもたないから，(2) より求める a の値の範囲は

$$\underline{a < -2, \ 0 < a}$$

4.37 (1) $a = 0$ のとき

$$f(x) = e^{-x^2}$$
$$f'(x) = e^{-x^2} \cdot (-2x) = -2xe^{-x^2}$$
$$f''(x) = -2 \cdot e^{-x^2} + (-2x) \cdot \left(-2xe^{-x^2}\right)$$
$$= (4x^2 - 2)e^{-x^2}$$

$f''(x)$ は偶関数であり，y 軸に関して対称なので，$x \geqq 0$ での増減を調べる。

$$f'''(x)$$
$$= 8x \cdot e^{-x^2} + (4x^2 - 2) \cdot \left(-2xe^{-x^2}\right)$$
$$= (-8x^3 + 12x)e^{-x^2}$$
$$= -4x(2x^2 - 3)e^{-x^2}$$

$x \geqq 0$ における $f''(x)$ の増減表は次のようになる。

x	0	$\cdots$	$\sqrt{\dfrac{3}{2}}$	$\cdots$
$f'''(x)$		$+$	0	$-$
$f''(x)$		$\nearrow$		$\searrow$

$$f''(0) = -2$$
$$f''\left(\sqrt{\dfrac{3}{2}}\right) = \left(4 \cdot \dfrac{3}{2} - 2\right)e^{-\frac{3}{2}} = 4e^{-\frac{3}{2}}$$

$\displaystyle\lim_{t \to \infty} te^{-t} = 0$ より

$$\lim_{x \to \infty} f''(x) = \lim_{x \to \infty} (4x^2 e^{-x^2} - 2e^{-x^2})$$
$$= 4 \cdot 0 - 0$$
$$= 0$$

以上より，$y = f''(x)$ のグラフは次の図のようになる。

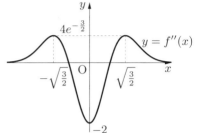

よって，$y = f''(x)$ は

$$x = \underline{0} \quad で \quad 最小値 \ \underline{-2}$$
$$x = \pm\sqrt{\dfrac{3}{2}} \quad で \quad 最大値 \ \underline{4e^{-\frac{3}{2}}}$$

をとる。

(2) $f(x) = ax^2 + e^{-x^2}$ について

$$f'(x) = 2ax - 2xe^{-x^2}$$
$$= 2x(a - e^{-x^2}) \quad \cdots\cdots ①$$

①をさらに微分して

$$f''(x) = 2(a - e^{-x^2}) + 2x \cdot 2xe^{-x^2}$$
$$= (4x^2 - 2)e^{-x^2} + 2a$$

(1) の $y = (4x^2 - 2)e^{-x^2}$ のグラフと直線
$y = -2a$ の共有点を考えると，$f(x)$ は
$0 < -2a < 4e^{-\frac{3}{2}}$ のとき，すなわち

$$\underline{-2e^{-\frac{3}{2}}} < a < 0 \ のとき$$

変曲点を $\underline{4}$ 個もち，
$-2 < -2a \leqq 0$ のとき，すなわち

$$0 \leqq a < \underline{1} \ のとき$$

変曲点を $\underline{2}$ 個もち，
それ以外のときは変曲点をもたない。

📖 問題

グラフの概形 ···

□ **4.38** $f(x) = \sin(\pi \sin x)$ とする。

(1) $f(x + \pi) = -f(x)$ を示せ。

(2) $0 \leqq x < \pi$ のとき，$f(x) = 0$ の解を求めよ。

(3) $0 \leqq x < \pi$ のとき，$f'(x) = 0$ の解を求めよ。

(4) (1)〜(3) の結果および，$f'(x)$ の正負を利用して，$0 \leqq x \leqq 2\pi$ における $y = f(x)$ のグラフの概形をかけ。　　　　　　　（南山大）

□ **4.39** $f(x) = x^2 e^{-x}$ とおく。

(1) 関数 $f(x)$ の極値を求め，曲線 $y = f(x)$ の凹凸を調べよ。

(2) $y = f(x)$ のグラフをかけ。　　　　　　　　　　（東京商船大）

□ **4.40** 関数 $f(x) = \dfrac{4x^2 + 3}{2x - 1}$ について，次の問いに答えよ。

(1) $f(x)$ の極値をすべて求めよ。

(2) 曲線 $y = f(x)$ の漸近線の方程式をすべて求めよ。

(3) 曲線 $y = f(x)$ の概形をかけ。　　　　　　　　　（東京電機大）

□ **4.41** xy 平面上の曲線 C を，媒介変数 t を用いて次のように定める。
$$x = 5\cos t + \cos 5t, \quad y = 5\sin t - \sin 5t \quad (-\pi \leqq t < \pi)$$
以下の問いに答えよ。

(1) 区間 $0 < t < \dfrac{\pi}{6}$ において，$\dfrac{dx}{dt} < 0$，$\dfrac{dy}{dx} < 0$ であることを示せ。

(2) 曲線 C は x 軸に関して対称であることを示せ。また，C 上の点を原点を中心として反時計回りに $\dfrac{\pi}{3}$ だけ回転させた点は C 上にあることを示せ。

(3) 曲線 C の概形を図示せよ。　　　　　　　　　　（九大　改）

チェック・チェック

┌ 基本 check！

グラフの概形

(I) 定義域を確認する。特に，分数関数では (分母)$\neq 0$ であること，対数関数では真数条件と底条件に注意する。

(II) 対称性や周期性をみる。気づくのが早ければ早いほど調べる量を減らせる。式から読み取れる周期性を見落とさないように心がけるとよい。

(III) 増減・極値を調べる。$f'(x)$ の符号の変化は増減表で示すとよい。

(IV) グラフの凹凸・変曲点を調べる。$f''(x)$ の計算は大変なときもあるが，要求されている場合には，しっかり調べる。

(V) グラフの端点，不連続点の付近での概形を捉える。定義域が無限に広がっているときは，まず $\lim_{x \to \infty} f(x)$, $\lim_{x \to -\infty} f(x)$ を調べる。$\lim_{x \to \infty} \{f(x) - (mx+n)\} = 0$ または $\lim_{x \to -\infty} \{f(x) - (mx+n)\} = 0$ となる m, n が得られるとき，直線 $y = mx + n$ は曲線 $y = f(x)$ の漸近線である。$x \neq a$ で定義された関数 $f(x)$ に対しては，$\lim_{x \to a+0} f(x)$, $\lim_{x \to a-0} f(x)$ なども調べる。

4.38 対称性

$y = f(x + \pi)$ のグラフは $y = f(x)$ のグラフを x 軸方向に $-\pi$ だけ平行移動したものです。また，$y = -f(x)$ のグラフは $y = f(x)$ のグラフを x 軸に関して対称移動したものです。このことから

$$f(x + \pi) = -f(x)$$

をみたす $y = f(x)$ のグラフの $\pi \leqq x \leqq 2\pi$ の部分のグラフは $0 \leqq x \leqq \pi$ の部分のグラフを x 軸に関して対称移動し，さらに x 軸方向に π だけ平行移動したものと一致します。

4.39 極値，凹凸

グラフの増減と凹凸を 1 つの表にまとめましょう。

4.40 漸近線

$\lim_{x \to a \pm 0} f(x) = \pm \infty$ から $x = a$ が漸近線であることがわかり，

$\lim_{x \to \pm \infty} \{f(x) - (mx + n)\} = 0$ から $y = mx + n$ が漸近線であることがわかります。

4.41 パラメータ表示された関数のグラフの概形

グラフの性質を調べて，$0 < t < \dfrac{\pi}{6}$ でのグラフから，$-\pi \leqq t < \pi$ でのグラフを描こうとしています。$\dfrac{\pi}{3}$ 回転は **原点のまわりの回転**（67 ページ）を用いましょう。

解答・解説

4.38 $f(x) = \sin(\pi \sin x)$

(1) $\begin{aligned}
f(x + \pi) &= \sin(\pi \sin(x + \pi)) \\
&= \sin(-\pi \sin x) \\
&= -\sin(\pi \sin x) \\
&= -f(x) \qquad \text{（証明終）}
\end{aligned}$

(2) $0 \leqq x < \pi$ より

$$0 \leqq \sin x \leqq 1$$

$$\therefore \quad 0 \leqq \pi \sin x \leqq \pi$$

$f(x) = 0$ すなわち $\sin(\pi \sin x) = 0$ であるとき

$$\pi \sin x = 0, \ \pi$$

$$\therefore \quad \sin x = 0, \ 1$$

$0 \leqq x < \pi$ より

$$\underline{x = 0, \ \frac{\pi}{2}}$$

(3) $f'(x) = \cos(\pi \sin x) \cdot \pi \cos x$

$f'(x) = 0$ より

$$\cos(\pi \sin x) = 0 \ \text{または} \ \cos x = 0$$

$0 \leqq x < \pi$, $0 \leqq \pi \sin x \leqq \pi$ より

$$\pi \sin x = \frac{\pi}{2} \ \text{または} \ x = \frac{\pi}{2}$$

$\sin x = \dfrac{1}{2}$ となるのは，$x = \dfrac{\pi}{6}, \ \dfrac{5}{6}\pi$ のときであるから

$$\underline{x = \frac{\pi}{6}, \ \frac{\pi}{2}, \ \frac{5}{6}\pi}$$

(4) $0 \leqq x \leqq \pi$ における $y = f(x)$ の増減表は次のようになる。

x	0	$\cdots$	$\dfrac{\pi}{6}$	$\cdots$
$f'(x)$		$+$	0	$-$
$f(x)$	0	$\nearrow$	1	$\searrow$

$\dfrac{\pi}{2}$	$\cdots$	$\dfrac{5}{6}\pi$	$\cdots$	π
0	$+$	0	$-$	
0	$\nearrow$	1	$\searrow$	0

(1) より，$\pi \leqq x \leqq 2\pi$ における $y = f(x)$ のグラフは $0 \leqq x \leqq \pi$ にお

ける $y = f(x)$ のグラフを x 軸に関して対称移動し，さらに x 軸方向に π だけ平行移動したものと一致するから，$0 \leqq x \leqq 2\pi$ における $y = f(x)$ のグラフは 次の図 のようになる。

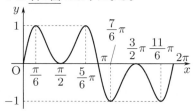

【参考】

$y = f(x)$ のグラフが点 $(\pi, 0)$ に関して対称であることを示して概形をかいてもよい。点 (x, y) を点 (a, b) に関して対称移動した点を (X, Y) とする。

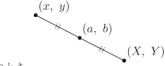

このとき

$$\begin{cases} \dfrac{x+X}{2} = a \\ \dfrac{y+Y}{2} = b \end{cases} \quad \therefore \quad \begin{cases} x = 2a - X \\ y = 2b - Y \end{cases}$$

であり，$y = f(x)$ のグラフを点 (a, b) に関して対称移動すると

$$2b - y = f(2a - x)$$

となる。これは

$$2b - f(x) = f(2a - x) \ \cdots\cdots \ ①$$

ということである。

本問で $(a, b) = (\pi, 0)$ ととると，①は

$$f(x) = -f(2\pi - x)$$

である。ここで

$$\begin{aligned}
-f(2\pi - x) &= -\sin(\pi \sin(2\pi - x)) \\
&= -\sin(-\pi \sin x) \\
&= \sin(\pi \sin x) = f(x)
\end{aligned}$$

よって，$y = f(x)$ のグラフは点 $(\pi, 0)$ に関して対称である。

4.39 (1) $f(x) = x^2 e^{-x}$ より

$$f'(x) = 2xe^{-x} - x^2 e^{-x}$$
$$= e^{-x}(2x - x^2)$$
$$f''(x) = -e^{-x}(2x - x^2) + e^{-x}(2 - 2x)$$
$$= e^{-x}(x^2 - 4x + 2)$$

したがって

$$f'(x) = 0 \text{ の解は} \quad x = 0,\ 2$$
$$f''(x) = 0 \text{ の解は} \quad x = 2 \pm \sqrt{2}$$

より，増減と凹凸は次のようになる。

x	$\cdots$	0	$\cdots$	$2 - \sqrt{2}$
$f'(x)$	$-$	0	$+$	$+$
$f''(x)$	$+$	$+$	$+$	0
$f(x)$	↘	極小	↗	変曲点

$\cdots$	2	$\cdots$	$2 + \sqrt{2}$	$\cdots$
$+$	0	$-$	$-$	$-$
$-$	$-$	$-$	0	$+$
↗	極大	↘	変曲点	↘

よって

極大値 $\dfrac{4}{e^2}$ $(x = 2$ のとき$)$，

極小値 0 $(x = 0$ のとき$)$

であり，凹凸は

$$\begin{cases} x < 2 - \sqrt{2},\ x > 2 + \sqrt{2} \\ \qquad\qquad\qquad \text{のとき，下に凸} \\ 2 - \sqrt{2} < x < 2 + \sqrt{2} \\ \qquad\qquad\qquad \text{のとき，上に凸} \end{cases}$$

(2) $\displaystyle \lim_{x \to -\infty} f(x) = \infty$, $\displaystyle \lim_{x \to \infty} f(x) = 0$ と (1) よりグラフは **次の図** となる。

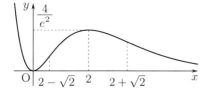

【注意】

$\displaystyle \lim_{x \to \infty} \dfrac{x^2}{e^x} = 0$ は覚えておくとよい。

4.52 の不等式より，$x > 0$ のとき

$e^x > \dfrac{x^3}{3!}$ である。

よって，$x \to \infty$ のとき

$$\left(0 \leqq\right) \dfrac{x^2}{e^x} < \dfrac{x^2}{\dfrac{x^3}{3!}} = \dfrac{6}{x} \longrightarrow 0$$

したがって，ハサミウチの原理より

$$\lim_{x \to \infty} \dfrac{x^2}{e^x} = 0$$

である。

一般に，任意の自然数 n に対して

$$\lim_{x \to \infty} \dfrac{x^n}{e^x} = 0$$

が成り立つ。

4.40 (1) $f(x) = \dfrac{4x^2 + 3}{2x - 1}$ を変形すると

$$f(x) = 2x + 1 + \dfrac{4}{2x - 1} \quad \left(x \neq \dfrac{1}{2}\right)$$

より

$$f'(x) = 2 - \dfrac{8}{(2x - 1)^2}$$
$$= \dfrac{2(2x - 1)^2 - 8}{(2x - 1)^2}$$
$$= \dfrac{2(2x + 1)(2x - 3)}{(2x - 1)^2}$$

したがって，増減表は次のようになる。

x	$\cdots$	$-\dfrac{1}{2}$	$\cdots$
$f'(x)$	$+$	0	$-$
$f(x)$	↗	極大	↘

$\left(\dfrac{1}{2}\right)$	$\cdots$	$\dfrac{3}{2}$	$\cdots$
	$-$	0	$+$
	↘	極小	↗

よって，極大値 $f\left(-\dfrac{1}{2}\right) = -2$，

極小値 $f\left(\dfrac{3}{2}\right) = 6$

207

(2) $\displaystyle\lim_{x\to\pm\infty}\{f(x)-(2x+1)\}$

$\displaystyle=\lim_{x\to\infty}\frac{4}{2x-1}=0$

より，直線 **$y=2x+1$** は漸近線である。また

$\displaystyle\lim_{x\to\frac{1}{2}\pm0}f(x)$

$\displaystyle=\lim_{x\to\frac{1}{2}\pm0}\left(2x+1+\frac{4}{2x-1}\right)$

$=\pm\infty$ （複号同順）

より，直線 **$x=\dfrac{1}{2}$** も漸近線である。

(3) $y=f(x)$ の概形は <u>次の図</u> のようになる。

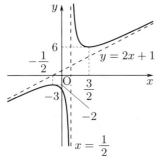

4.41 (1) x, y を t で微分すると

$\dfrac{dx}{dt}=-5\sin t-5\sin 5t$

$\qquad=-10\sin 3t\cos 2t$

$\dfrac{dy}{dt}=5\cos t-5\cos 5t$

$\qquad=10\sin 3t\sin 2t$

$0<t<\dfrac{\pi}{6}$ においては，$\sin 3t>0$, $\cos 2t>0$, $\sin 2t>0$ より

$\dfrac{dx}{dt}<0$ （証明終）

であり，さらに $\dfrac{dy}{dt}>0$ であるから

$\dfrac{dy}{dx}=\dfrac{\dfrac{dy}{dt}}{\dfrac{dx}{dt}}<0$ （証明終）

(2) $x(t)=5\cos t+\cos 5t$,
$y(t)=5\sin t-\sin 5t$ とおくと

$\qquad x(-t)=5\cos t+\cos 5t=x(t)$

$\qquad y(-t)=-5\sin t+\sin 5t=-y(t)$

点 $(x(t),\,y(t))$ と $(x(-t),\,y(-t))$ は x 軸に関して対称であるから，C の $-\pi<t\leqq 0$ の部分と $0\leqq t<\pi$ の部分は x 軸に関して対称であり，$t=-\pi$ の点と $t=\pi$ の点は一致する。よって，$-\pi\leqq t<\pi$ の範囲で定義される C は x 軸に関して対称である。 （証明終）

つぎに，$\mathrm{P}(x(t),\,y(t))$ とおく。

複素数平面上で P を原点を中心として反時計回りに $\dfrac{\pi}{3}$ だけ回転させた点は

$\{x(t)+y(t)i\}\left(\cos\dfrac{\pi}{3}+i\sin\dfrac{\pi}{3}\right)$

$=\{x(t)+y(t)i\}\cdot\dfrac{1+\sqrt{3}i}{2}$

$=\dfrac{x(t)-\sqrt{3}y(t)}{2}+\dfrac{\sqrt{3}x(t)+y(t)}{2}i$

$\qquad\qquad\qquad\cdots\cdots$ ①

である。ここで

$\dfrac{x(t)-\sqrt{3}y(t)}{2}$

$=\dfrac{1}{2}\{(5\cos t+\cos 5t)-\sqrt{3}(5\sin t-\sin 5t)\}$

$=5\left(\cos t\cdot\dfrac{1}{2}-\sin t\cdot\dfrac{\sqrt{3}}{2}\right)$

$\quad+\left(\cos 5t\cdot\dfrac{1}{2}+\sin 5t\cdot\dfrac{\sqrt{3}}{2}\right)$

$=5\cos\left(t+\dfrac{\pi}{3}\right)+\cos\left(5t-\dfrac{\pi}{3}\right)$

$=5\cos\left(t+\dfrac{\pi}{3}\right)+\cos\left(5t+\dfrac{5}{3}\pi\right)$

$=5\cos\left(t+\dfrac{\pi}{3}\right)+\cos 5\left(t+\dfrac{\pi}{3}\right)$

$=x\left(t+\dfrac{\pi}{3}\right)$

であり

$\dfrac{\sqrt{3}x(t)+y(t)}{2}$

$=\dfrac{1}{2}\{\sqrt{3}(5\cos t+\cos 5t)+(5\sin t-\sin 5t)\}$

$$= 5\left(\sin t \cdot \frac{1}{2} + \cos t \cdot \frac{\sqrt{3}}{2}\right)$$
$$\quad - \left(\sin 5t \cdot \frac{1}{2} - \cos 5t \cdot \frac{\sqrt{3}}{2}\right)$$
$$= 5\sin\left(t + \frac{\pi}{3}\right) - \sin\left(5t + \frac{5}{3}\pi\right)$$
$$= 5\sin\left(t + \frac{\pi}{3}\right) - \sin 5\left(t + \frac{\pi}{3}\right)$$
$$= y\left(t + \frac{\pi}{3}\right)$$

である。よって，① より

$$\{x(t) + y(t)i\}\left(\cos\frac{\pi}{3} + i\sin\frac{\pi}{3}\right)$$
$$= x\left(t + \frac{\pi}{3}\right) + y\left(t + \frac{\pi}{3}\right)i$$

であり，C 上の点を原点を中心として反時計回りに $\dfrac{\pi}{3}$ だけ回転させた点は C 上にある。 （証明終）

(3) (2) の結果より，C の $0 \leqq t \leqq \dfrac{\pi}{6}$ の部分と $-\dfrac{\pi}{6} \leqq t \leqq 0$ の部分は x 軸に関して対称であるから，C の $-\dfrac{\pi}{6} \leqq$

$t \leqq \dfrac{\pi}{6}$ の部分は次の図のようになる。

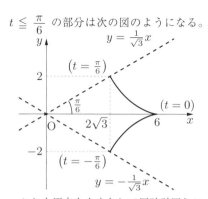

これを原点を中心として反時計回りに $\dfrac{\pi}{3}$ だけ回転させた部分も C 上にある。

$$(x(t+2\pi),\ y(t+2\pi))$$
$$= (x(t),\ y(t))$$

であることも合わせて，この回転移動を繰り返すと，C の $-\pi \leqq t < \pi$ の概形は**下の図の実線部分**であることがわかる。

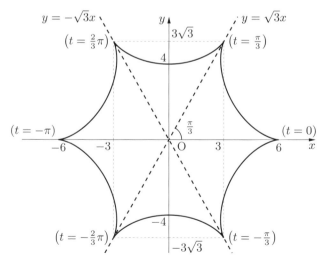

【参考】　ハイポサイクロイド

　この曲線は，半径 1 の円周上の定点が，原点を中心とする半径 6 の円の内側を滑らずに転がるときに描く曲線であり，ハイポサイクロイド（内サイクロイド）とよばれている。

問題

最大・最小 ··

☐ **4.42** 次の問いに答えよ。

(1) 関数 $f(x) = e^{-x} + x - 1$ の最小値を求めよ。 （名古屋市立大）

(2) $x > 0$ で定義された関数 $f(x) = x \log x^2$ の最小値を求めよ。ただし，対数は自然対数である。 （茨城大）

☐ **4.43** 関数 $f(x) = \dfrac{a \sin x}{\cos x + 2}$ $(0 \leqq x \leqq \pi)$ の最大値が $\sqrt{3}$ となるように a の値を定めよ。 （信州大）

☐ **4.44** $y = \dfrac{x^2 + 3x + 6}{x + 1}$, $x = t^3 - 3t + 2$ とする。$-1 \leqq t \leqq 2$ における x の最大値は $\boxed{}$, y の最小値は $\boxed{}$ である。 （芝浦工大）

☐ **4.45** 実数全体で定義された関数 $f(x) = \dfrac{x^4 + 3x^2 + 4}{x^2 + 1}$ の最小値を求めよ。 （同志社大）

☐ **4.46** $AB = AC = 1$ である二等辺三角形 ABC において，$BC = 2x$，内接円の半径を r とおく。

(1) r を x を用いて表せ。

(2) r が最大となる x の値を求めよ（最大値そのものは求める必要はない）。 （琉球大）

☐ **4.47** 円 $C : x^2 + y^2 = 4$ と直線 $l : y = k$ $(k$ は正の実数) について考える。円 C と直線 l は，異なる 2 つの点 P(p, k), S(s, k) で交わることとする $(s > p)$。円 C と x 軸との 2 つの交点を Q$(-2, 0)$, R$(2, 0)$ としたとき，四角形 PQRS の面積の最大値 M の値を求めよ。 （自治医大　改）

チェック・チェック

4.42 指数関数・対数関数の最大・最小

(1)，(2) ともに x で微分して，$f(x)$ の増減を調べましょう。

4.43 三角関数の最大・最小

$f(x) = a \cdot \dfrac{\sin x}{\cos x + 2} = a \cdot g(x)$ として，まずは $g(x)$ について調べましょう。

4.44 合成関数の最大・最小

$x = f(t)$，$y = g(x)$ の形です。x は t の関数，y は x の関数ですね。t の範囲が与えられているのですから，まずは $x = f(t)$ の増減を調べてみましょう。そうすれば，$x = f(t)$ の値域，つまり $y = g(x)$ の定義域がわかります。

4.45 有理関数の最大・最小

$f(x)$ の増減を調べればよいのですが，分母，分子とも x^4，x^2，定数項のみの式ですから $x^2 = t$ とおくと計算がラクになりますね。$x^2 + 1 = u$ とおくのも効果的です。

4.46 図形絡みの最大・最小 **(1)**

(1) 内接円の半径 r は三角形の面積に関係します。

(2) r が最大となる x の値は r^2 が最大となる x の値と一致します。計算が簡単になるように工夫しましょう。

4.47 図形絡みの最大・最小 **(2)**

変数のとり方を工夫してみましょう。

解答・解説

4.42 (1) $f(x) = e^{-x} + x - 1$ より
$$f'(x) = (-x)'e^{-x} + 1$$
$$= -e^{-x} + 1$$

よって，$f(x)$ の増減表は次のようになる。

x	$\cdots$	0	$\cdots$
$f'(x)$	$-$	0	$+$
$f(x)$	$\searrow$	極小	$\nearrow$

$f(0) = 1 + 0 - 1 = 0$ より，$f(x)$ の最小値は

$$\underline{\mathbf{0}} \ (x = 0)$$

(2) $f(x) = x \log x^2 \ (x > 0)$
$$f'(x) = (x)' \log x^2 + x(\log x^2)'$$
$$= \log x^2 + x \cdot \frac{(x^2)'}{x^2}$$
$$= \log x^2 + 2$$

$f'(x) = 0$ を解くと
$$\log x^2 = -2$$
$$x^2 = e^{-2} = \frac{1}{e^2}$$
$$\therefore \quad x = \frac{1}{e} \ (\because \ x > 0)$$

よって，$x > 0$ における $f(x)$ の増減表は次のようになる。

x	(0)	$\cdots$	$\dfrac{1}{e}$	$\cdots$
$f'(x)$		$-$	0	$+$
$f(x)$		$\searrow$	極小	$\nearrow$

$f\left(\dfrac{1}{e}\right) = \dfrac{1}{e} \log \left(\dfrac{1}{e}\right)^2 = -\dfrac{2}{e}$ より，$f(x)$ の $x > 0$ における最小値は

$$\underline{-\frac{\mathbf{2}}{\mathbf{e}}} \ \left(x = \frac{1}{e}\right)$$

4.43 $g(x) = \dfrac{\sin x}{\cos x + 2} \ (0 \leqq x \leqq \pi)$
とおくと，$f(x) = a \cdot g(x)$ である。

$$g'(x) = \frac{\cos x(\cos x + 2) + \sin^2 x}{(\cos x + 2)^2}$$
$$= \frac{2\cos x + 1}{(\cos x + 2)^2}$$

よって，増減表は次のようになる。

x	0	$\cdots$	$\dfrac{2}{3}\pi$	$\cdots$	π
$g'(x)$		$+$	0	$-$	
$g(x)$	0	$\nearrow$	$\dfrac{1}{\sqrt{3}}$	$\searrow$	0

増減表より
$$0 \leqq g(x) \leqq \frac{1}{\sqrt{3}}$$

（ i ）$a > 0$ のとき
$$0 \leqq a \cdot g(x) \leqq \frac{a}{\sqrt{3}}$$
なので，$f(x)$ の最大値が $\sqrt{3}$ となるのは
$$\frac{a}{\sqrt{3}} = \sqrt{3}$$
$$\therefore \quad a = 3 \quad (a > 0 \ をみたす)$$

（ ii ）$a = 0$ のとき
$$a \cdot g(x) = 0$$
より，不適。

（iii）$a < 0$ のとき
$$\frac{a}{\sqrt{3}} \leqq a \cdot g(x) \leqq 0$$
より，不適。

以上より $\quad \underline{\boldsymbol{a = 3}}$

別解

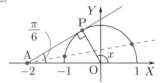

$A(-2, 0)$，$P(\cos x, \sin x)$ とおくと
$$g(x) = \frac{\sin x - 0}{\cos x - (-2)}$$
$$= (\text{AP の傾き})$$

であり, $0 \leqq x \leqq \pi$ より

$$0 \leqq (\text{AP の傾き}) \leqq \frac{1}{\sqrt{3}}$$

$$\therefore \quad 0 \leqq g(x) \leqq \frac{1}{\sqrt{3}}$$

4.44 $f(t) = t^3 - 3t + 2$ とおくと

$$f'(t) = 3t^2 - 3$$
$$= 3(t+1)(t-1)$$

より, $x = f(t)$ の $-1 \leqq t \leqq 2$ における
増減表は次のようになる。

t	-1	$\cdots$	1	$\cdots$	2
$f'(t)$	0	$-$	0	$+$	
$f(t)$	4	$\searrow$	0	$\nearrow$	4

したがって, $-1 \leqq t \leqq 2$ のとき

$$0 \leqq x \leqq 4$$

よって, x の最大値は

$$f(-1) = f(2) = \underline{\mathbf{4}}$$

次に, $g(x) = \dfrac{x^2 + 3x + 6}{x + 1}$ とおくと

$$g'(x)$$
$$= \frac{(2x+3)(x+1) - (x^2+3x+6)}{(x+1)^2}$$
$$= \frac{x^2 + 2x - 3}{(x+1)^2}$$
$$= \frac{(x-1)(x+3)}{(x+1)^2}$$

より, $y = g(x)$ の $0 \leqq x \leqq 4$ における
増減表は次のようになる。

x	0	$\cdots$	1	$\cdots$	4
$g'(x)$		$-$	0	$+$	
$g(x)$	6	$\searrow$	5	$\nearrow$	$\dfrac{34}{5}$

したがって, y の最小値は

$$g(1) = \underline{\mathbf{5}}$$

4.45 $x^2 = t$ とおくと, $t \geqq 0$ であり,

$$f(x) = \frac{t^2 + 3t + 4}{t + 1} = g(t)$$ とおくと

$$g'(t)$$
$$= \frac{(2t+3)(t+1) - (t^2+3t+4)}{(t+1)^2}$$
$$= \frac{t^2 + 2t - 1}{(t+1)^2}$$

したがって, 増減表は次のようになる。

t	0	$\cdots$	$-1+\sqrt{2}$	$\cdots$
$g'(t)$		$-$	0	$+$
$g(t)$		$\searrow$		$\nearrow$

$$g(t) = \frac{t^2 + 3t + 4}{t + 1}$$
$$= \frac{(t^2 + 2t - 1) + t + 5}{t + 1}$$

より, $g(t) \, (= f(x))$ の最小値は

$$g(-1+\sqrt{2}) = \frac{(-1+\sqrt{2}) + 5}{(-1+\sqrt{2}) + 1}$$
$$= \underline{\mathbf{1 + 2\sqrt{2}}}$$

別解

$x^2 + 1 = u$ とおくと, $u \geqq 1$ であ
り, 相加平均・相乗平均の関係より

$$f(x) = \frac{(u-1)^2 + 3(u-1) + 4}{u}$$
$$= \frac{u^2 + u + 2}{u}$$
$$= 1 + u + \frac{2}{u}$$
$$\geqq 1 + 2\sqrt{u \cdot \frac{2}{u}}$$
$$= 1 + 2\sqrt{2}$$

等号は

$$u = \frac{2}{u}$$
$$\therefore \quad u = \sqrt{2} \, (\geqq 1)$$

のとき成立するから, $f(x)$ の最小値は
$1 + 2\sqrt{2}$ である。

4.46 (1) A から辺 BC に下ろした垂線の足を H とおく。

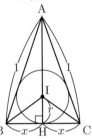

△ABC の面積 S は

$$S = \frac{1}{2}\text{BC}\cdot\text{AH}$$
$$= \frac{1}{2} \cdot 2x \cdot \sqrt{1^2 - x^2}$$
$$= x\sqrt{1 - x^2} \quad \cdots\cdots ①$$

一方，内接円の中心を I とおくと

$$△\text{ABC} = △\text{IBC} + △\text{ICA} + △\text{IAB}$$

であるから，内接円の半径 r を用いて

$$S = \frac{1}{2}r(\text{BC} + \text{CA} + \text{AB})$$
$$= \frac{1}{2}r(2x + 1 + 1)$$
$$= r(x + 1) \quad \cdots\cdots ②$$

と表すこともできる。①，②より

$$r(x + 1) = x\sqrt{1 - x^2}$$
$$\therefore \quad r = \frac{x\sqrt{1 - x^2}}{x + 1}$$
$$= x\sqrt{\frac{1 - x}{1 + x}} \ (0 < x < 1)$$

別解

$$s = \frac{1}{2}(\text{BC} + \text{CA} + \text{AB}) \text{ とおくと}$$
$$s = \frac{1}{2}(2x + 1 + 1)$$
$$= x + 1$$

であり，ヘロンの公式より

$$S = \sqrt{s(s - 2x)(s - 1)(s - 1)}$$
$$= \sqrt{(x + 1)(1 - x)x \cdot x}$$
$$= x\sqrt{1 - x^2}$$

として，①を求めることもできる。

(2) (1) の結果より

$$r^2 = \frac{x^2(1 - x)}{x + 1} \ (0 < x < 1)$$

であり，r が最大となる x の値は，r^2 が最大となる x の値と一致する。

$$f(x) = \frac{x^2(1 - x)}{x + 1} \ (0 < x < 1)$$

とおくと

$$f(x) = \frac{-x^3 + x^2}{x + 1}$$
$$= -x^2 + 2x - 2 + \frac{2}{x + 1}$$
$$f'(x)$$
$$= -2x + 2 - \frac{2}{(x + 1)^2}$$
$$= \frac{-2(x - 1)(x + 1)^2 - 2}{(x + 1)^2}$$
$$= \frac{-2(x^3 + x^2 - x - 1) - 2}{(x + 1)^2}$$
$$= \frac{-2x(x^2 + x - 1)}{(x + 1)^2}$$
$$= \frac{-2x\left(x - \frac{-1 - \sqrt{5}}{2}\right)\left(x - \frac{-1 + \sqrt{5}}{2}\right)}{(x + 1)^2}$$

$f(x)$ の増減表は次のようになる。

x	(0)	$\cdots$	$\frac{\sqrt{5} - 1}{2}$	$\cdots$	(1)
$f'(x)$		$+$	0	$-$	
$f(x)$		↗		↘	

よって，$f(x)$ が最大となる x，すなわち，r が最大となる x は

$$x = \frac{\sqrt{5} - 1}{2}$$

4.47 四角形 PQRS の面積を $f(k)$ $(0 < k < 2)$ とおく。

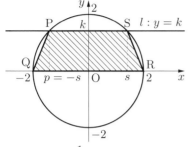

$$f(k) = \frac{1}{2}(\mathrm{PS} + \mathrm{QR})k$$

$$= \frac{1}{2}(2s + 4)k = k(s + 2)$$

であり，$s^2 + k^2 = 4$，$s > 0$ なので

$$f(k) = k(\sqrt{4 - k^2} + 2)$$

であるから

$f'(k)$

$$= 1 \cdot (\sqrt{4-k^2}+2) + k \cdot \frac{-2k}{2\sqrt{4-k^2}}$$

$$= \frac{(4 - k^2 + 2\sqrt{4 - k^2}) - k^2}{\sqrt{4 - k^2}}$$

$$= \frac{2(2 - k^2 + \sqrt{4 - k^2})}{\sqrt{4 - k^2}}$$

$$= \frac{2\{(4 - k^2) + \sqrt{4 - k^2} - 2\}}{\sqrt{4 - k^2}}$$

$$= \frac{2(\sqrt{4 - k^2} + 2)(\sqrt{4 - k^2} - 1)}{\sqrt{4 - k^2}}$$

$$= \frac{2(\sqrt{4 - k^2} + 2)(3 - k^2)}{\sqrt{4 - k^2}(\sqrt{4 - k^2} + 1)}$$

よって，$0 < k < 2$ における $f(k)$ の増減表は次のようになる。

k	(0)	$\cdots$	$\sqrt{3}$	$\cdots$	(2)
$f'(k)$		$+$	0	$-$	
$f(k)$		$\nearrow$		$\searrow$	

したがって，$f(k)$ は $k = \sqrt{3}$ のとき

最大値 $M = f(\sqrt{3}) = \mathbf{3\sqrt{3}}$

をとる。

別解

次の図のように

$$\angle \mathrm{ROS} = \theta \left(0 < \theta < \frac{\pi}{2}\right)$$

とおき，四角形 PQRS の面積を $f(\theta)$ とおく。

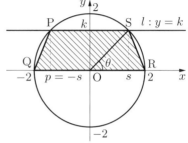

$$f(\theta) = \frac{1}{2}(\mathrm{PS} + \mathrm{QR})k$$

$$= \frac{1}{2}(2 \cdot 2\cos\theta + 4) \cdot 2\sin\theta$$

$$= 4(\cos\theta + 1)\sin\theta$$

$f'(\theta)$

$$= 4\{-\sin\theta \cdot \sin\theta + (\cos\theta + 1) \cdot \cos\theta\}$$

$$= 4\{-(1 - \cos^2\theta) + \cos^2\theta + \cos\theta\}$$

$$= 4(2\cos^2\theta + \cos\theta - 1)$$

$$= 4(\cos\theta + 1)(2\cos\theta - 1)$$

よって，$0 < \theta < \frac{\pi}{2}$ における $f(\theta)$ の増減表は次のようになる。

θ	(0)	$\cdots$	$\dfrac{\pi}{3}$	$\cdots$	$\left(\dfrac{\pi}{2}\right)$
$f'(\theta)$		$+$	0	$-$	
$f(\theta)$		$\nearrow$		$\searrow$	

したがって，$f(\theta)$ は $\theta = \dfrac{\pi}{3}$ のとき

最大値 $M = f\left(\dfrac{\pi}{3}\right)$

$$= 4 \cdot \left(\frac{1}{2} + 1\right) \cdot \frac{\sqrt{3}}{2}$$

$$= 3\sqrt{3}$$

をとる。

📖 問題

方程式への応用 ⋯⋯⋯⋯⋯⋯⋯⋯⋯⋯⋯⋯⋯⋯⋯⋯⋯⋯⋯⋯⋯⋯⋯⋯⋯

☐ **4.48** 区間 $0 \leq x \leq \pi$ において，方程式 $4\sin^3 x + 3\sqrt{3}\cos x + 2 = k$ の実数解の個数を求めよ。ただし，k は定数である。 （千葉大 改）

☐ **4.49** (1) 曲線 $y = e^x$ 上の点 $(t,\ e^t)$ における接線の方程式を求めよ。

(2) 方程式 $e^x = ax$ が実数解をもたない a の値の範囲を求めよ。

（西日本工大）

☐ **4.50** $x \neq 0$ で定義された関数 $f(x) = \dfrac{1}{x} + \dfrac{1}{x^2}$ について，$y = f(x)$ の表す曲線を C とする。点 $(1,\ t)$ を通る C の接線がちょうど 3 本あるような t の値の範囲を求めよ。 （東京農工大 改）

不等式への応用 ⋯⋯⋯⋯⋯⋯⋯⋯⋯⋯⋯⋯⋯⋯⋯⋯⋯⋯⋯⋯⋯⋯⋯⋯⋯

☐ **4.51** $x > 0$ のとき，$x > \sin x > x - \dfrac{1}{6}x^3$ であることを示せ。 （茨城大）

☐ **4.52** $x > 0$ のとき，任意の自然数 n に対して次の不等式が成立することを数学的帰納法で証明せよ。
$$e^x > 1 + x + \frac{x^2}{2!} + \frac{x^3}{3!} + \cdots + \frac{x^n}{n!}$$
（宇都宮大）

☐ **4.53** (1) $\log x$ を x の自然対数とする。このとき，関数 $f(x) = \dfrac{\log x}{x}$ $(x > 0)$ の極値，および $y = f(x)$ のグラフと x 軸との交点を求め，$y = f(x)$ のグラフの概形をかけ。

(2) a を正の数とする。不等式 $a^x \geq x^a$ が，$x \geq a$ である任意の x に対して成り立つような，a の範囲を求めよ。 （東北大）

チェック・チェック

4.48　定数分離

方程式 $f(x) = k$ の実数解は，曲線 $y = f(x)$ のグラフと直線 $y = k$ との共有点の x 座標ですね。$y = f(x)$ のグラフをかいて，直線 $y = k$ を動かしてみましょう。

4.49　2 つのグラフの共有点

(2) は $f(x) = e^x$ と $g(x) = ax$ のグラフの共有点を調べればよいですね。(1) を無視して，$\dfrac{e^x}{x} = a \ (x \neq 0)$ と変形する（定数 a を分離する）解法もあります。

4.50　接線の本数

まずは曲線上の点 $(a, f(a))$ における接線の方程式をつくり，点 $(1, t)$ を通るための条件 $(*)$ を求めます。ここで，$f'(x) = -\dfrac{x+2}{x^3}$ より $f(x)$ は極値を 1 つしかもたないので，$y = f(x)$ のグラフに相異なる 2 点で接する直線は存在しません。したがって，接点の個数と接線の本数は一致するので，あとは，条件 $(*)$ をみたす a が 3 個存在するための t の値の範囲を求めましょう。

4.51　$\sin x$ の級数展開

ある区間で不等式 $f(x) > g(x)$ が成立することを示すには，この区間で $h(x) = f(x) - g(x) > 0$ が成立することを示せばよいわけです。$h(x)$ が微分可能ならば

「$h'(x)$ から，$h(x)$ の増減を調べ，$h(x)$ の最小値 > 0 を示す」

ことになります。$h'(x)$ の符号が不明な場合はさらに，$\{h'(x)\}' = h''(x)$ を用いて，$h'(x)$ の増減を調べて，$\cdots$ と微分を繰り返すことも少なくありません。

4.52　e^x の級数展開

$F_n(x) = e^x - \left(1 + x + \dfrac{x^2}{2!} + \dfrac{x^3}{3!} + \cdots + \dfrac{x^n}{n!} \right) > 0$ を示せばよいですね。数学的帰納法を用いるわけですが，$F_{k+1}{}'(x)$ と $F_k(x)$ の関係に注意して下さい。

4.53　$y = \dfrac{\log x}{x}$ のグラフの応用

(1) $\displaystyle \lim_{x \to \infty} \dfrac{\log x}{x} = 0$ は覚えておくべき事実です。

(2) $x \geqq a > 0$ のとき，$a^x \geqq x^a$ であることは $\log a^x \geqq \log x^a$ と一致します。これをうまく変形すると，(1) のグラフが利用できます。

解答・解説

4.48 $f(x) = 4\sin^3 x + 3\sqrt{3}\cos x + 2$
とおくと

$$f'(x) = 12\sin^2 x\cos x - 3\sqrt{3}\sin x$$
$$= 3\sin x(4\sin x\cos x - \sqrt{3})$$
$$= 3\sin x(2\sin 2x - \sqrt{3})$$

$0 \leqq x \leqq \pi$ において,

$\sin x = 0$ となるのは $\qquad x = 0,\ \pi$

$\sin 2x = \dfrac{\sqrt{3}}{2}$ となるのは $x = \dfrac{\pi}{6},\ \dfrac{\pi}{3}$

より, 増減表は次のようになる。

x	0	$\cdots$	$\dfrac{\pi}{6}$	$\cdots$
$f'(x)$	0	$-$	0	$+$
$f(x)$	$2+3\sqrt{3}$	$\searrow$	7	$\nearrow$

$\dfrac{\pi}{3}$	$\cdots$	π
0	$-$	0
$2+3\sqrt{3}$	$\searrow$	$2-3\sqrt{3}$

これより, $y = f(x)$ のグラフは次の図
のようになる。

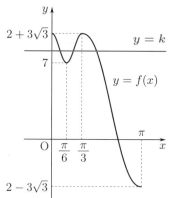

したがって, 曲線 $y = f(x)$ と直線
$y = k$ との共有点の個数を調べること
により, $f(x) = k$ の実数解の個数は

$$\begin{cases} k < 2 - 3\sqrt{3},\ k > 2 + 3\sqrt{3} \\ \qquad\qquad \text{のとき 0 個} \\ 2 - 3\sqrt{3} \leqq k < 7 \text{ のとき 1 個} \\ k = 7,\ 2 + 3\sqrt{3} \quad \text{のとき 2 個} \\ 7 < k < 2 + 3\sqrt{3} \text{ のとき 3 個} \end{cases}$$

4.49 (1) $y = e^x$ より $y' = e^x$ なので,
点 $(t,\ e^t)$ における接線の方程式は

$$y = e^t(x - t) + e^t$$
$$\therefore\quad \underline{y = e^t x - e^t(t - 1)}$$

(2)

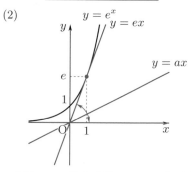

曲線 $y = e^x$ と直線 $y = ax$ とが共
有点をもたないような a の範囲を求め
る。(1) で求めた接線が原点 $(0,\ 0)$ を通
るとき

$$0 = -e^t(t - 1)$$
$$\therefore\quad t = 1$$

よって, 原点を通る接線の方程式は

$$y = ex$$

グラフより, 共有点をもたない a の範囲
は

$$\underline{0 \leqq a < e}$$

別解

$x = 0$ は $e^x = ax$ の解とはならない
から, $\dfrac{e^x}{x} = a$ と変形し, $f(x) = \dfrac{e^x}{x}$
とおいて, 曲線 $y = f(x)$ と直線 $y = a$

とが共有点をもたないような a の範囲を求める。

$$f'(x) = \frac{(e^x)' \cdot x - e^x \cdot (x)'}{x^2}$$

$$= \frac{xe^x - e^x}{x^2} = \frac{(x-1)e^x}{x^2}$$

より，$f(x)$ の増減表は次のようになる。

x	$\cdots$	0	$\cdots$	1	$\cdots$
$f'(x)$	$-$		$-$	0	$+$
$f(x)$	$\searrow$		$\searrow$	e	$\nearrow$

$$\lim_{x \to -0} f(x) = -\infty, \quad \lim_{x \to +0} f(x) = \infty,$$

$$\lim_{x \to -\infty} f(x) = 0, \quad \lim_{x \to \infty} f(x) = \infty \text{ より}$$

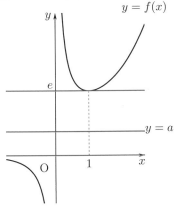

$y = f(x)$ のグラフは上図のようになるので，共有点をもたない a の範囲は

$$0 \leqq a < e$$

4.50 $f(x) = \dfrac{1}{x} + \dfrac{1}{x^2}$ より

$$f'(x) = -\frac{1}{x^2} - \frac{2}{x^3} = -\frac{x+2}{x^3}$$

よって，C 上の点 $(a, f(a))$ における接線の方程式は

$$y = -\frac{a+2}{a^3}(x-a) + \frac{1}{a} + \frac{1}{a^2}$$

$$= -\frac{a+2}{a^3}x + \frac{2}{a} + \frac{3}{a^2}$$

これが点 $(1, t)$ を通るための条件は

$$t = -\frac{a+2}{a^3} + \frac{2}{a} + \frac{3}{a^2}$$

$$= \frac{2a^2 + 2a - 2}{a^3}$$

である。点 $(1, t)$ を通る C の接線がちょうど3本あるような t の値の範囲を求めるには，$g(a) = \dfrac{2(a^2 + a - 1)}{a^3}$ として，$y = g(a)$ と $y = t$ のグラフの共有点が3個となるための t の条件を求めればよい。

$$g'(a)$$

$$= 2 \cdot \frac{(2a+1)a^3 - (a^2 + a - 1) \cdot 3a^2}{a^6}$$

$$= -\frac{2(a^2 + 2a - 3)}{a^4}$$

$$= -\frac{2(a+3)(a-1)}{a^4}$$

より，$g(a)$ の増減表は次のようになる。

a	$\cdots$	-3	$\cdots$
$g'(a)$	$-$	0	$+$
$g(a)$	$\searrow$	$-\dfrac{10}{27}$	$\nearrow$

(0)	$\cdots$	1	$\cdots$
	$+$	0	$-$
	$\nearrow$	2	$\searrow$

さらに

$$\lim_{a \to \pm\infty} g(a) = 0$$

$$\lim_{a \to +0} g(a) = -\infty, \quad \lim_{a \to -0} g(a) = \infty$$

より，$y = g(a)$ のグラフは次の図のようになる。

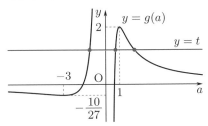

したがって，曲線 $y = g(a)$ が直線 $y = t$ と共有点を 3 個もつための条件は

$$-\frac{10}{27} < t < 0, \quad 0 < t < 2$$

4.51 $f(x) = x - \sin x$ とおくと，$f'(x) = 1 - \cos x$ である。よって，$x > 0$ のとき，n を自然数として

$$x = 2n\pi \text{ のとき} \quad f'(x) = 0$$
$$x \neq 2n\pi \text{ のとき} \quad f'(x) > 0$$

したがって，$x > 0$ のとき

$$f(x) > f(0) = 0$$

より，$x > 0$ のとき $x > \sin x$ である。
次に

$$g(x) = \sin x - \left(x - \frac{1}{6}x^3 \right)$$
$$= \sin x - x + \frac{1}{6}x^3$$

とおくと

$$g'(x) = \cos x - 1 + \frac{1}{2}x^2$$
$$g''(x) = -\sin x + x$$
$$= f(x) > 0 \ (x > 0)$$

よって，$g'(x)$ は単調増加であり，$g'(x) > g'(0) = 0$ から，$g(x)$ もまた単調増加である。よって，$x > 0$ のとき

$$g(x) > g(0) = 0$$

以上より，$x > 0$ のとき

$$x > \sin x > x - \frac{1}{6}x^3$$

が成り立つ。　　　　　　（証明終）

【参考】
$\sin x$ については

$$\sin x = x - \frac{x^3}{3!} + \frac{x^5}{5!} - \cdots$$
$$(-\infty < x < \infty)$$

が成り立ち，$x > 0$ のとき

$$x - \frac{x^3}{3!} < \sin x < x$$

である。

4.52 $F_n(x) = e^x - 1 - x$

$$-\frac{x^2}{2!} - \frac{x^3}{3!} - \cdots - \frac{x^n}{n!}$$

とおき，$x > 0$ において $F_n(x) > 0$ が成り立つことを数学的帰納法で証明する。

(I) $n = 1$ のとき

$$F_1(x) = e^x - 1 - x$$
$$\therefore \ F_1'(x) = e^x - 1 > 0 \ (x > 0)$$

より $F_1(x)$ は単調増加であり，$x > 0$ のとき

$$F_1(x) > F_1(0) = 0$$

よって，$n = 1$ のときに成立する。

(II) $n = k$ のときに成り立つと仮定すると

$$F_{k+1}(x) = e^x - 1 - x - \frac{x^2}{2!} - \frac{x^3}{3!}$$
$$- \cdots - \frac{x^k}{k!} - \frac{x^{k+1}}{(k+1)!}$$
$$F_{k+1}'(x) = e^x - 1 - x - \frac{x^2}{2!}$$
$$- \cdots - \frac{x^{k-1}}{(k-1)!} - \frac{x^k}{k!}$$
$$= F_k(x) > 0$$

$F_{k+1}(x)$ は単調増加であり

$$F_{k+1}(x) > F_{k+1}(0) = 0$$

よって，$n = k+1$ のときも成り立つ。

(I)，(II) より，すべての自然数 n に対して $F_n(x) > 0$ が成り立つ。　（証明終）

【参考】
e^x については

$$e^x$$
$$= 1 + x + \frac{x^2}{2!} + \frac{x^3}{3!} + \cdots + \frac{x^n}{n!} + \cdots$$
$$(-\infty < x < \infty)$$

が成り立つ。

4.53 (1) $f(x) = \dfrac{\log x}{x}$ $(x > 0)$ より

$$f'(x) = \dfrac{1 - \log x}{x^2}$$

であるから，$f'(x) = 0$ を解くと

$$x = e$$

よって，$f(x)$ の増減表は次のようになる。

x	(0)	$\cdots$	e	$\cdots$
$f'(x)$		$+$	0	$-$
$f(x)$		↗	極大	↘

したがって

$$\underline{\text{極大値 } \dfrac{1}{e} \ (\boldsymbol{x = e} \text{ のとき})}$$

また，$f(x) = \dfrac{\log x}{x} = 0$ を解いて

$$x = 1$$

したがって，x 軸との交点は **(1, 0)**

であり

$$\lim_{x \to \infty} f(x) = 0, \ \lim_{x \to +0} f(x) = -\infty$$

より，グラフの概形は <u>次の図</u> のようになる。

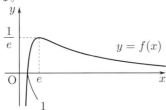

(2) $a > 0$，$x > 0$ より，$a^x \geqq x^a$ を変形すると

$$x \log a \geqq a \log x$$

$$\dfrac{\log x}{x} \leqq \dfrac{\log a}{a}$$

$$\therefore \quad f(x) \leqq f(a)$$

$x \geqq a$ となる任意の x で，$f(x) \leqq f(a)$ が成り立つのは，$x \geqq a$ における

$y = f(x)$ の最大値が $f(a)$ となる場合である。$y = f(x)$ のグラフから，このような a の範囲は

$$\underline{\boldsymbol{a \geqq e}}$$

📖 問題

速度・加速度 ⋯⋯⋯⋯⋯⋯⋯⋯⋯⋯⋯⋯⋯⋯⋯⋯⋯⋯⋯⋯⋯⋯⋯⋯⋯⋯⋯⋯

☐ **4.54** 直線軌道を走る電車がブレーキをかけ始めてから止まるまでの間について，t 秒間に走る距離を x メートルとすると，
$$x = 16(t - 3at^2 + 4a^2t^3 - 2a^3t^4)$$
であるという。ここで，a は運転席にある調節レバーによって値を調節できる正の定数である。

(1) ブレーキをかけ始めてから t 秒後の電車の速度 $v = \dfrac{dx}{dt}$ を t と a で表せ。

(2) 駅まで 200 メートルの地点でブレーキをかけ始めたときにちょうど駅で電車が止まったとする。そのときの a の値を求めよ。

(3) 乗客の安全のため，電車の加速度 $\alpha = \dfrac{d^2x}{dt^2}$ の大きさ $|\alpha|$ が 1 を超えない範囲にレバーを調節しておく規則になっている。このとき，ブレーキをかけ始めてから止まるまでの距離を最小にする a の値とそのときの距離を求めよ。 (立教大)

☐ **4.55** 座標平面上を運動する点 P の時刻 t における座標を
$$x = e^t \cos t, \quad y = e^t \sin t$$
とするとき，次の問に答えよ。

(1) 時刻 t における点 P の速度 $\vec{v}$ およびその大きさ $|\vec{v}|$ を求めよ。

(2) $t = \dfrac{\pi}{2}$ のとき，ベクトル $\vec{v}$ が x 軸の正の向きとのなす角 α を求めよ。

(3) 原点を O とするとき，ベクトル $\vec{v}$ とベクトル $\overrightarrow{OP}$ のなす角 θ は一定であることを示し，θ を求めよ。 (香川大)

§ 2：微分法の応用

チェック・チェック

基本 check！

直線上の点の速度・加速度

数直線上を運動する点 P の座標 x が，時刻 t の関数として $x = f(t)$ と表されるとき，時刻 t における点 P の速度，加速度は

速度：$v = \dfrac{dx}{dt} = f'(t)$

加速度：$\alpha = \dfrac{dv}{dt} = \dfrac{d^2x}{dt^2} = f''(t)$

であり，速度の絶対値 $|v|$ を点 P の速さという。

平面上の点の速度・加速度

平面上を運動する点 P の座標 $(x,\ y)$ が，時刻 t の関数として $x = f(t)$, $y = g(t)$ と表されるとき，時刻 t における点 P の速度，加速度は

速度：$\overrightarrow{v} = \left(\dfrac{dx}{dt},\ \dfrac{dy}{dt} \right)$

加速度：$\overrightarrow{\alpha} = \left(\dfrac{d^2x}{dt^2},\ \dfrac{d^2y}{dt^2} \right)$

であり，速度の絶対値 $|v|$，すなわち

$$|\overrightarrow{v}| = \sqrt{\left(\dfrac{dx}{dt} \right)^2 + \left(\dfrac{dy}{dt} \right)^2}$$

を点 P の速さという。

4.54 直線上の運動

電車が止まるというのは，速度が 0 になる，つまり $v = 0$ であるということです。

4.55 平面上の運動

(1) 平面上の点の速度の定義を確認しておきましょう。

(2) $\overrightarrow{v}$ が x 軸の正の向きとなす角を求めるには

$$\overrightarrow{v} = k(\cos\alpha,\ \sin\alpha) \quad (k\ \text{は正の定数})$$

をみたすような角 α を探します。

(3) $\overrightarrow{v}$ と $\overrightarrow{OP}$ の内積を用いて，$\cos\theta$ を求められます。

$\overrightarrow{OP}$ と x 軸とのなす角が t であることに着目し，(2) のように，$\overrightarrow{v}$ が x 軸の正の向きとなす角を調べて考えることもできます。

解答・解説

4.54 $x = 16(t - 3at^2 + 4a^2t^3 - 2a^3t^4)$

(1) $v = \dfrac{dx}{dt}$

$\quad = \mathbf{16(1 - 6at + 12a^2t^2 - 8a^3t^3)}$

(2) $v = 0$ を解くと

$16(1 - 6at + 12a^2t^2 - 8a^3t^3) = 0$

$(1 - 2at)^3 = 0$

$2at = 1$

$\therefore \ t = \dfrac{1}{2a}$

となるので，ブレーキをかけ始めてから止まるまでの距離を x_0 とすると

$x_0 = 16\left\{ \dfrac{1}{2a} - 3a \cdot \left(\dfrac{1}{2a}\right)^2 \right.$

$\qquad \left. + 4a^2 \cdot \left(\dfrac{1}{2a}\right)^3 - 2a^3 \cdot \left(\dfrac{1}{2a}\right)^4 \right\}$

$\quad = 16\left(\dfrac{1}{2a} - \dfrac{3}{4a} + \dfrac{1}{2a} - \dfrac{1}{8a} \right)$

$\quad = 16 \cdot \dfrac{1}{8a}$

$\quad = \dfrac{2}{a}$

よって，$x_0 = 200$ のとき

$\dfrac{2}{a} = 200$

$\therefore \ \mathbf{a = \dfrac{1}{100}}$

(3) $\alpha = \dfrac{d^2x}{dt^2} = \dfrac{dv}{dt}$

$\quad = 16(-6a + 24a^2t - 24a^3t^2)$

$\quad = 16 \cdot (-24a^3)\left(t^2 - \dfrac{t}{a} + \dfrac{1}{4a^2} \right)$

$\quad = -384a^3 \left(t - \dfrac{1}{2a} \right)^2$

$\therefore \ |\alpha| = 384a^3 \left(t - \dfrac{1}{2a} \right)^2$

$0 \leqq t \leqq \dfrac{1}{2a}$ における $|\alpha|$ の最大値は

$96a \ (t = 0)$

よって，$|\alpha| \leqq 1$ とするには $96a \leqq 1$ で

あればよく，これと $a > 0$ を合わせて

$0 < a \leqq \dfrac{1}{96}$

この範囲において

$x_0 = \dfrac{2}{a}$

より，x_0 が最小となるのは $\mathbf{a = \dfrac{1}{96}}$ の

ときであり，そのときの距離は

$\dfrac{2}{\frac{1}{96}} = \mathbf{192 \ (メートル)}$

4.55 (1) $x = e^t \cos t, \ y = e^t \sin t$

より

$\dfrac{dx}{dt} = (e^t)' \cos t + e^t (\cos t)'$

$\quad = e^t \cos t - e^t \sin t$

$\quad = e^t (\cos t - \sin t)$

$\dfrac{dy}{dt} = (e^t)' \sin t + e^t (\sin t)'$

$\quad = e^t \sin t + e^t \cos t$

$\quad = e^t (\cos t + \sin t)$

よって

$\vec{v} = \left(\dfrac{dx}{dt}, \ \dfrac{dy}{dt} \right)$

$\quad = \underline{(e^t (\cos t - \sin t), \ e^t (\cos t + \sin t))}$

$|\vec{v}|$

$\quad = \sqrt{\{e^t(\cos t - \sin t)\}^2 + \{e^t(\cos t + \sin t)\}^2}$

$\quad = e^t \sqrt{(1 - 2\cos t \sin t) + (1 + 2\cos t \sin t)}$

$\quad = \mathbf{\sqrt{2}e^t}$

(2) $t = \dfrac{\pi}{2}$ のとき

$\vec{v} = \left(e^{\frac{\pi}{2}}(0 - 1), \ e^{\frac{\pi}{2}}(0 + 1) \right)$

$\quad = e^{\frac{\pi}{2}}(-1, \ 1)$

$\quad = \sqrt{2}e^{\frac{\pi}{2}} \left(\cos \dfrac{3}{4}\pi, \ \sin \dfrac{3}{4}\pi \right)$

$$\therefore \quad \alpha = \frac{3}{4}\pi$$

(3) $\overrightarrow{\mathrm{OP}} = (e^t \cos t,\ e^t \sin t)$ なので

$$\begin{aligned}
\left|\overrightarrow{\mathrm{OP}}\right| &= \sqrt{(e^t \cos t)^2 + (e^t \sin t)^2} \\
&= e^t
\end{aligned}$$

$$\begin{aligned}
&\vec{v} \cdot \overrightarrow{\mathrm{OP}} \\
&= e^t(\cos t - \sin t) \times e^t \cos t \\
&\qquad + e^t(\cos t + \sin t) \times e^t \sin t \\
&= e^{2t}
\end{aligned}$$

よって

$$\begin{aligned}
\cos\theta &= \frac{\vec{v} \cdot \overrightarrow{\mathrm{OP}}}{|\vec{v}||\overrightarrow{\mathrm{OP}}|} \\
&= \frac{e^{2t}}{\sqrt{2}e^t \times e^t} \\
&= \frac{1}{\sqrt{2}} \quad (\text{一定})
\end{aligned}$$

となるので，θ は一定であり

$$\theta = \frac{\pi}{4}$$

別解

$\overrightarrow{\mathrm{OP}} = e^t(\cos t,\ \sin t)$ より，$\overrightarrow{\mathrm{OP}}$ と x 軸とのなす角は t である。

また

$$\begin{aligned}
&\vec{v} \\
&= \sqrt{2}e^t \left(\cos t \cos\frac{\pi}{4} - \sin t \sin\frac{\pi}{4},\right. \\
&\qquad\qquad \left.\sin t \cos\frac{\pi}{4} + \cos t \sin\frac{\pi}{4}\right) \\
&= \sqrt{2}e^t \left(\cos\left(t+\frac{\pi}{4}\right),\ \sin\left(t+\frac{\pi}{4}\right)\right)
\end{aligned}$$

より，$\vec{v}$ と x 軸とのなす角は $t + \frac{\pi}{4}$ である。以上より

$$\begin{aligned}
\theta &= \left| t - \left(t+\frac{\pi}{4}\right)\right| \\
&= \frac{\pi}{4} \quad (\text{一定})
\end{aligned}$$

📖 問題

近似式 ···

☐ **4.56** $\cos 61°$ の近似値を求めたい。$y = \cos x$ の 1 次の近似式を用いて計算し，小数第 3 位を四捨五入すると，$\cos 61° \fallingdotseq 0.\boxed{}$ を得る。ただし，$\pi = 3.14$, $\sqrt{3} = 1.73$ として用いてよい。 （上智大）

☐ **4.57** 関数 $f(x) = \sqrt{x^2 - 2x + 2}$ について，次の問に答えよ。

(1) 微分係数 $f'(1)$ を求めよ。

(2) $\displaystyle\lim_{x \to 1} \frac{f'(x)}{x - 1}$ を求めよ。

(3) x が 1 に十分近いときの近似式 $f'(x) \fallingdotseq a + b(x-1)$ の係数 a, b を求めよ。

(4) (3) の結果を用いて，x が 1 に十分近いときの近似式
$$f(x) \fallingdotseq A + B(x-1) + C(x-1)^2$$
の係数 A, B, C を求めよ。 （徳島大）

チェック・チェック

基本 check！

1 次近似

　$f(x)$ が $x = a$ で微分可能であるとき，$x = a$ に近い関数値 $f(a+h)$ は h の 1 次式で近似できる。

　微分係数 $f'(a)$ は

$$f'(a) = \lim_{h \to 0} \frac{f(a+h) - f(a)}{h}$$

であるから，$|h|$ が十分小さいとき

$$f'(a) ≒ \frac{f(a+h) - f(a)}{h}$$

すなわち

$$f(a+h) ≒ f(a) + f'(a)h$$

が成り立つ。これは $f(a+h)$ を接線で近似したもので，1 次近似とよばれる。

2 次近似

$$f(a) = g(a),\ f'(a) = g'(a),\ f''(a) = g''(a)$$

をみたす 2 次関数 $g(x) = px^2 + qx + r$ によって $f(a+h)$ を近似し，$f(a+h) ≒ g(a+h)$ とみると，$|h|$ が十分小さいとき

$$f(a+h) ≒ f(a) + f'(a)h + \frac{f''(a)}{2}h^2$$

が成り立ち，2 次近似とよばれる。

　さらに，n 回まで微分可能ならば，n 次の導関数を $f^{(n)}(x)$ と書くと

$$f(a+h) ≒ f(a) + f'(a)h + \frac{f''(a)}{2}h^2 + \cdots + \frac{f^{(n)}(a)}{n!}h^n$$

が成り立つ。

4.56 **1 次近似**

　$\cos 61° = \cos(60° + 1°) = \cos\left(\dfrac{\pi}{3} + \dfrac{\pi}{180}\right)$ と変形し，

$$f(a+h) ≒ f(a) + hf'(a)$$

と 1 次近似しましょう。

4.57 **2 次近似**

　(3) は $f'(1)$ の 1 次近似，(4) は $f(1)$ の 2 次近似が問われています。

解答・解説

4.56　$\cos 61° = \cos\left(\dfrac{\pi}{3} + \dfrac{\pi}{180}\right)$

$\dfrac{\pi}{180}$ は十分小さいから

$$f(x) = \cos x,$$
$$a = \dfrac{\pi}{3}, \ h = \dfrac{\pi}{180}$$

とおくと

$$f(a+h) \fallingdotseq f(a) + hf'(a)$$

と近似することができる。

$$f'(x) = -\sin x$$

であるから，$\pi = 3.14$, $\sqrt{3} = 1.73$ として計算すると

$$\cos 61° \fallingdotseq \cos\dfrac{\pi}{3} + \dfrac{\pi}{180}\left(-\sin\dfrac{\pi}{3}\right)$$
$$= \dfrac{1}{2} - \dfrac{\pi}{180} \times \dfrac{\sqrt{3}}{2}$$
$$= \dfrac{1}{2} - \dfrac{3.14 \times 1.73}{360}$$
$$= 0.5 - 0.01508\cdots$$
$$= 0.484\cdots$$

よって，小数第 3 位を四捨五入すると
$$\cos 61° \fallingdotseq 0.\underline{\mathbf{48}}$$

4.57　(1) $f(x) = (x^2 - 2x + 2)^{\frac{1}{2}}$ より

$$f'(x)$$
$$= \dfrac{1}{2}\cdot(x^2-2x+2)^{-\frac{1}{2}}\cdot(x^2-2x+2)'$$
$$= \dfrac{1}{2}\cdot\dfrac{1}{\sqrt{x^2-2x+2}}\cdot(2x-2)$$
$$= \dfrac{x-1}{\sqrt{x^2-2x+2}}$$

よって

$$f'(1) = \dfrac{1-1}{\sqrt{1^2-2\cdot1+2}} = \mathbf{0}$$

(2)　$\displaystyle\lim_{x\to1}\dfrac{f'(x)}{x-1}$

$$= \lim_{x\to1}\dfrac{1}{x-1}\cdot\dfrac{x-1}{\sqrt{x^2-2x+2}}$$
$$= \lim_{x\to1}\dfrac{1}{\sqrt{x^2-2x+2}}$$

$$= \dfrac{1}{\sqrt{1^2-2\cdot1+2}}$$
$$= \mathbf{1}$$

(3) x が 1 に十分近いとき

$$\dfrac{f'(x)}{x-1} \fallingdotseq 1$$

としてよいので
$$f'(x) \fallingdotseq 0 + 1\cdot(x-1)$$

よって

$$\underline{\boldsymbol{a = 0, \ b = 1}}$$

別解

h が 0 に十分近いときの近似式
$$f'(\alpha+h) \fallingdotseq f'(\alpha) + f''(\alpha)h$$
に，$\alpha = 1$, $h = x-1$ を代入すると
$$f'(x) \fallingdotseq f'(1) + f''(1)(x-1)$$
よって，$a = f'(1)$, $b = f''(1)$ である。
ここで

$$f''(x)$$
$$= \dfrac{(x-1)'\sqrt{x^2-2x+2}}{-(x-1)(\sqrt{x^2-2x+2})'}\Big/(\sqrt{x^2-2x+2})^2$$

$$= \dfrac{\sqrt{x^2-2x+2}-(x-1)\cdot\dfrac{x-1}{\sqrt{x^2-2x+2}}}{x^2-2x+2}$$

$$= \dfrac{x^2-2x+2-(x-1)^2}{(x^2-2x+2)^{\frac{3}{2}}}$$
$$= \dfrac{1}{(x^2-2x+2)^{\frac{3}{2}}}$$

$$\therefore \ f''(1) = \dfrac{1}{(1^2-2\cdot1+2)^{\frac{3}{2}}}$$
$$= 1$$

より
$$a = 0, \ b = 1$$

(4) $f(x) \fallingdotseq A + B(x-1) + C(x-1)^2$
の両辺を x で微分すると
$$f'(x) \fallingdotseq B + 2C(x-1)$$
これと (3) の結果より
$$B = a, \ 2C = b$$
$$\therefore \quad B = 0, \ C = \frac{1}{2}$$
また，$x = 1$ のときは
$$f(1) = A$$
としてよいから
$$A = \sqrt{1^2 - 2 \cdot 1 + 2} = 1$$
以上より
$$\boldsymbol{A = 1, \ B = 0, \ C = \frac{1}{2}}$$

別解

h が 0 に十分近いときの近似式
$$\begin{aligned} f(\alpha + h) &\fallingdotseq f(\alpha) + f'(\alpha)h \\ &\quad + \frac{f''(\alpha)}{2}h^2 \end{aligned}$$
に，$\alpha = 1$，$h = x - 1$ を代入すると
$$\begin{aligned} f(x) &\fallingdotseq f(1) + f'(1) \cdot (x-1) \\ &\quad + \frac{f''(1)}{2}(x-1)^2 \end{aligned}$$
であり，$f(x) \fallingdotseq A + B(x-1) + C(x-1)^2$
と比較すると
$$A = f(1) = 1,$$
$$B = f'(1) = 0,$$
$$C = \frac{f''(1)}{2} = \frac{1}{2}$$

§1　積分の計算

📖 問題

積分の公式

□ **5.1** 次の問いに答えよ。

(1) $\displaystyle\int_0^1 \sqrt{x}(1+x)\,dx = \boxed{}$　　　　　　（東北学院大）

(2) 定積分 $\displaystyle\int_0^1 (x+1-\sqrt{x})^2\,dx$ の値を求めよ。　　（岡山理科大）

□ **5.2** 次の問いに答えよ。

(1) $\displaystyle\int_0^{\frac{1}{2}\pi} \sin x\,dx = \boxed{}$ である。また $\displaystyle\int_0^{\frac{3}{2}\pi} \cos x\,dx = \boxed{}$ である。
（北海道工大）

(2) $1+\tan^2 x = \dfrac{1}{\cos^2 x}$ を利用して，不定積分 $\displaystyle\int \tan^2 x\,dx$ を求めよ。
（佐賀大）

□ **5.3** 次の問いに答えよ。

(1) 定積分 $\displaystyle\int_{-1}^{\log 2} e^{|x|}e^x\,dx$ を求めよ。　　　　　　（茨城大）

(2) $\displaystyle\int 8^{2-x}\,dx$ を求めると $\boxed{}$ である。　　（静岡理工科大）

□ **5.4** 次の問いに答えよ。

(1) e が自然対数の底であるとき，$\displaystyle\int_{\frac{1}{e}}^{e} \dfrac{dx}{x} = \boxed{}$ である。　　（神奈川大）

(2) 次の関数の不定積分を求めなさい。

$$\frac{x^4}{x+1}$$
（福島大）

チェック・チェック

基本 check！

不定積分の定義

$$F'(x) = f(x) \iff \int f(x)\,dx = F(x) + C \ (C \text{ は積分定数})$$

以下，C は積分定数を表すものとする。

基本関数の不定積分

(I) $\displaystyle\int x^\alpha\,dx = \frac{1}{\alpha+1}x^{\alpha+1} + C$ （αは実数, $\alpha \ne -1$）

(II) $\displaystyle\int \sin x\,dx = -\cos x + C,\ \int \cos x\,dx = \sin x + C$

$\displaystyle\int \frac{1}{\cos^2 x}\,dx = \tan x + C$

(III) $\displaystyle\int e^x\,dx = e^x + C,\ \int a^x\,dx = \frac{1}{\log a}a^x + C$ （$a > 0,\ a \ne 1$）

(IV) $\displaystyle\int \frac{1}{x}\,dx = \log|x| + C$

(V) $F(x)$ が $f(x)$ の原始関数であるとき，$F'(ax+b) = a\,f(ax+b)$ より

$\displaystyle\int f(ax+b)\,dx = \frac{1}{a}F(ax+b) + C$ （$a \ne 0$）

5.1 x^α **の積分**

(1) $\sqrt{x}(1+x) = x^{\frac{1}{2}} + x^{\frac{3}{2}}$ とみて積分しましょう。

(2) $(x + 1 - \sqrt{x})^2$ を展開します。

5.2 **三角関数の積分**

三角関数の相互関係や 2 倍角，3 倍角，合成の公式，積を和に直す公式を用いる積分は 246 ページで扱います。ここでは，公式 (II) を確認しておきましょう。

5.3 **指数関数の積分**

(1) $e^{|x|} = \begin{cases} e^x & (x \geqq 0) \\ e^{-x} & (x < 0) \end{cases}$ です。絶対値記号をはずすために，積分区間を分けて考えます。

(2) $8^{2-x} = 8^2 \cdot 8^{-x}$ です。$\displaystyle\int 8^{-x}\,dx$ は公式 (III), (V) を用います。

5.4 **対数関数の積分**

(2) x^4 を $x + 1$ で割った商と余りを考えて，$\dfrac{x^4}{x+1}$ を変形しましょう。

解答・解説

5.1 (1) $\displaystyle\int_0^1 \sqrt{x}(1+x)\,dx$

$\displaystyle = \int_0^1 \left(x^{\frac{1}{2}} + x^{\frac{3}{2}}\right)\,dx$

$\displaystyle = \left[\frac{2}{3}x^{\frac{3}{2}} + \frac{2}{5}x^{\frac{5}{2}}\right]_0^1$

$\displaystyle = \frac{2}{3} + \frac{2}{5}$

$\displaystyle = \underline{\frac{16}{15}}$

(2) $\displaystyle\int_0^1 (x+1-\sqrt{x})^2\,dx$

$\displaystyle = \int_0^1 (x^2 + 1 + x + 2x - 2\sqrt{x} - 2x\sqrt{x})\,dx$

$\displaystyle = \int_0^1 \left(x^2 + 3x + 1 - 2x^{\frac{1}{2}} - 2x^{\frac{3}{2}}\right)\,dx$

$\displaystyle = \left[\frac{1}{3}x^3 + \frac{3}{2}x^2 + x - \frac{4}{3}x^{\frac{3}{2}} - \frac{4}{5}x^{\frac{5}{2}}\right]_0^1$

$\displaystyle = \frac{1}{3} + \frac{3}{2} + 1 - \frac{4}{3} - \frac{4}{5}$

$\displaystyle = \underline{\frac{7}{10}}$

5.2 (1) $\displaystyle\int_0^{\frac{1}{2}\pi} \sin x\,dx$

$\displaystyle = \left[-\cos x\right]_0^{\frac{\pi}{2}}$

$\displaystyle = -\cos\frac{\pi}{2} + \cos 0$

$= \underline{1}$

$\displaystyle\int_0^{\frac{3}{2}\pi} \cos x\,dx$

$\displaystyle = \left[\sin x\right]_0^{\frac{3}{2}\pi}$

$\displaystyle = \sin\frac{3}{2}\pi - \sin 0$

$= \underline{-1}$

(2) $1 + \tan^2 x = \dfrac{1}{\cos^2 x}$ であるから

$\displaystyle\int \tan^2 x\,dx$

$\displaystyle = \int \left(\frac{1}{\cos^2 x} - 1\right)\,dx$

$= \underline{\boldsymbol{\tan x - x + C}}$ （C は積分定数）

5.3 (1) $\displaystyle\int_{-1}^{\log 2} e^{|x|}e^x\,dx$

$\displaystyle = \int_{-1}^0 e^{-x}e^x\,dx + \int_0^{\log 2} e^x \cdot e^x\,dx$

$\displaystyle = \int_{-1}^0 dx + \int_0^{\log 2} e^{2x}\,dx$

$\displaystyle = \left[x\right]_{-1}^0 + \left[\frac{1}{2}e^{2x}\right]_0^{\log 2}$

$\displaystyle = 1 + \frac{1}{2}(e^{2\log 2} - 1)$

$\displaystyle = 1 + \frac{1}{2}(e^{\log 4} - 1)$

$\displaystyle = 1 + \frac{1}{2}(4 - 1)$

$\displaystyle = \underline{\frac{5}{2}}$

(2) $\displaystyle\int 8^{2-x}\,dx$

$\displaystyle = 8^2 \int 8^{-x}\,dx$

$\displaystyle = 8^2 \int \left(-\frac{1}{\log 8}8^{-x}\right)'\,dx$

$\displaystyle = \underline{-\frac{\boldsymbol{8^{2-x}}}{\boldsymbol{\log 8}} + \boldsymbol{C}}$ （C は積分定数）

別解

$\displaystyle\int 8^{2-x}\,dx$

$\displaystyle = 8^2 \int e^{\log 8^{-x}}\,dx$

$\displaystyle = 8^2 \int e^{-x \cdot \log 8}\,dx$

$$= 8^2 \int e^{(-\log 8)x}\, dx$$

$$= 8^2 \cdot \left(-\frac{1}{\log 8} \right) e^{(-\log 8)x} + C$$

$$= -\frac{8^2}{\log 8} e^{\log 8^{-x}} + C$$

$$= -\frac{8^2}{\log 8} 8^{-x} + C$$

$$= -\frac{8^{2-x}}{\log 8} + C \quad (C\ \text{は積分定数})$$

5.4 (1)
$$\int_{\frac{1}{e}}^{e} \frac{dx}{x} = \left[\log |x| \right]_{\frac{1}{e}}^{e}$$

$$= \log e - \log \frac{1}{e}$$

$$= 1 - (-1)$$

$$= \underline{\mathbf{2}}$$

(2) x^4 を $x+1$ で割ると

$$x^4$$
$$= (x+1)(x^3 - x^2 + x - 1) + 1$$

$$
\begin{array}{r|rrrrr}
-1 & 1 & 0 & 0 & 0 & 0 \\
   &   & -1 & 1 & -1 & 1 \\
\hline
   & 1 & -1 & 1 & -1 & \boxed{1}
\end{array}
$$

よって

$$\int \frac{x^4}{x+1}\, dx$$

$$= \int \left(x^3 - x^2 + x - 1 + \frac{1}{x+1} \right) dx$$

$$= \underline{\frac{x^4}{4} - \frac{x^3}{3} + \frac{x^2}{2} - x}$$
$$\underline{+ \log |x+1| + C}$$

$$(C\ \text{は積分定数})$$

問題

置換積分 ···

☐ **5.5** 次の問いに答えよ。

(1) $\displaystyle\int_0^1 x(1-x)^n\,dx$ (n は自然数) を求めよ。 （広島市立大）

(2) 関数 $f(x) = \dfrac{x}{\sqrt{2x+1}}$ の不定積分は，$\displaystyle\int f(x)\,dx = \boxed{} + C$ である。
ただし，C は積分定数とする。 （宮崎大）

(3) 次の定積分を計算せよ。 $\displaystyle\int_1^e 5^{\log x}\,dx$ （横浜国立大）

☐ **5.6** 次の問いに答えよ。

(1) $\displaystyle\int_0^1 \dfrac{2x+3}{x^2+3x+2}\,dx = \log \boxed{}$ （拓殖大）

(2) 不定積分 $\displaystyle\int \dfrac{x}{\sqrt{1+x^2}}\,dx$ を求めよ。 （愛媛大）

(3) 不定積分 $\displaystyle\int xe^{x^2}\,dx$ を求めよ。 （東京都市大）

☐ **5.7** 関数 $f(x) = \dfrac{x^2}{1+e^x}$ について
$$g(x) = f(x) + f(-x),\ \ h(x) = f(x) - f(-x)$$
とおく。以下の問いに答えよ。ただし，e は自然対数の底である。

(1) 定積分 $\displaystyle\int_{-1}^1 g(x)\,dx$ の値を求めよ。

(2) $h(x)$ は奇関数であることを示せ。

(3) 定積分 $\displaystyle\int_{-1}^1 f(x)\,dx$ の値を求めよ。 （愛知教育大）

📖 チェック・チェック

基本 check！

置換積分①：積分変数 x を置き換える

$x = g(t)$ のもとで

$$\int f(x)\,dx = \int f(g(t))g'(t)\,dt = \int f(g(t))\frac{dx}{dt}\,dt$$

$x = g(t),\ a = g(\alpha),\ b = g(\beta)$ のもとで

$$\int_a^b f(x)\,dx = \int_\alpha^\beta f(g(t))g'(t)\,dt$$

置換積分②：関数 $g(x)$ をひとかたまりとみる

$$\int f(g(x))g'(x)\,dx = \int f(u)\,du \quad ただし \quad g(x) = u$$

特殊な場合として，$f(x)$ の不定積分の 1 つを $F(x)$ とすると

$$\int f(ax+b)\,dx = \frac{1}{a}F(ax+b) + C \quad (a \neq 0)$$

$$\int \{f(x)\}^\alpha f'(x)\,dx = \frac{1}{\alpha+1}\{f(x)\}^{\alpha+1} + C \quad (\alpha は実数,\ \alpha \neq -1)$$

$$\int \frac{f'(x)}{f(x)}\,dx = \log|f(x)| + C$$

5.5 積分変数を置き換える

(1) は $1 - x = t$，(2) は $\sqrt{2x+1} = t$，(3) は $\log x = t$ と置き換えます。

5.6 関数をひとかたまりとみる

(1)
$$\int_0^1 \frac{2x+3}{x^2+3x+2}\,dx = \int_0^1 \frac{(x^2+3x+2)'}{x^2+3x+2}\,dx$$

に気付くと，$x^2 + 3x + 2$ をひとかたまりとみることができます。

(2) $1 + x^2$ をひとかたまりとみることができます。$x^2 = t$ とおくこともできます。

(3) x^2 をひとかたまりとみることができます。

5.7 偶関数・奇関数

任意の実数 x に対して，$f(-x) = f(x)$ をみたす関数 $f(x)$ を偶関数，$f(-x) = -f(x)$ をみたす関数 $f(x)$ を奇関数といいます。

置換積分法を用いると

$$\int_{-a}^a f(x)\,dx = \begin{cases} 2\displaystyle\int_0^a f(x)\,dx & (f(x)\ が偶関数のとき) \\ 0 & (f(x)\ が奇関数のとき) \end{cases}$$

の成立が確認できます。この性質をうまく利用しましょう。

📖 解答・解説

5.5 (1) $1 - x = t$ とおくと，

$x = 1 - t$ であり，$\dfrac{dx}{dt} = -1$ より

$$dx = -dt$$

x	0	$\to$	1
t	1	$\to$	0

となるから

$$\int_0^1 x(1-x)^n \, dx$$

$$= \int_1^0 (1-t)t^n \cdot (-1) \, dt$$

$$= \int_0^1 (t^n - t^{n+1}) \, dt$$

$$= \left[\frac{1}{n+1}t^{n+1} - \frac{1}{n+2}t^{n+2} \right]_0^1$$

$$= \frac{1}{n+1} - \frac{1}{n+2}$$

$$= \frac{1}{(n+1)(n+2)}$$

別解

部分積分を用いると

$$\int_0^1 x(1-x)^n \, dx$$

$$= \int_0^1 x \left\{ -\frac{1}{n+1}(1-x)^{n+1} \right\}' \, dx$$

$$= \left[-\frac{1}{n+1}x(1-x)^{n+1} \right]_0^1$$

$$\qquad + \frac{1}{n+1}\int_0^1 1 \cdot (1-x)^{n+1} \, dx$$

$$= \frac{1}{n+1}\left[-\frac{1}{n+2}(1-x)^{n+2} \right]_0^1$$

$$= \frac{1}{(n+1)(n+2)}$$

(2) $\sqrt{2x+1} = t$ とおくと，

$x = \dfrac{t^2 - 1}{2}$ であり，$\dfrac{dx}{dt} = t$ より

$$dx = t \, dt$$

となるから

$$\int f(x) \, dx$$

$$= \int \frac{t^2 - 1}{2t} \cdot t \, dt$$

$$= \int \frac{t^2 - 1}{2} \, dt$$

$$= \frac{1}{6}t^3 - \frac{1}{2}t + C$$

$$= \frac{1}{6}t(t^2 - 3) + C$$

$$= \frac{1}{6}\sqrt{2x+1}\{(2x+1) - 3\} + C$$

$$= \frac{1}{3}(x-1)\sqrt{2x+1} + C$$

$$(C \text{ は積分定数})$$

(3) $\log x = t$ とおくと，$x = e^t$ であ

り，$\dfrac{dx}{dt} = e^t$ より

$$dx = e^t \, dt$$

x	1	$\to$	e
t	0	$\to$	1

となるから

$$\int_1^e 5^{\log x} \, dx = \int_0^1 5^t e^t \, dt$$

$$= \int_0^1 (5e)^t \, dt$$

$$= \left[\frac{(5e)^t}{\log(5e)} \right]_0^1$$

$$= \frac{5e - 1}{\log(5e)}$$

$$= \frac{5e - 1}{1 + \log 5}$$

別解

$$5^{\log x} = \left(e^{\log 5} \right)^{\log x}$$

$$= \left(e^{\log x} \right)^{\log 5}$$

$$= x^{\log 5}$$

なので

$$\int_1^e 5^{\log x} \, dx$$

$$= \int_1^e x^{\log 5}\, dx$$

$$= \left[\frac{1}{1+\log 5} x^{1+\log 5} \right]_1^e$$

$$= \frac{e^{1+\log 5} - 1}{1+\log 5}$$

$$= \frac{5e - 1}{1+\log 5}$$

5.6 (1) $\displaystyle\int_0^1 \frac{2x+3}{x^2+3x+2}\, dx$

$$= \int_0^1 \frac{(x^2+3x+2)'}{x^2+3x+2}\, dx$$

$$= \left[\log |x^2+3x+2| \right]_0^1$$

$$= \log 6 - \log 2$$

$$= \log \underline{\mathbf{3}}$$

(2) $\displaystyle\int \frac{x}{\sqrt{1+x^2}}\, dx$

$$= \int \frac{1}{2} \cdot \frac{(1+x^2)'}{\sqrt{1+x^2}}\, dx$$

$$= \frac{1}{2} \cdot (2\sqrt{1+x^2}) + C$$

$$= \underline{\sqrt{1+x^2} + C}\ (C \text{ は積分定数})$$

別解

$x^2 = t$ と置き換えてもよい。

$$2x\, dx = dt$$

$$\therefore\quad x\, dx = \frac{1}{2}\, dt$$

であるから

$$\int \frac{x}{\sqrt{1+x^2}}\, dx$$

$$= \int \frac{1}{\sqrt{1+t}} \cdot \frac{1}{2}\, dt$$

$$= \frac{1}{2} \cdot (2\sqrt{1+t}) + C$$

$$= \sqrt{1+x^2} + C\ (C \text{ は積分定数})$$

(3) $\displaystyle\int xe^{x^2}\, dx = \int e^{x^2} \cdot \frac{(x^2)'}{2}\, dx$

$$= \underline{\frac{1}{2}e^{x^2} + C}$$

$$(C \text{ は積分定数})$$

5.7 (1) $g(x)$ を整理すると

$$g(x) = f(x) + f(-x)$$

$$= \frac{x^2}{1+e^x} + \frac{(-x)^2}{1+e^{-x}}$$

$$= \frac{x^2}{1+e^x} + \frac{x^2 e^x}{e^x + 1}$$

$$= \frac{x^2(1+e^x)}{1+e^x}$$

$$= x^2$$

$g(x)$ が偶関数であることに注意すると

$$\int_{-1}^1 g(x)\, dx = \int_{-1}^1 x^2\, dx$$

$$= 2\int_0^1 x^2\, dx$$

$$= 2\left[\frac{x^3}{3} \right]_0^1$$

$$= \underline{\frac{\mathbf{2}}{\mathbf{3}}}$$

(2) $h(-x) = -h(x)$ を示せばよい。

$$h(-x) = f(-x) - f(-(-x))$$

$$= f(-x) - f(x)$$

$$= -\{f(x) - f(-x)\}$$

$$= -h(x)$$

よって，$h(x)$ は奇関数である。

(証明終)

(3) $f(x)$ を $g(x)$，$h(x)$ で表し，(1)，(2) の利用を考える。

$$g(x) + h(x) = 2f(x)$$

が成り立つから

$$\int_{-1}^1 f(x)\, dx$$

$$= \frac{1}{2}\int_{-1}^1 \{g(x) + h(x)\}\, dx$$

$$= \frac{1}{2}\left(\frac{2}{3} + 0 \right)$$

$$= \underline{\frac{\mathbf{1}}{\mathbf{3}}}$$

📖 問題

部分積分 ···

☐ **5.8** 部分積分の公式は $\displaystyle\int f(x)g'(x)\,dx = \boxed{}$ である。この公式を用いて不定積分 $\displaystyle\int \log x\,dx = \boxed{}$ となる。　　（静岡理工科大）

☐ **5.9** 次の問いに答えよ。

(1) $\displaystyle\int_0^1 xe^x\,dx$　　　　　　　　　　　　　　　　　　（北見工大）

(2) $\displaystyle\int_0^1 x2^x\,dx$　　　　　　　　　　　　　　　　　　（会津大）

☐ **5.10** 次の問いに答えよ。

(1) $\displaystyle\int_0^{\frac{\pi}{4}} \frac{x}{\cos^2 x}\,dx$ を求めよ。　　　　　　　　　　　（広島市立大）

(2) $\displaystyle\int_0^{\frac{\pi}{4}} (x^2+1)\cos 2x\,dx$　　　　　　　　　　　　（学習院大）

チェック・チェック

基本 check !

部分積分

$$\int f'(x)g(x)\,dx = f(x)g(x) - \int f(x)g'(x)\,dx$$

積分する　　そのまま

そのまま　　微分する

この方法は，とくに

$$x^n \times (指数関数),\ x^n \times (三角関数),\ x^n \times (対数関数)$$

のときに有効である。この場合，指数関数・三角関数は $f'(x)$ とみて積分，対数関数は $g(x)$ とみて微分してみるとよい。

5.8　部分積分の公式

部分積分の公式を確認しておきましょう。また，$\displaystyle\int \log x\,dx$ は

$$\int \log x\,dx = \int 1 \cdot \log x\,dx = \int (x)' \log x\,dx$$

とみて部分積分します。

5.9　指数関数と部分積分

(1) e^x は微分しても積分しても式が変わりませんが，x は微分すると 1 になります。

(2) x を微分する方針で部分積分します。

5.10　三角関数と部分積分

(1) $\dfrac{1}{\cos^2 x}$ は積分すると $\tan x$ で，x は微分すると 1 になります。

(2) $x^2 + 1$ は 2 回微分すると 2 になります。2 回部分積分します。

解答・解説

5.8 積の微分公式
$$\{f(x)g(x)\}'$$
$$= f'(x)g(x) + f(x)g'(x)$$
を積分すると
$$f(x)g(x)$$
$$= \int f'(x)g(x)\,dx + \int f(x)g'(x)\,dx$$
であるから，部分積分の公式は
$$\int f(x)g'(x)\,dx$$
$$= \boldsymbol{f(x)g(x)} - \int \boldsymbol{f'(x)g(x)\,dx}$$

この公式を用いると
$$\int \log x\,dx$$
$$= \int (x)' \log x\,dx$$
$$= x \log x - \int x \cdot \frac{1}{x}\,dx$$
$$= \boldsymbol{x \log x - x + C}$$
$$(C \text{ は積分定数})$$

5.9 (1) $\displaystyle\int_0^1 xe^x\,dx$
$$= \int_0^1 x(e^x)'\,dx$$
$$= \Big[xe^x\Big]_0^1 - \int_0^1 e^x\,dx$$
$$= e - \Big[e^x\Big]_0^1$$
$$= e - (e-1)$$
$$= \underline{1}$$

(2) $\displaystyle\int_0^1 x2^x\,dx$
$$= \int_0^1 x\left(\frac{2^x}{\log 2}\right)'\,dx$$
$$= \left[\frac{x2^x}{\log 2}\right]_0^1 - \frac{1}{\log 2}\int_0^1 2^x\,dx$$

$$= \frac{2}{\log 2} - \frac{1}{\log 2}\left[\frac{2^x}{\log 2}\right]_0^1$$
$$= \frac{2}{\log 2} - \frac{1}{\log 2} \cdot \frac{2-1}{\log 2}$$
$$= \frac{2}{\log 2} - \frac{1}{(\log 2)^2}$$
$$= \boldsymbol{\frac{2\log 2 - 1}{(\log 2)^2}}$$

5.10 (1) $\displaystyle\int_0^{\frac{\pi}{4}} \frac{x}{\cos^2 x}\,dx$
$$= \int_0^{\frac{\pi}{4}} x(\tan x)'\,dx$$
$$= \Big[x\tan x\Big]_0^{\frac{\pi}{4}} - \int_0^{\frac{\pi}{4}} \tan x\,dx$$

ここで
$$\int_0^{\frac{\pi}{4}} \tan x\,dx$$
$$= \int_0^{\frac{\pi}{4}} \frac{\sin x}{\cos x}\,dx$$
$$= -\int_0^{\frac{\pi}{4}} \frac{(\cos x)'}{\cos x}\,dx$$
$$= -\Big[\log|\cos x|\Big]_0^{\frac{\pi}{4}}$$
$$= -\log\left|\cos\frac{\pi}{4}\right| + \log|\cos 0|$$
$$= -\log\frac{1}{\sqrt{2}}$$
$$= \frac{1}{2}\log 2$$
$$\therefore \int_0^{\frac{\pi}{4}} \frac{x}{\cos^2 x}\,dx$$
$$= \frac{\pi}{4}\tan\frac{\pi}{4} - \frac{1}{2}\log 2$$
$$= \boldsymbol{\frac{\pi}{4} - \frac{1}{2}\log 2}$$

(2) $\displaystyle\int_0^{\frac{\pi}{4}} (x^2 + 1) \cos 2x \, dx$

$\displaystyle = \int_0^{\frac{\pi}{4}} (x^2 + 1) \left(\frac{\sin 2x}{2} \right)' dx$

$\displaystyle = \left[(x^2 + 1) \cdot \frac{\sin 2x}{2} \right]_0^{\frac{\pi}{4}}$

$\displaystyle \qquad\qquad - \int_0^{\frac{\pi}{4}} 2x \cdot \frac{\sin 2x}{2} \, dx$

$\displaystyle = \frac{1}{2} \left(\frac{\pi^2}{16} + 1 \right) - \int_0^{\frac{\pi}{4}} x \sin 2x \, dx$

$\displaystyle = \frac{1}{2} \left(\frac{\pi^2}{16} + 1 \right)$

$\displaystyle \qquad - \left[x \left(-\frac{\cos 2x}{2} \right) \right]_0^{\frac{\pi}{4}}$

$\displaystyle \qquad\qquad + \int_0^{\frac{\pi}{4}} 1 \cdot \left(-\frac{\cos 2x}{2} \right) dx$

$\displaystyle = \frac{1}{2} \left(\frac{\pi^2}{16} + 1 \right) - 0 - \left[\frac{\sin 2x}{4} \right]_0^{\frac{\pi}{4}}$

$\displaystyle = \frac{1}{2} \left(\frac{\pi^2}{16} + 1 \right) - \frac{1}{4}$

$\displaystyle = \underline{\frac{\pi^2}{32} + \frac{1}{4}}$

📖 問題

有理関数の積分 ···

☐ **5.11** 次の定積分を求めよ。

(1) $\displaystyle\int_0^1 \frac{1}{(1+x^2)^2}\,dx$　　　　　(2) $\displaystyle\int_0^1 \frac{x}{1+x^2}\,dx$

（奈良教育大　改）

☐ **5.12** 分数関数 $f(x) = \dfrac{x^2+8x-6}{(x^2+2)(x+2)}$ を $f(x) = \dfrac{Ax+B}{x^2+2} + \dfrac{C}{x+2}$ のように部分分数に分解すると定数 A, B, C の値は

$$A = \boxed{}, \ B = \boxed{}, \ C = \boxed{}$$

したがって $\displaystyle\int_0^2 f(x)\,dx = \log \boxed{}$。ただし，対数は自然対数とする。（東洋大）

☐ **5.13** (1) $\dfrac{1}{1+\tan^2 t}$ を $\cos t$ を用いて表すと $\boxed{}$ である。

(2) $\displaystyle\int_0^1 \frac{1}{1+x^2}\,dx$ について，$x = \tan t$ とおいて置換積分法を用いると

$\displaystyle\int_0^1 \frac{1}{1+x^2}\,dx = \boxed{}$ である。

(3) $\displaystyle\int_0^1 \frac{1}{1+x^2}\,dx = \int_0^1 \frac{(x)'}{1+x^2}\,dx$ と考え，部分積分法を用いると

$\displaystyle\int_0^1 \frac{x^2}{(1+x^2)^2}\,dx = \boxed{}$ である。これより $\displaystyle\int_0^1 \frac{1}{(1+x^2)^2}\,dx = \boxed{}$
が得られる。

(4) 等式 $x(x+1)^2 = (ax+b)(x^2+1) + cx + d$ が x についての恒等式となるとき，定数 a, b, c, d の値は $a = \boxed{}$, $b = \boxed{}$, $c = \boxed{}$, $d = \boxed{}$ である。よって，

$$\int_0^1 \frac{x(1+x)^2}{(1+x^2)^2}\,dx = \int_0^1 \left\{ \frac{ax+b}{1+x^2} + \frac{cx+d}{(1+x^2)^2} \right\}\,dx = \boxed{}$$

である。

（東海大）

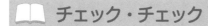

チェック・チェック

基本 check！

有理関数

$\dfrac{多項式}{多項式}$ の形の分数関数を有理関数といい，次のように積分できます。

(I) (分子の次数) $\geqq$ (分母の次数) のときは，次数下げを行う。

(II) $\displaystyle\int \dfrac{f'(x)}{f(x)}\,dx = \log|f(x)| + C$ が使えるときは，この公式を使う。

(III) 分母が因数分解できるときは

$$\dfrac{1}{(x+\alpha)(x+\beta)} = \dfrac{1}{\beta - \alpha}\left(\dfrac{1}{x+\alpha} - \dfrac{1}{x+\beta}\right)$$

と部分分数分解を行う。

(IV) 分母が $a^2 + (x-b)^2$ の形のときは

$$\int \dfrac{1}{a^2 + (x-b)^2}\,dx \Longrightarrow x - b = a\tan\theta$$

と置換して考える。

5.11 **分母が $1 + x^2$ を因数にもつ有理関数の積分 (1)**

(1) $x = \tan\theta$ とおきましょう。**5.13** (3) でも本問が登場します。

(2) 分子の x と，分母を微分したものとの関係を考えます。

5.12 **部分分数分解**

$f(x)$, $g(x)$ を多項式として，$\displaystyle\int \dfrac{f(x)}{g(x)}\,dx$ について，もし，分子の次数が，分母の次数より高いか，または等しいときには，$f(x)$ を $g(x)$ でわって，商 $Q(x)$，余り $R(x)$ を求めることによって

$$\dfrac{f(x)}{g(x)} = \dfrac{g(x)Q(x) + R(x)}{g(x)} = Q(x) + \dfrac{R(x)}{g(x)} \quad (R(x) \text{ の次数} < g(x) \text{ の次数})$$

と変形してから積分を行うのが定石です。有理関数の積分は最終的に

$$\dfrac{R(x)}{g(x)} \quad (R(x) \text{ の次数} < g(x) \text{ の次数})$$

の積分になります。分母 $g(x)$ を実数の範囲で因数分解し，部分分数分解を行います。未定係数法に慣れましょう。

5.13 **分母が $1 + x^2$ を因数にもつ有理関数の積分 (2)**

(4) $\dfrac{(3\,\text{次以下の多項式})}{(1+x^2)^2}$ は $\dfrac{(1\,\text{次式})}{1+x^2} + \dfrac{(1\,\text{次式})}{(1+x^2)^2}$ の形に部分分数分解されます。

解答・解説

5.11 (1) $x = \tan\theta$ とおくと

$$dx = \frac{1}{\cos^2\theta}\,d\theta$$

x	0	$\to$	1
θ	0	$\to$	$\frac{\pi}{4}$

となるから

$$\int_0^1 \frac{1}{(1+x^2)^2}\,dx$$

$$= \int_0^{\frac{\pi}{4}} \frac{1}{(1+\tan^2\theta)^2}\cdot\frac{1}{\cos^2\theta}\,d\theta$$

$$= \int_0^{\frac{\pi}{4}} \cos^4\theta\cdot\frac{1}{\cos^2\theta}\,d\theta$$

$$= \int_0^{\frac{\pi}{4}} \frac{1+\cos 2\theta}{2}\,d\theta \quad (\because \text{半角の公式})$$

$$= \frac{1}{2}\left[\theta + \frac{\sin 2\theta}{2}\right]_0^{\frac{\pi}{4}}$$

$$= \underline{\frac{\pi}{8} + \frac{1}{4}}$$

(2) 置換積分法より

$$\int_0^1 \frac{x}{1+x^2}\,dx$$

$$= \frac{1}{2}\int_0^1 \frac{(1+x^2)'}{1+x^2}\,dx$$

$$= \frac{1}{2}\left[\log|1+x^2|\right]_0^1$$

$$= \underline{\frac{1}{2}\log 2}$$

別解

$1 + x^2 = t$ とおくと

$$2x\,dx = dt$$

x	0	$\to$	1
t	1	$\to$	2

となるから

$$\int_0^1 \frac{x}{1+x^2}\,dx = \int_1^2 \frac{1}{t}\cdot\frac{1}{2}\,dt$$

$$= \left[\frac{1}{2}\log|t|\right]_1^2$$

$$= \frac{1}{2}\log 2$$

5.12 $\quad \dfrac{Ax+B}{x^2+2} + \dfrac{C}{x+2}$

$$= \frac{(Ax+B)(x+2) + C(x^2+2)}{(x^2+2)(x+2)}$$

より次の恒等式が成り立つ。

$$(Ax+B)(x+2) + C(x^2+2)$$
$$= x^2 + 8x - 6 \quad\cdots\cdots(*)$$

$x = -2$ とおくと

$$6C = -18 \qquad \therefore \quad \underline{C = -3}$$

$x = 0$ とおくと

$$2B + 2C = -6 \qquad \therefore \quad \underline{B = 0}$$

2 次の係数を比較して

$$A + C = 1 \qquad \therefore \quad \underline{A = 4}$$

逆に，$A = 4$, $B = 0$, $C = -3$ のとき
$(*)$ は恒等式となる。したがって

$$\int_0^2 f(x)\,dx$$

$$= \int_0^2 \left(\frac{4x}{x^2+2} - \frac{3}{x+2}\right)dx$$

$$= 2\int_0^2 \frac{(x^2+2)'}{x^2+2}\,dx - 3\int_0^2 \frac{(x+2)'}{x+2}\,dx$$

$$= 2\left[\log|x^2+2|\right]_0^2 - 3\left[\log|x+2|\right]_0^2$$

$$= 2(\log 6 - \log 2) - 3(\log 4 - \log 2)$$

$$= 2\log 3 - 3\log 2$$

$$= \log\underline{\frac{9}{8}}$$

5.13 (1) 等式 $\sin^2 t + \cos^2 t = 1$ の両辺を $\cos^2 t$ で割ると

$$\tan^2 t + 1 = \frac{1}{\cos^2 t}$$

$$\therefore \quad \frac{1}{1 + \tan^2 t} = \underline{\boldsymbol{\cos^2 t}}$$

(2) $x = \tan t$ とおくと

$$dx = \frac{1}{\cos^2 t} \, dt$$

x	0	$\to$	1
t	0	$\to$	$\frac{\pi}{4}$

となるから

$$\int_0^1 \frac{1}{1 + x^2} \, dx$$

$$= \int_0^{\frac{\pi}{4}} \cos^2 t \cdot \frac{1}{\cos^2 t} \, dt$$

$$= \Big[t \Big]_0^{\frac{\pi}{4}} = \underline{\frac{\pi}{4}} \quad \cdots\cdots ①$$

(3) $\displaystyle \int_0^1 \frac{1}{1 + x^2} \, dx = \int_0^1 \frac{(x)'}{1 + x^2} \, dx$

と考え，部分積分法を用いると

$$\int_0^1 \frac{1}{1 + x^2} \, dx$$

$$= \left[\frac{x}{1 + x^2} \right]_0^1$$

$$\qquad - \int_0^1 x \cdot \frac{1}{(1 + x^2)^2} (-2x) \, dx$$

$$= \frac{1}{2} + 2 \int_0^1 \frac{x^2}{(1 + x^2)^2} \, dx$$

左辺に (2) の結果を代入すると

$$\frac{\pi}{4} = \frac{1}{2} + 2 \int_0^1 \frac{x^2}{(1 + x^2)^2} \, dx$$

$$\therefore \quad \int_0^1 \frac{x^2}{(1 + x^2)^2} \, dx$$

$$= \frac{1}{2} \left(\frac{\pi}{4} - \frac{1}{2} \right)$$

$$= \underline{\frac{\pi}{8} - \frac{1}{4}} \quad \cdots\cdots ②$$

これより

$$\int_0^1 \frac{1}{(1 + x^2)^2} \, dx$$

$$= \int_0^1 \frac{(1 + x^2) - x^2}{(1 + x^2)^2} \, dx$$

$$= \int_0^1 \frac{1}{1 + x^2} \, dx - \int_0^1 \frac{x^2}{(1 + x^2)^2} \, dx$$

$$= \frac{\pi}{4} - \left(\frac{\pi}{8} - \frac{1}{4} \right) \quad (\because ①, ②)$$

$$= \underline{\frac{\pi}{8} + \frac{1}{4}} \quad \cdots\cdots ③$$

(4) 等式 $x(x+1)^2 = (ax+b)(x^2+1) + cx + d$，すなわち

$$x^3 + 2x^2 + x$$

$$= ax^3 + bx^2 + (a+c)x + (b+d)$$

は x についての恒等式だから

$$\begin{cases} 1 = a \\ 2 = b \\ 1 = a + c \\ 0 = b + d \end{cases}$$

$$\therefore \quad \underline{\boldsymbol{a = 1, \ b = 2, \ c = 0, \ d = -2}}$$

よって

$$\int_0^1 \frac{x(1+x)^2}{(1+x^2)^2} \, dx$$

$$= \int_0^1 \frac{(x+2)(x^2+1) - 2}{(1+x^2)^2} \, dx$$

$$= \int_0^1 \left\{ \frac{x+2}{1+x^2} - \frac{2}{(1+x^2)^2} \right\} \, dx$$

$$= \frac{1}{2} \int_0^1 \frac{(1+x^2)'}{1+x^2} \, dx$$

$$\qquad + 2 \int_0^1 \frac{1}{1+x^2} \, dx$$

$$\qquad - 2 \int_0^1 \frac{1}{(1+x^2)^2} \, dx$$

$$= \frac{1}{2} \Big[\log|1 + x^2| \Big]_0^1 + 2 \cdot \frac{\pi}{4}$$

$$\qquad - 2 \left(\frac{\pi}{8} + \frac{1}{4} \right) \quad (\because ①, ③)$$

$$= \underline{\frac{1}{2} \log 2 + \frac{\pi}{4} - \frac{1}{2}}$$

📖 問題

三角関数の積分 ⋯⋯⋯⋯⋯⋯⋯⋯⋯⋯⋯⋯⋯⋯⋯⋯⋯⋯⋯⋯⋯⋯⋯⋯⋯

☐ **5.14** 次の定積分を求めよ。

(1) $\displaystyle\int_0^\pi x|\cos x|\,dx$　　　　　　　　　　　　　　　（広島市立大）

(2) $\displaystyle\int_0^{\frac{\pi}{2}} |\sin x - \cos x|\,dx$　　　　　　　　　　　　（東洋大）

☐ **5.15** 次の定積分を求めよ。

(1) $\displaystyle\int_0^\pi \sin^3 x\,dx = \boxed{}$　　　　　　　　　（東京工科大）

(2) $\displaystyle\int_0^{\frac{\pi}{4}} \frac{1}{\cos\theta}\,d\theta$ を求めよ。　　　　　　　　（札幌医大）

(3) $\displaystyle\int_0^{\frac{\pi}{3}} \tan^3 x\,dx$ を求めよ。　　　　　　　　（学習院大）

☐ **5.16** m と n は正の整数とする。m と n が等しい場合と異なる場合に分けて次の定積分を行え。

(1) $\displaystyle\int_0^{2\pi} \cos mx \cos nx\,dx$　　　　　(2) $\displaystyle\int_0^{2\pi} \sin mx \cos nx\,dx$
ただし，x は実数変数である。　　　　　　　　　　　　　　（信州大）

☐ **5.17** 次の定積分を求めよ。

$$\int_0^{\frac{\pi}{2}} \frac{\sin\theta}{\sin\theta + \cos\theta}\,d\theta$$　　　　　　　　　（横浜国立大）

☐ **5.18** 次の問いに答えよ。

(1) $t = \tan\dfrac{x}{2}$ $(-\pi < x < \pi)$ とおく。このとき，$\sin x = \dfrac{2t}{1+t^2}$，
$\cos x = \dfrac{1-t^2}{1+t^2}$，$\dfrac{dx}{dt} = \dfrac{2}{1+t^2}$ であることを示せ。

(2) 定積分 $\displaystyle\int_0^{\frac{\pi}{2}} \frac{dx}{1 + \sin x + \cos x}$ を求めよ。　　　　（大阪教育大）

📖 チェック・チェック

5.14 絶対値記号を含む定積分

絶対値記号を含む定積分は，まず絶対値記号をはずします。必要であれば，グラフなどを利用して絶対値の中身の符号を調べましょう。

(2) は三角関数の合成を利用してもよいですね。

5.15 三角関数の公式を利用する定積分

2倍角，半角，3倍角などの公式を利用して次数下げします。

(1) 置換積分を利用することもできます。

(2) $\displaystyle\int \frac{1}{\cos\theta}\,d\theta = \int \frac{\cos\theta}{\cos^2\theta}\,d\theta = \int \frac{\cos\theta}{1-\sin^2\theta}\,d\theta$ なので，$\sin\theta = t$ と置換してみましょう。

(3) $1 + \tan^2 x = \dfrac{1}{\cos^2 x}$ を利用しましょう。

5.16 積を和に直す公式を利用する定積分

積を和に直す公式を利用して次数下げします。$\cos(m+n)x$, $\cos(m-n)x$ の積分において，$m > 0$, $n > 0$ より $m+n \neq 0$ ですが，$m-n$ については $m = n$, $m \neq n$ の場合分けが必要となります。

5.17 セットで処理する定積分

誘導なしの出題はつらいですね。$I = \displaystyle\int_0^{\frac{\pi}{2}} \frac{\sin\theta}{\sin\theta + \cos\theta}\,d\theta$ と

$J = \displaystyle\int_0^{\frac{\pi}{2}} \frac{\cos\theta}{\sin\theta + \cos\theta}\,d\theta$ のセットで考えます。$\theta = \dfrac{\pi}{2} - t$ とおくと，$\sin\theta = \cos t$, $\cos\theta = \sin t$ であることから，I と J の関係を考えましょう。

5.18 $t = \tan\dfrac{x}{2}$ を用いる定積分

$t = \tan\dfrac{x}{2}$ とおくことにより，$\sin x$, $\cos x$, $\dfrac{dx}{dt}$ を t の有理式で表すことができます。これは，三角関数は t の有理式で表すことができるということです。有理関数の積分は243ページを確認しましょう。

📖 解答・解説

5.14 (1) $0 \leqq x \leqq \dfrac{\pi}{2}$ のとき，$\cos x \geqq 0$，

$\dfrac{\pi}{2} \leqq x \leqq \pi$ のとき，$\cos x \leqq 0$ より

$$\int_0^\pi x |\cos x| \, dx$$

$$= \int_0^{\frac{\pi}{2}} x \cos x \, dx - \int_{\frac{\pi}{2}}^\pi x \cos x \, dx$$

ここで

$$\int x \cos x \, dx$$

$$= \int x (\sin x)' \, dx$$

$$= x \sin x - \int \sin x \, dx$$

$$= x \sin x + \cos x + C$$

$$(C \text{ は積分定数})$$

なので

$$\int_0^\pi x |\cos x| \, dx$$

$$= \Big[x \sin x + \cos x \Big]_0^{\frac{\pi}{2}} - \Big[x \sin x + \cos x \Big]_{\frac{\pi}{2}}^\pi$$

$$= 2 \times \left(\frac{\pi}{2} \sin \frac{\pi}{2} + \cos \frac{\pi}{2} \right) \\ - \cos 0 - (\pi \sin \pi + \cos \pi)$$

$$= \boldsymbol{\pi}$$

(2) $0 \leqq x \leqq \dfrac{\pi}{4}$ のとき，$\sin x \leqq \cos x$，

$\dfrac{\pi}{4} \leqq x \leqq \dfrac{\pi}{2}$ のとき，$\sin x \geqq \cos x$

である。

したがって

$$\int_0^{\frac{\pi}{2}} |\sin x - \cos x| \, dx$$

$$= \int_0^{\frac{\pi}{4}} (\cos x - \sin x) \, dx$$

$$\qquad - \int_{\frac{\pi}{4}}^{\frac{\pi}{2}} (\cos x - \sin x) \, dx$$

$$= \Big[\sin x + \cos x \Big]_0^{\frac{\pi}{4}} - \Big[\sin x + \cos x \Big]_{\frac{\pi}{4}}^{\frac{\pi}{2}}$$

$$= 2 \times \left(\frac{1}{\sqrt{2}} + \frac{1}{\sqrt{2}} \right) - \cos 0 - \sin \frac{\pi}{2}$$

$$= \boldsymbol{2\sqrt{2} - 2}$$

別解

合成の公式を利用してもよい。

$$\int_0^{\frac{\pi}{2}} |\sin x - \cos x| \, dx$$

$$= \sqrt{2} \int_0^{\frac{\pi}{2}} \left| \sin \left(x - \frac{\pi}{4} \right) \right| dx$$

$$= \sqrt{2} \left\{ - \int_0^{\frac{\pi}{4}} \sin \left(x - \frac{\pi}{4} \right) dx \right.$$

$$\left. + \int_{\frac{\pi}{4}}^{\frac{\pi}{2}} \sin \left(x - \frac{\pi}{4} \right) dx \right\}$$

$$= \sqrt{2} \left\{ \Big[\cos \left(x - \frac{\pi}{4} \right) \Big]_0^{\frac{\pi}{4}} - \Big[\cos \left(x - \frac{\pi}{4} \right) \Big]_{\frac{\pi}{4}}^{\frac{\pi}{2}} \right\}$$

$$= \sqrt{2} \left(1 - \frac{\sqrt{2}}{2} - \frac{\sqrt{2}}{2} + 1 \right)$$

$$= 2\sqrt{2} - 2$$

5.15 (1) $\displaystyle \int_0^\pi \sin^3 x \, dx$

$$= \int_0^\pi \sin^2 x \cdot \sin x \, dx$$

$$= \int_0^\pi (1 - \cos^2 x) \sin x \, dx$$

$$= \int_0^\pi \{ \sin x + \cos^2 x (\cos x)' \} \, dx$$

$$= \Big[- \cos x + \frac{1}{3} \cos^3 x \Big]_0^\pi$$

$$= -(-1) + \frac{1}{3}(-1) + 1 - \frac{1}{3}$$

$$= \frac{4}{3}$$

別解

sin の 3 倍角の公式より

$$\int_0^\pi \sin^3 x \, dx$$

$$= \frac{1}{4} \int_0^\pi (3 \sin x - \sin 3x) \, dx$$

$$= \frac{1}{4} \left[-3 \cos x + \frac{1}{3} \cos 3x \right]_0^\pi$$

$$= \frac{1}{4} \left(3 - \frac{1}{3} \right) - \frac{1}{4} \left(-3 + \frac{1}{3} \right)$$

$$= \frac{4}{3}$$

(2) $\displaystyle \int_0^{\frac{\pi}{4}} \frac{1}{\cos \theta} \, d\theta$

$$= \int_0^{\frac{\pi}{4}} \frac{\cos \theta}{\cos^2 \theta} \, d\theta$$

$$= \int_0^{\frac{\pi}{4}} \frac{\cos \theta}{1 - \sin^2 \theta} \, d\theta$$

$\sin \theta = t$ とおくと

$$\cos \theta \, d\theta = dt$$

θ	0	$\rightarrow$	$\dfrac{\pi}{4}$
t	0	$\rightarrow$	$\dfrac{1}{\sqrt{2}}$

となるから

$$\int_0^{\frac{\pi}{4}} \frac{1}{\cos \theta} \, d\theta$$

$$= \int_0^{\frac{1}{\sqrt{2}}} \frac{dt}{1 - t^2}$$

$$= \int_0^{\frac{1}{\sqrt{2}}} \frac{dt}{(1 + t)(1 - t)}$$

$$= \frac{1}{2} \int_0^{\frac{1}{\sqrt{2}}} \left(\frac{1}{1 + t} + \frac{1}{1 - t} \right) dt$$

$$= \frac{1}{2} \left[\log |1 + t| - \log |1 - t| \right]_0^{\frac{1}{\sqrt{2}}}$$

$$= \frac{1}{2} \left[\log \left| \frac{1 + t}{1 - t} \right| \right]_0^{\frac{1}{\sqrt{2}}}$$

$$= \frac{1}{2} \log \frac{\sqrt{2} + 1}{\sqrt{2} - 1}$$

$$= \frac{1}{2} \log \frac{(\sqrt{2} + 1)^2}{(\sqrt{2} - 1)(\sqrt{2} + 1)}$$

$$= \frac{1}{2} \log (\sqrt{2} + 1)^2$$

$$= \log(\sqrt{2} + 1)$$

別解

$$\int_0^{\frac{\pi}{4}} \frac{1}{\cos \theta} \, d\theta$$

$$= \int_0^{\frac{\pi}{4}} \frac{1 - \sin \theta + \sin \theta}{\cos \theta} \, d\theta$$

$$= \int_0^{\frac{\pi}{4}} \left(\frac{1 - \sin^2 \theta}{\cos \theta (1 + \sin \theta)} + \frac{\sin \theta}{\cos \theta} \right) d\theta$$

$$= \int_0^{\frac{\pi}{4}} \left(\frac{\cos \theta}{1 + \sin \theta} + \frac{\sin \theta}{\cos \theta} \right) d\theta$$

$$= \int_0^{\frac{\pi}{4}} \left(\frac{(1 + \sin \theta)'}{1 + \sin \theta} - \frac{(\cos \theta)'}{\cos \theta} \right) d\theta$$

$$= \left[\log |1 + \sin \theta| - \log |\cos \theta| \right]_0^{\frac{\pi}{4}}$$

$$= \left[\log \left| \frac{1 + \sin \theta}{\cos \theta} \right| \right]_0^{\frac{\pi}{4}}$$

$$= \log \sqrt{2} \left(1 + \frac{1}{\sqrt{2}} \right) - 0$$

$$= \log (\sqrt{2} + 1)$$

(3) $1 + \tan^2 x = \dfrac{1}{\cos^2 x}$ より

$$\int_0^{\frac{\pi}{3}} \tan^3 x \, dx$$

$$= \int_0^{\frac{\pi}{3}} \tan x \left(\frac{1}{\cos^2 x} - 1 \right) dx$$

$$= \int_0^{\frac{\pi}{3}} \left\{ \tan x (\tan x)' + \frac{(\cos x)'}{\cos x} \right\} dx$$

$$= \left[\frac{1}{2} \tan^2 x + \log |\cos x| \right]_0^{\frac{\pi}{3}}$$

$$= \frac{1}{2} (\sqrt{3})^2 + \log \frac{1}{2}$$

$$= \frac{3}{2} - \log 2$$

5.16 (1) $m = n$ のとき，半角の公式より

$$\int_0^{2\pi} \cos^2 mx \, dx$$

$$= \frac{1}{2} \int_0^{2\pi} (1 + \cos 2mx) \, dx$$

$$= \frac{1}{2} \left[x + \frac{1}{2m} \sin 2mx \right]_0^{2\pi}$$

$$= \underline{\pi}$$

$m \neq n$ のとき，積和の公式より

$$\int_0^{2\pi} \cos mx \cos nx \, dx$$

$$= \frac{1}{2} \int_0^{2\pi} \{\cos (m+n)x + \cos (m-n)x\} \, dx$$

$$= \frac{1}{2} \left[\frac{1}{m+n} \sin (m+n)x \right.$$

$$\left. + \frac{1}{m-n} \sin (m-n)x \right]_0^{2\pi}$$

$$= \underline{\mathbf{0}}$$

(2) $m = n$ のとき，$\sin$ の 2 倍角の公式より

$$\int_0^{2\pi} \sin mx \cos mx \, dx$$

$$= \frac{1}{2} \int_0^{2\pi} \sin 2mx \, dx$$

$$= \frac{1}{2} \left[-\frac{1}{2m} \cos 2mx \right]_0^{2\pi}$$

$$= -\frac{1}{4m} (\cos 4m\pi - \cos 0)$$

$$= \underline{\mathbf{0}}$$

$m \neq n$ のとき，積和の公式より

$$\int_0^{2\pi} \sin mx \cos nx \, dx$$

$$= \frac{1}{2} \int_0^{2\pi} \{\sin (m+n)x + \sin (m-n)x\} \, dx$$

$$= \frac{1}{2} \left[-\frac{1}{m+n} \cos (m+n)x \right.$$

$$\left. - \frac{1}{m-n} \cos (m-n)x \right]_0^{2\pi}$$

$$= -\frac{1}{2(m+n)} \{\cos 2(m+n)\pi - \cos 0\}$$

$$\qquad - \frac{1}{2(m-n)} \{\cos 2(m-n)\pi - \cos 0\}$$

$$= \underline{\mathbf{0}}$$

5.17 $I = \int_0^{\frac{\pi}{2}} \frac{\sin \theta}{\sin \theta + \cos \theta} \, d\theta$,

$J = \int_0^{\frac{\pi}{2}} \frac{\cos \theta}{\sin \theta + \cos \theta} \, d\theta$ とおく。

$\theta = \frac{\pi}{2} - t$ とおくと

$$d\theta = -dt$$

θ	0	$\to$	$\frac{\pi}{2}$
t	$\frac{\pi}{2}$	$\to$	0

となるから

$$I = \int_{\frac{\pi}{2}}^0 \frac{\sin\left(\frac{\pi}{2} - t\right) \cdot (-1)}{\sin\left(\frac{\pi}{2} - t\right) + \cos\left(\frac{\pi}{2} - t\right)} \, dt$$

$$= \int_0^{\frac{\pi}{2}} \frac{\cos t}{\cos t + \sin t} \, dt$$

$$= J$$

また

$$I + J = \int_0^{\frac{\pi}{2}} \frac{\sin \theta + \cos \theta}{\sin \theta + \cos \theta} \, d\theta$$

$$= \int_0^{\frac{\pi}{2}} d\theta = \frac{\pi}{2}$$

よって

$$2I = \frac{\pi}{2}$$

$$\therefore \quad I = \underline{\frac{\pi}{4}}$$

別解

上の I, J に対して

$$I + J = \int_0^{\frac{\pi}{2}} d\theta = \frac{\pi}{2} \quad \cdots \cdots ①$$

$$I - J = \int_0^{\frac{\pi}{2}} \frac{\sin \theta - \cos \theta}{\sin \theta + \cos \theta} \, d\theta$$

$$= -\int_0^{\frac{\pi}{2}} \frac{(\sin \theta + \cos \theta)'}{\sin \theta + \cos \theta} \, d\theta$$

$$= -\left[\log|\sin\theta + \cos\theta|\right]_0^{\frac{\pi}{2}}$$
$$= 0 \quad \cdots\cdots \text{②}$$

①，②より

$$I = \frac{\pi}{4}$$

5.18 (1) $t = \tan\dfrac{x}{2} \left(-\dfrac{\pi}{2} < \dfrac{x}{2} < \dfrac{\pi}{2}\right)$
とおくと

$$\sin x = 2\sin\frac{x}{2}\cos\frac{x}{2}$$
$$= 2\tan\frac{x}{2}\cos^2\frac{x}{2}$$
$$= \frac{2\tan\dfrac{x}{2}}{1 + \tan^2\dfrac{x}{2}}$$
$$= \frac{2t}{1 + t^2}$$
$$\cos x = 2\cos^2\frac{x}{2} - 1$$
$$= \frac{2}{1 + \tan^2\dfrac{x}{2}} - 1$$
$$= \frac{2}{1 + t^2} - 1$$
$$= \frac{1 - t^2}{1 + t^2}$$
$$\frac{dx}{dt} = \frac{1}{\dfrac{dt}{dx}}$$
$$= \frac{1}{\dfrac{1}{\cos^2\dfrac{x}{2}} \cdot \dfrac{1}{2}}$$
$$= \frac{2}{1 + \tan^2\dfrac{x}{2}}$$
$$= \frac{2}{1 + t^2} \qquad \text{（証明終）}$$

(2) $t = \tan\dfrac{x}{2}(-\pi < x < \pi)$ とおくと

$$dx = \frac{2}{1 + t^2}\,dt \quad (\because \ (1))$$

x	0	$\rightarrow$	$\dfrac{\pi}{2}$
t	0	$\rightarrow$	1

であり

$$\int_0^{\frac{\pi}{2}} \frac{dx}{1 + \sin x + \cos x}$$
$$= \int_0^1 \frac{1}{1 + \dfrac{2t}{1+t^2} + \dfrac{1-t^2}{1+t^2}} \cdot \frac{2}{1+t^2}\,dt$$
$$= \int_0^1 \frac{dt}{1 + t}$$
$$= \left[\log|1 + t|\right]_0^1$$
$$= \underline{\mathbf{\log 2}}$$

📖 問題

指数関数の積分 ·······································

□ **5.19** 次の問いに答えよ。

(1) $\displaystyle \int_0^1 \frac{dx}{1+e^{-x}}$ を求めよ。 （横浜国立大）

(2) $\displaystyle \int_{-1}^1 \frac{dx}{1+e^x} = \boxed{}$ （会津大）

(3) $\displaystyle \int_0^1 (x^2 - 3x + 1)e^{-x}\, dx$ を求めよ。 （大阪女子大）

(4) 不定積分 $\displaystyle 3\int (x^2 + 2x)e^x\, dx$ を求めよ。 （日本工大）

(5) 定積分 $\displaystyle \int_1^8 e^{-\sqrt{x}}\, dx$ を求めよ。 （浜松医大）

(6) 定積分 $\displaystyle \int_0^4 3^{\sqrt{x}}\, dx$ を求めよ。 （広島市立大）

□ **5.20** 次の定積分の値を求めよ。

(1) $\displaystyle \int_0^\pi e^{-x} \sin x\, dx$

(2) $\displaystyle \int_0^\pi e^{-x} x \sin x\, dx$ （信州大）

チェック・チェック

5.19 指数関数の積分

(1) $\dfrac{1}{1+e^{-x}} = \dfrac{e^x}{e^x+1}$ の積分です。

(2) (1) の考え方が応用できます。あるいは

$$\frac{1}{1+e^x} = \frac{(1+e^x)-e^x}{1+e^x} = 1 - \frac{e^x}{1+e^x}$$

と変形して積分することもできます。

(3)(4) いずれも $x^n \times$ (指数関数) の積分です。部分積分を実行すればよいですね。

[別解] で扱う公式

$$\int f(x)e^{-x}\,dx = -\{f(x)+f'(x)+f''(x)+\cdots\}e^{-x} + C$$

$$\int f(x)e^{x}\,dx = \{f(x)-f'(x)+f''(x)-\cdots\}e^{x} + C$$

も使えるようにしましょう。

(5)(6) $\sqrt{x} = t$ とおきましょう。

5.20 減衰曲線

(1) $y = e^{-x}\sin x$ のグラフは下のような減衰曲線とよばれる曲線です。積分につい

ては，$I = \displaystyle\int e^{-x}\sin x\,dx$ と $J = \displaystyle\int e^{-x}\cos x\,dx$ のセットを考えてもよいし，[別解]

の不定積分をダイレクトに導く方法や，部分積分を 2 回行って求める方法を用いて

もよいです。

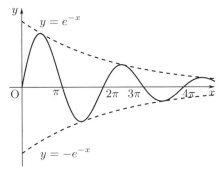

(2) $\displaystyle\int e^{-x}x\sin x\,dx = \int x(e^{-x}\sin x)\,dx$ とみて (1) の利用を考えます。

📖 解答・解説

5.19 (1) $\displaystyle\int_0^1 \frac{dx}{1+e^{-x}}$

$\displaystyle= \int_0^1 \frac{e^x}{1+e^x}\,dx$

$\displaystyle= \int_0^1 \frac{(1+e^x)'}{1+e^x}\,dx$

$\displaystyle= \Bigl[\log|1+e^x|\Bigr]_0^1$

$= \log(1+e)-\log 2 = \underline{\mathbf{\log\dfrac{1+e}{2}}}$

(2) $\displaystyle\int_{-1}^1 \frac{dx}{1+e^x}$

$\displaystyle= \int_{-1}^1 \frac{e^{-x}}{e^{-x}+1}\,dx$

$\displaystyle= -\int_{-1}^1 \frac{(e^{-x}+1)'}{e^{-x}+1}\,dx$

$\displaystyle= -\Bigl[\log(e^{-x}+1)\Bigr]_{-1}^1$

$\displaystyle= -\left\{\log\left(\frac{1}{e}+1\right)-\log(e+1)\right\}$

$\displaystyle= -\left\{\log\frac{1+e}{e}-\log(e+1)\right\}$

$= \log e = \underline{\mathbf{1}}$

別解

$\displaystyle\int_{-1}^1 \frac{dx}{1+e^x}$

$\displaystyle= \int_{-1}^1 \frac{(1+e^x)-e^x}{1+e^x}\,dx$

$\displaystyle= \int_{-1}^1 \left(1-\frac{e^x}{1+e^x}\right)dx$

$\displaystyle= \int_{-1}^1 \left\{1-\frac{(1+e^x)'}{1+e^x}\right\}dx$

$\displaystyle= \Bigl[x-\log|1+e^x|\Bigr]_{-1}^1$

$= 1-(-1)-\log(1+e)+\log(1+e^{-1})$

$\displaystyle= 2-\log(1+e)+\log\frac{e+1}{e}$

$= 1$

(3) $\displaystyle\int_0^1 (x^2-3x+1)e^{-x}\,dx$

$\displaystyle= \int_0^1 (x^2-3x+1)(-e^{-x})'\,dx$

$\displaystyle= \Bigl[-(x^2-3x+1)e^{-x}\Bigr]_0^1$

$\displaystyle\qquad +\int_0^1 (2x-3)e^{-x}\,dx$

$\displaystyle= \frac{1}{e}+1+\int_0^1 (2x-3)(-e^{-x})'\,dx$

$\displaystyle= \frac{1}{e}+1+\Bigl[-(2x-3)e^{-x}\Bigr]_0^1+\int_0^1 2e^{-x}\,dx$

$\displaystyle= \frac{1}{e}+1+\frac{1}{e}-3+2\Bigl[-e^{-x}\Bigr]_0^1$

$= \underline{\mathbf{0}}$

別解

部分積分を繰り返し行うと

$\displaystyle\int f(x)e^{-x}\,dx$

$\displaystyle= -f(x)e^{-x}+\int f'(x)e^{-x}\,dx$

$\displaystyle= -f(x)e^{-x}-f'(x)e^{-x}$

$\displaystyle\qquad\qquad +\int f''(x)e^{-x}\,dx$

$= \cdots$

$= -\{f(x)+f'(x)+f''(x)$

$\qquad\qquad +\cdots\}e^{-x}+C$

$(C$ は積分定数$)$

であるから

$\displaystyle\int_0^1 (x^2-3x+1)e^{-x}\,dx$

$\displaystyle= -\Bigl[\{(x^2-3x+1)$

$\displaystyle\qquad\qquad +(2x-3)+2\}e^{-x}\Bigr]_0^1$

$\displaystyle= -\Bigl[(x^2-x)e^{-x}\Bigr]_0^1 = 0$

(4) $\quad 3\displaystyle\int (x^2 + 2x)e^x \, dx$

$= 3\displaystyle\int (x^2 + 2x)(e^x)' \, dx$

$= 3(x^2 + 2x)e^x - 3\displaystyle\int (2x + 2)e^x \, dx$

$= 3(x^2 + 2x)e^x - 6\displaystyle\int (x + 1)(e^x)' \, dx$

$= 3(x^2 + 2x)e^x - 6(x+1)e^x + 6\displaystyle\int e^x \, dx$

$= \underline{\boldsymbol{3x^2 e^x + C}} \quad (C \text{ は積分定数})$

別解

部分積分を繰り返し行うと

$\displaystyle\int f(x)e^x \, dx$

$= f(x)e^x - \displaystyle\int f'(x)e^x \, dx$

$= f(x)e^x - f'(x)e^x + \displaystyle\int f''(x)e^x \, dx$

$= \cdots$

$= \{f(x) - f'(x) + f''(x) - \cdots$

$\qquad + (-1)^k f^{(k)}(x) + \cdots\}e^x + C$

$\qquad\qquad (C \text{ は積分定数})$

であるから

$3\displaystyle\int (x^2 + 2x)e^x \, dx$

$= 3\{(x^2 + 2x) - (2x + 2) + 2\}e^x + C$

$\qquad\qquad (C \text{ は積分定数})$

$= 3x^2 e^x + C$

(5) $\sqrt{x} = t$ とおくと，$x = t^2$ であり

$\quad dx = 2t \, dt$

x	1	$\to$	8
t	1	$\to$	$2\sqrt{2}$

となるから

$\displaystyle\int_1^8 e^{-\sqrt{x}} \, dx$

$= \displaystyle\int_1^{2\sqrt{2}} e^{-t} \cdot 2t \, dt$

$= -\left[(2t + 2)e^{-t} \right]_1^{2\sqrt{2}}$

$\qquad (\because (3) \text{ の別解})$

$= \underline{\boldsymbol{-2(2\sqrt{2}+1)e^{-2\sqrt{2}} + 4e^{-1}}}$

(6) $\sqrt{x} = t$ とおくと，$x = t^2$ であり

$\quad dx = 2t \, dt$

x	0	$\to$	4
t	0	$\to$	2

となるから

$\displaystyle\int_0^4 3^{\sqrt{x}} \, dx$

$= \displaystyle\int_0^2 3^t \cdot 2t \, dt$

$= 2\displaystyle\int_0^2 t \cdot 3^t \, dt$

$= 2\displaystyle\int_0^2 t \left(\dfrac{3^t}{\log 3} \right)' dt$

$= \dfrac{2}{\log 3} \left(\left[t \cdot 3^t \right]_0^2 - \displaystyle\int_0^2 3^t \, dt \right)$

$= \dfrac{2}{\log 3} \left(2 \cdot 3^2 - \left[\dfrac{3^t}{\log 3} \right]_0^2 \right)$

$= \dfrac{2}{\log 3} \left(18 - \dfrac{9 - 1}{\log 3} \right)$

$= \underline{\dfrac{\boldsymbol{4(9\log 3 - 4)}}{\boldsymbol{(\log 3)^2}}}$

別解

$3^{\sqrt{x}} = e^{\log 3^{\sqrt{x}}} = e^{\sqrt{x}\log 3}$

$\sqrt{x}\log 3 = t$ とおくと，$x = \left(\dfrac{t}{\log 3} \right)^2$

であり

$\quad dx = 2 \cdot \dfrac{t}{\log 3} \cdot \dfrac{1}{\log 3} \, dt$

$\qquad = \dfrac{2}{(\log 3)^2} t \, dt$

x	0	$\to$	4
t	0	$\to$	$2\log 3$

となるから

$$\int_0^4 3^{\sqrt{x}}\, dx$$

$$= \int_0^{2\log 3} e^t \cdot \frac{2}{(\log 3)^2} t\, dt$$

$$= \frac{2}{(\log 3)^2}\left[(t-1)e^t\right]_0^{2\log 3}$$

$$(\because (4) \text{ の別解})$$

$$= \frac{2}{(\log 3)^2}\{(2\log 3 - 1)e^{\log 9} + 1\}$$

$$= \frac{2}{(\log 3)^2}\{(2\log 3 - 1)\cdot 9 + 1\}$$

$$= \frac{4(9\log 3 - 4)}{(\log 3)^2}$$

5.20 (1) $I = \displaystyle\int e^{-x}\sin x\, dx,$

$J = \displaystyle\int e^{-x}\cos x\, dx$ とおくと

$$I = \int (-e^{-x})'\sin x\, dx$$

$$= -e^{-x}\sin x + J$$

$$\therefore\quad I - J = -e^{-x}\sin x + C_1$$

$$(C_1 \text{ は積分定数}) \quad\cdots\cdots ①$$

$$J = \int (-e^{-x})'\cos x\, dx$$

$$= -e^{-x}\cos x - I$$

$$\therefore\quad I + J = -e^{-x}\cos x + C_2$$

$$(C_2 \text{ は積分定数}) \quad\cdots\cdots ②$$

①＋② より

$$2I = -e^{-x}(\sin x + \cos x) + C$$

$$(C \text{ は積分定数})$$

$$\therefore\quad I = -\frac{1}{2}e^{-x}(\sin x + \cos x) + \frac{C}{2}$$

$$\cdots\cdots\cdots ③$$

したがって

$$\int_0^\pi e^{-x}\sin x\, dx$$

$$= \left[-\frac{1}{2}e^{-x}(\sin x + \cos x)\right]_0^\pi$$

$$= \frac{1}{2}(e^{-\pi} + 1)$$

別解

$e^{-x}\sin x,\ e^{-x}\cos x$ を x で微分すると

$$(e^{-x}\sin x)'$$

$$= -e^{-x}\sin x + e^{-x}\cos x \quad\cdots\cdots ④$$

$$(e^{-x}\cos x)'$$

$$= -e^{-x}\sin x - e^{-x}\cos x \quad\cdots\cdots ⑤$$

④＋⑤ より

$$(e^{-x}\sin x + e^{-x}\cos x)'$$

$$= -2e^{-x}\sin x$$

よって

$$\int e^{-x}\sin x\, dx$$

$$= -\frac{1}{2}e^{-x}(\sin x + \cos x) + C$$

$$(C \text{ は積分定数})$$

以下同じ。

別解

部分積分を 2 回行ってもよい。

$$I = \int e^{-x}\sin x\, dx$$

$$= \int (-e^{-x})'\sin x\, dx$$

$$= -e^{-x}\sin x + \int e^{-x}\cos x\, dx$$

$$= -e^{-x}\sin x + \int (-e^{-x})'\cos x\, dx$$

$$= -e^{-x}\sin x - e^{-x}\cos x - I$$

であるから

$$2I = -e^{-x}(\sin x + \cos x) + C$$

$$(C \text{ は積分定数})$$

よって

$$\int e^{-x}\sin x\, dx$$

$$= -\frac{1}{2}e^{-x}(\sin x + \cos x) + \frac{C}{2}$$

以下同じ。

(2) $\displaystyle\int e^{-x}x\sin x\, dx$

$$= \int xe^{-x}\sin x\, dx$$

$$= \int x \left\{ -\frac{1}{2} e^{-x} (\sin x + \cos x) \right\}' dx$$
$$(\because \quad ③)$$
$$= -\frac{1}{2} x e^{-x} (\sin x + \cos x)$$
$$+\frac{1}{2} \int e^{-x} (\sin x + \cos x) \, dx$$
$$= -\frac{1}{2} x e^{-x} (\sin x + \cos x)$$
$$+\frac{1}{2}(I + J)$$
$$= -\frac{1}{2} x e^{-x} (\sin x + \cos x)$$
$$-\frac{1}{2} e^{-x} \cos x + \frac{C_2}{2}$$
$$(\because \quad ②)$$

よって
$$\int_0^\pi e^{-x} x \sin x \, dx$$
$$= -\frac{1}{2} \left[x e^{-x} (\sin x + \cos x) + e^{-x} \cos x \right]_0^\pi$$
$$= \frac{1}{2} (\pi e^{-\pi} + e^{-\pi} + 1)$$

📖 問題

対数関数の積分 ···

☐ **5.21** 次の定積分，不定積分を求めよ。

(1) $\displaystyle \int_{\frac{1}{2}}^{2} |\log x|\, dx$ （立教大）

(2) $\displaystyle \int (\log x)^2\, dx$ （信州大）

(3) $\displaystyle \int \frac{\log x}{x}\, dx$ （会津大）

(4) $\displaystyle \int_{e}^{e^2} \frac{1}{x \log x}\, dx$ （京都産業大）

(5) $\displaystyle \int x \log x\, dx$ （会津大）

(6) $\displaystyle \int x(\log x)^2\, dx$ （小樽商科大）

(7) $\displaystyle \int_{0}^{1} \log(1 + x^2)\, dx$ （福島県立医大）

(8) $\displaystyle \int_{0}^{1} x^3 \log(x^2 + 1)\, dx$ （神大）

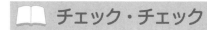

5.21 対数関数の積分

(1) 絶対値記号をはずしてから積分します。

$$\int \log x \, dx = \int (x)' \log x \, dx$$

$$= x \log x - \int \, dx$$

$$= x \log x - x + C$$

これは公式として覚えておくとよいでしょう。

(2) $\displaystyle\int (\log x)^2 \, dx = \int (x)' (\log x)^2 \, dx$ として，(1) と同じく部分積分します。

(3) $\displaystyle\int \frac{\log x}{x} \, dx = \int \log x \cdot (\log x)' \, dx$ とみて，置換積分です。

(4) $\displaystyle\int \frac{1}{x \log x} \, dx = \int \frac{1}{\log x} (\log x)' \, dx$ とみて，置換積分です。

(5) $\log x$ を微分する方針で部分積分します。

(6) これは (5) と同じタイプです。

(7) $\displaystyle\int \log(1 + x^2) \, dx = \int (x)' \log(1 + x^2) \, dx$ から出発します。力試しとして挑んでみてください。

(8) $t = x^2 + 1$ とおいて置換積分することも，$x^3 = \left(\dfrac{x^4 - 1}{4} \right)'$ として部分積分することも可能です。

📖 解答・解説

5.21 (1)

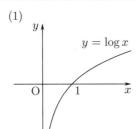

$y = \log x$

上のグラフをみて, 絶対値記号をはずすと

$$\int_{\frac{1}{2}}^{2} |\log x|\, dx$$

$$= -\int_{\frac{1}{2}}^{1} \log x\, dx + \int_{1}^{2} \log x\, dx$$

$$= \Big[x\log x - x \Big]_{1}^{\frac{1}{2}} + \Big[x\log x - x \Big]_{1}^{2}$$

$$= \left(\frac{1}{2}\log\frac{1}{2} - \frac{1}{2} \right) + 1$$
$$\qquad + (2\log 2 - 2) + 1$$

$$= \underline{\underline{\frac{3}{2}\log 2 - \frac{1}{2}}}$$

(2)

$$\int (\log x)^2\, dx$$

$$= \int (x)' (\log x)^2\, dx$$

$$= x(\log x)^2 - \int x \cdot 2\log x \cdot \frac{1}{x}\, dx$$

$$= x(\log x)^2 - 2\int \log x\, dx$$

$$= \underline{\underline{x(\log x)^2 - 2(x\log x - x) + C}}$$

(C は積分定数)

(3)

$$\int \frac{\log x}{x}\, dx$$

$$= \int \log x \cdot (\log x)'\, dx$$

$$= \underline{\underline{\frac{1}{2}(\log x)^2 + C}}$$

(C は積分定数)

(4)

$$\int_{e}^{e^2} \frac{1}{x\log x}\, dx$$

$$= \int_{e}^{e^2} \frac{1}{\log x}(\log x)'\, dx$$

$$= \Big[\log |\log x| \Big]_{e}^{e^2}$$

$$= \log 2 - \log 1$$

$$= \underline{\underline{\log 2}}$$

(5)

$$\int x\log x\, dx$$

$$= \int \left(\frac{x^2}{2} \right)' \log x\, dx$$

$$= \frac{x^2}{2}\log x - \int \frac{x^2}{2} \cdot \frac{1}{x}\, dx$$

$$= \frac{x^2}{2}\log x - \frac{1}{2}\int x\, dx$$

$$= \underline{\underline{\frac{x^2}{2}\log x - \frac{x^2}{4} + C}}$$

(C は積分定数)

(6)

$$\int x(\log x)^2\, dx$$

$$= \int \left(\frac{x^2}{2} \right)' (\log x)^2\, dx$$

$$= \frac{x^2}{2}(\log x)^2$$
$$\qquad - \int \frac{x^2}{2} \cdot 2\log x \cdot \frac{1}{x}\, dx$$

$$= \frac{x^2}{2}(\log x)^2 - \int x\log x\, dx$$

第 2 項に (5) を用いると

$$\int x(\log x)^2\, dx$$

$$= \underline{\underline{\frac{x^2}{2}(\log x)^2 - \frac{x^2}{2}\log x}}$$

$$\underline{\underline{\qquad + \frac{x^2}{4} + C}}$$

(C は積分定数)

(7) $\displaystyle\int_0^1 \log(1+x^2)\,dx$

$\displaystyle= \int_0^1 (x)' \log(1+x^2)\,dx$

$\displaystyle= \Big[x\log(1+x^2) \Big]_0^1 - \int_0^1 x\cdot\frac{2x}{1+x^2}\,dx$

$\displaystyle= \log 2 - 2\int_0^1 \frac{x^2}{1+x^2}\,dx$

$\displaystyle= \log 2 - 2\int_0^1 \left(1-\frac{1}{1+x^2}\right)\,dx$

$\displaystyle= \log 2 - 2\Big[x \Big]_0^1 + 2\int_0^1 \frac{1}{1+x^2}\,dx$

ここで，$x=\tan\theta\ \left(-\dfrac{\pi}{2}<\theta<\dfrac{\pi}{2}\right)$
とおくと

$$dx = \frac{1}{\cos^2\theta}\,d\theta$$

x	0	$\to$	1
θ	0	$\to$	$\dfrac{\pi}{4}$

となるから

$\displaystyle\int_0^1 \frac{1}{1+x^2}\,dx$

$\displaystyle= \int_0^{\frac{\pi}{4}} \frac{1}{1+\tan^2\theta}\cdot\frac{1}{\cos^2\theta}\,d\theta$

$\displaystyle= \int_0^{\frac{\pi}{4}} d\theta = \frac{\pi}{4}$

以上より

$\displaystyle\int_0^1 \log(1+x^2)\,dx$

$\displaystyle= \boldsymbol{\log 2 - 2 + \frac{\pi}{2}}$

(8) $t=x^2+1$ とおくと

$$dt = 2x\,dx$$

x	0	$\to$	1
t	1	$\to$	2

となるから

$\displaystyle\int_0^1 x^3\log(x^2+1)\,dx$

$\displaystyle= \frac{1}{2}\int_0^1 x^2\log(x^2+1)\cdot 2x\,dx$

$\displaystyle= \frac{1}{2}\int_1^2 (t-1)\log t\,dt$

$\displaystyle= \frac{1}{2}\int_1^2 \left(\frac{t^2}{2}-t\right)' \log t\,dt$

$\displaystyle= \frac{1}{2}\left\{ \left[\left(\frac{t^2}{2}-t\right)\log t \right]_1^2 \right.$

$\displaystyle\qquad\qquad \left. -\int_1^2 \left(\frac{t^2}{2}-t\right)\cdot\frac{1}{t}\,dt \right\}$

$\displaystyle= -\frac{1}{2}\int_1^2 \left(\frac{t}{2}-1\right)\,dt$

$\displaystyle= -\frac{1}{2}\left[\frac{t^2}{4}-t \right]_1^2$

$\displaystyle= \boldsymbol{\frac{1}{8}}$

別解

部分積分することもできる。

$\displaystyle\int_0^1 x^3\log(x^2+1)\,dx$

$\displaystyle= \int_0^1 \left(\frac{x^4-1}{4}\right)' \log(x^2+1)\,dx$

$\displaystyle= \left[\frac{x^4-1}{4}\log(x^2+1) \right]_0^1$

$\displaystyle\qquad\qquad -\int_0^1 \frac{x^4-1}{4}\cdot\frac{2x}{x^2+1}\,dx$

$\displaystyle= -\frac{1}{2}\int_0^1 (x^2-1)x\,dx$

$\displaystyle= -\frac{1}{2}\left[\frac{x^4}{4}-\frac{x^2}{2} \right]_0^1$

$\displaystyle= -\frac{1}{2}\cdot\left(-\frac{1}{4}\right)$

$\displaystyle= \frac{1}{8}$

📖 問題

無理関数の積分 ···

☐ **5.22** 次の定積分，不定積分を求めよ。

(1) $\displaystyle\int_0^{\frac{1}{2}} \sqrt{1-2x}\,dx$ （広島市立大）

(2) $\displaystyle\int \frac{x}{\sqrt{7x^2+1}}\,dx$ （小樽商科大）

(3) $\displaystyle\int_{-7}^{1} (2-x)\sqrt[3]{1-x}\,dx$ （茨城大）

☐ **5.23** 次の問いに答えよ。

(1) $\displaystyle\int_0^1 \frac{dx}{\sqrt{4-x^2}}$ を求めよ。 （広島市立大）

(2) a の値が正の実数のとき，$\displaystyle\int_0^{\frac{a}{\sqrt{2}}} \sqrt{a^2-x^2}\,dx = \boxed{}$ （会津大）

☐ **5.24** 次の問いに答えよ。

(1) 不定積分 $\displaystyle\int \frac{dx}{\sqrt{x^2+1}}$ を $x+\sqrt{x^2+1}=y$ と置換することにより求めよ。 （信州大　改）

(2) 次の関数 (i)(ii) の導関数を求め，等式 (iii) を示せ。

 (i) $\log\left|x+\sqrt{1+x^2}\right|$
 (ii) $\dfrac{1}{2}\left(x\sqrt{1+x^2}+\log\left|x+\sqrt{1+x^2}\right|\right)$
 (iii) $\displaystyle\int_0^{\frac{\pi}{2}} \frac{\cos^3 x}{\sqrt{1+\sin^2 x}}\,dx = \frac{1}{2}\{3\log(1+\sqrt{2})-\sqrt{2}\}$ （奈良教育大）

📖 チェック・チェック

5.22 無理関数の積分

(1) $1 - 2x = t$ と置換してもよいですし，$\sqrt{1 - 2x} = t$ としてもよいでしょう。でも，慣れてきたらこの程度の積分は一発で処理したいですね。

(2) $\sqrt{7x^2 + 1} = t$ としてもよいですが，一発で処理してみましょう。

(3) 置換積分しますか？部分積分しますか？

5.23 $\sqrt{a^2 - x^2}$ の積分

(1) $\sqrt{a^2 - x^2}$ を含む積分は，$x = a\sin\theta \left(-\dfrac{\pi}{2} \leqq \theta \leqq \dfrac{\pi}{2} \right)$ と置換すると，うまくいく場合が多いです。

(2) これも $x = a\sin\theta$ と置換する方法でよいのですが，とくに $\displaystyle\int_{\alpha}^{\beta} \sqrt{a^2 - x^2}\, dx$ の計算では，図を利用した方が有効な場合が多いです。

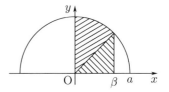

$$y = \sqrt{a^2 - x^2} \implies x^2 + y^2 = a^2$$

ですから，たとえば，$\alpha = 0$，$\beta > 0$ のときは $\displaystyle\int_{0}^{\beta} \sqrt{a^2 - x^2}\, dx$ は右図の斜線部分の面積になり，扇形と三角形の面積を計算すればよいことになりますね。

5.24 $\sqrt{1 + x^2}$ の積分

(1) $x + \sqrt{x^2 + 1} = y$ の置き換えは大学の数学で学びます。ここでは指示通りに置き換えを実行してみましょう。

(2) なかなか難しいですが，誘導にのれるだけの計算力と洞察力が試されています。

解答・解説

5.22 (1) $\displaystyle\int_0^{\frac{1}{2}} \sqrt{1-2x}\,dx$

$\displaystyle = -\frac{1}{2}\int_0^{\frac{1}{2}} (1-2x)^{\frac{1}{2}} \cdot (1-2x)'\,dx$

$\displaystyle = -\frac{1}{2}\left[\frac{2}{3}(1-2x)^{\frac{3}{2}}\right]_0^{\frac{1}{2}}$

$\displaystyle = \underline{\frac{1}{3}}$

別解

$1-2x = t$ とおくと

$\displaystyle dx = -\frac{1}{2}dt$

x	0	$\to$	$\dfrac{1}{2}$
t	1	$\to$	0

となるから

$\displaystyle\int_0^{\frac{1}{2}} \sqrt{1-2x}\,dx$

$\displaystyle = \int_1^0 \sqrt{t}\cdot\left(-\frac{1}{2}\right)dt$

$\displaystyle = \frac{1}{2}\left[\frac{2}{3}t^{\frac{3}{2}}\right]_0^1 = \frac{1}{3}$

別解

$\sqrt{1-2x} = t$ とおくと, $x = \dfrac{1-t^2}{2}$

であり

$dx = -t\,dt$

x	0	$\to$	$\dfrac{1}{2}$
t	1	$\to$	0

となるから

$\displaystyle\int_0^{\frac{1}{2}} \sqrt{1-2x}\,dx = \int_1^0 t(-t)\,dt$

$\displaystyle = \left[\frac{t^3}{3}\right]_0^1$

$\displaystyle = \frac{1}{3}$

(2) $\displaystyle\int \frac{x}{\sqrt{7x^2+1}}\,dx$

$\displaystyle = \int x(7x^2+1)^{-\frac{1}{2}}\,dx$

$\displaystyle = \int \frac{1}{14}(7x^2+1)^{-\frac{1}{2}} \cdot (7x^2+1)'\,dx$

$\displaystyle = \frac{1}{14}\cdot 2(7x^2+1)^{\frac{1}{2}} + C$

$\displaystyle = \underline{\frac{1}{7}\sqrt{7x^2+1} + C}$

（C は積分定数）

別解

$\sqrt{7x^2+1} = t$ とおくと, $7x^2+1 = t^2$

であり

$\displaystyle xdx = \frac{1}{7}tdt$

となるから

$\displaystyle\int \frac{x}{\sqrt{7x^2+1}}\,dx$

$\displaystyle = \int \frac{1}{t}\cdot\frac{1}{7}t\,dt = \frac{1}{7}t + C$

$\displaystyle = \frac{1}{7}\sqrt{7x^2+1} + C$

（C は積分定数）

(3) $\sqrt[3]{1-x} = t$ とおくと, $x = 1-t^3$

であり

$dx = -3t^2\,dt$

x	-7	$\to$	1
t	2	$\to$	0

となるから

$\displaystyle\int_{-7}^1 (2-x)\sqrt[3]{1-x}\,dx$

$\displaystyle = \int_2^0 (1+t^3)t(-3t^2)\,dt$

$\displaystyle = 3\int_0^2 (t^3+t^6)\,dt$

$\displaystyle = 3\left[\frac{1}{4}t^4 + \frac{1}{7}t^7\right]_0^2$

$$= 3\left(2^2 + \frac{2^7}{7}\right)$$

$$= 12 \cdot \frac{7 + 32}{7}$$

$$= \underline{\frac{468}{7}}$$

別解

$1 - x = t$ とおいて置換積分してもよい。または，次のように部分積分してもよい。

$$\int_{-7}^{1} (2-x)\sqrt[3]{1-x}\, dx$$

$$= \int_{-7}^{1} (2-x)\left\{-\frac{3}{4}(1-x)^{\frac{4}{3}}\right\}' dx$$

$$= \left[(2-x)\cdot\left\{-\frac{3}{4}(1-x)^{\frac{4}{3}}\right\}\right]_{-7}^{1}$$

$$\qquad -\int_{-7}^{1}(-1)\cdot\left\{-\frac{3}{4}(1-x)^{\frac{4}{3}}\right\}dx$$

$$= 9 \cdot \frac{3}{4}\cdot 8^{\frac{4}{3}}$$

$$\qquad -\frac{3}{4}\left[\frac{3}{7}(1-x)^{\frac{7}{3}}(-1)\right]_{-7}^{1}$$

$$= 3^3\cdot 2^2 - \frac{3}{4}\cdot\frac{3}{7}\cdot 8^{\frac{7}{3}}$$

$$= 3^3\cdot 2^2 - \frac{3^2\cdot 2^5}{7}$$

$$= \frac{3^2\cdot 2^2(21-8)}{7}$$

$$= \frac{468}{7}$$

5.23 (1) $x = 2\sin\theta\left(-\frac{\pi}{2}\leqq\theta\leqq\frac{\pi}{2}\right)$

とおくと

$$dx = 2\cos\theta\, d\theta$$

x	0	→	1
θ	0	→	$\frac{\pi}{6}$

となるから

$$\int_0^1 \frac{dx}{\sqrt{4-x^2}}$$

$$= \int_0^{\frac{\pi}{6}} \frac{1}{\sqrt{4-4\sin^2\theta}}\cdot 2\cos\theta\, d\theta$$

$$= \int_0^{\frac{\pi}{6}} \frac{\cos\theta}{\sqrt{1-\sin^2\theta}}\, d\theta$$

$$= \int_0^{\frac{\pi}{6}} d\theta$$

$$= \Big[\theta\Big]_0^{\frac{\pi}{6}}$$

$$= \underline{\frac{\pi}{6}}$$

(2) $x = a\sin\theta$ とおくと

$$dx = a\cos\theta\, d\theta$$

x	0	→	$\dfrac{a}{\sqrt{2}}$
θ	0	→	$\dfrac{\pi}{4}$

となるから

$$\int_0^{\frac{a}{\sqrt{2}}} \sqrt{a^2 - x^2}\, dx$$

$$= \int_0^{\frac{\pi}{4}} \sqrt{a^2 - a^2\sin^2\theta}\cdot a\cos\theta\, d\theta$$

$$= \int_0^{\frac{\pi}{4}} a^2\cos^2\theta\, d\theta$$

$$= a^2\int_0^{\frac{\pi}{4}} \frac{1+\cos 2\theta}{2}\, d\theta$$

$$= \frac{a^2}{2}\left[\theta + \frac{\sin 2\theta}{2}\right]_0^{\frac{\pi}{4}}$$

$$= \frac{a^2}{2}\left(\frac{\pi}{4} + \frac{1}{2}\right)$$

$$= \underline{\frac{(\pi+2)a^2}{8}}$$

別解

$$y = \sqrt{a^2 - x^2} \Longrightarrow x^2 + y^2 = a^2$$

したがって，求める積分は次の図の 2 つの斜線部分の面積の和に一致する。

$$\int_0^{\frac{a}{\sqrt{2}}} \sqrt{a^2 - x^2}\, dx$$

$$= \frac{1}{8} \, (\text{半径 } a \text{ の円の面積})$$

$$+ \left(2 \text{ 辺の長さが} \frac{a}{\sqrt{2}} \text{ の} \right.$$

$$\left. \text{直角二等辺三角形の面積} \right)$$

$$= \frac{\pi a^2}{8} + \frac{1}{2} \cdot \frac{a}{\sqrt{2}} \cdot \frac{a}{\sqrt{2}}$$

$$= \frac{(\pi + 2)a^2}{8}$$

5.24 (1) $x + \sqrt{x^2 + 1} = y$ とおくと

$$\frac{dy}{dx} = 1 + \frac{1}{2}(x^2 + 1)^{-\frac{1}{2}} \cdot 2x$$

$$= 1 + \frac{x}{\sqrt{x^2 + 1}}$$

$$= \frac{y}{\sqrt{x^2 + 1}}$$

$$\therefore \quad \frac{dy}{y} = \frac{dx}{\sqrt{x^2 + 1}}$$

$$\therefore \quad \int \frac{dx}{\sqrt{x^2 + 1}}$$

$$= \int \frac{dy}{y}$$

$$= \log |y| + C$$

$$= \underline{\log \left| x + \sqrt{x^2 + 1} \right| + C}$$

$$(C \text{ は積分定数})$$

(2) (i) 合成関数の微分法を用いると

$$\left(\log \left| x + \sqrt{1 + x^2} \right| \right)'$$

$$= \frac{(x + \sqrt{1 + x^2})'}{x + \sqrt{1 + x^2}}$$

$$= \frac{1 + \frac{1}{2}(1 + x^2)^{-\frac{1}{2}} \cdot (2x)}{x + \sqrt{1 + x^2}}$$

$$= \frac{1 + \frac{x}{\sqrt{1 + x^2}}}{x + \sqrt{1 + x^2}}$$

$$= \frac{\frac{\sqrt{1 + x^2} + x}{\sqrt{1 + x^2}}}{x + \sqrt{1 + x^2}}$$

$$= \frac{1}{\sqrt{1 + x^2}}$$

(ii) 積の微分法, 合成関数の微分法を用いると

$$\left(x\sqrt{1 + x^2} \right)'$$

$$= 1 \cdot \sqrt{1 + x^2}$$

$$+ x \cdot \frac{1}{2}(1 + x^2)^{-\frac{1}{2}} \cdot (2x)$$

$$= \sqrt{1 + x^2} + \frac{x^2}{\sqrt{1 + x^2}}$$

$$= \frac{1 + 2x^2}{\sqrt{1 + x^2}}$$

であるから, (i) の結果も合わせると

$$\frac{1}{2} \left(x\sqrt{1 + x^2} \right.$$

$$\left. + \log \left| x + \sqrt{1 + x^2} \right| \right)'$$

$$= \frac{1}{2} \left(x\sqrt{1 + x^2} \right)'$$

$$+ \frac{1}{2} \left(\log \left| x + \sqrt{1 + x^2} \right| \right)'$$

$$= \frac{1}{2} \cdot \frac{1 + 2x^2}{\sqrt{1 + x^2}} + \frac{1}{2} \cdot \frac{1}{\sqrt{1 + x^2}}$$

$$= \frac{2 + 2x^2}{2\sqrt{1 + x^2}}$$

$$= \sqrt{1 + x^2}$$

(iii) $u = \sin x$ とおくと

$$du = \cos x\, dx$$

x	0	$\rightarrow$	$\frac{\pi}{2}$
u	0	$\rightarrow$	1

となるから

$$\int_0^{\frac{\pi}{2}} \frac{\cos^3 x}{\sqrt{1 + \sin^2 x}}\, dx$$

$$= \int_0^1 \frac{1 - \sin^2 x}{\sqrt{1 + \sin^2 x}} \cos x\, dx$$

$$= \int_0^1 \frac{1 - u^2}{\sqrt{1 + u^2}} \, du$$

$$= \int_0^1 \frac{2 - (1 + u^2)}{\sqrt{1 + u^2}} \, du$$

$$= \int_0^1 \left(\frac{2}{\sqrt{1 + u^2}} - \sqrt{1 + u^2} \right) du$$

$$= 2 \left[\log \left| u + \sqrt{1 + u^2} \right| \right]_0^1$$

$$\qquad - \frac{1}{2} \left[u\sqrt{1 + u^2} + \log \left| u + \sqrt{1 + u^2} \right| \right]_0^1$$

$$(\because (\mathrm{i})(\mathrm{ii}))$$

$$= \frac{3}{2} \left[\log \left| u + \sqrt{1 + u^2} \right| \right]_0^1$$

$$\qquad - \frac{1}{2} \left[u\sqrt{1 + u^2} \right]_0^1$$

$$= \frac{3}{2} \log(1 + \sqrt{2}) - \frac{1}{2} \cdot \sqrt{2}$$

$$= \frac{1}{2} \{ 3 \log(1 + \sqrt{2}) - \sqrt{2} \}$$

（証明終）

📖 問題

定積分で表された関数 ···

☐ **5.25** 関数 $f(x)$ が式 $f(x) = e^x - \int_0^1 tf(t)x\,dt$ をみたすとき

$$f(x) = e^x - \boxed{}\,x$$

である。 （東京医大）

☐ **5.26** 次の関係をみたす関数 $f(x)$ を求めよ。

$$f(x) = x + \int_0^\pi f(t)\sin(x+t)\,dt$$ （武蔵工大）

☐ **5.27** $-1 < x < 1$ に対して定義された関数 $f(x)$ が次の式をみたすとき，$f(x)$ を求めよ。

$$f(x) = x^2 + \int_0^x t^2 f'(t)\,dt$$

☐ **5.28** 次の等式 $f(x) = (2x - k)e^x + e^{-x}\int_0^x f(t)e^t\,dt$ が成り立つような連続関数 $f(x)$ がある。ただし，k は定数である。このとき，$f(x)$ を求めよ。

（島根医大　改）

📖 チェック・チェック

5.25 定数型 (1)

$\displaystyle\int_0^1 tf(t)\,dt$ の値は定数ですね。a とおきましょう。

このように，積分の上端，下端が定数であり，被積分関数が積分変数以外の文字を含まないときには，定積分の結果は定数です。文字定数とおいてしまいましょう。

5.26 定数型 (2)

$\sin(x+t)$ を加法定理で展開し，$\sin x,\ \cos x$ を積分の外に移動します。

5.27，**5.28** 変数型

今度は積分の上端に変数 x があるので，積分しても x が残っています。つまり，x の関数となっています。

このような場合には，微分と積分は逆演算であるという関係を使います。

$$\frac{d}{dx}\int_a^x f(t)\,dt = f(x) \quad (a\ \text{は定数})$$

なお，$f(t)$ は変数 x を含んではならないことに注意して下さい。

このとき $F(x) = \displaystyle\int_a^x f(t)\,dt$ は

$$F'(x) = f(x)\ \text{かつ}\ F(a) = \int_a^a f(t)\,dt = 0$$

をみたす関数として一意的に決まります。

📖 解答・解説

5.25 $f(x) = e^x - x \displaystyle\int_0^1 tf(t)\,dt$

ここで，$\displaystyle\int_0^1 tf(t)\,dt$ は定数であるから

$$a = \int_0^1 tf(t)\,dt$$

とおくと

$$f(x) = e^x - ax$$

である。

$$
\begin{aligned}
a &= \int_0^1 tf(t)\,dt \\
&= \int_0^1 (te^t - at^2)\,dt \\
&= \left[te^t\right]_0^1 - \int_0^1 e^t\,dt - \left[\frac{a}{3}t^3\right]_0^1 \\
&= e - \left[e^t\right]_0^1 - \frac{a}{3} \\
&= 1 - \frac{a}{3}
\end{aligned}
$$

よって

$$a + \frac{a}{3} = 1$$

$$a = \frac{3}{4}$$

$$\therefore \quad f(x) = e^x - \frac{3}{4}x$$

5.26 三角関数の加法定理より

$$
\begin{aligned}
f(x) &= x + \int_0^\pi f(t)\sin(x+t)\,dt \\
&= x + \int_0^\pi f(t)(\sin x \cos t \\
&\qquad + \cos x \sin t)\,dt \\
&= x + \sin x \int_0^\pi f(t)\cos t\,dt \\
&\qquad + \cos x \int_0^\pi f(t)\sin t\,dt
\end{aligned}
$$

ここで，$\displaystyle\int_0^\pi f(t)\cos t\,dt,\ \int_0^\pi f(t)\sin t\,dt$
は定数であるから

$$a = \int_0^\pi f(t)\cos t\,dt$$

$$b = \int_0^\pi f(t)\sin t\,dt$$

とおくと

$$f(x) = x + a\sin x + b\cos x$$

である。

$$
\begin{aligned}
a &= \int_0^\pi f(t)\cos t\,dt \\
&= \int_0^\pi (t + a\sin t + b\cos t)\cos t\,dt \\
&= \int_0^\pi (t\cos t + a\sin t\cos t + b\cos^2 t)\,dt \\
&= \int_0^\pi \left\{ t(\sin t)' + \frac{a}{2}\sin 2t \right. \\
&\qquad\qquad \left. + \frac{b}{2}(1 + \cos 2t) \right\}\,dt \\
&= \left[t\sin t - \frac{a}{4}\cos 2t \right. \\
&\qquad\qquad \left. + \frac{b}{2}\left(t + \frac{1}{2}\sin 2t\right) \right]_0^\pi \\
&\qquad\qquad\qquad - \int_0^\pi \sin t\,dt \\
&= \frac{b}{2}\pi + \left[\cos t\right]_0^\pi \\
&= \frac{b}{2}\pi - 2 \cdots\cdots\cdots\cdots ①
\end{aligned}
$$

b についても同じように計算すると

$$
\begin{aligned}
b &= \int_0^\pi f(t)\sin t\,dt \\
&= \int_0^\pi (t + a\sin t + b\cos t)\sin t\,dt \\
&= \int_0^\pi (t\sin t + a\sin^2 t + b\sin t\cos t)\,dt
\end{aligned}
$$

$$= \int_0^\pi \left\{ -t(\cos t)' + \frac{a}{2}(1 - \cos 2t) \right.$$
$$\left. + \frac{b}{2}\sin 2t \right\} dt$$

$$= \left[-t\cos t + \frac{a}{2}\left(t - \frac{1}{2}\sin 2t \right) \right.$$
$$\left. - \frac{b}{4}\cos 2t \right]_0^\pi + \int_0^\pi \cos t \, dt$$

$$= \pi + \frac{a}{2}\pi + \Big[\sin t \Big]_0^\pi$$

$$= \pi + \frac{a}{2}\pi \cdots\cdots\cdots\cdots ②$$

①，②より

$$\begin{cases} a = \dfrac{\pi}{2}b - 2 \\ b = \pi + \dfrac{\pi}{2}a \end{cases}$$

$$\therefore \quad a = -2, \ b = 0$$

$$\therefore \quad \underline{\boldsymbol{f(x) = x - 2\sin x}}$$

5.27 $f(x) = x^2 + \displaystyle\int_0^x t^2 f'(t)\, dt$

$$(-1 < x < 1)$$
$$\cdots\cdots\cdots ①$$

①の両辺を x で微分すると

$$f'(x) = 2x + x^2 f'(x)$$

$x \neq \pm 1$ より

$$f'(x) = \frac{2x}{1 - x^2}$$

したがって

$$f(x) = \int \frac{2x}{1 - x^2}\, dx$$

$$= -\int \frac{(1 - x^2)'}{1 - x^2}\, dx$$

$$= -\log\left| 1 - x^2 \right| + C$$
$$(C \text{ は積分定数})$$

$$= -\log(1 - x^2) + C$$
$$(\because \ -1 < x < 1)$$

①から，$f(0) = 0$ より

$$C = 0$$

$$\therefore \quad \underline{\boldsymbol{f(x) = -\log(1 - x^2)}}$$

5.28 $f(x) = (2x - k)e^x + e^{-x}\displaystyle\int_0^x f(t)e^t\, dt$

$$\cdots\cdots\cdots ①$$

①の両辺を x で微分すると

$$f'(x)$$
$$= 2e^x + (2x - k)e^x$$
$$\quad - e^{-x}\int_0^x f(t)e^t\, dt + e^{-x}f(x)e^x$$

$$= (2x - k + 2)e^x + f(x)$$
$$\quad - e^{-x}\int_0^x f(t)e^t\, dt \cdots\cdots ②$$

①より

$$f(x) - e^{-x}\int_0^x f(t)e^t\, dt$$

$$= (2x - k)e^x$$

なので，②に代入して

$$f'(x) = (2x - k + 2)e^x + (2x - k)e^x$$
$$= 2(2x - k + 1)e^x$$

したがって

$$f(x) = 2\int (2x - k + 1)e^x\, dx$$

$$= 2(2x - k - 1)e^x + C$$
$$(C \text{ は積分定数}) \cdots ③$$

①において $x = 0$ とすると

$$f(0) = -k$$

③において $x = 0$ とすると

$$f(0) = -2k - 2 + C$$

よって，$-k = -2k - 2 + C$ より

$$C = k + 2$$

したがって，③より

$$\underline{\boldsymbol{f(x) = 2(2x - k - 1)e^x}}$$
$$\underline{\boldsymbol{+ k + 2}}$$

📖 問題

定積分と漸化式 ··

□ **5.29** p, q を 0 または正の整数とし $I_{p,\,q} = \displaystyle\int_0^1 t^p(1-t)^q\,dt$ とおく。

(1) $I_{p,\,0}$ の値を計算せよ。

(2) $q \geqq 1$ のとき，次の漸化式が成り立つことを証明せよ。

$$I_{p,\,q} = \frac{q}{p+1} I_{p+1,\,q-1}$$

(3) 次の等式を証明せよ。

$$I_{p,\,q} = \frac{p!\,q!}{(p+q+1)!}$$

（上智大　改）

□ **5.30** $S_n = \displaystyle\int_0^{\frac{\pi}{2}} \sin^n x\,dx$ $(n = 0,\ 1,\ 2,\ \cdots)$ とおく。

(1) S_0, S_1 を求めよ。

(2) 漸化式 $S_n = \dfrac{n-1}{n} S_{n-2}$ $(n \geqq 2)$ を示せ。

(3) $a_n = n S_n S_{n-1}$ $(n \geqq 1)$ とおいて，数列 $\{a_n\}$ についての漸化式を導き，a_n の値を求めよ。

（神戸商船大）

□ **5.31** $I_n = \dfrac{1}{n!} \displaystyle\int_0^1 x^n e^{-x}\,dx$ $(n = 1,\ 2,\ 3,\ \cdots)$ と定義する。

ただし，$n! = n \cdot (n-1) \cdot (n-2) \cdots\cdots 3 \cdot 2 \cdot 1$ とする。

$n \geqq 2$ のとき，I_n と I_{n-1} の間に成り立つ漸化式を用いて I_n を求めよ。

（東京電機大　改）

□ **5.32** $I_n = \displaystyle\int_1^x (\log t)^n\,dt$ $(n = 1,\ 2,\ 3,\ \cdots)$ とする。

(1) I_1 を求めよ。

(2) $I_{n+1} = x(\log x)^{n+1} - (n+1)I_n$ $(n = 1,\ 2,\ 3,\ \cdots)$ を示せ。

(3) (1), (2) を用いて I_3 を求めよ。

（大阪工大）

チェック・チェック

5.29 ベータ関数

(2) $I_{p,\ q}$ と $I_{p+1,\ q-1}$ の関係です。

$\displaystyle\int t^p(1-t)^q\,dt$ から $\displaystyle\int t^{p+1}(1-t)^{q-1}\,dt$ を導けばよいのですから

$$\int t^p(1-t)^q\,dt = \int \left(\frac{1}{p+1}t^{p+1}\right)'(1-t)^q\,dt$$

として部分積分を実行します。

5.30 $\displaystyle\int_0^{\frac{\pi}{2}} \sin^n x\,dx$（ウォリスの積分）

$\sin x,\ \cos x$ の積分は 次数下げ が原則ですね。

$$\int \sin^n x\,dx = \int \sin^{n-1}x\cdot\sin x\,dx = \int \sin^{n-1}x\cdot(-\cos x)'\,dx$$

として部分積分を行うと，$\displaystyle\int \sin^n x\,dx$ と $\displaystyle\int \sin^{n-2}x\,dx$ の関係を得ることができます。なお，(1) の結果と (2) の漸化式より

$$\begin{cases} S_{2m} = \dfrac{2m-1}{2m}\cdot\dfrac{2m-3}{2m-2}\cdot\cdots\cdot\dfrac{3}{4}\cdot\dfrac{1}{2}\cdot\dfrac{\pi}{2} \\[2mm] S_{2m-1} = \dfrac{2m-2}{2m-1}\cdot\dfrac{2m-4}{2m-3}\cdot\cdots\cdot\dfrac{4}{5}\cdot\dfrac{2}{3}\cdot 1 \end{cases}$$

となります。

5.31 $\displaystyle\int x^n \times (\text{指数関数})\,dx$

$x^n \times (\text{指数関数})$ の積分ですね。指数関数を積分する方向で部分積分を実行します。

5.32 $\displaystyle\int (\log x)^n\,dx$

(2) は

$$I_{n+1} = \int_1^x (\log t)^{n+1}\,dt = \int_1^x (t)'(\log t)^{n+1}\,dt$$

とみて対数関数を微分する方向で部分積分を実行します。

📖 解答・解説

5.29 (1) $I_{p,\,0} = \displaystyle\int_0^1 t^p\,dt$

$\qquad = \left[\dfrac{1}{p+1}t^{p+1}\right]_0^1$

$\qquad = \dfrac{1}{p+1}$

(2) $I_{p+1,\,q-1}$ が現れるように部分積分する。

$\quad I_{p,\,q}$

$\quad = \displaystyle\int_0^1 t^p(1-t)^q\,dt$

$\quad = \displaystyle\int_0^1 \left(\dfrac{1}{p+1}t^{p+1}\right)'(1-t)^q\,dt$

$\quad = \left[\dfrac{1}{p+1}t^{p+1}(1-t)^q\right]_0^1$

$\qquad - \dfrac{1}{p+1}\displaystyle\int_0^1 t^{p+1}q(1-t)^{q-1}\cdot(-1)\,dt$

$\quad = \dfrac{q}{p+1}\displaystyle\int_0^1 t^{p+1}(1-t)^{q-1}\,dt$

$\quad = \dfrac{q}{p+1}I_{p+1,\,q-1}$ （証明終）

(3) (2) の結果を繰り返し用いて

$\quad I_{p,\,q} = \dfrac{q}{p+1}I_{p+1,\,q-1}$

$\qquad = \dfrac{q}{p+1}\cdot\dfrac{q-1}{p+2}I_{p+2,\,q-2}$

$\qquad = \cdots\cdots$

$\qquad = \dfrac{q}{p+1}\cdot\dfrac{q-1}{p+2}\cdot\dfrac{q-2}{p+3}$

$\qquad\quad \cdots\cdot\dfrac{1}{p+q}I_{p+q,\,0}$

したがって，(1) より

$\quad I_{p,\,q} = \dfrac{q}{p+1}\cdot\dfrac{q-1}{p+2}\cdot\dfrac{q-2}{p+3}$

$\qquad\quad \cdots\cdot\dfrac{1}{p+q}\cdot\dfrac{1}{p+q+1}$

$\qquad = \dfrac{\dfrac{q!}{(p+q+1)!}}{p!}$

$\qquad = \dfrac{p!\,q!}{(p+q+1)!}$ （証明終）

5.30 (1) $S_0 = \displaystyle\int_0^{\frac{\pi}{2}} dx = \underline{\dfrac{\pi}{2}}$

$\qquad S_1 = \displaystyle\int_0^{\frac{\pi}{2}} \sin x\,dx$

$\qquad\quad = \left[-\cos x\right]_0^{\frac{\pi}{2}} = \underline{1}$

(2) $n \geqq 2$ のとき

$\quad S_n$

$\quad = \displaystyle\int_0^{\frac{\pi}{2}} \sin^{n-1} x\cdot\sin x\,dx$

$\quad = \displaystyle\int_0^{\frac{\pi}{2}} \sin^{n-1} x\cdot(-\cos x)'\,dx$

$\quad = \left[\sin^{n-1} x\cdot(-\cos x)\right]_0^{\frac{\pi}{2}}$

$\qquad + \displaystyle\int_0^{\frac{\pi}{2}} (n-1)\sin^{n-2} x\cdot\cos^2 x\,dx$

$\quad = (n-1)\displaystyle\int_0^{\frac{\pi}{2}} \sin^{n-2} x\,(1-\sin^2 x)\,dx$

$\quad = (n-1)\left(\displaystyle\int_0^{\frac{\pi}{2}}\sin^{n-2} x\,dx - \int_0^{\frac{\pi}{2}}\sin^n x\,dx\right)$

$\quad = (n-1)(S_{n-2} - S_n)$

$\quad \therefore\quad nS_n = (n-1)S_{n-2}$

すなわち

$\qquad S_n = \dfrac{n-1}{n}S_{n-2}\ (n \geqq 2)$

（証明終）

(3) (2) の $nS_n = (n-1)S_{n-2}\ (n \geqq 2)$ の両辺に S_{n-1} をかけて

$\qquad nS_nS_{n-1} = (n-1)S_{n-2}S_{n-1}$

$\quad a_n = nS_nS_{n-1}\ (n \geqq 1)$ とおくと

$\qquad a_n = a_{n-1}\ (n \geqq 2)$

つまり，$n \geqq 1$ において

$\qquad \underline{a_{n+1} = a_n}$

よって

$$a_n = a_{n-1} = \cdots = a_1$$
$$= 1 \cdot S_1 \cdot S_0$$
$$= \frac{\pi}{2} \quad (\because (1))$$

5.31 $\quad I_1 = \displaystyle\int_0^1 xe^{-x}\,dx$

$$= \int_0^1 x(-e^{-x})'\,dx$$
$$= \Big[-xe^{-x}\Big]_0^1 + \int_0^1 e^{-x}\,dx$$
$$= -\frac{1}{e} + \Big[-e^{-x}\Big]_0^1$$
$$= -\frac{2}{e} + 1$$

$n \geqq 2$ のとき

$$I_n$$
$$= \frac{1}{n!}\int_0^1 x^n(-e^{-x})'\,dx$$
$$= \frac{1}{n!}\Big[-x^n e^{-x}\Big]_0^1 + \frac{n}{n!}\int_0^1 x^{n-1}e^{-x}\,dx$$
$$= -\frac{1}{e \cdot n!} + \frac{1}{(n-1)!}\int_0^1 x^{n-1}e^{-x}\,dx$$
$$= -\frac{1}{e \cdot n!} + I_{n-1}$$
$$\therefore \quad I_n = -\frac{1}{e \cdot n!} + I_{n-1} \ (n \geqq 2)$$

これを繰り返し用いると

$$I_n$$
$$= -\frac{1}{e \cdot n!} + I_{n-1}$$
$$= -\frac{1}{e \cdot n!} - \frac{1}{e(n-1)!} + I_{n-2}$$
$$= -\frac{1}{e \cdot n!} - \frac{1}{e(n-1)!}$$
$$\quad - \frac{1}{e(n-2)!} - \cdots - \frac{1}{e \cdot 2!} + I_1$$
$$= -\frac{1}{e}\left(\frac{1}{n!} + \frac{1}{(n-1)!} + \frac{1}{(n-2)!}\right.$$
$$\left. + \cdots + \frac{1}{2!}\right) - \frac{2}{e} + 1$$
$$= \underline{1 - \frac{2}{e} - \frac{1}{e}\sum_{k=2}^n \frac{1}{k!}} \ (n \geqq 2)$$

5.32 (1) $\quad I_1 = \displaystyle\int_1^x \log t\,dt$

$$= \int_1^x (t)' \log t\,dt$$
$$= \Big[t \log t\Big]_1^x - \int_1^x t \cdot \frac{1}{t}\,dt$$
$$= x \log x - \int_1^x dt$$
$$= \underline{x \log x - x + 1}$$

(2) $\quad I_{n+1}$

$$= \int_1^x (\log t)^{n+1}\,dt$$
$$= \int_1^x (t)' (\log t)^{n+1}\,dt$$
$$= \Big[t(\log t)^{n+1}\Big]_1^x$$
$$\quad - \int_1^x t \cdot (n+1)(\log t)^n \cdot \frac{1}{t}\,dt$$
$$= x(\log x)^{n+1} - (n+1)\int_1^x (\log t)^n\,dt$$
$$= x(\log x)^{n+1} - (n+1)I_n$$

（証明終）

(3) $\quad I_3$

$$= x(\log x)^3 - 3I_2$$
$$= x(\log x)^3 - 3\{x(\log x)^2 - 2I_1\}$$
$$= x(\log x)^3 - 3x(\log x)^2 + 6I_1$$
$$= x(\log x)^3 - 3x(\log x)^2$$
$$\quad + 6(x \log x - x + 1)$$
$$= \underline{x(\log x)^3 - 3x(\log x)^2}$$
$$\underline{+6x \log x - 6x + 6}$$

📖 問題

区分求積法 ···

☐ **5.33** 次の値を求めよ。

(1) $\displaystyle\lim_{n\to\infty}\sum_{k=1}^{n}\frac{n}{4n^2-k^2}=\boxed{}$ （小樽商科大）

(2) $\displaystyle\lim_{n\to\infty}\sum_{k=n+1}^{2n}\frac{1}{k}=\boxed{}$ （芝浦工大　改）

(3) $\displaystyle\lim_{n\to\infty}\frac{1}{n}\log\frac{{}_{2n}\mathrm{P}_n}{n^n}=\log\boxed{}-\boxed{}$ 。

ただし，${}_n\mathrm{P}_r$ は n 個のものから r 個とって並べる順列の数，$\log$ は自然対数とする。 （日本大）

☐ **5.34** $n,\ k$ を自然数，$n\geqq 2$，$1\leqq k\leqq n$ とする。n 個の袋には，1 から n までの異なる数が書かれたカードが貼ってある。k の数が書かれたカードが貼ってある袋には白球が k 個，赤球が $n-k$ 個入っている。また，n 個の袋から袋を一つえらぶときその確率はどれも等しいとする。

n 個の袋から袋を一つえらぶ。その袋から球を 1 個取り出して，その色を見てから取り出した袋に戻すという試行を 5 回行う。このとき，白球が 2 回出る確率 P_n について極限値 $\displaystyle\lim_{n\to\infty}P_n$ を求めなさい。 （福島大　改）

☐ **5.35** n を正の整数とする。$k=1,\ 2,\ 3,\ \cdots,\ n$ に対して $\triangle\mathrm{AOB}_k$ を $\angle\mathrm{AOB}_k=\dfrac{k}{2n}\pi$，$\mathrm{OA}=1$，$\mathrm{OB}_k=k$ であるような三角形とし，その面積を S_k とする。

(1) S_k を k と n を用いて表せ。

(2) 極限値 $\displaystyle\lim_{n\to\infty}\frac{1}{n^2}\sum_{k=1}^{n}S_k$ を求めよ。 （青山学院大）

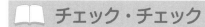

チェック・チェック

基本 check！

区分求積法

　曲線で囲まれた図形の面積を長方形の面積の和で近似する考え方を，区分求積法という。「分けて積もる」のは積分の出発点となった考え方であり，大学以降の数学では，定積分の定義となる。

$$\int_a^b f(x)\,dx = \lim_{n \to \infty} \sum_{k=0}^{n-1} f(x_k) \cdot \varDelta x = \lim_{n \to \infty} \sum_{k=1}^{n} f(x_k) \cdot \varDelta x$$

$$\left(\varDelta x = \frac{b-a}{n},\ x_k = a + k \cdot \varDelta x \right)$$

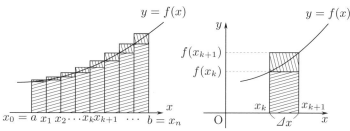

　数列の和の極限を積分に置きかえる（区分求積する）には，次の順序で考える。

(ⅰ) 変数 x を定める。

(ⅱ) 積分区間を調べる。

(ⅲ) 区間の分割幅 $\varDelta x$ を求める。

5.33 区分求積法

(1) 区分求積法の基本問題です。$\dfrac{k}{n}$ を変数とみられるように式を変形しましょう。

(2) 和の範囲に注意しましょう。

(3) $_{2n}\mathrm{P}_n$ を変形してみましょう。「積の log」は「log の和」です。

5.34 区分求積法の応用（確率の和の極限）

　どの袋を選ぶ確率も $\dfrac{1}{n}$ であり，袋が決まると，5 回の試行のうち白球が 2 回出る確率はどうなるか，と考えて確率 P_n を求めましょう。

5.35 区分求積法の応用（面積の和の極限）

　$\displaystyle \lim_{n \to \infty} \frac{1}{n^2} \sum_{k=1}^{n} S_k = \lim_{n \to \infty} \sum_{k=1}^{n} \frac{k}{2n^2} \sin \frac{k}{2n} \pi$ において，x は $x = \dfrac{k}{n}$，$x = \dfrac{k}{2n}$，$x = \dfrac{k}{2n} \pi$ といった候補が考えられます。

📖 解答・解説

5.33 (1) $S_n = \displaystyle\sum_{k=1}^{n} \frac{n}{4n^2 - k^2}$

$\quad = \displaystyle\sum_{k=1}^{n} \frac{\dfrac{1}{n}}{4 - \dfrac{k^2}{n^2}}$

$\quad = \displaystyle\sum_{k=1}^{n} \frac{1}{4 - \left(\dfrac{k}{n}\right)^2} \cdot \frac{1}{n}$

$x = \dfrac{k}{n}$ とおくと，$k : 1 \to n$ のとき，

$x : \dfrac{1}{n} \to \dfrac{n}{n}(= 1)$ であり，$n \to \infty$ の

ときの積分区間は $0 \leqq x \leqq 1$, 項数 n よ

り $\varDelta x = \dfrac{1-0}{n} = \dfrac{1}{n}$ であるから

$\quad \displaystyle\lim_{n \to \infty} S_n$

$\quad = \displaystyle\lim_{n \to \infty} \sum_{k=1}^{n} \frac{1}{4 - \left(\dfrac{k}{n}\right)^2} \cdot \frac{1}{n}$

$\quad = \displaystyle\int_0^1 \frac{dx}{4 - x^2}$

$\quad = \dfrac{1}{4} \displaystyle\int_0^1 \left(\frac{1}{x+2} - \frac{1}{x-2} \right) dx$

$\quad = \dfrac{1}{4} \left[\log|x+2| - \log|x-2| \right]_0^1$

$\quad = \underline{\dfrac{1}{4} \log 3}$

(2) $\displaystyle\sum_{k=n+1}^{2n} \frac{1}{k} = \sum_{k=n+1}^{2n} \frac{1}{\dfrac{k}{n}} \cdot \frac{1}{n}$

$x = \dfrac{k}{n}$ とおくと，$k : n+1 \to 2n$ の

とき，$x : 1 + \dfrac{1}{n} \to \dfrac{2n}{n}(= 2)$ であり，

$n \to \infty$ のときの積分区間は $1 \leqq x \leqq 2$

である。項数 $2n - (n+1) + 1 = n$ よ

り，区間 $1 \leqq x \leqq 2$ を n 等分すると

$\varDelta x = \dfrac{2-1}{n} = \dfrac{1}{n}$ であるから

$\quad \displaystyle\lim_{n \to \infty} \sum_{k=n+1}^{2n} \frac{1}{k}$

$\quad = \displaystyle\lim_{n \to \infty} \sum_{k=n+1}^{2n} \frac{1}{\dfrac{k}{n}} \cdot \frac{1}{n}$

$\quad = \displaystyle\int_1^2 \frac{dx}{x} = \left[\log|x| \right]_1^2 = \underline{\log 2}$

(3) $\quad \log \dfrac{{}_{2n}\mathrm{P}_n}{n^n}$

$\quad = \log \dfrac{2n(2n-1) \cdot \cdots \cdot (n+1)}{n^n}$

$\quad = \log \dfrac{(n+1)(n+2) \cdot \cdots \cdot (n+n)}{n^n}$

$\qquad$ （小さい方から並べ直した）

$\quad = \log \left(1 + \dfrac{1}{n}\right)\left(1 + \dfrac{2}{n}\right)$

$\qquad\qquad \cdot \cdots \cdot \left(1 + \dfrac{n}{n}\right)$

$\quad = \displaystyle\sum_{k=1}^{n} \log \left(1 + \frac{k}{n}\right)$

$x = \dfrac{k}{n}$ とおくと，$k : 1 \to n$ のとき

$x : \dfrac{1}{n} \to \dfrac{n}{n}(= 1)$ であり，$n \to \infty$ の

ときの積分区間は $0 \leqq x \leqq 1$ である。

項数 n より，区間 $0 \leqq x \leqq 1$ を n 等分

すると $\varDelta x = \dfrac{1-0}{n} = \dfrac{1}{n}$ であるから

$\quad \displaystyle\lim_{n \to \infty} \frac{1}{n} \log \frac{{}_{2n}\mathrm{P}_n}{n^n}$

$\quad = \displaystyle\lim_{n \to \infty} \sum_{k=1}^{n} \log \left(1 + \frac{k}{n}\right) \cdot \frac{1}{n}$

$\quad = \displaystyle\int_0^1 \log(1 + x)\, dx$

$\quad = \displaystyle\int_0^1 (1+x)' \log(1+x)\, dx$

$\quad = \left[(1+x) \log(1+x) \right]_0^1$

$\qquad\qquad - \displaystyle\int_0^1 (1+x) \cdot \frac{1}{1+x}\, dx$

$\quad = 2\log 2 - \displaystyle\int_0^1 dx = \log \underline{4} - \underline{1}$

5.34 n 個の袋から k $(k = 1, 2, \cdots, n)$ の数が書かれたカードが貼ってある袋を選ぶ確率は $\dfrac{1}{n}$ であり，この袋から球を 1 個取り出す試行で白球，赤球が出る確率はそれぞれ $\dfrac{k}{n}$，$\dfrac{n-k}{n}$ である。

試行を 5 回行うとき，白球が 2 回出る確率 P_n は

$$P_n = \sum_{k=1}^{n} \frac{1}{n} {}_5C_2 \left(\frac{k}{n}\right)^2 \left(\frac{n-k}{n}\right)^3$$

$x = \dfrac{k}{n}$ とおくと，$k : 1 \to n$ のとき $x : \dfrac{1}{n} \to \dfrac{n}{n} (= 1)$ であり，$n \to \infty$ のときの積分区間は $0 \leqq x \leqq 1$ である。項数 n より，区間 $0 \leqq x \leqq 1$ を n 等分すると $\varDelta x = \dfrac{1-0}{n} = \dfrac{1}{n}$ であるから

$$\lim_{n \to \infty} P_n$$
$$= \frac{5 \cdot 4}{2 \cdot 1} \lim_{n \to \infty} \sum_{k=1}^{n} \frac{1}{n} \left(\frac{k}{n}\right)^2 \left(1 - \frac{k}{n}\right)^3$$
$$= 10 \int_0^1 x^2 (1-x)^3 \, dx$$
$$= 10 \left\{ \left[x^2 \cdot \frac{(1-x)^4}{4} \cdot (-1) \right]_0^1 \right.$$
$$\left. + \int_0^1 2x \cdot \frac{(1-x)^4}{4} \, dx \right\}$$
$$= 10 \left\{ \left[2x \cdot \frac{(1-x)^5}{4 \cdot 5} \cdot (-1) \right]_0^1 \right.$$
$$\left. + \int_0^1 \frac{(1-x)^5}{2 \cdot 5} \, dx \right\}$$
$$= \left[\frac{(1-x)^6}{6} \cdot (-1) \right]_0^1$$
$$= \underline{\frac{1}{6}}$$

別解
$$10 \int_0^1 x^2 (1-x)^3 \, dx$$
$$= 10 \int_0^1 x^2 (1 - 3x + 3x^2 - x^3) \, dx$$

$$= 10 \left[\frac{1}{3} x^3 - \frac{3}{4} x^4 + \frac{3}{5} x^5 - \frac{1}{6} x^6 \right]_0^1$$
$$= 10 \left(\frac{1}{3} - \frac{3}{4} + \frac{3}{5} - \frac{1}{6} \right)$$
$$= \frac{1}{6}$$

5.35 (1) S_k
$$= \frac{1}{2} \cdot OA \cdot OB_k \cdot \sin \angle AOB_k$$
$$= \frac{1}{2} \cdot 1 \cdot k \cdot \sin \frac{k}{2n} \pi$$
$$= \boldsymbol{\frac{k}{2} \sin \frac{k}{2n} \pi}$$

(2) $\dfrac{1}{n^2} \sum_{k=1}^{n} S_k = \dfrac{1}{n} \sum_{k=1}^{n} \dfrac{k}{2n} \sin \dfrac{k}{2n} \pi$

$x = \dfrac{k}{2n}$ とおくと，$k : 1 \to n$ のとき $x : \dfrac{1}{2n} \to \dfrac{n}{2n} \left(= \dfrac{1}{2}\right)$ であり，$n \to \infty$ のときの積分区間は $0 \leqq x \leqq \dfrac{1}{2}$，項数 n より，区間 $0 \leqq x \leqq \dfrac{1}{2}$ を n 等分すると $\varDelta x = \dfrac{\dfrac{1}{2} - 0}{n} = \dfrac{1}{2n}$ であるから

$$\lim_{n \to \infty} \frac{1}{n^2} \sum_{k=1}^{n} S_k$$
$$= 2 \lim_{n \to \infty} \sum_{k=1}^{n} \frac{k}{2n} \sin \frac{k}{2n} \pi \cdot \frac{1}{2n}$$
$$= 2 \int_0^{\frac{1}{2}} x \sin \pi x \, dx$$
$$= 2 \cdot \left(-\frac{1}{\pi}\right) \int_0^{\frac{1}{2}} x (\cos \pi x)' \, dx$$
$$= -\frac{2}{\pi} \left[x \cos \pi x \right]_0^{\frac{1}{2}} + \frac{2}{\pi} \int_0^{\frac{1}{2}} \cos \pi x \, dx$$
$$= -\frac{2}{\pi} (0 - 0) + \frac{2}{\pi} \left[\frac{1}{\pi} \sin \pi x \right]_0^{\frac{1}{2}}$$
$$= \frac{2}{\pi^2} (1 - 0)$$
$$= \underline{\frac{2}{\pi^2}}$$

問題

定積分と不等式

☐ **5.36** n を正の整数，$\log$ を自然対数とする。

(1) 次の不等式を証明せよ。

$$\frac{1}{n+1} < \log(n+1) - \log n < \frac{1}{n}$$

(2) $n \geqq 2$ のとき，次の不等式を証明せよ。

$$\log(n+1) < 1 + \frac{1}{2} + \frac{1}{3} + \cdots + \frac{1}{n} < 1 + \log n \qquad （滋賀医大　改）$$

☐ **5.37** (1) 次の定積分の値を求めよ。

$$\int_0^{\frac{1}{\sqrt{2}}} \frac{1}{\sqrt{1-x^2}}\, dx$$

(2) n を 2 以上の自然数とするとき，次の不等式が成り立つことを示せ。

$$\frac{1}{\sqrt{2}} \leqq \int_0^{\frac{1}{\sqrt{2}}} \frac{1}{\sqrt{1-x^n}}\, dx \leqq \frac{\pi}{4} \qquad （大阪市立大）$$

☐ **5.38** 与えられた 2 つの関数 $f(x)$ と $g(x)\,(a \leqq x \leqq b)$ に対して

$$h(x) = \left(\int_a^x (f(t))^2\, dt\right)\left(\int_a^x (g(t))^2\, dt\right) - \left(\int_a^x f(t)g(t)\, dt\right)^2$$

とおく。導関数 $h'(x)\,(a < x < b)$ の符号を調べ，不等式

$$\left(\int_a^b f(t)g(t)\, dt\right)^2 \leqq \left(\int_a^b (f(t))^2\, dt\right)\left(\int_a^b (g(t))^2\, dt\right)$$

を証明せよ。また，等号の成立する条件を述べよ。 （名古屋市立大）

チェック・チェック

基本 check !

不等式の証明

　数列の和や定積分に関する不等式の証明では，数列の和の近似や計算できない定積分の値の近似を得るために

(i) 数列を図形化して面積として比較する

(ii) 複雑な関数をより簡単な関数で評価する

など，計算の容易な関数で評価することを考える。

5.36 面積による比較

$\displaystyle\sum_{k=1}^{n} \frac{1}{k} = 1 + \frac{1}{2} + \frac{1}{3} + \cdots + \frac{1}{n}$ を n の簡単な式で表すことはできません。そこで，$\dfrac{1}{k}$ の和を $y = \dfrac{1}{x}$ で評価します。

$y = f(x) = \dfrac{1}{x}$ は $x > 0$ で単調減少なので，下図の長方形の面積と，$\dfrac{1}{x}$ を積分して得られる面積とを比較します。

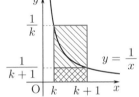

すると， より

$$\frac{1}{k+1} < \int_{k}^{k+1} \frac{dx}{x} < \frac{1}{k}$$

という評価が得られますね。

5.37 簡単な関数での評価

$n \geqq 2$ のとき，$0 \leqq x \leqq \dfrac{1}{\sqrt{2}}$ をみたす x に対しては

$$x^n \leqq x^2 \qquad \therefore \quad 1 - x^n \geqq 1 - x^2 (> 0)$$

であるから

$$\frac{1}{\sqrt{1 - x^n}} \leqq \frac{1}{\sqrt{1 - x^2}}$$

が成り立ちます。これで (2) は (1) とつながります。

5.38 積分型のコーシー・シュワルツの不等式

本問は

　　　（積の和の平方）≦（平方和の積）　　（コーシー・シュワルツの不等式）

を積分の形で考えたものです。等号が成立するための条件も大切です。

解答・解説

5.36 (1)

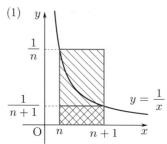

$y = \dfrac{1}{x}$ は $x > 0$ において単調減少であり，自然数 n に対し

$$n < x < n+1$$
$$\iff \frac{1}{n+1} < \frac{1}{x} < \frac{1}{n}$$

x について，n から $n+1$ まで積分して

$$\frac{1}{n+1} < \int_n^{n+1} \frac{1}{x}\, dx < \frac{1}{n}$$

ここで，$n > 0$ より

$$\int_n^{n+1} \frac{1}{x}\, dx = \Big[\log|x|\Big]_n^{n+1}$$
$$= \log(n+1) - \log n$$

したがって，正の整数 n に対して

$$\frac{1}{n+1} < \log(n+1) - \log n < \frac{1}{n}$$

が成り立つ。　　　　　　　　（証明終）

(2) (1) よりすべての自然数 n に対して

$$\begin{cases} \dfrac{1}{n+1} < \log(n+1) - \log n \\ \qquad\qquad\qquad\cdots\cdots ① \\ \dfrac{1}{n} > \log(n+1) - \log n \\ \qquad\qquad\qquad\cdots\cdots ② \end{cases}$$

① より，$n \geqq 2$ のとき

$$\sum_{k=1}^{n-1} \frac{1}{k+1}$$
$$< \sum_{k=1}^{n-1} \{\log(k+1) - \log k\}$$

$$= (\log 2 - \log 1) + (\log 3 - \log 2)$$
$$+ (\log 4 - \log 3) + \cdots\cdots$$
$$+ \{\log n - \log(n-1)\}$$
$$= \log n$$

$$\therefore \ \sum_{k=1}^{n} \frac{1}{k} = 1 + \sum_{k=1}^{n-1} \frac{1}{k+1}$$
$$< 1 + \log n$$

同様に② より

$$\sum_{k=1}^{n} \frac{1}{k} > \sum_{k=1}^{n} \{\log(k+1) - \log k\}$$
$$= \log(n+1)$$

以上より，$n \geqq 2$ のとき

$$\log(n+1) < \sum_{k=1}^{n} \frac{1}{k} < 1 + \log n$$

が成り立つ。　　　　　　　　（証明終）

5.37 (1) $x = \sin\theta \ \left(-\dfrac{\pi}{2} < \theta < \dfrac{\pi}{2}\right)$

とおくと

$$dx = \cos\theta\, d\theta$$

x	0	$\to$	$\dfrac{1}{\sqrt{2}}$
θ	0	$\to$	$\dfrac{\pi}{4}$

となるから

$$\int_0^{\frac{1}{\sqrt{2}}} \frac{1}{\sqrt{1-x^2}}\, dx$$
$$= \int_0^{\frac{\pi}{4}} \frac{\cos\theta}{\sqrt{1-\sin^2\theta}}\, d\theta$$
$$= \int_0^{\frac{\pi}{4}} \frac{\cos\theta}{|\cos\theta|}\, d\theta$$
$$= \int_0^{\frac{\pi}{4}} d\theta = \frac{\pi}{4}$$

(2) $n \geqq 2$ のとき，$0 \leqq x \leqq \dfrac{1}{\sqrt{2}}$ に対

して，$x^n \leqq x^2$ であるから

$$1 \geqq \sqrt{1-x^n} \geqq \sqrt{1-x^2}$$

$$\therefore \quad 1 \leqq \frac{1}{\sqrt{1-x^n}} \leqq \frac{1}{\sqrt{1-x^2}}$$

$$\left(0 \leqq x \leqq \frac{1}{\sqrt{2}} \right)$$

よって，それぞれ定積分すると

$$\int_0^{\frac{1}{\sqrt{2}}} dx \leqq \int_0^{\frac{1}{\sqrt{2}}} \frac{1}{\sqrt{1-x^n}}\, dx$$

$$\leqq \int_0^{\frac{1}{\sqrt{2}}} \frac{1}{\sqrt{1-x^2}}\, dx$$

(1) より

$$\frac{1}{\sqrt{2}} \leqq \int_0^{\frac{1}{\sqrt{2}}} \frac{1}{\sqrt{1-x^n}}\, dx \leqq \frac{\pi}{4}$$

（証明終）

5.38 $h(x)$ を，$a < x < b$ の範囲で微分する。

$$h'(x)$$

$$= (f(x))^2 \cdot \int_a^x (g(t))^2\, dt$$

$$+ \int_a^x (f(t))^2\, dt \cdot (g(x))^2$$

$$- 2 \int_a^x f(t)g(t)\, dt \cdot (f(x)g(x))$$

$$= \int_a^x (f(x)g(t))^2\, dt$$

$$+ \int_a^x (g(x)f(t))^2\, dt$$

$$- 2 \int_a^x f(x)g(x)f(t)g(t)\, dt$$

$$= \int_a^x (f(x)g(t) - g(x)f(t))^2\, dt$$

ここで

$$\begin{cases} (f(x)g(t) - g(x)f(t))^2 \geqq 0 \\ a \leqq x \leqq b \end{cases}$$

であるから

$$h'(x) \geqq 0$$

したがって，$a \leqq x \leqq b$ において $h(x)$ は非減少であり

$$h(b) \geqq h(x) \geqq h(a) = 0$$

$$\therefore \quad h(b) \geqq 0$$

が成り立つ。よって，不等式

$$\left(\int_a^b f(t)g(t)\, dt \right)^2$$

$$\leqq \left(\int_a^b (f(t))^2\, dt \right) \left(\int_a^b (g(t))^2\, dt \right)$$

が成り立つ。（証明終）

等号が成立する条件を求める。

$a \leqq x \leqq b$ において $h(x) = 0$ であるためには，$a < x < b$ において $h'(x) = 0$ すなわち

$$f(x)g(t) - g(x)f(t) = 0 \cdots (*)$$

$$(a \leqq t \leqq x)$$

であることが必要である。

(i) $g(x) \neq 0$ となる x が存在するとき，この x を x_1 とおくと，$(*)$ は

$$f(t) = \frac{f(x_1)}{g(x_1)} g(t)$$

となり，定数 k を用いて $f(t) = k\,g(t)$ と表すことができる（必要条件）。

逆に，$a \leqq x \leqq b$ をみたすすべての x について

$$f(x) = k\,g(x) \ (k \text{ は定数})$$

であるならば

$$f(x)g(t) - g(x)f(t)$$

$$= k\,g(x) \cdot g(t) - g(x) \cdot k\,g(t)$$

$$= 0$$

が成り立つから，$h'(x) = 0$ となり，$h(x)$ は定数である。さらに，$h(a) = 0$ であるから，$a \leqq x \leqq b$ をみたすすべての x について，$h(x) = 0$ である。

(ii) $g(x) \neq 0$ となる x が存在しないとき，$g(x) = 0 \ (a \leqq x \leqq b)$ であるから，$a \leqq x \leqq b$ をみたすすべての x について，$h(x) = 0$ である。

(i), (ii) より，等号が成立する条件は

$a \leqq x \leqq b$ において

「つねに $g(x) = 0$」または

「つねに $f(x) = kg(x)$

（k は定数）」

別解

等号の成立条件を

$a \leqq x \leqq b$ において

「つねに $f(x) = 0$」または

「つねに $g(x) = kf(x)$ （k は定数）」

としてもよい。

【参考】 積分型のコーシー・シュワルツの不等式

一般に，次のことが成り立つ。

実数 a, b, c, x, y, z について
$$(ax + by + cz)^2 \leqq (a^2 + b^2 + c^2)(x^2 + y^2 + z^2)$$

―― コーシー・シュワルツの不等式 ――

これは，（積の和の平方）$\leqq$（平方和の積）であることを示している。この証明のひとつとして，u についての不等式
$$(au - x)^2 + (bu - y)^2 + (cu - z)^2 \geqq 0$$
を利用するものがある。

5.38 で扱ったのは，積分型のコーシー・シュワルツの不等式である。

実数 a, b と，$a \leqq x \leqq b$ で定義された連続な関数 $f(x), g(x)$ について
$$\left(\int_a^b f(t)g(t)\,dt\right)^2 \leqq \left(\int_a^b (f(t))^2\,dt\right)\left(\int_a^b (g(t))^2\,dt\right) \quad \cdots\cdots (*)$$

―― 積分型のコーシー・シュワルツの不等式 ――

この証明も，同様の方法を用いて次のページのように考えることができる。

u についてつねに成り立つ不等式

$$(uf(t) + g(t))^2 \geqq 0$$

を利用する。$a \leqq b$ のとき，a から b まで t で積分すると

$$\int_a^b (uf(t) + g(t))^2 \, dt \geqq 0 \quad \cdots\cdots ①$$

$$\therefore \quad u^2 \int_a^b (f(t))^2 \, dt + 2u \int_a^b f(t)g(t) \, dt + \int_a^b (g(t))^2 \, dt \geqq 0 \quad \cdots\cdots ②$$

がつねに成り立つ。

(i) $\displaystyle\int_a^b (f(t))^2 \, dt = 0$ のとき，$a \leqq x \leqq b$ において $(f(x))^2 \geqq 0$ であるから，「つねに $f(x) = 0$」である。よって，不等式 $(*)$ は両辺がともに 0 であり，等式として成り立つ。

(ii) $\displaystyle\int_a^b (f(t))^2 \, dt \neq 0$ のとき，$\displaystyle\int_a^b (f(t))^2 \, dt > 0$ であり，u についての 2 次不等式②はつねに成り立つから，(判別式) $\leqq 0$ が成り立つ。すなわち

$$\left(\int_a^b f(t)g(t) \, dt \right)^2 - \left(\int_a^b (f(t))^2 \, dt \right) \left(\int_a^b (g(t))^2 \, dt \right) \leqq 0$$

$$\therefore \quad \left(\int_a^b f(t)g(t) \, dt \right)^2 \leqq \left(\int_a^b (f(t))^2 \, dt \right) \left(\int_a^b (g(t))^2 \, dt \right)$$

であり，$(*)$ は成り立つ。

等号が成立する条件は

(i) $\displaystyle\int_a^b (f(t))^2 \, dt = 0$ のとき

「つねに $f(x) = 0$」であり，不等式 $(*)$ は等号が成り立つ。

(ii) $\displaystyle\int_a^b (f(t))^2 \, dt \neq 0$ のとき

不等式①により等号が成り立つ条件は，$(uf(t) + g(t))^2 \geqq 0$ より

$$uf(t) + g(t) = 0$$

$$\therefore \quad g(t) = -uf(t)$$

をみたす実数 u が存在することである。すなわち

$$g(t) = kf(t) \ (k(= -u) \ \text{は定数})$$

と表されることである。

(i)，(ii) より，等号が成立する条件は，$a \leqq x \leqq b$ において

「つねに $f(x) = 0$」または「つねに $g(x) = kf(x) \ (k \ \text{は定数})$」

が成り立つことである。 (証明終)

§2 積分法の応用

📖 問題

面積 ··

☐ **5.39** 次の問いに答えよ。

(1) 曲線 $\sqrt{x} + \sqrt{y} = 1$ と x 軸，y 軸とで囲まれる部分の面積は ☐ である。 （摂南大）

(2) 関数 $f(x) = x\sqrt{8 - x^2}$ について，曲線 $y = f(x)$ と x 軸とで囲まれた図形の面積を求めよ。 （広島大）

(3) $0 \leqq x \leqq \pi$ のとき，2 曲線 $y = \sin x$，$y = \sin 3x$ によって囲まれる図形の面積を求めなさい。 （城西大）

(4) $f(x) = \log x + (\log x)^2$ とする。ただし，対数は自然対数とする。曲線 $y = f(x)$ と x 軸で囲まれた図形の面積を求めよ。 （茨城大）

☐ **5.40** 次の問いに答えよ。ただし，e は自然対数の底とする。

(1) 関数 $y = \dfrac{e^x - e^{-x}}{e^x + e^{-x}}$ の増減および漸近線を調べて，グラフの概形をかけ。

(2) $y = \dfrac{e^x - e^{-x}}{e^x + e^{-x}}$ を x について解け。

(3) 曲線 $y = \dfrac{e^x - e^{-x}}{e^x + e^{-x}}$ と直線 $y = \dfrac{1}{2}$ および y 軸で囲まれた部分の面積を求めよ。 （弘前大）

☐ **5.41** 関数 $f(x) = e^{-x} \sin x$ について，以下の空欄をうめよ。

(1) $\displaystyle\int f(x)\,dx = $ ☐ である。ただし，積分定数は省略してよい。

(2) n を自然数とする。$(2n - 2)\pi \leqq x \leqq (2n - 1)\pi$ の範囲において，曲線 $y = f(x)$ と x 軸とで囲まれた部分の面積を S_n とする。S_n を計算すると，$S_n = $ ☐ である。

(3) (2) で定めた S_n に対し，$\displaystyle\sum_{n=1}^{\infty} S_n = $ ☐ である。 （会津大）

チェック・チェック

5.39 面積の計算

(1) $\sqrt{x} + \sqrt{y} = 1$ は $0 \leqq x \ (\leqq 1), \ 0 \leqq y \ (\leqq 1)$ の範囲で定義される曲線です。

$$x^n + y^n = 1$$

とすると，$n = 1$ のときは直線，$n = 2$ のときは円であり，本問の $n = \dfrac{1}{2}$ のときは，右の図のようになります。（実は，放物線の一部です。）

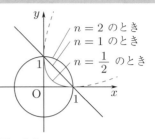

(2) グラフをかいて，曲線と x 軸とで囲まれた図形を調べます。

曲線が x 軸より上側にあるのか下側にあるのか，対称性があるかないかを調べるわけです。

$f(x) = x\sqrt{8 - x^2}$ の定義域は $-2\sqrt{2} \leqq x \leqq 2\sqrt{2}$ です。また，$f(-x) = -f(x)$ なので，グラフは原点に関して対称です。

(3) 2曲線の交点の x 座標を求め，そのグラフをかきます。このとき，グラフの対称性にも気づくはずです。

$$f(2a - x) = f(x)$$

が成立すれば，$y = f(x)$ のグラフは直線 $x = a$ に関して対称です。

(4) グラフをかいて，曲線と x 軸とで囲まれた図形を調べます。$\displaystyle\int \log x \, dx$, $\displaystyle\int (\log x)^2 \, dx$ は部分積分法を用います。

5.40 y で積分するか，x で積分するか

まずはグラフをかいて，与えられた図形の概形を捉えましょう。この図形の面積は，y で積分して求めることも，x で積分して求めることもできます。

5.41 面積の無限和

(1) 頻出の積分計算です。（**5.20** 参照）

(2) $f(x)$ の正負を考慮し，$(2n - 2)\pi \leqq x \leqq (2n - 1)\pi$ でのグラフを考えましょう。

(3) 数列 $\{S_n\}$ は等比数列であり，$|$公比$| < 1$ であれば，無限等比級数 $\displaystyle\sum_{n=1}^{\infty} S_n$ は収束します。

解答・解説

5.39 (1) $\sqrt{x}+\sqrt{y}=1$ を図示すると，次の図のようになる。

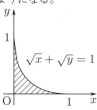

$y=(1-\sqrt{x})^2$ より，求める面積 S は

$$S=\int_0^1 (1-\sqrt{x})^2\,dx$$
$$=\int_0^1 (1-2\sqrt{x}+x)\,dx$$
$$=\left[x-\frac{4}{3}x^{\frac{3}{2}}+\frac{x^2}{2}\right]_0^1$$
$$=1-\frac{4}{3}+\frac{1}{2}$$
$$=\underline{\frac{1}{6}}$$

(2) $f(x)=x\sqrt{8-x^2}$ の定義域は $-2\sqrt{2}\leqq x\leqq 2\sqrt{2}$ であり，$f(x)=0$ となるのは $x=0,\ \pm 2\sqrt{2}$ である。また，$f(-x)=-f(x)$ より，曲線 $y=f(x)$ は原点に関して対称である。

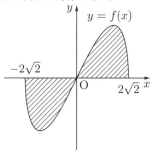

$0\leqq x\leqq 2\sqrt{2}$ において $f(x)\geqq 0$ であることに注意すると，求める面積 S は

$$S=2\int_0^{2\sqrt{2}} f(x)\,dx$$

$$=2\int_0^{2\sqrt{2}} \sqrt{8-x^2}\cdot\frac{(8-x^2)'}{-2}\,dx$$
$$=\left[-\frac{2}{3}(8-x^2)^{\frac{3}{2}}\right]_0^{2\sqrt{2}}$$
$$=\frac{2\cdot 8^{\frac{3}{2}}}{3}$$
$$=\underline{\frac{32\sqrt{2}}{3}}$$

(3) 2 曲線の交点の x 座標は，$\sin x=\sin 3x$ より

$$\sin x=3\sin x-4\sin^3 x$$
$$2\sin x(2\sin^2 x-1)=0$$

$0\leqq x\leqq \pi$ より

$$x=0,\ \pi,\ \frac{\pi}{4},\ \frac{3}{4}\pi$$

また，$\sin(\pi-x)=\sin x$ および
$$\sin 3(\pi-x)=\sin(\pi-3x)$$
$$=\sin 3x$$

より，2 曲線ともに，直線 $x=\dfrac{\pi}{2}$ に関して対称であり，2 曲線で囲まれる図形は次の図のようになる。

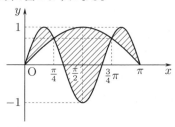

面積 S は
$$S$$
$$=\int_0^\pi |\sin 3x-\sin x|\,dx$$
$$=2\left\{\int_0^{\frac{\pi}{4}} (\sin 3x-\sin x)\,dx\right.$$

$$- \int_{\frac{\pi}{4}}^{\frac{\pi}{2}} (\sin 3x - \sin x)\, dx \Biggr\}$$

$$= 2\Biggl\{ \left[-\frac{1}{3}\cos 3x + \cos x \right]_{0}^{\frac{\pi}{4}}$$

$$- \left[-\frac{1}{3}\cos 3x + \cos x \right]_{\frac{\pi}{4}}^{\frac{\pi}{2}} \Biggr\}$$

$$= 2\Biggl\{ 2\left(-\frac{1}{3}\cos\frac{3}{4}\pi + \cos\frac{\pi}{4} \right)$$

$$- \left(-\frac{1}{3}\cos 0 + \cos 0 \right)$$

$$- \left(-\frac{1}{3}\cos\frac{3}{2}\pi + \cos\frac{\pi}{2} \right) \Biggr\}$$

$$= 2\Biggl\{ 2\left(\frac{\sqrt{2}}{6} + \frac{\sqrt{2}}{2} \right)$$

$$- \left(-\frac{1}{3} + 1 \right) - 0 \Biggr\}$$

$$= 2\left(\frac{4\sqrt{2}}{3} - \frac{2}{3} \right)$$

$$= \underline{\frac{4(2\sqrt{2} - 1)}{3}}$$

(4) $f(x)$ の定義域は，(真数) > 0 より $x > 0$ である。$f(x)$ を微分すると

$$f'(x) = \frac{1}{x} + 2\log x \cdot \frac{1}{x}$$

$$= \frac{1 + 2\log x}{x}$$

よって，$f(x)$ の増減表は次のようになる。

x	(0)	$\cdots$	$\dfrac{1}{\sqrt{e}}$	$\cdots$
$f'(x)$		$-$	0	$+$
$f(x)$		$\searrow$		$\nearrow$

また

$$f\left(\frac{1}{\sqrt{e}} \right) = -\frac{1}{2} + \left(-\frac{1}{2} \right)^2$$

$$= -\frac{1}{4}$$

であり，$f(x) = 0$ を解くと

$$(1 + \log x) \cdot \log x = 0$$

$$\therefore \quad x = 1, \ \ x = \frac{1}{e}$$

以上より，関数 $y = f(x)$ のグラフは次の図のようになる。

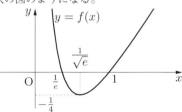

部分積分法を用いると

$$\int \log x\, dx$$

$$= x\log x - \int x \cdot \frac{1}{x}\, dx$$

$$= x\log x - x + C \quad (C \text{ は積分定数})$$

$$\int (\log x)^2\, dx$$

$$= x(\log x)^2 - \int x \cdot 2\frac{\log x}{x}\, dx$$

$$= x(\log x)^2 - 2(x\log x - x) + D$$
$$(D \text{ は積分定数})$$

$$(\because \text{上式の結果を利用した})$$

であり，求める面積 S は

$$S$$

$$= -\int_{\frac{1}{e}}^{1} \{ \log x + (\log x)^2 \}\, dx$$

$$= -\Biggl[(x\log x - x) + \{ x(\log x)^2$$

$$- 2x\log x + 2x \} \Biggr]_{\frac{1}{e}}^{1}$$

$$= -\Biggl[x(\log x)^2 - x\log x + x \Biggr]_{\frac{1}{e}}^{1}$$

$$= -1 + \Biggl\{ \frac{1}{e}\left(\log\frac{1}{e} \right)^2$$

$$- \frac{1}{e}\log\frac{1}{e} + \frac{1}{e} \Biggr\}$$

$$= -1 + \left(\frac{1}{e} + \frac{1}{e} + \frac{1}{e} \right)$$

$$= \underline{\frac{3}{e} - 1}$$

5.40 (1) $f(x) = \dfrac{e^x - e^{-x}}{e^x + e^{-x}}$ を x につ

いて微分すると

$$f'(x) = \frac{(e^x + e^{-x})^2 - (e^x - e^{-x})^2}{(e^x + e^{-x})^2}$$
$$= \frac{4}{(e^x + e^{-x})^2}$$

よって $f'(x) > 0$ であるから，$f(x)$ は

単調に増加する。また

$$\lim_{x \to \infty} f(x) = \lim_{x \to \infty} \frac{1 - e^{-2x}}{1 + e^{-2x}} = 1$$
$$\lim_{x \to -\infty} f(x) = \lim_{x \to -\infty} \frac{e^{2x} - 1}{e^{2x} + 1} = -1$$

であるから，$y = f(x)$ のグラフの漸近

線は $y = \pm 1$ である。

さらに

$$f(-x) = \frac{e^{-x} - e^x}{e^{-x} + e^x} = -f(x)$$

であるから，$y = f(x)$ のグラフは，原

点に関して対称である。

したがって，グラフの概形は <u>次の図</u>

のようになる。

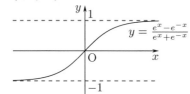

(2) $\quad y = \dfrac{e^{2x} - 1}{e^{2x} + 1}$

$$y(e^{2x} + 1) = e^{2x} - 1$$
$$\therefore \quad (1 - y)e^{2x} = 1 + y$$

(1) より，$-1 < y < 1$ である。よって

$$e^{2x} = \frac{1 + y}{1 - y}$$
$$2x = \log \frac{1 + y}{1 - y}$$
$$\therefore \quad \boldsymbol{x = \frac{1}{2} \log \frac{1 + y}{1 - y}}$$

(3) 曲線 $y = \dfrac{e^x - e^{-x}}{e^x + e^{-x}}$ と直線 $y = \dfrac{1}{2}$

および y 軸で囲まれた部分は，次の図の

斜線部分である。

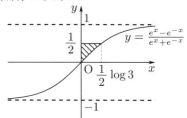

よって，求める面積 S は

$$S$$
$$= \int_0^{\frac{1}{2}} x \, dy$$
$$= \frac{1}{2} \int_0^{\frac{1}{2}} \log \frac{1 + y}{1 - y} \, dy$$
$$= \frac{1}{2} \int_0^{\frac{1}{2}} \{\log(1 + y) - \log(1 - y)\} \, dy$$
$$= \frac{1}{2} \int_0^{\frac{1}{2}} \{(1 + y)' \log(1 + y)$$
$$\qquad\qquad + (1 - y)' \log(1 - y)\} \, dy$$
$$= \frac{1}{2} \left\{ \Big[(1 + y) \log(1 + y)\Big]_0^{\frac{1}{2}} - \int_0^{\frac{1}{2}} dy \right.$$
$$\left. + \Big[(1 - y) \log(1 - y)\Big]_0^{\frac{1}{2}} + \int_0^{\frac{1}{2}} dy \right\}$$
$$= \frac{1}{2} \left(\frac{3}{2} \log \frac{3}{2} + \frac{1}{2} \log \frac{1}{2} \right)$$
$$= \boldsymbol{\frac{3}{4} \log 3 - \log 2}$$

別解

$y = \dfrac{1}{2}$ のとき，(2) より $x = \dfrac{1}{2} \log 3$

であるから

$$S$$
$$= \left(\frac{1}{2} \log 3 \right) \cdot \frac{1}{2} - \int_0^{\frac{1}{2} \log 3} y \, dx$$
$$= \frac{1}{4} \log 3 - \Big[\log \big| e^x + e^{-x} \big| \Big]_0^{\frac{1}{2} \log 3}$$
$$= \frac{1}{4} \log 3 - \log \left(e^{\frac{1}{2} \log 3} + e^{-\frac{1}{2} \log 3} \right) + \log 2$$
$$= \frac{1}{4} \log 3 - \log \left(\sqrt{3} + \frac{1}{\sqrt{3}} \right) + \log 2$$

$$= \frac{1}{4}\log 3 - \log\frac{4}{\sqrt{3}} + \log 2$$

$$= \frac{3}{4}\log 3 - \log 2$$

5.41 (1) $(e^{-x}\sin x)'$

$$= -e^{-x}\sin x + e^{-x}\cos x$$

$$\cdots\cdots ①$$

$$(e^{-x}\cos x)'$$

$$= -e^{-x}\cos x - e^{-x}\sin x$$

$$\cdots\cdots ②$$

① ＋ ② より

$$(e^{-x}\sin x + e^{-x}\cos x)'$$

$$= -2e^{-x}\sin x$$

$$= -2f(x)$$

以上より

$$\int f(x)\,dx$$

$$= \underline{-\frac{1}{2}e^{-x}(\sin x + \cos x)}$$

（積分定数は省略）

別解

5.20 (1) のように部分積分をしてもよい。

(2)

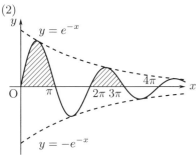

$(2n-2)\pi \leqq x \leqq (2n-1)\pi$ において，$e^{-x} > 0,\ \sin x \geqq 0$ なので，(1) より

$$S_n$$

$$= \int_{(2n-2)\pi}^{(2n-1)\pi} |f(x)|\,dx$$

$$= \int_{(2n-2)\pi}^{(2n-1)\pi} f(x)\,dx$$

$$= \left[-\frac{1}{2}e^{-x}(\sin x + \cos x)\right]_{(2n-2)\pi}^{(2n-1)\pi}$$

$$= -\frac{1}{2}\Big[e^{(1-2n)\pi}\{\sin(2n-1)\pi$$

$$+ \cos(2n-1)\pi\}$$

$$-e^{(2-2n)\pi}\{\sin(2n-2)\pi$$

$$+ \cos(2n-2)\pi\}\Big]$$

$$= -\frac{1}{2}\{-e^{(1-2n)\pi} - e^{(2-2n)\pi}\}$$

$$= \underline{\frac{1}{2}e^{(1-2n)\pi}(1 + e^{\pi})}$$

(3) (2) より，$\{S_n\}$ は公比 $e^{-2\pi}$ の等比数列であり，$0 < e^{-2\pi} < 1$ なので

$$\sum_{n=1}^{\infty} S_n$$

$$= \frac{S_1}{1 - e^{-2\pi}}$$

$$= \frac{1}{1 - e^{-2\pi}} \cdot \frac{1}{2}e^{-\pi}(1 + e^{\pi})$$

$$= \frac{e^{2\pi}}{e^{2\pi} - 1} \cdot \frac{1}{2}e^{-\pi}(1 + e^{\pi})$$

$$= \frac{e^{\pi}(1 + e^{\pi})}{2(e^{2\pi} - 1)}$$

$$= \underline{\frac{e^{\pi}}{2(e^{\pi} - 1)}}$$

📖 問題

接線・法線と曲線で囲まれた部分の面積 ⋯⋯⋯⋯⋯⋯⋯⋯⋯⋯⋯⋯⋯⋯⋯

□ **5.42** 次の問いに答えよ。

(1) xy 平面において，x 軸上の点 $(-1, 0)$ から曲線 $y = \sqrt{x}$ にひいた接線の方程式は $y = \boxed{}$ で，この接線と曲線および x 軸とで囲まれた部分の面積は $\boxed{}$ である。　　　　　　　　　　　（愛知工大）

(2) $0 \leqq x \leqq \pi$ とするとき，$y = \sin^2 x$ について

　(ⅰ) このグラフの接線で傾きが 1 であるものを求めよ。

　(ⅱ) このグラフと (1) で求めた接線および y 軸で囲まれた部分の面積を求めよ。　　　　　　　　　　　　　　　　　　　　（福岡工大）

(3) 座標平面上に曲線 $C : y = xe^{2x}$ と点 $P\left(\dfrac{1}{4}, 0\right)$ がある。P を通る C の 2 本の接線を求め，この 2 接線と C で囲まれる領域の面積を求めなさい。

　　　　　　　　　　　　　　　　　　　　　　　　　　（城西大　改）

□ **5.43** 関数 $f(x)$ を $f(x) = (x + 2)e^{-x}$ とする。ただし，e は自然対数の底である。

(1) $f(x)$ の最大値を求めよ。

(2) 曲線 $y = f(x)$ 上の点 $(0, 2)$ における $y = f(x)$ の法線 l の方程式を求めよ。

(3) 曲線 $y = f(x)$ と法線 l によって囲まれた図形の面積を求めよ。

　　　　　　　　　　　　　　　　　　　　　　　　　（北海学園大）

□ **5.44** $a > 0$ とし，$y = x^2$ のグラフが $y = a \log x$ のグラフに接しているとする。

(1) a の値を求めよ。

(2) 2 つの曲線 $y = x^2$，$y = a \log x$ と x 軸で囲まれる領域の面積を求めよ。

　　　　　　　　　　　　　　　　　　　　　　　　　（北見工大）

チェック・チェック

5.42 接線と面積

(1) まずはグラフをかいて，どの部分の面積を求めるのかを明示しましょう。曲線外の点から引いた接線については，**4.22**，**4.23** を見直して下さい。

(2) (i) $y = f(x)$ 上の点 $(t, f(t))$ における接線の傾きが 1 である条件は，$f'(t) = 1$ であることです。

   (ii) $\displaystyle\int \sin^2 x \, dx$ は $\sin^2 x = \dfrac{1 - \cos 2x}{2}$ と次数下げしてから積分します。

(3) 曲線外の点 P から曲線 C に 2 本の接線を引くには，曲線上の点 (t, te^{2t}) における接線を求め，この接線が点 P を通ることから，接点の x 座標 t の値を求めます。接点の x 座標が求まれば，接線の方程式が求まります。

5.43 法線と面積

曲線 $y = f(x)$ 上の点 $(t, f(t))$ における法線の方程式は，$f'(t) \neq 0$ ならば

$$y - f(t) = -\frac{1}{f'(t)}(x - t)$$

です。

5.44 接する 2 曲線と面積

(1) 2 曲線 $y = f(x)$, $y = g(x)$ が $x = t$ で接するということは，$x = t$ における 2 曲線の接線が一致するということであり，式で表すと

$$\begin{cases} f(t) = g(t) & \text{（共有点がある）} \\ f'(t) = g'(t) & \text{（接線の傾きが一致）} \end{cases}$$

ということです。（**4.25** 参照）

(2) 面積は $\displaystyle\int_0^1 f(x)\, dx + \int_1^t \{f(x) - g(x)\}\, dx$ ですが，これは $\displaystyle\int_0^t f(x)\, dx - \int_1^t g(x)\, dx$ と変形できます。

解答・解説

5.42 (1) $f(x) = \sqrt{x}$ とおく。

$f'(x) = \dfrac{1}{2}x^{-\frac{1}{2}} = \dfrac{1}{2\sqrt{x}}$ $(x > 0)$ よ

り，点 $(t,\ f(t))$ $(t > 0)$ における接線の
方程式は

$$y = f'(t)(x - t) + f(t)$$
$$= \frac{1}{2\sqrt{t}}(x - t) + \sqrt{t}$$

である。これが点 $(-1,\ 0)$ を通るため
の条件は

$$0 = \frac{1}{2\sqrt{t}}(-1 - t) + \sqrt{t}$$
$$1 + t = 2t$$
$$\therefore \quad t = 1$$

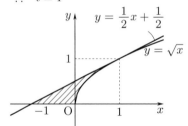

よって，求める接線の方程式は

$$y = \frac{1}{2}(x - 1) + 1$$
$$= \underline{\frac{1}{2}x + \frac{1}{2}}$$

求める面積 S は

$$S = \frac{1}{2} \cdot 2 \cdot 1 - \int_0^1 \sqrt{x}\,dx$$
$$= 1 - \frac{2}{3}\left[x^{\frac{3}{2}}\right]_0^1$$
$$= \underline{\frac{1}{3}}$$

別解

$y = \sqrt{x},\ y = \dfrac{1}{2}x + \dfrac{1}{2}$ を，それぞれ
x について解くと

$$x = y^2\ (y \geqq 0),\ \ x = 2y - 1$$

よって

$$S = \int_0^1 \{y^2 - (2y - 1)\}\,dy$$
$$= \int_0^1 (y - 1)^2\,dy$$
$$= \left[\frac{1}{3}(y - 1)^3\right]_0^1$$
$$= \frac{1}{3}$$

(2) (i) $f(x) = \sin^2 x$ とおくと

$$f'(x) = 2\sin x \cos x = \sin 2x$$

$0 \leqq x \leqq \pi$ において，接線の傾きが 1 と
なるのは

$$\sin 2x = 1$$
$$2x = \frac{\pi}{2}$$
$$\therefore \quad x = \frac{\pi}{4}$$

このとき

$$y = \sin^2 \frac{\pi}{4} = \frac{1}{2}$$

求める接線の方程式は

$$y = 1 \cdot \left(x - \frac{\pi}{4}\right) + \frac{1}{2}$$
$$\therefore \quad \boldsymbol{y = x - \frac{\pi}{4} + \frac{1}{2}}$$

(ii) 曲線 $y = \sin^2 x$ のグラフと点
$\left(\dfrac{\pi}{4},\ \dfrac{1}{2}\right)$ における接線は次の図のよう
になる。

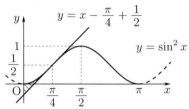

したがって，求める面積を S とすると

$$S$$
$$= \int_0^{\frac{\pi}{4}} \left\{ \sin^2 x - \left(x - \frac{\pi}{4} + \frac{1}{2} \right) \right\} dx$$
$$= \int_0^{\frac{\pi}{4}} \left\{ \frac{1 - \cos 2x}{2} - \left(x - \frac{\pi}{4} + \frac{1}{2} \right) \right\} dx$$
$$= \int_0^{\frac{\pi}{4}} \left\{ -\frac{1}{2} \cos 2x - \left(x - \frac{\pi}{4} \right) \right\} dx$$
$$= \left[-\frac{1}{4} \sin 2x - \frac{1}{2} \left(x - \frac{\pi}{4} \right)^2 \right]_0^{\frac{\pi}{4}}$$
$$= -\frac{1}{4} + \frac{1}{2} \left(\frac{\pi}{4} \right)^2$$
$$= \underline{\frac{\pi^2 - 8}{32}}$$

(3) $f(x) = xe^{2x}$ とおく。
$$f'(x) = e^{2x} + 2xe^{2x}$$
$$= (1 + 2x)e^{2x}$$

点 $(t, f(t))$ における接線の方程式は
$$y = f'(t)(x - t) + f(t)$$
$$= (1 + 2t)e^{2t}(x - t) + te^{2t}$$
$$= (1 + 2t)e^{2t}x - 2t^2 e^{2t} \quad \cdots \text{①}$$

点 $\mathrm{P}\left(\frac{1}{4}, \, 0 \right)$ を通るための条件は
$$0 = \frac{1}{4}(1 + 2t)e^{2t} - 2t^2 e^{2t}$$
$$e^{2t}(8t^2 - 2t - 1) = 0$$
$$e^{2t}(4t + 1)(2t - 1) = 0$$
$$\therefore \quad t = -\frac{1}{4}, \, \frac{1}{2}$$

①へ代入すると

$t = -\dfrac{1}{4}$ のとき $\quad \underline{y = \dfrac{1}{2\sqrt{e}} x - \dfrac{1}{8\sqrt{e}}}$

$t = \dfrac{1}{2}$ のとき $\quad \underline{y = 2ex - \dfrac{1}{2}e}$

この 2 接線と C で囲まれる領域は，次の図の斜線部分である。

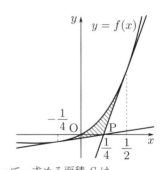

よって，求める面積 S は
$$S$$
$$= \int_{-\frac{1}{4}}^{\frac{1}{4}} \left\{ xe^{2x} - \left(\frac{1}{2\sqrt{e}} x - \frac{1}{8\sqrt{e}} \right) \right\} dx$$
$$\quad + \int_{\frac{1}{4}}^{\frac{1}{2}} \left\{ xe^{2x} - \left(2ex - \frac{1}{2}e \right) \right\} dx$$

ここで
$$\int xe^{2x} \, dx$$
$$= \int x \left(\frac{1}{2}e^{2x} \right)' dx$$
$$= \frac{1}{2}xe^{2x} - \frac{1}{2} \int e^{2x} \, dx$$
$$= \frac{1}{2}xe^{2x} - \frac{1}{4}e^{2x} + C \; (C \text{ は積分定数})$$

また，$\dfrac{1}{2\sqrt{e}} x$ は奇関数であるから
$$S$$
$$= \int_{-\frac{1}{4}}^{\frac{1}{2}} xe^{2x} \, dx + \frac{1}{4\sqrt{e}} \int_0^{\frac{1}{4}} dx$$
$$\quad - e \int_{\frac{1}{4}}^{\frac{1}{2}} \left(2x - \frac{1}{2} \right) dx$$
$$= \left[\left(\frac{1}{2}x - \frac{1}{4} \right) e^{2x} \right]_{-\frac{1}{4}}^{\frac{1}{2}} + \frac{1}{4\sqrt{e}} \Big[x \Big]_0^{\frac{1}{4}}$$
$$\quad - e \left[x^2 - \frac{1}{2}x \right]_{\frac{1}{4}}^{\frac{1}{2}}$$
$$= \frac{3}{8\sqrt{e}} + \frac{1}{16\sqrt{e}} - \frac{e}{16}$$
$$= \underline{\frac{7}{16\sqrt{e}} - \frac{e}{16}}$$

5.43 (1) $f(x) = (x+2)e^{-x}$ より
$$f'(x) = e^{-x} - (x+2)e^{-x}$$
$$= -(x+1)e^{-x}$$
よって，$f(x)$ の増減表は次のように
なる。

x	$\cdots$	-1	$\cdots$
$f'(x)$	$+$	0	$-$
$f(x)$	$\nearrow$	極大	$\searrow$

$f(-1) = (-1+2)e^1 = e$ より，求め
る最大値は
$$\underline{e} \ (x = -1)$$

(2) 法線 l の傾きは $-\dfrac{1}{f'(0)} = 1$ な
ので
$$y - 2 = 1 \cdot (x - 0)$$
$$\therefore \quad \boldsymbol{y = x + 2}$$

(3) 曲線 $y = f(x)$ と法線 l の交点の x
座標は
$$(x+2)e^{-x} = x + 2$$
$$(x+2)(e^{-x} - 1) = 0$$
$$\therefore \quad x = 0, \ -2$$

よって，曲線 $y = f(x)$ と法線 l に
よって囲まれる図形は次の図の斜線部の
ようになる。

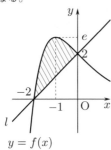

$$y = f(x)$$

よって，求める面積 S は
$$S$$
$$= \int_{-2}^{0} (x+2)e^{-x} \, dx - \frac{1}{2} \cdot 2 \cdot 2$$

$$= -\int_{-2}^{0} (x+2)(e^{-x})' \, dx - 2$$
$$= -\left[(x+2)e^{-x} \right]_{-2}^{0} + \int_{-2}^{0} e^{-x} \, dx - 2$$
$$= -2 + \left[-e^{-x} \right]_{-2}^{0} - 2$$
$$= -2 + (-1 + e^2) - 2$$
$$= \boldsymbol{e^2 - 5}$$

5.44 (1) $f(x) = x^2$，$g(x) = a \log x$
とする。$y = f(x)$ と $y = g(x)$ が
$x = t \ (> 0)$ で接するとき
$$\begin{cases} f(t) = g(t) \\ f'(t) = g'(t) \end{cases}$$
すなわち
$$\begin{cases} t^2 = a \log t & \cdots\cdots \ ① \\ 2t = \dfrac{a}{t} & \cdots\cdots \ ② \end{cases}$$
である。②より，$a = 2t^2$ であり，①へ
代入して
$$t^2 = 2t^2 \log t$$
$$\therefore \quad t^2(2 \log t - 1) = 0$$
$t > 0$ より，$\log t = \dfrac{1}{2}$
$$\therefore \quad t = \sqrt{e}$$
よって
$$\underline{a = 2e}$$

(2) 2 曲線と x 軸で囲まれる領域は次の
図の斜線部となる。

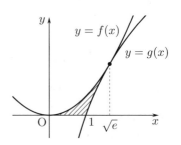

$$y = f(x)$$
$$y = g(x)$$

よって，面積 S は

$$S = \int_0^{\sqrt{e}} f(x)\,dx - \int_1^{\sqrt{e}} g(x)\,dx$$

$$= \int_0^{\sqrt{e}} x^2\,dx - 2e\int_1^{\sqrt{e}} \log x\,dx$$

$$= \left[\frac{1}{3}x^3\right]_0^{\sqrt{e}} - 2e\left[x\log x - x\right]_1^{\sqrt{e}}$$

$$= \frac{1}{3}e\sqrt{e} - 2e\left(\frac{1}{2}\sqrt{e} - \sqrt{e} + 1\right)$$

$$= \underline{\frac{4}{3}e\sqrt{e} - 2e}$$

📖 問題

パラメータ表示された曲線と面積 ··

□ **5.45** 曲線 $\begin{cases} x = t - \sin t \\ y = 1 - \cos t \end{cases}$ $(0 \leqq t \leqq \pi)$ と x 軸および直線 $x = \pi$ とで囲まれる部分の面積 S を求めよ。 （筑波大）

□ **5.46** xy 平面において，媒介変数 t を用いて

$$x = \sin^3 t, \ y = \cos^3 t \ \left(0 \leqq t \leqq \frac{\pi}{2}\right)$$

で表される曲線を C とする。

(1) $\cos^4 t \sin^2 t$ を $\cos 2t$ を用いて表せ。

(2) $0 < \alpha \leqq \dfrac{\pi}{2}$ をみたす α に対して C 上の点 $\mathrm{P}(\sin^3 \alpha, \ \cos^3 \alpha)$ を考える。曲線 C と y 軸，および原点と P を結ぶ線分で囲まれた部分の面積 S を α を用いて表せ。 （京都工芸繊維大）

□ **5.47** 次の問いに答えよ。

(1) 次の等式が成り立つことを示せ。

$$\int_0^\pi e^{-2t} \sin 2t \, dt = \int_0^\pi e^{-2t} \cos 2t \, dt$$

(2) 媒介変数 t で表された曲線 $x = e^{-t} \cos t, \ y = e^{-t} \sin t \ (0 \leqq t \leqq \pi)$ と，x 軸とで囲まれた図形の面積 S を求めよ。 （姫路工大）

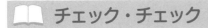

チェック・チェック

基本 check !

パラメータ表示された曲線と面積

曲線 $\begin{cases} x = f(t) \\ y = g(t) \end{cases}$ と x 軸および 2

直線 $x = a$, $x = b$ で囲まれた図形の
面積 S は, $a \leqq x \leqq b$ と $\alpha \leqq t \leqq \beta$
が対応するとき

$$\int_a^b |y|\, dx = \int_\alpha^\beta |y|\, \frac{dx}{dt}\, dt$$

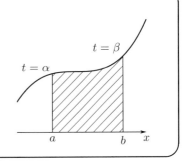

5.45 サイクロイドと面積

$\begin{cases} x = t - \sin t \\ y = 1 - \cos t \end{cases}$

はサイクロイドとよばれる曲線であり, 直
線上をすべらずに回転する円の周上の 1
点がえがく軌跡の方程式です。

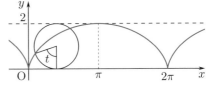

5.46 アステロイドと面積

$\begin{cases} x = \sin^3 t \\ y = \cos^3 t \end{cases}$

はアステロイド（星芒形）とよばれる曲線です。この
曲線は

$$x^{\frac{2}{3}} + y^{\frac{2}{3}} = 1$$

と表すこともできます。

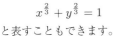

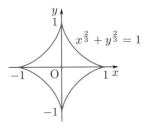

5.47 螺旋と面積

$\begin{cases} x = e^{-t} \cos t \\ y = e^{-t} \sin t \end{cases} \Longleftrightarrow \begin{pmatrix} x \\ y \end{pmatrix} = e^{-t} \begin{pmatrix} \cos t \\ \sin t \end{pmatrix}$

は右の螺旋 (らせん) をえがきます。

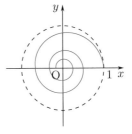

解答・解説

5.45 $x = t - \sin t,\ y = 1 - \cos t\ (0 \leq t \leq \pi)$ より

$$\frac{dx}{dt} = 1 - \cos t \geq 0,$$

$$\frac{dy}{dt} = \sin t \geq 0$$

$x,\ y$ は t についての増加関数であるから，曲線と x 軸および直線 $x = \pi$ とで囲まれる部分は次の図の斜線部分となる。

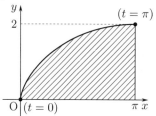

よって

$$S$$
$$= \int_0^\pi y\, dx = \int_0^\pi y \frac{dx}{dt}\, dt$$
$$= \int_0^\pi (1 - \cos t)(1 - \cos t)\, dt$$
$$= \int_0^\pi (1 - 2\cos t + \cos^2 t)\, dt$$
$$= \int_0^\pi \left(1 - 2\cos t + \frac{1 + \cos 2t}{2}\right) dt$$
$$= \left[\frac{3}{2}t - 2\sin t + \frac{1}{4}\sin 2t\right]_0^\pi$$
$$= \frac{3}{2}\pi$$

5.46 (1) $\cos^4 t \sin^2 t$
$$= \left(\frac{1 + \cos 2t}{2}\right)^2 \cdot \frac{1 - \cos 2t}{2}$$
$$= \frac{1}{8}(1 + \cos 2t)^2 (1 - \cos 2t)$$

(2) $x = \sin^3 t,\ y = \cos^3 t\ \left(0 \leq t \leq \frac{\pi}{2}\right)$

より

$$\frac{dx}{dt} = 3\sin^2 t \cos t \geq 0$$

$$\frac{dy}{dt} = -3\sin t \cos^2 t \leq 0$$

$t = 0$ のとき $(x,\ y) = (0,\ 1)$, $t = \frac{\pi}{2}$ のとき $(x,\ y) = (1,\ 0)$ なので，曲線 C と y 軸および線分 OP で囲まれた部分は次の図の斜線部分となる。

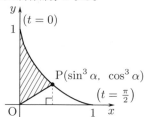

よって

$$S = \int_0^{\sin^3 \alpha} y\, dx - \frac{1}{2} \cdot \sin^3 \alpha \cdot \cos^3 \alpha$$

ここで

$$\int_0^{\sin^3 \alpha} y\, dx$$
$$= \int_0^\alpha y \frac{dx}{dt}\, dt$$
$$= \int_0^\alpha \cos^3 t\,(3\sin^2 t \cos t)\, dt$$
$$= 3\int_0^\alpha \cos^4 t \sin^2 t\, dt$$
$$= \frac{3}{8}\int_0^\alpha (1 + \cos 2t)^2 (1 - \cos 2t)\, dt$$
$$\qquad\qquad (\because\ (1))$$
$$= \frac{3}{8}\int_0^\alpha (1 + \cos 2t)(1 - \cos^2 2t)\, dt$$
$$= \frac{3}{8}\int_0^\alpha (1 + \cos 2t)\sin^2 2t\, dt$$
$$= \frac{3}{8}\int_0^\alpha (\sin^2 2t + \sin^2 2t \cos t)\, dt$$

$$= \frac{3}{8}\int_0^\alpha \left\{ \frac{1-\cos 4t}{2} \right.$$
$$\left. + \frac{1}{2}(\sin 2t)^2 \cdot (\sin 2t)' \right\} dt$$
$$= \frac{3}{8}\left[\frac{1}{2}t - \frac{1}{8}\sin 4t + \frac{1}{6}(\sin 2t)^3 \right]_0^\alpha$$
$$= \frac{3}{16}\alpha - \frac{3}{64}\sin 4\alpha + \frac{1}{16}\sin^3 2\alpha$$

以上より

$$S = \frac{3}{16}\alpha - \frac{3}{64}\sin 4\alpha$$
$$+ \frac{1}{16}\sin^3 2\alpha - \frac{1}{2}\sin^3\alpha\cos^3\alpha$$
$$= \underline{\frac{\mathbf{3}}{\mathbf{16}}\boldsymbol{\alpha} - \frac{\mathbf{3}}{\mathbf{64}}\sin 4\boldsymbol{\alpha}}$$

5.47 (1) $\displaystyle\int_0^\pi e^{-2t}\sin 2t\, dt$

$$= \left[-\frac{1}{2}e^{-2t}\sin 2t \right]_0^\pi$$
$$+ \frac{1}{2}\int_0^\pi e^{-2t}(2\cos 2t)\, dt$$
$$= \int_0^\pi e^{-2t}\cos 2t\, dt \quad （証明終）$$

(2) $x = e^{-t}\cos t$, $y = e^{-t}\sin t$
$(0 \leqq t \leqq \pi)$ より

$$\frac{dx}{dt} = -e^{-t}\cos t - e^{-t}\sin t$$
$$= -\sqrt{2}\,e^{-t}\cos\left(t - \frac{\pi}{4}\right)$$
$$\frac{dy}{dt} = -e^{-t}\sin t + e^{-t}\cos t$$
$$= -\sqrt{2}\,e^{-t}\sin\left(t - \frac{\pi}{4}\right)$$

よって，概形と増減表は次のようになる。

t	0	$\cdots$	$\dfrac{\pi}{4}$	$\cdots$
$\dfrac{dx}{dt}$		$-$	$-$	$-$
x	1	$\searrow$	$\dfrac{1}{\sqrt{2}}e^{-\frac{\pi}{4}}$	$\searrow$
$\dfrac{dy}{dt}$		$+$	0	$-$
y	0	$\nearrow$	$\dfrac{1}{\sqrt{2}}e^{-\frac{\pi}{4}}$	$\searrow$

$\dfrac{3}{4}\pi$	$\cdots$	π
0	$+$	
$-\dfrac{1}{\sqrt{2}}e^{-\frac{3}{4}\pi}$	$\nearrow$	$-e^{-\pi}$
$-$		$-$
$\dfrac{1}{\sqrt{2}}e^{-\frac{3}{4}\pi}$	$\searrow$	0

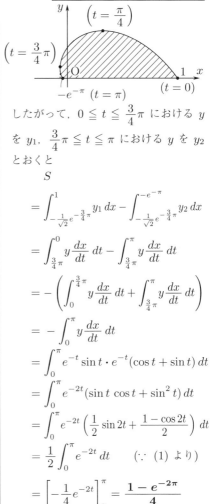

したがって，$0 \leqq t \leqq \dfrac{3}{4}\pi$ における y を y_1，$\dfrac{3}{4}\pi \leqq t \leqq \pi$ における y を y_2 とおくと

$$S$$
$$= \int_{-\frac{1}{\sqrt{2}}e^{-\frac{3}{4}\pi}}^{1} y_1\, dx - \int_{-\frac{1}{\sqrt{2}}e^{-\frac{3}{4}\pi}}^{-e^{-\pi}} y_2\, dx$$
$$= \int_{\frac{3}{4}\pi}^{0} y\frac{dx}{dt}\, dt - \int_{\frac{3}{4}\pi}^{\pi} y\frac{dx}{dt}\, dt$$
$$= -\left(\int_0^{\frac{3}{4}\pi} y\frac{dx}{dt}\, dt + \int_{\frac{3}{4}\pi}^{\pi} y\frac{dx}{dt}\, dt \right)$$
$$= -\int_0^\pi y\frac{dx}{dt}\, dt$$
$$= \int_0^\pi e^{-t}\sin t \cdot e^{-t}(\cos t + \sin t)\, dt$$
$$= \int_0^\pi e^{-2t}(\sin t\cos t + \sin^2 t)\, dt$$
$$= \int_0^\pi e^{-2t}\left(\frac{1}{2}\sin 2t + \frac{1-\cos 2t}{2} \right) dt$$
$$= \frac{1}{2}\int_0^\pi e^{-2t}\, dt \quad (\because (1)\ より)$$
$$= \left[-\frac{1}{4}e^{-2t} \right]_0^\pi = \underline{\frac{\mathbf{1} - \boldsymbol{e^{-2\pi}}}{\mathbf{4}}}$$

📖 問題

回転体の体積 (1) ···

☐ **5.48** 底面の半径が r，高さが h である円錐の体積 V は $\dfrac{1}{3}\pi r^2 h$ となることを積分を用いて証明せよ。 （奈良教育大）

☐ **5.49** 半径 r の半球形の容器に水がみたされている。この容器を静かに $30°$ だけ傾けると，どれだけの水が流れ出るか求めよ。 （信州大）

☐ **5.50** xy 平面上において曲線 $y = e^x$ および 3 つの直線 $x = 0$, $x = 1$, $y = 0$ により囲まれる図形を K とする。図形 K を x 軸のまわりに回転してできる立体の体積は ☐ であり，図形 K を y 軸のまわりに回転してできる立体の体積は ☐ である。 （慶大）

☐ **5.51** 曲線 $y = \log x$ と x 軸と，直線 $x = e$ で囲まれた図形を F とする。F を x 軸のまわりに 1 回転してできる回転体の体積を V_1，F を直線 $x = e$ のまわりに 1 回転してできる回転体の体積を V_2 とする。このとき次の問いに答えよ。ただし，e は自然対数の底，$\log x$ は自然対数とする。

(1) V_1 と V_2 を求めよ。

(2) V_1 と V_2 の大小を比べよ。 （千葉大）

チェック・チェック

基本 check！

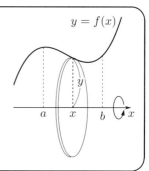

回転体の体積

右図の微小な厚さの円板の体積 ΔV は

$$\Delta V = \pi y^2 \cdot \Delta x$$

であるから，曲線 $y = f(x)$ と 2 直線 $x = a$, $x = b$ および x 軸とで囲まれた部分を x 軸のまわりに回転してできる立体の体積 V は

$$V = \int_a^b \pi y^2 \, dx$$

5.48 円錐の体積

教科書の例題として登場することもある問題です。回転体の体積の考え方を確認しておきましょう。

5.49 球形の容器の体積 $\qquad\qquad 0° < \alpha \leqq 30°$

容器を $30°$ 傾け
たときの残ってい
る水の量は，右図のど
の場合も同じです。

5.50 y 軸のまわりの回転体の体積

y 軸のまわりの回転体は，**5.49** と同様

$$V = \int_\alpha^\beta \pi x^2 \, dy$$

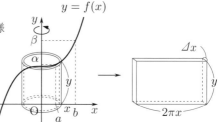

として計算すればよいですね。

また，薄い円筒の体積 ΔV は

$$\Delta V = 2\pi x \cdot y \cdot \Delta x$$

なので，曲線 $y = f(x)$ と 2 直線 $x = a$, $x = b$ および，x 軸とで囲まれた部分を y 軸のまわりに回転してできる立体の体積 V は

$$V = \int_a^b 2\pi x y \, dx$$

として計算することもできます。

5.51 直線 $x = e$ のまわりの回転体の体積

直線 $x = e$ のまわりに 1 回転してできる回転体は，x 軸正方向に $-e$ だけ平行移動すると，y 軸のまわりに 1 回転してできる回転体とみなすことができます。あるいは，直線 $x = e$ と曲線上との距離 $e - x$ を半径とする微小円板を考えてもよいですね。

📖 解答・解説

5.48 円錐の頂点 O を原点，O から底面に下ろした垂線を x 軸とする座標を考える。$0 \leqq x \leqq h$ とし，原点 O からの距離が x のところで底面と平行な平面で円錐を切る。

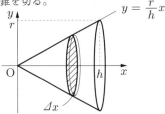

$$y = \frac{r}{h}x$$

切り口の面積は $\pi \left(\dfrac{r}{h}x\right)^2$ であるから，円錐の体積 V は

$$V = \pi \int_0^h \left(\frac{r}{h}x\right)^2 dx$$
$$= \pi \frac{r^2}{h^2} \int_0^h x^2\, dx$$
$$= \pi \frac{r^2}{h^2} \left[\frac{x^3}{3}\right]_0^h$$
$$= \pi \frac{r^2}{h^2} \cdot \frac{h^3}{3}$$
$$= \frac{1}{3}\pi r^2 h \qquad \text{（証明終）}$$

5.49 $30°$ だけ傾けると，水の高さは中心から $r\sin 30° = \dfrac{r}{2}$ だけ減るので，流れ出る水の量は，円 : $x^2 + y^2 \leqq r^2$ の $-\dfrac{r}{2} \leqq y \leqq 0$ の部分を y 軸のまわりに回転してできる立体の体積に等しい。

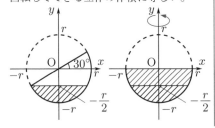

よって，求める体積 V は

$$V = \int_{-\frac{r}{2}}^0 \pi x^2\, dy$$
$$= \pi \int_{-\frac{r}{2}}^0 (r^2 - y^2)\, dy$$
$$= \pi \left[r^2 y - \frac{1}{3}y^3\right]_{-\frac{r}{2}}^0$$
$$= \frac{11}{24}\pi r^3$$

5.50 K を x 軸のまわりに回転してできる立体の体積 V_1 は

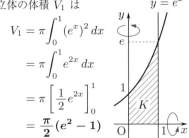

$$V_1 = \pi \int_0^1 (e^x)^2\, dx$$
$$= \pi \int_0^1 e^{2x}\, dx$$
$$= \pi \left[\frac{1}{2}e^{2x}\right]_0^1$$
$$= \frac{\pi}{2}(e^2 - 1)$$

$y = e^x$ を x について解くと

$$x = \log y$$

より，K を y 軸のまわりに回転してできる立体の体積 V_2 は

$$V_2 = \pi \cdot 1^2 \cdot e - \pi \int_1^e (\log y)^2\, dy$$
$$= \pi e - \pi \int_1^e y'(\log y)^2\, dy$$
$$= \pi e - \pi \left[y(\log y)^2\right]_1^e$$
$$\quad + \pi \int_1^e y \cdot 2\log y \cdot \frac{1}{y}\, dy$$
$$= \pi e - \pi e + 2\pi \int_1^e y' \cdot \log y\, dy$$
$$= 2\pi \left[y\log y\right]_1^e$$
$$\quad - 2\pi \int_1^e y \cdot \frac{1}{y}\, dy$$

$$= 2\pi e - 2\pi \int_1^e dy$$
$$= 2\pi e - 2\pi(e-1)$$
$$= \boldsymbol{2\pi}$$

別解

$$V_2 = \pi \cdot 1^2 \cdot e - 2\pi \int_0^1 x(e - e^x)\,dx$$
$$= \pi e - 2\pi \left[e \cdot \frac{x^2}{2} - (x-1)e^x \right]_0^1$$
$$= 2\pi$$

5.51 (1) V_1

$$= \int_1^e \pi(\log x)^2\,dx$$
$$= \pi \int_1^e (x)'(\log x)^2\,dx$$
$$= \pi \left\{ \left[x(\log x)^2 \right]_1^e \right.$$
$$\left. - \int_1^e x \cdot 2(\log x) \cdot \frac{1}{x}\,dx \right\}$$
$$= \pi e - 2\pi \int_1^e (x)' \log x\,dx$$
$$= \pi e - 2\pi \left[x\log x - x \right]_1^e$$
$$= \boldsymbol{(e-2)\pi}$$

次に，F を x 軸方向に $-e$ だけ平行移動すると，右下図のように $y = \log(x+e)$ と x 軸と y 軸で囲まれた図形となるので，V_2 はこれを y 軸のまわりに回転させればよい。

$$V_2 = \int_0^1 \pi x^2\,dy$$

ここで，$y = \log(x+e)$ を x について解くと

$$x + e = e^y$$
$$\therefore\quad x = e^y - e$$

であるから

$$V_2 = \pi \int_0^1 (e^y - e)^2\,dy$$
$$= \pi \int_0^1 (e^{2y} - 2e^{y+1} + e^2)\,dy$$
$$= \pi \left[\frac{1}{2}e^{2y} - 2e^{y+1} + e^2 y \right]_0^1$$
$$= -\frac{\pi}{2}(e^2 - 4e + 1)$$

別解

直線 $x = e$ のまわりに回転させて

$$V_2 = \int_0^1 \pi(e - x)^2\,dy$$
$$= \pi \int_0^1 (e - e^y)^2\,dy$$

としてもよい。

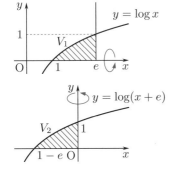

(2)
$$V_2 - V_1$$
$$= -\frac{\pi}{2}\{(e^2 - 4e + 1) + 2(e-2)\}$$
$$= -\frac{\pi}{2}(e^2 - 2e - 3)$$
$$= -\frac{\pi}{2}(e-3)(e+1)$$

$2 < e < 3$ より，$e - 3 < 0$，$e + 1 > 0$ なので

$$V_2 - V_1 > 0$$
$$\therefore\quad \boldsymbol{V_1 < V_2}$$

問題

回転体の体積 (2) ┄┄┄┄┄┄┄┄┄┄┄┄┄┄┄┄┄┄┄┄

☐ **5.52** xy 平面上において，曲線 $C : y = \sqrt{x}$ と，直線 $l : y = x$ を考える。以下の問いに答えよ。

(1) 曲線 C 上の点 $P(x, \sqrt{x})$ $(0 \leqq x \leqq 1)$ に対し，点 P から直線 l に下ろした垂線と，直線 l との交点を Q とする。線分 PQ の長さを x を用いて表せ。

(2) C と l で囲まれる図形を直線 l の周りに一回転してできる立体の体積を求めよ。　　　　　　　　　　　　　　　　　　　　　　　（鳥取大　改）

☐ **5.53** xyz 空間内の 3 点 $O(0, 0, 0)$, $A(1, 0, 0)$, $B(1, 1, 0)$ を頂点とする三角形 OAB を x 軸のまわりに 1 回転させてできる円すいを V とする。円すい V を y 軸のまわりに 1 回転させてできる立体の体積を求めよ。

（2013 阪大）

☐ **5.54** xyz 空間において，3 点 $A(2, 1, 2)$, $B(0, 3, 0)$, $C(0, -3, 0)$ を頂点とする三角形 ABC を考える。以下の問に答えよ。

(1) $\angle BAC$ を求めよ。

(2) $0 \leqq h \leqq 2$ に対し，線分 AB, AC と平面 $x = h$ との交点をそれぞれ P, Q とする。点 P, Q の座標を求めよ。

(3) $0 \leqq h \leqq 2$ に対し点 $(h, 0, 0)$ と線分 PQ の距離を h で表せ。ただし，点と線分の距離とは，点と線分上の点の距離の最小値である。

(4) 三角形 ABC を x 軸のまわりに 1 回転させ，そのときに三角形が通過する点全体からなる立体の体積を求めよ。　　　　　　　　　（早大）

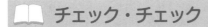

チェック・チェック

5.52 直線 $y = x$ のまわりの回転体

　回転体の体積は回転軸に垂直な平面による
切り口の面積に微小厚をかけて積分するのが
基本です。

　右図を見ると

$$V = \int_0^{\sqrt{2}} \pi\mathrm{PQ}^2 \, d\mathrm{OQ}$$

です。なお

$$V = \int_0^1 \pi\mathrm{PQ} \cdot \mathrm{PR} \, dx$$

でもありますが，これは 別解 を見てくださ
い。

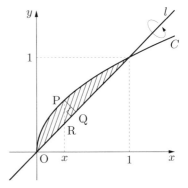

5.53 円錐を回転させるときの体積

　回転軸に垂直な平面による切り口を考えます。
回転体の切り口は，もとの図形の切り口を回転さ
せてできる図形です。

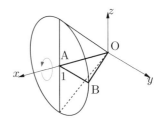

5.54 三角形を回転させるときの体積

　親切な誘導にのって進んでいきます。(3) では場合分けが生じます。

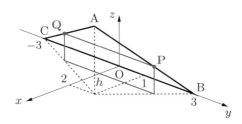

解答・解説

5.52 (1) $C : y = \sqrt{x}$ と $l : y = x$ の交点の x 座標は

$$\sqrt{x} = x$$
$$\sqrt{x}(\sqrt{x} - 1) = 0$$
$$\therefore \quad x = 0, 1$$

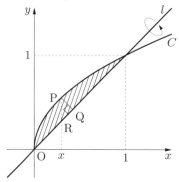

C と l で囲まれる図形は上の図の斜線部分であり, $0 \leqq x \leqq 1$ のとき, $\sqrt{x} \geqq x$ であるから, $P(x, \sqrt{x})$ $(0 \leqq x \leqq 1)$ と $l : x - y = 0$ との距離 PQ は

$$PQ = \frac{|x - \sqrt{x}|}{\sqrt{1^2 + (-1)^2}}$$
$$= \frac{\sqrt{x} - x}{\sqrt{2}}$$

(2) 求める体積を V とおくと

$$V = \int_0^{\sqrt{2}} \pi PQ^2 \, dOQ$$

P から x 軸に下ろした垂線と l との交点を R とおくと

$$OQ = OR + RQ$$
$$= \sqrt{2}x + \frac{\sqrt{x} - x}{\sqrt{2}}$$
$$= \frac{x + \sqrt{x}}{\sqrt{2}}$$

であり

$$dOQ = \frac{1 + \dfrac{1}{2\sqrt{x}}}{\sqrt{2}} \, dx$$
$$= \frac{2\sqrt{x} + 1}{2\sqrt{2}\sqrt{x}} \, dx$$

OQ	0	$\rightarrow$	$\sqrt{2}$
x	0	$\rightarrow$	1

であるから

$$V$$
$$= \pi \int_0^1 \left(\frac{\sqrt{x} - x}{\sqrt{2}} \right)^2 \frac{2\sqrt{x} + 1}{2\sqrt{2}\sqrt{x}} \, dx$$
$$= \frac{\pi}{4\sqrt{2}} \int_0^1 \frac{x(1 - \sqrt{x})^2(2\sqrt{x} + 1)}{\sqrt{x}} \, dx$$
$$= \frac{\pi}{4\sqrt{2}} \int_0^1 \sqrt{x}(2x\sqrt{x} - 3x + 1) \, dx$$
$$= \frac{\pi}{4\sqrt{2}} \int_0^1 (2x^2 - 3x\sqrt{x} + \sqrt{x}) \, dx$$
$$= \frac{\pi}{4\sqrt{2}} \left[\frac{2}{3}x^3 - \frac{6}{5}x^{\frac{5}{2}} + \frac{2}{3}x^{\frac{3}{2}} \right]_0^1$$
$$= \frac{\pi}{4\sqrt{2}} \cdot \frac{2}{15}$$
$$= \frac{\sqrt{2}}{60}\pi$$

別解

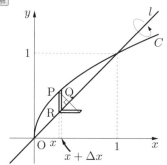

$\varDelta x$ が十分小さいとき, 幅が $\varDelta x$ の板を直線 l の周りに回転してできる立体を切り開くと, 次の図のような扇形の板が

得られる。

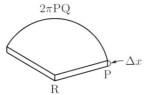

この扇形の板の弧の長さは，半径 PQ の円の周の長さと一致するから

$$2\pi\mathrm{PQ}$$

であり，微小体積 $\varDelta V$ は

$$
\begin{aligned}
\varDelta V &= (\text{扇形の面積}) \cdot \varDelta x \\
&= \frac{1}{2}(\text{扇形の弧の長さ})\mathrm{PR} \cdot \varDelta x \\
&= \frac{1}{2} \cdot 2\pi\mathrm{PQ} \cdot \sqrt{2}\mathrm{PQ} \cdot \varDelta x \\
&= \sqrt{2}\pi\mathrm{PQ}^2\varDelta x
\end{aligned}
$$

であるから，求める体積 V は

$$
\begin{aligned}
V &= \sqrt{2}\pi\int_0^1 \left(\frac{\sqrt{x}-x}{\sqrt{2}}\right)^2 dx \\
&= \frac{\pi}{\sqrt{2}}\int_0^1 (x-2x\sqrt{x}+x^2)\,dx \\
&= \frac{\pi}{\sqrt{2}}\left[\frac{x^2}{2}-\frac{4}{5}x^{\frac{5}{2}}+\frac{x^3}{3}\right]_0^1 \\
&= \frac{\pi}{\sqrt{2}} \cdot \frac{1}{30} \\
&= \frac{\sqrt{2}}{60}\pi
\end{aligned}
$$

5.53 円錐 V の x 軸に垂直な平面 $x = a$ $(0 \leqq a \leqq 1)$ による切り口は，中心が $(a,\ 0,\ 0)$ で半径が a の円板である。その方程式は

$$
\begin{cases} x = a & (\text{平面}) \\ y^2 + z^2 \leqq a^2 & (\text{円柱体}) \end{cases}
$$

$$
\iff \begin{cases} a = x \\ y^2 + z^2 \leqq x^2 \end{cases}
$$

a は $0 \leqq a \leqq 1$ の範囲を動くから，円錐 V を表す不等式は

$$
\begin{cases} y^2 + z^2 \leqq x^2 \\ 0 \leqq x \leqq 1 \end{cases}
$$

次に，V の y 軸に垂直な平面 $y = t$ $(-1 \leqq t \leqq 1)$ による切り口を考えると

$$
\begin{cases} y = t & (\text{平面}) \\ y^2 + z^2 \leqq x^2 & (\text{円錐}) \\ 0 \leqq x \leqq 1 \end{cases}
$$

$$
\iff \begin{cases} y = t \\ \sqrt{t^2+z^2} \leqq x \leqq 1 \end{cases}
$$

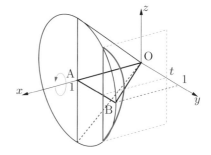

これを zx 平面に射影すると次の図の青の斜線部分となる。

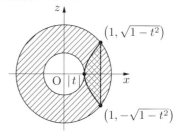

V を y 軸のまわりに 1 回転させてできる立体の平面 $y = t$ $(-1 \leqq t \leqq 1)$ による切り口は，青の斜線部分を y 軸のまわりに 1 回転させてできる図形（上の図の黒の斜線部分）である。この面積を $S(t)$ とおくと

$$
\begin{aligned}
S(t) &= \pi\left\{1^2 + \left(\sqrt{1-t^2}\right)^2\right\} - \pi|t|^2 \\
&= 2\pi(1-t^2)
\end{aligned}
$$

したがって，求める体積は
$$\int_{-1}^{1} S(t)\,dt = 2\int_{0}^{1} 2\pi(1-t^2)\,dt$$
$$= 4\pi\left[t - \frac{t^3}{3}\right]_0^1$$
$$= \underline{\frac{8}{3}\pi}$$

5.54 (1) A(2, 1, 2)，B(0, 3, 0)，C(0, −3, 0) なので，
$$\overrightarrow{AB} = (-2, 2, -2),$$
$$\overrightarrow{AC} = (-2, -4, -2)$$
であり
$$\overrightarrow{AB}\cdot\overrightarrow{AC} = 4 - 8 + 4 = 0$$
$$\therefore \ \angle BAC = \underline{\frac{\pi}{2}}$$

(2) A は平面 $x = 2$ 上の点であり，B，C は平面 $x = 0$ 上の点であるから，線分 AB，AC と平面 $x = h$ $(0 \leqq h \leqq 2)$ との交点 P，Q はそれぞれ線分 BA，CA を $h : (2-h)$ に内分する点である。
$$\overrightarrow{OP} = \overrightarrow{OB} + \frac{h}{h+(2-h)}\overrightarrow{BA}$$
$$= (0, 3, 0) + \frac{h}{2}(2, -2, 2)$$
$$= (h, 3-h, h),$$
$$\overrightarrow{OQ} = \overrightarrow{OC} + \frac{h}{h+(2-h)}\overrightarrow{CA}$$
$$= (0, -3, 0) + \frac{h}{2}(2, 4, 2)$$
$$= (h, 2h-3, h)$$
よって，P の座標は
$$\underline{(h, \ 3-h, \ h)}$$
Q の座標は
$$\underline{(h, \ 2h-3, \ h)}$$

(3) 点 $(h, 0, 0)$ を R とおくと，点 R と線分 PQ は平面 $x = h$ 上にある。

ここで，$0 \leqq h \leqq 2$ なので，点 P の y 座標 $3-h$ は $1 \leqq 3-h \leqq 3$ であり，点 Q の y 座標 $2h-3$ は $-3 \leqq 2h-3 \leqq 1$

である。点 R と線分 PQ との距離 d は

(i) $-3 \leqq 2h-3 \leqq 0$，すなわち $0 \leqq h \leqq \frac{3}{2}$ のとき

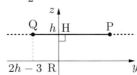

点 R から直線 PQ に下ろした垂線の足 H$(h, 0, h)$ は線分 PQ 上にあるから
$$d = RH = h$$

(ii) $0 \leqq 2h-3 \leqq 1$，すなわち $\frac{3}{2} \leqq h \leqq 2$ のとき

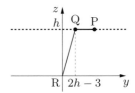

点 R と線分 PQ の距離 d は
$$d = RQ = \sqrt{(2h-3)^2 + h^2}$$
$$= \sqrt{5h^2 - 12h + 9}$$
よって，点 R$(h, 0, 0)$ と線分 PQ との距離 d は
$$\begin{cases} h & \left(0 \leqq h \leqq \dfrac{3}{2}\text{のとき}\right) \\ \sqrt{5h^2-12h+9} & \left(\dfrac{3}{2} \leqq h \leqq 2\text{のとき}\right) \end{cases}$$

(4) 線分 PQ の中点の座標は $\left(h, \dfrac{h}{2}, h\right)$ であり，つねに $0 \leqq \dfrac{h}{2}$ をみたすから，点 R と線分 PQ 上の点の距離の最大値は
$$RP = \sqrt{(3-h)^2 + h^2}$$
$$= \sqrt{2h^2 - 6h + 9}$$
三角形 ABC が通過する点全体からなる立体を平面 $x = h$ $(0 \leqq h \leqq 2)$ で切ったときの断面は，R を中心とする

2つの円の間にはさまれたドーナツ形の領域になる。その外側の円の半径は RP であり，内側の円の半径は d である。

以上より，求める体積は

$$\int_0^{\frac{3}{2}} \pi \left\{ \left(\sqrt{2h^2 - 6h + 9} \right)^2 - h^2 \right\} dh$$

$$+ \int_{\frac{3}{2}}^2 \pi \left\{ \left(\sqrt{2h^2 - 6h + 9} \right)^2 \right.$$

$$\left. - \left(\sqrt{5h^2 - 12h + 9} \right)^2 \right\} dh$$

$$= \pi \int_0^{\frac{3}{2}} (h^2 - 6h + 9)\, dh$$

$$+ \pi \int_{\frac{3}{2}}^2 (-3h^2 + 6h)\, dh$$

$$= \pi \left[\frac{(h-3)^3}{3} \right]_0^{\frac{3}{2}} + \pi \left[-h^3 + 3h^2 \right]_{\frac{3}{2}}^2$$

$$= \frac{\pi}{3} \left(-\frac{27}{8} + 27 \right)$$

$$+ \pi \left(-8 + 12 + \frac{27}{8} - \frac{27}{4} \right)$$

$$= \frac{63}{8} \pi + \left(4 - \frac{27}{8} \right) \pi$$

$$= \underline{\frac{17}{2} \pi}$$

📖 問題

非回転体の体積 ········

5.55 底面の半径が a，高さも a である直円柱がある。底面の 1 つの直径を含み，底面と $45°$ の傾きをなす平面で，直円柱を 2 つの部分に分けるとき，各部分の体積を求めよ。 （学習院大）

5.56 xy 平面内の放物線 $y = x^2 - 2x - 1$ と直線 $y = -x + 1$ で囲まれた部分を底面とし，x 軸に垂直な平面で切った切り口がつねに正三角形であるような右図の概形をもつ立体の体積を求めよ。 （信州大）

5.57 xyz 空間の 2 点 A(1, 0, 1)，B(−1, 0, 1) を結ぶ線分を L とし，xy 平面における円 $x^2 + y^2 \leqq 1$ を D とする。点 P が L 上を動き，点 Q が D 上を動くとき，線分 PQ が動いてできる立体を H とする。

　平面 $z = t$ $(0 \leqq t \leqq 1)$ による立体 H の切り口 H_t の面積 S_t と，H の体積 V を求めよ。 （東北大　改）

5.58 xyz 空間内で 4 点 $(0, 0, 0)$，$(1, 0, 0)$，$(1, 1, 0)$，$(0, 1, 0)$ を頂点とする正方形の周および内部を K とし，K を x 軸のまわりに 1 回転させてできる立体を K_x，K を y 軸のまわりに 1 回転させてできる立体を K_y とする。さらに，K_x と K_y の共通部分を L とし，K_x と K_y の少なくともどちらか一方に含まれる点全体からなる立体を M とする。

(1) K_x の体積を求めよ。

(2) 平面 $z = t$ が K_x と共有点をもつような実数 t の値の範囲を答えよ。また，このとき，K_x を平面 $z = t$ で切った断面積 $A(t)$ を求めよ。

(3) 平面 $z = t$ が L と共有点をもつような実数 t の値の範囲を答えよ。また，このとき，L を平面 $z = t$ で切った断面積 $B(t)$ を求めよ。

(4) L の体積を求めよ。

(5) M の体積を求めよ。 （京都産業大）

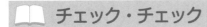

チェック・チェック

基本 check！

非回転体の体積

α, β と x 軸との交点の座標をそれぞれ a, b とし，x 座標が x の点で x 軸に垂直に立てた平面 γ による立体の断面積を $S(x)$ とする。

このとき，x 軸に垂直な 2 平面 α, β とではさまれた立体の体積 V は，微小体積 $\varDelta V = S(x) \varDelta x$ の寄せ集めである。すなわち

$$V = \int_a^b S(x)\, dx$$

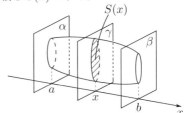

5.55 円柱の分割

右図の切り口（斜線部分）は直角二等辺三角形です。

5.56 正三角形が通過してできる立体

問題文にあるように切り口は正三角形です。

この正三角形の 1 辺の長さを求めましょう。

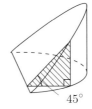

45°

5.57 線分が通過してできる立体

2 点 P，Q が動いて立体 H ができるのですが，同時に 2 点を動かすのはつらいです。まずは一方を固定して，他方を動かします。P を固定して Q を動かすときの立体は斜円錐です。

5.58 2 つの円柱の交わり

K_x, K_y はどちらも底面の半径が 1，高さも 1 の円柱です。2 つの円柱の共通部分 L の切り口は「切り口の共通部分」であり，和集合 M の切り口は「切り口の和集合」です。

📖 解答・解説

5.55 図のように x 軸，y 軸をとると，小さい方の部分と，x 軸に垂直な平面 $x = t$ $(-a \leqq t \leqq a)$ の共通部分は，直角をはさむ 2 辺が $\sqrt{a^2 - t^2}$ の直角二等辺三角形なので，面積 $S(t)$ は

$$S(t) = \frac{1}{2}(a^2 - t^2)$$

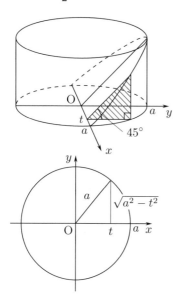

よって，小さい方の部分の体積は

$$\int_{-a}^{a} S(t)\, dt$$
$$= 2 \times \frac{1}{2} \int_{0}^{a} (a^2 - t^2)\, dt$$
$$= \left[a^2 t - \frac{1}{3} t^3 \right]_{0}^{a}$$
$$= \underline{\frac{2}{3} a^3}$$

したがって，大きい方の部分の体積は

$$\pi a^2 \cdot a - \frac{2}{3} a^3 = \underline{\left(\pi - \frac{2}{3} \right) a^3}$$

5.56 $y = x^2 - 2x - 1$ と $y = -x + 1$ の交点の x 座標は

$$x^2 - 2x - 1 = -x + 1$$
$$x^2 - x - 2 = 0$$
$$(x + 1)(x - 2) = 0$$
$$\therefore \quad x = -1,\ 2$$

よって，底面は次の図の斜線部分となる。

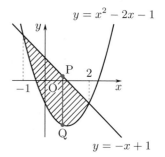

この底面を x 軸と垂直な平面で切った切り口，すなわち線分 PQ の長さは

$$(-x + 1) - (x^2 - 2x - 1)$$
$$= -x^2 + x + 2$$
$$= -(x + 1)(x - 2)$$

である。したがって，PQ を 1 辺とする正三角形の面積 $S(x)$ は

$$S(x)$$
$$= \frac{1}{2} \cdot \{-(x+1)(x-2)\}^2 \cdot \sin 60°$$
$$= \frac{\sqrt{3}}{4} (x+1)^2 (x-2)^2$$

となる。よって，求める体積 V は

$$V$$
$$= \int_{-1}^{2} S(x)\, dx$$
$$= \frac{\sqrt{3}}{4} \int_{-1}^{2} (x+1)^2 (x-2)^2\, dx$$

$$= \frac{\sqrt{3}}{4} \int_{-1}^{2} (x+1)^2 \{(x+1) - 3\}^2 \, dx$$

$$= \frac{\sqrt{3}}{4} \int_{-1}^{2} \{(x+1)^4 - 6(x+1)^3$$
$$+ 9(x+1)^2\} \, dx$$

$$= \frac{\sqrt{3}}{4} \left[\frac{(x+1)^5}{5} - 6 \cdot \frac{(x+1)^4}{4} \right.$$
$$\left. + 9 \cdot \frac{(x+1)^3}{3} \right]_{-1}^{2}$$

$$= \frac{\sqrt{3}}{4} \left(\frac{3^5}{5} - \frac{3}{2} \cdot 3^4 + 3 \cdot 3^3 \right)$$

$$= \underline{\underline{\frac{81\sqrt{3}}{40}}}$$

5.57 $-1 \leqq p \leqq 1$ とする。$\mathrm{P}(p, 0, 1)$ を固定して，Q を D 上で動かすと，線分 PQ は P を頂点とする斜円すいをえがく。これと，平面 $z = t$ の共通部分は，OP を $t : 1 - t$ に内分する点 $(pt, 0, t)$ を中心とする半径 $1 - t$ の円板である。

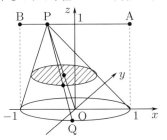

次に，P を線分 AB 上で動かすと，立体 H の平面 $z = t$ による切り口 H_t は次の図の斜線部分となる。

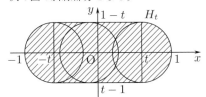

切り口 H_t の面積 S_t は

$$S_t = \pi(1 - t)^2 + 2t \cdot 2(1 - t)$$
$$= \underline{\pi(1 - t)^2 + 4t(1 - t)}$$

よって，H の体積 V は

$$V$$
$$= \int_0^1 S_t \, dt$$
$$= \int_0^1 \{\pi(1 - t)^2 + 4t(1 - t)\} \, dt$$
$$= \pi \left[-\frac{1}{3}(1 - t)^3 \right]_0^1 + 4 \int_0^1 (t - t^2) \, dt$$
$$= \frac{\pi}{3} + 4 \left[\frac{1}{2} t^2 - \frac{1}{3} t^3 \right]_0^1$$
$$= \underline{\underline{\frac{\pi + 2}{3}}}$$

5.58 (1) 正方形の周および内部である図形 K は xy 平面上にあり，図示すると，次の図の斜線部分である。ただし，境界線を含む。

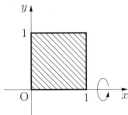

K_x は K を x 軸のまわりに 1 回転させてできる立体であるから，K_x は底面の半径が 1，高さが 1 の円柱である。

よって，K_x の体積は

$$\pi \cdot 1^2 \cdot 1 = \underline{\pi}$$

(2) 直円柱 K_x を表す不等式は

$$\begin{cases} y^2 + z^2 \leqq 1 \\ 0 \leqq x \leqq 1 \end{cases}$$

であり，平面 $z = t$ が K_x と共有点をもつような実数 t の値の範囲は

$$\underline{\underline{-1 \leqq t \leqq 1}}$$

K_x を平面 $x = 0$ で切った切り口は

次の図のようになり，「K_x を平面 $z = t$ で切った切り口」は図の太線である。

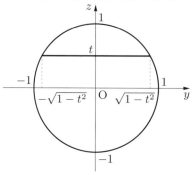

これより，K_x を平面 $z = t$ で切った切り口は

$$\begin{cases} y^2 + t^2 \leqq 1 \\ 0 \leqq x \leqq 1 \end{cases}$$

$$\therefore \quad \begin{cases} -\sqrt{1-t^2} \leqq y \leqq \sqrt{1-t^2} \\ 0 \leqq x \leqq 1 \end{cases}$$

で表される領域である。

これを平面 $z = t$ 上に図示すると，次の図の斜線部分となる。

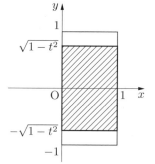

よって，断面積 $A(t)$ は

$$A(t) = 2\sqrt{1-t^2} \cdot 1$$
$$= \boldsymbol{2\sqrt{1-t^2}}$$

(3) 直円柱 K_y を表す不等式は

$$\begin{cases} x^2 + z^2 \leqq 1 \\ 0 \leqq y \leqq 1 \end{cases}$$

であり，平面 $z = t$ が K_y と共有点をも

つような実数 t の値の範囲は

$$-1 \leqq t \leqq 1$$

K_x と K_y がともに平面 $z = t$ と共有点をもつとき，L は平面 $z = t$ と共有点をもつから，求める t の範囲は

$$\underline{-1 \leqq \boldsymbol{t} \leqq 1}$$

t を $-1 \leqq t \leqq 1$ で固定すると，K_y を平面 $z = t$ で切った切り口は

$$\begin{cases} -\sqrt{1-t^2} \leqq x \leqq \sqrt{1-t^2} \\ 0 \leqq y \leqq 1 \end{cases}$$

で表される領域であるから，K_x，K_y を平面 $z = t$ で切った断面を図示すると，次の図のようになる。

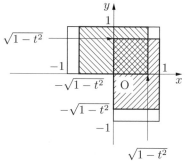

よって，L を平面 $z = t$ で切った切り口は図の二重斜線部分であるから，断面積 $B(t)$ は

$$B(t) = \left(\sqrt{1-t^2}\right)^2 = \boldsymbol{1 - t^2}$$

(4) L の体積は

$$\int_{-1}^{1} B(t)\,dt = \int_{-1}^{1} (1 - t^2)\,dt$$
$$= \frac{\{1 - (-1)\}^3}{6} = \boldsymbol{\frac{4}{3}}$$

(5) M の体積は，K_x と K_y の体積の和から，共通部分である L の体積を引いて求められる。K_y の体積は，K_x の体積と等しいから，求める体積は

$$\pi + \pi - \frac{4}{3} = \boldsymbol{2\pi - \frac{4}{3}}$$

【MEMO】

📖 問題

曲線の長さ ···

5.59 正の定数 a に対して，関数 $f(x) = \dfrac{a}{2}(e^{\frac{x}{a}} + e^{-\frac{x}{a}})$ を考える。曲線 $C : y = f(x)$ 上の 2 点 $P(0, a)$，$Q(b, f(b))$ $(b > 0)$ の間の弧の長さは $af'(b)$ に等しいことを示せ。 （富山大　改）

5.60 θ が $0 \leqq \theta \leqq 2\pi$ の範囲を動くとき，点 $(\cos^3 \theta, \sin^3 \theta)$ が描く軌跡を A とする。A の長さを求めよ。 （日本医大　改）

5.61 点 $A(-1, 0)$ を中心とする半径 1 の円 A があり，半径 1 の円 Q は円 A に外接しながら滑ることなく反時計回りに一周する。円 Q 上の点 P ははじめ原点にある。点 P が描く曲線（下図左）について考えよう。下図右は角 θ 回転した状態を示す。円 Q の中心 Q の座標は $\left(\boxed{} \cos\theta - \boxed{}, \ \boxed{} \sin\theta \right)$ なので，点 P の座標は $\left(\boxed{} \cos\theta - \cos \boxed{}\theta - \boxed{}, \ \boxed{} \sin\theta - \sin \boxed{}\theta \right)$ となる。したがって，点 P が描く曲線は極座標で $r(\theta) = \boxed{} - \boxed{} \cos\theta$ と表される。一般に極座標で $r = r(\theta)$ $(0 \leqq \theta \leqq 2\pi)$ と表される曲線に囲まれた部分の面積は $\displaystyle\int_0^{2\pi} \dfrac{1}{2} r^2 \, d\theta$，曲線の長さは $\displaystyle\int_0^{2\pi} \sqrt{r^2 + \left(\dfrac{dr}{d\theta} \right)^2} \, d\theta$ により求められるので，点 P が描く曲線に囲まれた図形の面積は $\boxed{}\pi$，曲線の長さは $\boxed{}$ となる。

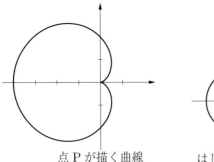

点 P が描く曲線

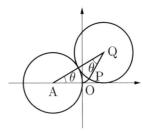

はじめから θ 回転したとき （順天堂大）

チェック・チェック

基本 check !

曲線の長さ

$y = f(x)$ の $a \leqq x \leqq b$ における曲線の長さは

$$L = \int_a^b \sqrt{1 + \{f'(x)\}^2}\, dx$$

パラメータ表示された曲線の長さ

$$\begin{cases} x = x(\theta) \\ y = y(\theta) \end{cases}$$
の $\alpha \leqq \theta \leqq \beta$ における曲線の長さは

$$L = \int_\alpha^\beta \sqrt{\left(\frac{dx}{d\theta}\right)^2 + \left(\frac{dy}{d\theta}\right)^2}\, d\theta$$

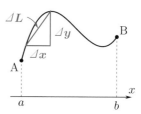

5.59 曲線（カテナリー）の弧長

これはカテナリー (懸垂線) とよばれる曲線です。ロープや電線の両端を持って垂らしたときにできる曲線です。

弧の長さを求めるには $f'(x)$ が必要になるので，まずはそれを求めることから始めましょう。

5.60 パラメータ表示された曲線（アステロイド）の弧長

これはアステロイド（星芒形）とよばれる曲線です。

パラメータ表示された曲線なので，$\dfrac{dx}{d\theta}$ と $\dfrac{dy}{d\theta}$ を求めれば，曲線の長さを考えることができます。この曲線が x 軸と y 軸に関して対称であることも利用しましょう。

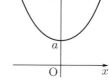

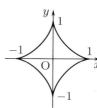

5.61 カージオイドの弧長

カージオイド（心臓形）とよばれる曲線です。外サイクロイドの一種でもあります。本問ではカージオイドのパラメータ表示を求め，極座標で表しています（極方程式）。

パラメータ表示から面積，弧長を計算することもできますが，本問では極方程式 $r = r(\theta)$ $(0 \leqq \theta \leqq 2\pi)$ について

$$\text{面積} \int_0^{2\pi} \frac{1}{2} r^2\, d\theta, \quad \text{弧長} \int_0^{2\pi} \sqrt{r^2 + \left(\frac{dr}{d\theta}\right)^2}\, d\theta$$

が与えられています。

📖 解答・解説

5.59
$$f'(x) = \frac{a}{2}\left(\frac{1}{a}\cdot e^{\frac{x}{a}} - \frac{1}{a}\cdot e^{-\frac{x}{a}}\right)$$
$$= \frac{1}{2}\left(e^{\frac{x}{a}} - e^{-\frac{x}{a}}\right)$$

であるから
$$1 + \{f'(x)\}^2$$
$$= 1 + \left\{\frac{1}{2}\left(e^{\frac{x}{a}} - e^{-\frac{x}{a}}\right)\right\}^2$$
$$= 1 + \frac{1}{4}\left(e^{\frac{2x}{a}} + e^{-\frac{2x}{a}} - 2\right)$$
$$= \frac{1}{4}\left(e^{\frac{2x}{a}} + e^{-\frac{2x}{a}} + 2\right)$$
$$= \left\{\frac{1}{2}\left(e^{\frac{x}{a}} + e^{-\frac{x}{a}}\right)\right\}^2$$

したがって，求める長さ L は
$$L = \int_0^b \sqrt{1 + \{f'(x)\}^2}dx$$
$$= \frac{1}{2}\int_0^b \left(e^{\frac{x}{a}} + e^{-\frac{x}{a}}\right)dx$$
$$= \frac{1}{2}\left[ae^{\frac{x}{a}} - ae^{-\frac{x}{a}}\right]_0^b$$
$$= \frac{a}{2}\left(e^{\frac{b}{a}} - e^{-\frac{b}{a}}\right)$$
$$= af'(b) \qquad \text{（証明終）}$$

5.60 $x(\theta) = \cos^3\theta$, $y(\theta) = \sin^3\theta$ と
おくと
$$x(2\pi - \theta) = x(\theta)$$
$$y(2\pi - \theta) = -y(\theta)$$

より，$0 \leqq \theta \leqq \pi$ と $\pi \leqq \theta \leqq 2\pi$ のと
きの軌跡は，x 軸に関して対称である。
また
$$x\left(\frac{\pi}{2} + \theta\right) = -x\left(\frac{\pi}{2} - \theta\right)$$
$$y\left(\frac{\pi}{2} + \theta\right) = y\left(\frac{\pi}{2} - \theta\right)$$

より，$0 \leqq \theta \leqq \frac{\pi}{2}$ と $\frac{\pi}{2} \leqq \theta \leqq \pi$ のと
きの軌跡は，y 軸に関して対称である。

すなわち，軌跡 A は x 軸，y 軸に関
して対称であるから，$0 \leqq \theta \leqq \frac{\pi}{2}$ での
軌跡を考えればよい。ここで
$$\frac{dx}{d\theta} = -3\sin\theta\cos^2\theta$$
$$\frac{dy}{d\theta} = 3\cos\theta\sin^2\theta$$

より
$$\left(\frac{dx}{d\theta}\right)^2 + \left(\frac{dy}{d\theta}\right)^2$$
$$= 9\left(\sin^2\theta\cos^4\theta + \cos^2\theta\sin^4\theta\right)$$
$$= 9\sin^2\theta\cos^2\theta$$

となるので，求める長さ L は
$$L$$
$$= 4\int_0^{\frac{\pi}{2}} \sqrt{\left(\frac{dx}{d\theta}\right)^2 + \left(\frac{dy}{d\theta}\right)^2}d\theta$$
$$= 4\int_0^{\frac{\pi}{2}} 3\sin\theta\cos\theta d\theta$$
$$= 6\int_0^{\frac{\pi}{2}} \sin 2\theta d\theta$$
$$= 6\left[-\frac{1}{2}\cos 2\theta\right]_0^{\frac{\pi}{2}}$$
$$= \underline{\mathbf{6}}$$

5.61

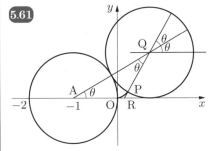

円 Q を滑ることなく反時計回りに角 θ
回転したとき
$$\overrightarrow{OQ} = \overrightarrow{OA} + \overrightarrow{AQ}$$
$$= (-1,\ 0) + 2(\cos\theta,\ \sin\theta)$$

$$= (2\cos\theta - 1,\ 2\sin\theta)$$

であるから，中心 Q の座標は

$$Q(\underline{2}\cos\theta - \underline{1},\ \underline{2}\sin\theta)$$

また

$$\overrightarrow{OP} = \overrightarrow{OQ} + \overrightarrow{QP}$$
$$= (2\cos\theta - 1,\ 2\sin\theta)$$
$$\quad + (\cos(2\theta + \pi),\ \sin(2\theta + \pi))$$
$$= (2\cos\theta - \cos 2\theta - 1,$$
$$\qquad\qquad 2\sin\theta - \sin 2\theta)$$

であるから，点 P の座標は

$$(\underline{2}\cos\theta - \cos\underline{2}\theta - \underline{1},\ \underline{2}\sin\theta - \sin\underline{2}\theta)$$

直線 PQ と x 軸の交点を R とおくと，△RAQ は底角 θ の二等辺三角形であり，OA $=$ PQ$(= 1)$ であるから，RO $=$ RP である。

したがって，△ROP $\backsim$ △RAQ であり，$\angle$ROP $= \theta$ である。

P の極座標 $(r,\ \theta)$ として，O を極，x 軸の正の部分を始線とすることができるから

$$r^2$$
$$= (2\cos\theta - \cos 2\theta - 1)^2$$
$$\qquad\qquad + (2\sin\theta - \sin 2\theta)^2$$
$$= (4\cos^2\theta + \cos^2 2\theta + 1$$
$$\quad - 4\cos\theta\cos 2\theta + 2\cos 2\theta - 4\cos\theta)$$
$$\quad + (4\sin^2\theta - 4\sin\theta\sin 2\theta + \sin^2 2\theta)$$
$$= 6 - 4(\cos\theta\cos 2\theta + \sin\theta\sin 2\theta)$$
$$\qquad\qquad + 2\cos 2\theta - 4\cos\theta$$
$$= 6 - 4\cos(2\theta - \theta) + 2\cos 2\theta - 4\cos\theta$$
$$= 6 - 8\cos\theta + 2\cos 2\theta \quad \cdots\cdots ①$$
$$= 6 - 8\cos\theta + 2(2\cos^2\theta - 1)$$
$$= 4 - 8\cos\theta + 4\cos^2\theta \quad \cdots\cdots ②$$
$$= 4(1 - \cos\theta)^2$$

$r \geqq 0$ より，P の描く曲線は極座標で

$$r(\theta) = \underline{2} - \underline{2}\cos\theta \quad \cdots\cdots ③$$

と表される。C で囲まれた部分の面積を S とおくと

$$S = \int_0^{2\pi} \frac{1}{2} r^2\, d\theta$$
$$= \int_0^{2\pi} (3 - 4\cos\theta + \cos 2\theta)\, d\theta$$
$$\qquad\qquad (\because ①)$$
$$= \left[3\theta - 4\sin\theta + \frac{\sin 2\theta}{2} \right]_0^{2\pi}$$
$$= \underline{6}\pi$$

また，曲線の長さを L とおくと

$$L$$
$$= \int_0^{2\pi} \sqrt{r^2 + \left(\frac{dr}{d\theta}\right)^2}\, d\theta$$
$$= \int_0^{2\pi} \sqrt{(4 - 8\cos\theta + 4\cos^2\theta) + (2\sin\theta)^2}\, d\theta$$
$$\qquad\qquad (\because ②,\ ③)$$
$$= \int_0^{2\pi} \sqrt{8(1 - \cos\theta)}\, d\theta$$
$$= \int_0^{2\pi} \sqrt{16\sin^2\frac{\theta}{2}}\, d\theta$$
$$= 4\int_0^{2\pi} \sin\frac{\theta}{2}\, d\theta$$
$$= 4\left[-2\cos\frac{\theta}{2} \right]_0^{2\pi}$$
$$= 4(2 + 2)$$
$$= \underline{16}$$

📖 問題

速度・加速度 ⋯⋯⋯⋯⋯⋯⋯⋯⋯⋯⋯⋯⋯⋯⋯⋯⋯⋯⋯⋯⋯⋯⋯⋯⋯⋯⋯⋯⋯⋯⋯⋯

5.62 関数 $f(t) = t - \sin t$ について，次の問いに答えよ。

(1) 数直線上を運動する点 P の時刻 t における速度 v が $v = tf(t)$ であるとする。$t = 0$ における P の座標が 0 であるとき，$t = \dfrac{\pi}{2}$ のときの P の座標を求めよ。

(2) 数直線上を運動する点 Q の時刻 t における速度 v が
$v = -6f\left(2t - \dfrac{2}{3}\pi\right)$ であるとする。$t = 0$ から $t = \dfrac{\pi}{2}$ までの間に Q が動く道のりを求めよ。 （東京農工大）

5.63 ω および γ を正の定数とする。座標平面上を運動する点 P の時刻 t における座標 (x, y) が $x = \omega t - \gamma \sin \omega t,\quad y = 1 - \gamma \cos \omega t$ で表される。

(1) 点 P の時刻 t における速度を $\overrightarrow{v}$ とするとき，速さ $\left|\overrightarrow{v}\right|$ の最大値とそのときの時刻 t を求めよ。

(2) $\gamma = 1$ とする。このとき，時刻 $t = 0$ から $t = \dfrac{2\pi}{\omega}$ までに点 P が通過する道のり L を求めよ。 （山梨大 改）

5.64 $f(x) = e^{x^2} - 1$ とする。曲線 $y = f(x)$ を y 軸を回転軸として 1 回転させてできる形の容器に，体積 V の水を入れたときの水面の高さを h，水面の面積を S とする。ただし，水面は回転軸と垂直とし，$V = 0$ のとき $h = 0$ とする。以下の問いに答えよ。

(1) 曲線 $y = f(x)$ の概形を座標平面上にかけ。

(2) S と V を，h を用いてそれぞれ表せ。

(3) 時刻 t における容器内の水の体積 V が $V = t$ となるように，この容器に水を注ぎ入れる。ただし，$t \geqq 0$ とする。$h > 0$ のとき，水面の上昇する速度を h を用いて表せ。 （公立はこだて未来大）

チェック・チェック

┌ 基本 check !

直線上の速度・加速度

時刻 t における直線上の点 P の位置を $x(t)$，速度を $v(t)$，加速度を $\alpha(t)$ とすると

$$v(t) = \frac{d}{dt}\, x(t) \ \text{より} \ x(t) = \int_a^t v(t)\,dt + x(a)$$

$$\alpha(t) = \frac{d}{dt}\, v(t) \ \text{より} \ v(t) = \int_a^t \alpha(t)\,dt + v(a)$$

時刻 $t = a$ から $t = b$ までの道のり：$\displaystyle \int_a^b |v(t)|\,dt$

平面上の速度・加速度

時刻 t における直線上の点 P の位置を $(x(t),\, y(t))$，速度を $\overrightarrow{v(t)}$，加速度を $\overrightarrow{\alpha(t)}$ とすると

$$\overrightarrow{v(t)} = \left(\frac{d}{dt}\, x(t),\ \frac{d}{dt}\, y(t) \right) \ \text{より}$$

$$\text{速さ：} \left| \overrightarrow{v(t)} \right| = \sqrt{\left(\frac{d}{dt}\, x(t) \right)^2 + \left(\frac{d}{dt}\, y(t) \right)^2}$$

$$\overrightarrow{\alpha(t)} = \left(\frac{d^2}{dt^2}\, x(t),\ \frac{d^2}{dt^2}\, y(t) \right) \ \text{より}$$

$$\text{加速度の大きさ：} \left| \overrightarrow{\alpha(t)} \right| = \sqrt{\left(\frac{d^2}{dt^2}\, x(t) \right)^2 + \left(\frac{d^2}{dt^2}\, y(t) \right)^2}$$

時刻 $t = a$ から $t = b$ までの道のり：$\displaystyle \int_a^b \left| \overrightarrow{v(t)} \right|\,dt$

5.62 直線上を運動する点の速度，道のり

速度，道のりの定義を確認しておきましょう。

5.63 平面上を運動する点の速度，加速度，道のり

速度，速さ，道のりの定義を確認しておきましょう。

5.64 水の問題

体積 V は高さ h で表されています。水面の上昇速度は $\dfrac{dh}{dt}$ ですから，V を t で微分すると $\dfrac{dh}{dt}$ が現れます。すなわち

$$V = V(h) \ \text{より} \quad \frac{dV}{dt} = \frac{dV}{dh} \cdot \frac{dh}{dt}$$

です。

📖 解答・解説

5.62 (1) 時刻 t における P の速度 v は
$$v = tf(t) = t^2 - t\sin t$$
$t = 0$ における P の座標が 0 であるから, $t = \dfrac{\pi}{2}$ のときの P の座標 x は

$$x = \int_0^{\frac{\pi}{2}} (t^2 - t\sin t)\, dt + 0$$

$$= \left[\frac{t^3}{3}\right]_0^{\frac{\pi}{2}} - \left(\left[t(-\cos t)\right]_0^{\frac{\pi}{2}} + \int_0^{\frac{\pi}{2}} 1\cdot\cos t\, dt \right)$$

$$= \frac{\pi^3}{24} - 0 - \left[\sin t\right]_0^{\frac{\pi}{2}}$$

$$= \underline{\frac{\pi^3}{24} - 1}$$

(2) 時刻 t における Q の速度 v は
$$v = -6f\left(2t - \frac{2}{3}\pi\right)$$
$$= -6\left\{\left(2t - \frac{2}{3}\pi\right) - \sin\left(2t - \frac{2}{3}\pi\right)\right\}$$
であるから, $t = 0$ から $t = \dfrac{\pi}{2}$ までの間に Q が動く道のり L は

$$L = 6\int_0^{\frac{\pi}{2}} \left| \left(2t - \frac{2}{3}\pi\right) - \sin\left(2t - \frac{2}{3}\pi\right) \right|\, dt$$

$u = 2t - \dfrac{2}{3}\pi$ とおくと

$$du = 2\, dt$$

t	0	$\to$	$\dfrac{\pi}{2}$
u	$-\dfrac{2}{3}\pi$	$\to$	$\dfrac{\pi}{3}$

となるから

$$L = 6\int_{-\frac{2}{3}\pi}^{\frac{\pi}{3}} |u - \sin u|\cdot\frac{1}{2}\, du$$

$$= 3\int_{-\frac{2}{3}\pi}^{\frac{\pi}{3}} |u - \sin u|\, du$$

$y = \sin u$ の $u = 0$ における接線の方程式が $y = u$ であることも考えると

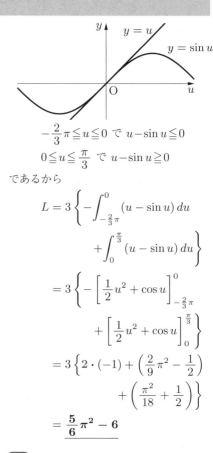

$-\dfrac{2}{3}\pi \leqq u \leqq 0$ で $u - \sin u \leqq 0$

$0 \leqq u \leqq \dfrac{\pi}{3}$ で $u - \sin u \geqq 0$

であるから

$$L = 3\left\{ -\int_{-\frac{2}{3}\pi}^0 (u - \sin u)\, du \right.$$

$$\left. + \int_0^{\frac{\pi}{3}} (u - \sin u)\, du \right\}$$

$$= 3\left\{ -\left[\frac{1}{2}u^2 + \cos u\right]_{-\frac{2}{3}\pi}^0 \right.$$

$$\left. + \left[\frac{1}{2}u^2 + \cos u\right]_0^{\frac{\pi}{3}} \right\}$$

$$= 3\left\{ 2\cdot(-1) + \left(\frac{2}{9}\pi^2 - \frac{1}{2}\right) \right.$$

$$\left. + \left(\frac{\pi^2}{18} + \frac{1}{2}\right) \right\}$$

$$= \underline{\frac{5}{6}\pi^2 - 6}$$

5.63 (1) $x = \omega t - \gamma\sin\omega t$,
$y = 1 - \gamma\cos\omega t$ を微分すると
$$\frac{dx}{dt} = \omega - \gamma\omega\cos\omega t,$$
$$\frac{dy}{dt} = \gamma\omega\sin\omega t$$
であるから, 速度 $\vec{v} = \left(\dfrac{dx}{dt}, \dfrac{dy}{dt}\right)$
の大きさ (速さ) は
$$|\vec{v}|$$
$$= \sqrt{\left(\frac{dx}{dt}\right)^2 + \left(\frac{dy}{dt}\right)^2}$$

$$= \sqrt{(\omega - \gamma\omega\cos\omega t)^2 + (\gamma\omega\sin\omega t)^2}$$
$$= \omega\sqrt{1 + \gamma^2 - 2\gamma\cos\omega t}$$

速さ $\left|\overrightarrow{v}\right|$ が最大になるのは，$\cos\omega t = -1$ のときであり，その最大値は

$$\omega\sqrt{1 + \gamma^2 + 2\gamma} = \underline{(1 + \gamma)\omega}$$

また，そのときの時刻 t は

$$\omega t = \pi + 2k\pi \ (k：整数)$$

$$\therefore \quad \underline{\boldsymbol{t = \dfrac{(2k+1)\pi}{\omega}} \ \boldsymbol{(k：整数)}}$$

(2) $\gamma = 1$ のとき

$$\left|\overrightarrow{v}\right| = \omega\sqrt{1 + 1^2 - 2\cos\omega t}$$
$$= \omega\sqrt{2(1 - \cos\omega t)}$$
$$= \omega\sqrt{2 \cdot 2\sin^2\dfrac{\omega t}{2}}$$
$$= 2\omega\left|\sin\dfrac{\omega t}{2}\right|$$

$0 \leqq t \leqq \dfrac{2\pi}{\omega}$ においては $0 \leqq \dfrac{\omega t}{2} \leqq \pi$ であり，$\sin\dfrac{\omega t}{2} \geqq 0$ なので，求める道のり L は

$$L = \int_0^{\frac{2\pi}{\omega}} \left|\overrightarrow{v}\right| dt$$
$$= 2\omega\int_0^{\frac{2\pi}{\omega}} \sin\dfrac{\omega t}{2}\, dt$$
$$= 2\omega\left[-\dfrac{2}{\omega}\cos\dfrac{\omega t}{2}\right]_0^{\frac{2\pi}{\omega}}$$
$$= -4(\cos\pi - \cos 0)$$
$$= \underline{8}$$

5.64 (1) $f(-x) = f(x)$ が成立するので，$y = f(x)$ のグラフは y 軸に関して対称である。

$x \geqq 0$ において $f(x)$ は単調増加であり，さらに

$$\lim_{x \to \infty} f(x) = \infty$$

であるから，$y = f(x)$ のグラフは<u>次の図のようになる。</u>

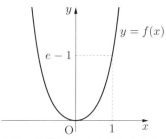

(2) 容器に体積 V の水を入れたときの水面の半径を r とすると，水面の高さ h は $h = f(r)$ であるから

$$h = e^{r^2} - 1$$
$$e^{r^2} = h + 1$$
$$\therefore \quad r^2 = \log(h + 1)$$

$S = \pi r^2$ であるから

$$\underline{\boldsymbol{S = \pi\log(h + 1)}}$$

また

$$V = \int_0^h \pi x^2\, dy$$
$$= \pi\int_0^h \log(y + 1)\, dy \quad \cdots\cdots ①$$
$$= \pi\left\{\left[(y + 1)\log(y + 1)\right]_0^h \right.$$
$$\left. - \int_0^h (y + 1) \cdot \dfrac{1}{y + 1}\, dy\right\}$$
$$= \underline{\boldsymbol{\pi\{(h + 1)\log(h + 1) - h\}}}$$

(3) $V = t$ のとき，①は

$$t = \pi\int_0^h \log(y + 1)\, dy$$

となり，両辺を t で微分すると

$$1 = \pi\log(h + 1) \cdot \dfrac{dh}{dt}$$

$$\therefore \quad \underline{\dfrac{\boldsymbol{dh}}{\boldsymbol{dt}} = \dfrac{1}{\boldsymbol{\pi\log(h + 1)}}}$$

【MEMO】

【MEMO】

書籍のアンケートにご協力ください

抽選で**図書カードを**
プレゼント！

Ｚ会の「個人情報の取り扱いについて」はＺ会
Webサイト（https://www.zkai.co.jp/home/policy/）
に掲載しておりますのでご覧ください。

Ｚ会数学基礎問題集 数学Ⅲ＋Ｃ
[平面上の曲線と複素数平面]
チェック＆リピート　改訂第3版

初版	第1刷発行	2000年11月1日
改訂版	第1刷発行	2005年4月1日
改訂第2版第1刷発行		2013年7月1日
改訂第3版第1刷発行		2024年5月10日

著者　　　亀田 隆＋髙村正樹　共著
発行人　　藤井孝昭
発行　　　Ｚ会
　　　　　〒411-0033　静岡県三島市文教町1-9-11
　　　　　【販売部門：書籍の乱丁・落丁・返品・交換・注文】
　　　　　TEL 055-976-9095
　　　　　【書籍の内容に関するお問い合わせ】
　　　　　https://www.zkai.co.jp/books/contact/
　　　　　【ホームページ】
　　　　　https://www.zkai.co.jp/books/
装丁　　　犬飼奈央
印刷・製本　シナノ書籍印刷株式会社

ISBN978-4-86531-549-3 C7041